线性代数

姜友谊　吴艳秋　邹黎敏　编

科学出版社
北　京

内 容 简 介

本书根据高等院校线性代数课程教学基本要求编写而成，内容主要包括7章．分别为行列式、矩阵及其运算、初等变换与线性方程组、向量组的线性相关性、方阵的对角化、二次型、线性空间与线性变换，第7章为选修内容．每节配有适量习题，每章配有总习题和考研题选，书后给出部分习题的参考答案，便于学生自测学习．本书行文简明扼要、内容深入浅出、易于学生阅读，在习题的配备上实现易、中、难三个梯度，注重数学思想方法的渗透和新的教学方法的运用．

本书可作为高等院校各专业（非数学类）线性代数课程的教材，也可作为高等教育自学考试教材和考研参考书．

图书在版编目(CIP)数据

线性代数/姜友谊，吴艳秋，邹黎敏编．—北京：科学出版社，2015.6
ISBN 978-7-03-045137-8

Ⅰ．①线…　Ⅱ．①姜…　②吴…　③邹…　Ⅲ．①线性代数-高等学校-教材　Ⅳ．①O151.2

中国版本图书馆CIP数据核字(2015)第153380号

责任编辑：王胡权 / 责任校对：邹慧卿
责任印制：张　伟 / 封面设计：陈　敬

科学出版社 出版
北京东黄城根北街16号
邮政编码：100717
http://www.sciencep.com
天津市新科印刷有限公司 印刷
科学出版社发行　各地新华书店经销
*
2015年8月第　一　版　开本：720×1000 1/16
2024年1月第十次印刷　印张：14
字数：282 000

定价：37.00元

（如有印装质量问题，我社负责调换）

前　言

线性代数是高等学校理工类、经管类等专业的重要基础课，是学生学好专业课程的工具，它对培养学生抽象思维能力和辩证思维能力起着不可或缺的作用. 线性代数的理论是计算技术的基础，同系统工程，优化理论及稳定性理论等有着密切联系，随着计算技术的发展和计算机的普及，线性代数作为一门基础课程日益受到重视. 线性代数的主要内容包括行列式、矩阵、矩阵的初等变换和线性方程组、向量组的线性相关性、方阵的对角化、二次型、线性空间与线性变换等内容.

针对当前高等院校(特别是一般本科院校)线性代数课程教学课时普遍减少的教学现状，以及为了更好地适应高等教育已经从精英教育到大众教育转化的教育背景，编者结合自己多年的教学改革和实践经验，吸收国内优秀教材的长处，以易于教师教学、学生学习为原则编写了本书. 本书的主要特色体现在以下四个方面.

一、行文简明扼要，内容深入浅出，易于学生阅读. 在满足教学基本要求的前提下，编写时尽量将抽象难懂的知识用较通俗易懂的方式阐述，遇到难的、抽象的知识点通过举例降低理解难度；同时教材编写时适当降低理论推理的要求，对于较难定理的推导用小字排印，以表明它们非必读内容，从而有利于在限定的学时内更好地掌握教学要求所规定的内容.

二、在习题的配备上，实现易、中、难三个梯度. 每一节内容结束配备基础习题，以检验初学者对基础知识的掌握；每一章后配备例题选讲，以结合当前考研的知识点来讲解解题方法为主，注重方法的总结，以帮助学生课后自学提高；每一章结束配备综合总习题，题型多样，难易兼备，以检验学生对整章知识的掌握；每一章配备考研题选，主要是选自 1999～2014 年的考研真题，以帮助有志于考研的同学在初学时对线性代数考研题目有初步的了解.

三、为了更好地适应当前本科教育改革的实际背景，编者倡导新的教学方法在教材编写中的渗透.

(1)倡导启发式的教学方法. 每一章配备思考题，在介绍基础知识的同时将学生易于犯错的知识点以思考题提问的方式以启发学生思考，引起学生的注意.

(2)倡导“口诀教学法”. 编者结合教学实践，在书中总结了一些学习记忆口诀，这样的口诀不仅帮助学生记忆较抽象的知识，同时还能提高他们对线性代数课程的学习兴趣.

(3)注重数学思想方法在教材中的融入. 例如，注重“聚零为整，化整为零”的思想方法的渗透，教会学生利用矩阵及其运算作为工具来研究我们所涉及的对象.

四、根据目前各高校线性代数课程教学学时普遍减少的实际，在教材内容的安排上进行了适当调整，并将线性空间与线性变换的知识放在最后标注为“ * ”，作为学生的选修内容来处理.

本书由姜友谊负责统稿，同时编写第 1 章和第 7 章，第 2～4 章和部分习题参考答案由吴艳秋编写，第 5～6 章由邹黎敏编写. 在本书的编写过程中，得到了同事杨贤仆、王绍恒、王良伟、刘金魁、彭杨、涂正文等老师的大力支持与协助，同时非常感谢线性代数的所有任课教师，他们对本书提出了非常多的宝贵意见，正因为有了他们的帮助，本书才得以顺利出版，在此一并表示衷心的感谢.

由于编者水平所限，书中不妥之处在所难免，敬请各位专家、学者不吝赐教，欢迎读者批评指正.

编 者

2015 年 5 月

目　录

第 1 章　行　列　式

行列式的理论起源于线性方程组的求解，本章从二元、三元线性方程组出发引出二阶、三阶行列式，然后给出 n 阶行列式的定义，为方便 n 阶行列式的计算，再介绍 n 阶行列式的性质及按行按列展开定理，最后介绍用行列式解含 n 个方程 n 个未知量的线性方程组的方法——克拉默法则.

1.1　二阶与三阶行列式

一、二元线性方程组与二阶行列式

已知二元一次线性方程组

$$\begin{cases} a_{11}x_1 + a_{12}x_2 = b_1, \\ a_{21}x_1 + a_{22}x_2 = b_2. \end{cases} \tag{1.1}$$

其中 $x_i(i=1,2)$ 为未知量，$a_{ij}(i=1,2;j=1,2)$ 为未知量的系数，$b_i(i=1,2)$ 表示常数项. 用中学所学的消元法求解可得：当 $a_{11}a_{22}-a_{12}a_{21}\neq 0$ 时，方程组(1.1)有唯一解

$$\begin{cases} x_1 = \dfrac{b_1a_{22}-a_{12}b_2}{a_{11}a_{22}-a_{12}a_{21}}, \\ x_2 = \dfrac{a_{11}b_2-a_{21}b_1}{a_{11}a_{22}-a_{12}a_{21}}. \end{cases}$$

观察此方程组的解 x_1,x_2 的分母相同且分子、分母都是两数相乘再相减的形式，其中分母 $a_{11}a_{22}-a_{12}a_{21}$ 是由方程组的四个系数所确定的.

引入记号：

$$D = \begin{vmatrix} a_{11} & a_{12} \\ a_{21} & a_{22} \end{vmatrix},$$

称为**二阶行列式**，它等于数 $a_{11}a_{22}-a_{12}a_{21}$，数 $a_{ij}(i=1,2;j=1,2)$ 称为二阶行列式的元素，脚标 i,j 分别称为元素 a_{ij} 的行标和列标，表示元素 a_{ij} 处在二阶行列式 D 的第 i 行第 j 列.

上述二阶行列式的定义可用对角线法则记忆，如图 1.1 所示. 即二阶行列式的结果等于主对角线(实线)上两个元素的乘积减去次对角线(虚线)上两个元素的乘积.

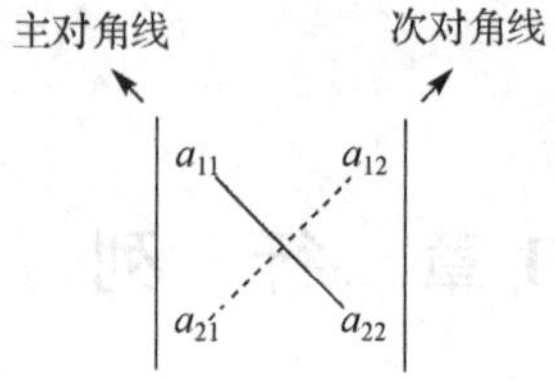

图 1.1　对角线法则

由二阶行列式的定义，x_1,x_2 的分子也可用二阶行列式来表示，即

$$b_1a_{22}-a_{12}b_2=\begin{vmatrix} b_1 & a_{12} \\ b_2 & a_{22} \end{vmatrix},$$

记为 D_1；

$$a_{11}b_2-b_1a_{21}=\begin{vmatrix} a_{11} & b_1 \\ a_{21} & b_2 \end{vmatrix},$$

记为 D_2.

线性方程组(1.1)的解可表示为

$$x_1=\frac{\begin{vmatrix} b_1 & a_{12} \\ b_2 & a_{22} \end{vmatrix}}{\begin{vmatrix} a_{11} & a_{12} \\ a_{21} & a_{22} \end{vmatrix}}=\frac{D_1}{D},\quad x_2=\frac{\begin{vmatrix} a_{11} & b_1 \\ a_{21} & b_2 \end{vmatrix}}{\begin{vmatrix} a_{11} & a_{12} \\ a_{21} & a_{22} \end{vmatrix}}=\frac{D_2}{D},$$

其中 D_1 是常数项 b_1,b_2 代替系数行列式 D 的第 1 列所得的二阶行列式，D_2 是常数项 b_1,b_2 代替系数行列式 D 的第 2 列所得的二阶行列式.

例 1　利用二阶行列式求解二元线性方程组

$$\begin{cases} x_1+2x_2=3, \\ 2x_1+3x_2=4. \end{cases}$$

解　先计算系数行列式 D 及 D_1,D_2.

$$D=\begin{vmatrix} 1 & 2 \\ 2 & 3 \end{vmatrix}=3-4=-1,\quad D_1=\begin{vmatrix} 3 & 2 \\ 4 & 3 \end{vmatrix}=1,\quad D_2=\begin{vmatrix} 1 & 3 \\ 2 & 4 \end{vmatrix}=-2.$$

因为 $D=-1\neq 0$，所以方程组有唯一解 $\begin{cases} x_1=-1, \\ x_2=2. \end{cases}$

二、三元线性方程组及三阶行列式

给定三元一次线性方程组

$$\begin{cases} a_{11}x_1+a_{12}x_2+a_{13}x_3=b_1, \\ a_{21}x_1+a_{22}x_2+a_{23}x_3=b_2, \\ a_{31}x_1+a_{32}x_2+a_{33}x_3=b_3. \end{cases}\tag{1.2}$$

为了得到类似于二元线性方程组的用二阶行列式表示的求解公式，我们给出三阶行列式的定义.

记

$$D=\begin{vmatrix} a_{11} & a_{12} & a_{13} \\ a_{21} & a_{22} & a_{23} \\ a_{31} & a_{32} & a_{33} \end{vmatrix},$$

称为**三阶行列式**，它等于数

$$a_{11}a_{22}a_{33}+a_{12}a_{23}a_{31}+a_{13}a_{21}a_{32}-a_{11}a_{23}a_{32}-a_{12}a_{21}a_{33}-a_{13}a_{22}a_{31}.$$

可采用如下的对角线法则记忆，如图 1.2 所示.

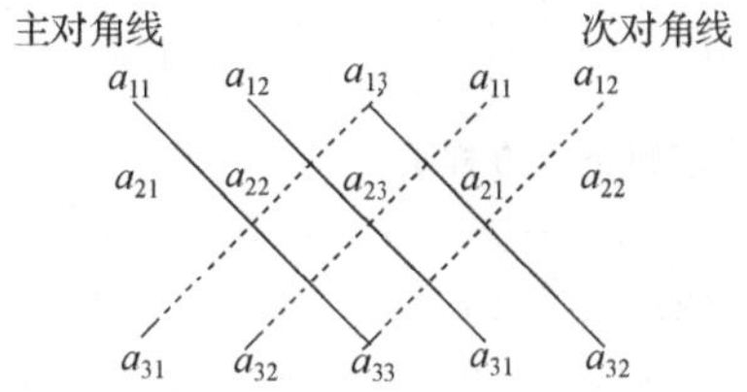

图 1.2 对角线法则

图 1.2 中三条实线看成平行于主对角线的连线，三条虚线看成平行于次对角线的连线，三阶行列式的结果即为实线的三元素的乘积之和减去虚线的三元素的乘积之和.

例 2 计算三阶行列式

$$D=\begin{vmatrix} 1 & 2 & -4 \\ -2 & 2 & 1 \\ -3 & 4 & -2 \end{vmatrix}.$$

解
$$\begin{aligned} D &= 1\times 2\times(-2)+2\times 1\times(-3)+(-4)(-2)\times 4 \\ &\quad -1\times 1\times 4-2\times(-2)\times(-2)-(-4)\times 2\times(-3) \\ &=-4-6+32-4-8-24=-14. \end{aligned}$$

对于三元线性方程组(1.2)，如果它的系数行列式 $D=\begin{vmatrix} a_{11} & a_{12} & a_{13} \\ a_{21} & a_{22} & a_{23} \\ a_{31} & a_{32} & a_{33} \end{vmatrix}\neq 0$，用中学的消元法可得线性方程组(1.2)的求解公式为(详细过程略)

$$x_1=\frac{D_1}{D},\quad x_2=\frac{D_2}{D},\quad x_3=\frac{D_3}{D},$$

其中 $D_j(j=1,2,3)$ 是将 b_1,b_2,b_3 代替 D 的第 j 列所得的三阶行列式，即

$$D_1=\begin{vmatrix} b_1 & a_{12} & a_{13} \\ b_2 & a_{22} & a_{23} \\ b_3 & a_{32} & a_{33} \end{vmatrix},\quad D_2=\begin{vmatrix} a_{11} & b_1 & a_{13} \\ a_{21} & b_2 & a_{23} \\ a_{31} & b_3 & a_{33} \end{vmatrix},\quad D_3=\begin{vmatrix} a_{11} & a_{12} & b_1 \\ a_{21} & a_{22} & b_2 \\ a_{31} & a_{32} & b_3 \end{vmatrix}.$$

通过以上知识可以看出二阶行列式和三阶行列式的引入方便了我们记忆线性方程组的求解公式.

习　题　1.1

1. 计算下列二阶行列式和三阶行列式.

(1) $\begin{vmatrix} 2 & 3 \\ 4 & 5 \end{vmatrix}$；(2) $\begin{vmatrix} a & b \\ c & d \end{vmatrix}$；(3) $\begin{vmatrix} 2 & 0 & 1 \\ 1 & -4 & -1 \\ -1 & 8 & 3 \end{vmatrix}$；(4) $\begin{vmatrix} \lambda & 1 & 1 \\ 1 & \lambda & 1 \\ 1 & 1 & \lambda \end{vmatrix}$.

2. 利用二阶和三阶行列式求解下列方程组.

(1) $\begin{cases} 4x_1+3x_2=12, \\ 2x_1-4x_2=1; \end{cases}$　(2) $\begin{cases} x_1+x_2+x_3=5, \\ x_1+2x_2-x_3=-2, \\ 2x_1-3x_2-x_3=-2. \end{cases}$

3. 求解下列方程.

(1) $\begin{vmatrix} 1 & 1 & 1 \\ 2 & 3 & x \\ 4 & 9 & x^2 \end{vmatrix}=0$；(2) $\begin{vmatrix} \lambda-1 & 1 & 1 \\ 0 & \lambda-2 & 0 \\ 8 & 3 & \lambda-3 \end{vmatrix}=0$.

1.2　排　　列

有了二阶和三阶行列式，我们很自然地联想到四阶行列式以及更一般的 n 阶行列式的形式. 为了得到 n 阶行列式的定义，先学习一下排列的相关知识.

一、排列及逆序数

定义 1.1　把 n 个不同的元素排成一列，称为这 n 个元素的全排列(简称排列).

对于 n 个不同的元素，先规定各元素之间有一个标准次序. 为讨论方便，不妨设这 n 个元素为 1 至 n 这 n 个自然数，并规定从小到大的自然顺序为**标准次序(自然排列)**.

定义 1.2　一个排列中某两个元素的先后次序与标准次序不同时，称此排列有 1 个逆序；一个排列中所有逆序的总数称为此排列的逆序数，排列 $j_1j_2\cdots j_n$ 的逆序数记为 $\tau(j_1j_2\cdots j_n)$.

例 1　计算下列排列的逆序数：

(1)43215；(2)32514.

求解方法 从第1个元素起数排在它后面且比它小的个数,直至最后一个元素,将这些所有的个数相加,即为排列的逆序数.

解 (1)对于元素4,排在它后面且比4小的数的个数为3,因此4与这3个数构成3个逆序;对于元素3,排在它后面且比3小的数的个数为2,因此3与这两个数构成2个逆序;同理可得元素2,1,5与排在它们后面的比它们小的数所构成的逆序数分别为1,0,0,于是这个排列的逆序数为6,即$\tau(43215)=6$.

(2)按以上方法同理可得$\tau(32514)=5$.

由以上例题可知,排列的逆序数可以为奇数,也可以为偶数,逆序数为奇数的排列称为**奇排列**,逆序数为偶数的排列称为**偶排列**.

二、对换及其性质

把一个排列中某两个元素的位置互换,而其余元素的位置不动称为对这个排列施行了一次对换.将相邻两个元素对换,称为相邻对换;否则称为相间对换.

定理1.1 一次对换改变排列的奇偶性.(证明略)

推论 由$1,2,\cdots,n$这n个数所构成的$n!$种排列中,奇偶排列个数相等,即各有$\frac{n!}{2}$个.(证明略)

习 题 1.2

1.求下列排列的逆序数,并判定是奇排列还是偶排列.

(1)1 2 3 4 5; (2)5 4 3 2 1; (3)1 3 6 5 4 2; (4)2 4 5 6 3 1.

2.选择数k与j,使得下列6元排列

(1) $1\ k\ 3\ j\ 5\ 4$为偶排列; (2) $1\ 3\ k\ 5\ j\ 2$为奇排列.

3.求下列排列的逆序数.

(1) $n\ (n-1)\ \cdots\ 2\ 1$; (2) $1\ 3\ \cdots\ (2n-3)\ (2n-1)\ 2\ 4\ \cdots\ (2n-2)\ (2n)$.

1.3 n阶行列式的定义

为了方便给出n阶行列式的定义,先来研究二阶、三阶行列式的定义,

$$\begin{vmatrix} a_{11} & a_{12} \\ a_{21} & a_{22} \end{vmatrix} = a_{11}a_{22}-a_{12}a_{21},$$

$$\begin{vmatrix} a_{11} & a_{12} & a_{13} \\ a_{21} & a_{22} & a_{23} \\ a_{31} & a_{32} & a_{33} \end{vmatrix}$$

$$=a_{11}a_{22}a_{33}+a_{12}a_{23}a_{31}+a_{13}a_{21}a_{32}-a_{11}a_{23}a_{32}-a_{12}a_{21}a_{33}-a_{13}a_{22}a_{31}, \quad (1.3)$$

其共同特征为：

(1)二阶行列式有 $2=2!$ 项，三阶行列式有 $6=3!$ 项.

(2)三阶行列式每一项取自不同行不同列的三个元素的乘积，每一项除了正负号以外都可以写成 $a_{1j_1}a_{2j_2}a_{3j_3}$，其中列标排列 $j_1j_2j_3$ 是指 1,2,3 这三个数的排列，这样的排列共有 6 个，从而三阶行列式有 6 项. 二阶行列式具有类似的特点.

(3)三阶行列式每一项的符号是这样决定的：当行标排列为自然排列时，由列标排列的奇偶性决定，偶者为正，奇者为负. 因此三阶行列式右端每一项都可以表示成

$$(-1)^{\tau(j_1j_2j_3)}a_{1j_1}a_{2j_2}a_{3j_3}.$$

二阶行列式的符号也如此.从而三阶行列式可以写成

$$\begin{vmatrix} a_{11} & a_{12} & a_{13} \\ a_{21} & a_{22} & a_{23} \\ a_{31} & a_{32} & a_{33} \end{vmatrix}=\sum_{j_1j_2j_3}(-1)^{\tau(j_1j_2j_3)}a_{1j_1}a_{2j_2}a_{3j_3},$$

其中 $\sum\limits_{j_1j_2j_3}$ 表示对 1,2,3 的 6 个排列求和.

通过以上分析，给出 n 阶行列式的定义.

定义 1.3 n 阶行列式

$$\begin{vmatrix} a_{11} & a_{12} & \cdots & a_{1n} \\ a_{21} & a_{22} & \cdots & a_{2n} \\ \vdots & \vdots & & \vdots \\ a_{n1} & a_{n2} & \cdots & a_{nn} \end{vmatrix}$$

用字母 D 或 $|a_{ij}|$ 表示，它的结果等于 $\sum\limits_{j_1j_2\cdots j_n}(-1)^{\tau(j_1j_2\cdots j_n)}a_{1j_1}a_{2j_2}\cdots a_{nj_n}$，其中 $\sum\limits_{j_1j_2\cdots j_n}$ 表示对 $1,2,\cdots,n$ 这 n 个数的所有 $n!$ 种排列 $j_1j_2\cdots j_n$ 求和. 其中 a_{ij} 是指 n 阶行列式的位于第 i 行第 j 列的元素 $(i=1,2,\cdots,n;j=1,2,\cdots,n)$.

由定义 1.3 可得出 n 阶行列式的结果有以下两个特点.

(1)共有 $n!$ 项，每一项除符号以外都是取自于不同行不同列的 n 个元素的乘积.

(2)当列标排列 $j_1j_2\cdots j_n$ 为偶排列时，此项带正号；当列标排列 $j_1j_2\cdots j_n$ 为奇排列时，此项带负号. 由 1.2 节推论可知，应有 $\frac{n!}{2}$ 项带正号，$\frac{n!}{2}$ 项带负号.

特别地，当 $n=1$ 时，一阶行列式 $|a_{11}|=a_{11}$ (注意与绝对值符号区别).

例 1 判定 4 阶行列式

$$\begin{vmatrix} a_{11} & a_{12} & a_{13} & a_{14} \\ a_{21} & a_{22} & a_{23} & a_{24} \\ a_{31} & a_{32} & a_{33} & a_{34} \\ a_{41} & a_{42} & a_{43} & a_{44} \end{vmatrix}$$

的展开式中下列项的符号：

(1) $a_{12}a_{21}a_{34}a_{43}$； (2) $a_{41}a_{22}a_{14}a_{33}$.

解 (1)列标排列为 2143，$\tau(2143)=2$，符号为正.

(2)注意此项行标不是自然排列，应先交换元素的位置，使得行标排列为自然排列，从而它的符号与 $a_{14}a_{22}a_{33}a_{41}$ 的符号相同，符号为负.

思考题 1 根据定义 1.3 思考，三阶行列式的对角线记忆法则还适用于 4 阶以及阶数更高的行列式吗?

由定理 1.1 可给出 n 阶行列式的等价定义.

定义 1.3′ n 阶行列式

$$D=\sum(-1)^{\tau(i_1i_2\cdots i_n)+\tau(p_1p_2\cdots p_n)}a_{i_1p_1}a_{i_2p_2}\cdots a_{i_np_n}\quad（列标，行标排列都取遍 n! 种排列）$$

$$=\sum_{j_1j_2\cdots j_n}(-1)^{\tau(j_1j_2\cdots j_n)}a_{j_11}a_{j_22}\cdots a_{j_nn}\quad（列标排列为自然排列，行标取遍 n! 种排列）$$

证明 考虑 D 的一般项 $(-1)^{\tau(j_1\cdots j_i\cdots j_p\cdots j_n)}a_{1j_1}\cdots a_{ij_i}\cdots a_{pj_p}\cdots a_{nj_n}$（$i<p$，$1\cdots i\cdots p\cdots n$ 为自然排列)，交换元素 a_{ij_i} 与 a_{pj_p} 的位置，其余元素不变，得

$$\begin{aligned}&(-1)^{\tau(j_1\cdots j_i\cdots j_p\cdots j_n)}a_{1j_1}\cdots a_{ij_i}\cdots a_{pj_p}\cdots a_{nj_n}\\=&(-1)^{\tau(j_1\cdots j_i\cdots j_p\cdots j_n)}a_{1j_1}\cdots a_{pj_p}\cdots a_{ij_i}\cdots a_{nj_n},\end{aligned}$$

现考察变化前和变化后行标排列与列标排列的逆序数的关系(表 1.1)，

表 1.1 行列标变换

	变 化 前	变 化 后
行标排列	$1\cdots i\cdots p\cdots n$	$1\cdots p\cdots i\cdots n(i<p)$
列标排列	$j_1\cdots j_i\cdots j_p\cdots j_n$	$j_1\cdots j_p\cdots j_i\cdots j_n$

由对换改变奇偶性可知，行标排列与列标排列分别进行了一次对换，奇偶性都发生了变化，从而变化前的行标排列与列标排列的逆序数的和 $\tau(1\cdots i\cdots p\cdots n)+\tau(j_1\cdots j_i\cdots j_p\cdots j_n)$ 与变换后的行标排列与列标排列的和 $\tau(1\cdots p\cdots i\cdots n)+\tau(j_1\cdots j_p\cdots j_i\cdots j_n)$ 的奇偶性是一样的，于是有

$$(-1)^{\tau(j_1j_2\cdots j_n)}a_{1j_1}a_{2j_2}\cdots a_{nj_n}=(-1)^{\tau(1\cdots i\cdots p\cdots n)+\tau(j_1\cdots j_p\cdots j_i\cdots j_n)}a_{1j_1}\cdots a_{pj_p}\cdots a_{ij_i}\cdots a_{nj_n}.$$

如此这样不断进行下去，定义 1.3′便可得证.

例 2 利用定义 1.3 计算下列 n 阶行列式：

(1)下三角形行列式

$$\begin{vmatrix} a_{11} & 0 & \cdots & 0 \\ a_{21} & a_{22} & \cdots & 0 \\ \vdots & \vdots & & \vdots \\ a_{n1} & a_{n2} & \cdots & a_{nn} \end{vmatrix}$$

(此 n 阶行列式的特点是主对角线以上的元素全为 0).

(2)上三角形行列式

$$\begin{vmatrix} a_{11} & a_{12} & \cdots & a_{1n} \\ 0 & a_{22} & \cdots & a_{2n} \\ \vdots & \vdots & & \vdots \\ 0 & 0 & \cdots & a_{nn} \end{vmatrix}$$

(此 n 阶行列式的特点是主对角线以下的元素全为 0).

(3)对角形行列式

$$\begin{vmatrix} a_{11} & 0 & \cdots & 0 \\ 0 & a_{22} & \cdots & 0 \\ \vdots & \vdots & & \vdots \\ 0 & 0 & \cdots & a_{nn} \end{vmatrix}$$

(此 n 阶行列式的特点是主对角线以外的元素全为 0).

解　(1)由 n 阶行列式的定义可知,下三角形行列式的结果应有 $n!$ 项,每一项都是取自不同行不同列的 n 个元素的乘积,若 n 个元素中有一个数为 0,则此项为零项,零项不会影响行列式的求解,因此只需去找 $n!$ 项中的非零项,即寻找出处在不同行不同列的不为 0 的 n 个元素的乘积项. 从第 1 行开始取,第 1 行只能取 a_{11},第 2 行只能取 a_{22},依次取下去直至第 n 行只能取 a_{nn},得唯一的非零项 $a_{11}a_{22}\cdots a_{nn}$,其符号为正. 从而有

$$\begin{vmatrix} a_{11} & 0 & \cdots & 0 \\ a_{21} & a_{22} & \cdots & 0 \\ \vdots & \vdots & & \vdots \\ a_{n1} & a_{n2} & \cdots & a_{nn} \end{vmatrix} = a_{11}a_{22}\cdots a_{nn}.$$

(2)用与(1)相同的求解思想,从最后一行开始取,得唯一的非零项 $a_{11}a_{22}\cdots a_{nn}$,其符号为正. 从而有

$$\begin{vmatrix} a_{11} & a_{12} & \cdots & a_{1n} \\ 0 & a_{22} & \cdots & a_{2n} \\ \vdots & \vdots & & \vdots \\ 0 & 0 & \cdots & a_{nn} \end{vmatrix} = a_{11}a_{22}\cdots a_{nn}.$$

(3)对角形行列式是上(下)三角形行列式的特殊情形,其结果仍等于 $a_{11}a_{22}\cdots a_{nn}$.

由例 2 可总结出如下结论:上(下)三角形行列式和对角形行列式的值都等于其主对角线上元素的乘积.

例 3 计算 4 阶行列式

$$\begin{vmatrix} 1 & 0 & 0 & 0 \\ 0 & 4 & 5 & 0 \\ 2 & 0 & 3 & 2 \\ 3 & 3 & 4 & 1 \end{vmatrix}.$$

解 按照定义结果应有 4! 项,但只需寻找非零项,即取处在不同行不同列的不为 0 的 4 个元素的乘积,共有 $a_{11}a_{22}a_{33}a_{44}$,$a_{11}a_{22}a_{34}a_{43}$,$a_{11}a_{23}a_{34}a_{42}$ 三项,符号分别为"+""−""+",则

$$原式 = 1\times4\times3\times1-1\times4\times2\times4+1\times5\times2\times3 = 12-32+30 = 10.$$

通过例 2 和例 3 会有如下疑问:若 n 阶行列式没有零元素或零元素较少时,用行列式的定义来求解 n 阶行列式,计算量会很大,那有没有其他求解方法呢?这将是下一节学习的内容.

习 题 1.3

1. 确定下列 4 阶行列式中项的符号.

(1) $a_{23}a_{31}a_{42}a_{14}$; (2) $a_{33}a_{42}a_{14}a_{21}$.

2. 写出 4 阶行列式中含有因子 $a_{12}a_{33}$ 的项.

3. 利用行列式的定义计算下列行列式.

(1) $\begin{vmatrix} 1 & 2 & 0 & 0 \\ 0 & 3 & 4 & 0 \\ 0 & 0 & 0 & 5 \\ 0 & 1 & 0 & 3 \end{vmatrix}$; (2) $\begin{vmatrix} 0 & 0 & \cdots & 0 & \lambda_1 \\ 0 & 0 & \cdots & \lambda_2 & 0 \\ \vdots & \vdots & & \vdots & \vdots \\ 0 & \lambda_{n-1} & \cdots & 0 & 0 \\ \lambda_n & 0 & \cdots & 0 & 0 \end{vmatrix}$;

(3) $\begin{vmatrix} 0 & 1 & 0 & \cdots & 0 \\ 0 & 0 & 2 & \cdots & 0 \\ \vdots & \vdots & \vdots & & \vdots \\ 0 & 0 & 0 & \cdots & n-1 \\ n & 0 & 0 & \cdots & 0 \end{vmatrix}$; (4) $\begin{vmatrix} 0 & \cdots & 0 & 1 & 0 \\ 0 & \cdots & 2 & 0 & 0 \\ \vdots & & \vdots & \vdots & \vdots \\ n-1 & \cdots & 0 & 0 & 0 \\ 0 & \cdots & 0 & 0 & n \end{vmatrix}$.

1.4 n 阶行列式的性质

转置行列式是指将 n 阶行列式 D 的行变成同序数的列之后所得的新的行列式,记为 D^{T}.

性质 1(转置性) n 阶行列式 D 与它的转置行列式 D^{T} 相等.

证明 设 $D=\begin{vmatrix} a_{11} & a_{12} & \cdots & a_{1n} \\ a_{21} & a_{22} & \cdots & a_{2n} \\ \vdots & \vdots & & \vdots \\ a_{n1} & a_{n2} & \cdots & a_{nn} \end{vmatrix}$,记 $D^{\mathrm{T}}=\begin{vmatrix} b_{11} & b_{12} & \cdots & b_{1n} \\ b_{21} & b_{22} & \cdots & b_{2n} \\ \vdots & \vdots & & \vdots \\ b_{n1} & b_{n2} & \cdots & b_{nn} \end{vmatrix}$. 由转置行列式的定义可得 $b_{ij}=a_{ji}\ (i,j=1,2,\cdots,n)$. 由等价定义 1.3′可知

$$D^{\mathrm{T}}=\sum_{j_1j_2\cdots j_n}(-1)^{\tau(j_1j_2\cdots j_n)}b_{j_11}b_{j_22}\cdots b_{j_nn}$$

$$\xlongequal{b_{ij}=a_{ji}}\sum_{j_1j_2\cdots j_n}(-1)^{\tau(j_1j_2\cdots j_n)}a_{1j_1}a_{2j_2}\cdots a_{nj_n}$$

$$\xlongequal{\text{定义 1.3}}D.$$

由性质 1 可知,n 阶行列式 D 的行和列具有同等的地位,行列式的性质对行成立的,对列也成立,反之亦然,下面主要对行的性质进行说明.

性质 2(互换性) 互换行列式的两行(列),行列式变号.

证明 记行列式

$$D=\begin{vmatrix} a_{11} & a_{12} & \cdots & a_{1n} \\ \vdots & \vdots & & \vdots \\ a_{i1} & a_{i2} & \cdots & a_{in} \\ \vdots & \vdots & & \vdots \\ a_{j1} & a_{j2} & \cdots & a_{jn} \\ \vdots & \vdots & & \vdots \\ a_{n1} & a_{n2} & \cdots & a_{nn} \end{vmatrix},\quad D_1=\begin{vmatrix} a_{11} & a_{12} & \cdots & a_{1n} \\ \vdots & \vdots & & \vdots \\ a_{j1} & a_{j2} & \cdots & a_{jn} \\ \vdots & \vdots & & \vdots \\ a_{i1} & a_{i2} & \cdots & a_{in} \\ \vdots & \vdots & & \vdots \\ a_{n1} & a_{n2} & \cdots & a_{nn} \end{vmatrix},$$

D_1 是将 D 的第 i 行与第 j 行互换所得. 由 n 阶行列式的定义 1.3 有

$$D=\sum_{\cdots p_i\cdots p_j\cdots}(-1)^{\tau(p_1\cdots p_i\cdots p_j\cdots p_n)}a_{1p_1}\cdots a_{ip_i}\cdots a_{jp_j}\cdots a_{np_n},$$

交换元素 a_{ip_i} 与 a_{jp_j} 的位置,其余元素不变,又有

$$D=\sum_{\cdots p_i\cdots p_j\cdots}(-1)^{\tau(p_1\cdots p_i\cdots p_j\cdots p_n)}a_{1p_1}\cdots a_{jp_j}\cdots a_{ip_i}\cdots a_{np_n}.$$

由于一次对换改变排列的奇偶性,从而列标排列 $p_1\cdots p_i\cdots p_j\cdots p_n$ 与 $p_1\cdots p_j\cdots p_i\cdots p_n$ 的奇偶性相反,则有

$$(-1)^{\tau(p_1\cdots p_i\cdots p_j\cdots p_n)}=-(-1)^{\tau(p_1\cdots p_j\cdots p_i\cdots p_n)},$$

从而 $D=-\sum\limits_{\cdots p_j\cdots p_i\cdots}(-1)^{\tau(p_1\cdots p_j\cdots p_i\cdots p_n)}a_{1p_1}\cdots a_{jp_j}\cdots a_{ip_i}\cdots a_{np_n}=-D_1$. 列的情况类似证明.

互换 i,j 两行记为 $r_i\leftrightarrow r_j$，互换 i,j 两列记为 $c_i\leftrightarrow c_j$.

例 1 计算 n 阶行列式

$$D=\begin{vmatrix}0&1&0&\cdots&0\\0&0&2&\cdots&0\\\vdots&\vdots&\vdots&&\vdots\\0&0&0&\cdots&n-1\\n&0&0&\cdots&0\end{vmatrix}.$$

解 将第 n 行依次与上面的行变换，共交换 $n-1$ 次，运用性质 2 有

$$D=\begin{vmatrix}0&1&0&\cdots&0\\0&0&2&\cdots&0\\\vdots&\vdots&\vdots&&\vdots\\0&0&0&\cdots&n-1\\n&0&0&\cdots&0\end{vmatrix}=(-1)^{n-1}\begin{vmatrix}n&0&0&\cdots&0\\0&1&0&\cdots&0\\0&0&2&\cdots&0\\\vdots&\vdots&\vdots&&\vdots\\0&0&0&\cdots&n-1\end{vmatrix}=(-1)^{n-1}n!.$$

推论 若行列式的两行(列)元素完全相同，则行列式的值为零.

证明 设 D 的第 i 行与第 j 行元素对应相同，互换 D 的 i,j 两行，由互换性可知 $D=-D$，从而 $D=0$.

性质 3（倍乘性） 用数 k 去乘行列式等于用数 k 去乘行列式的某一行(列)的所有元素. 即

$$k\begin{vmatrix}a_{11}&a_{12}&\cdots&a_{1n}\\\vdots&\vdots&&\vdots\\a_{i1}&a_{i2}&\cdots&a_{in}\\\vdots&\vdots&&\vdots\\a_{n1}&a_{n2}&\cdots&a_{nn}\end{vmatrix}=\begin{vmatrix}a_{11}&a_{12}&\cdots&a_{1n}\\\vdots&\vdots&&\vdots\\ka_{i1}&ka_{i2}&\cdots&ka_{in}\\\vdots&\vdots&&\vdots\\a_{n1}&a_{n2}&\cdots&a_{nn}\end{vmatrix}.$$

证明 由行列式定义可知

$$k\begin{vmatrix}a_{11}&a_{12}&\cdots&a_{1n}\\\vdots&\vdots&&\vdots\\a_{i1}&a_{i2}&\cdots&a_{in}\\\vdots&\vdots&&\vdots\\a_{n1}&a_{n2}&\cdots&a_{nn}\end{vmatrix}$$

$$
\begin{aligned}
&= k \sum_{p_1 \cdots p_i \cdots p_n} (-1)^{\tau(p_1 \cdots p_i \cdots p_n)} a_{1p_1} \cdots a_{ip_i} \cdots a_{np_n} \\
&= \sum_{p_1 \cdots p_i \cdots p_n} (-1)^{\tau(p_1 \cdots p_i \cdots p_n)} a_{1p_1} \cdots k a_{ip_i} \cdots a_{np_n} \\
&= \begin{vmatrix} a_{11} & a_{12} & \cdots & a_{1n} \\ \vdots & \vdots & & \vdots \\ k a_{i1} & k a_{i2} & \cdots & k a_{in} \\ \vdots & \vdots & & \vdots \\ a_{n1} & a_{n2} & \cdots & a_{nn} \end{vmatrix}.
\end{aligned}
$$

由性质 3 易知,行列式的某一行(列)元素的公因子 k 可以提到行列式符号的外面. 第 i 行(列)元素乘以 k,记为 $kr_i(kc_i)$.

关于性质 3 要特别注意,用数 k 去乘行列式时,k 只能去乘行列式的某一行(列),而不能去乘行列式的所有元素,反之只要有一行(列)的元素有公因子 k,公因子 k 就可以提到行列式符号的外面.

推论 1 若行列式的某一行(列)的元素全为 0,则 $D=0$.

推论 2 若行列式 D 中有两行(列)的对应元素成比例,则此行列式 D 等于零. 即

$$
\begin{matrix} \\ i \\ \\ j \\ \\ \end{matrix}
\begin{vmatrix} \vdots & \vdots & & \vdots \\ a_{i1} & a_{i2} & \cdots & a_{in} \\ \vdots & \vdots & & \vdots \\ k a_{i1} & k a_{i2} & \cdots & k a_{in} \\ \vdots & \vdots & & \vdots \end{vmatrix} = 0.
$$

证明
$$
\begin{vmatrix} \vdots & \vdots & & \vdots \\ a_{i1} & a_{i2} & \cdots & a_{in} \\ \vdots & \vdots & & \vdots \\ k a_{i1} & k a_{i2} & \cdots & k a_{in} \\ \vdots & \vdots & & \vdots \end{vmatrix} = k \begin{vmatrix} \vdots & \vdots & & \vdots \\ a_{i1} & a_{i2} & \cdots & a_{in} \\ \vdots & \vdots & & \vdots \\ a_{i1} & a_{i2} & \cdots & a_{in} \\ \vdots & \vdots & & \vdots \end{vmatrix} = 0.
$$

思考题 2 等式

$$
\begin{vmatrix} k a_{11} & k a_{12} & k a_{13} \\ k a_{21} & k a_{22} & k a_{23} \\ k a_{31} & k a_{32} & k a_{33} \end{vmatrix} = k \begin{vmatrix} a_{11} & a_{12} & a_{13} \\ a_{21} & a_{22} & a_{23} \\ a_{31} & a_{32} & a_{33} \end{vmatrix}
$$

是否成立?

性质 4 (拆分性) 若行列式的某一行(列)的元素皆为两数之和,则此行列式按照这一行(列)可拆分为两个行列式之和. 即

$$
\begin{vmatrix} a_{11} & a_{12} & \cdots & a_{1n} \\ \vdots & \vdots & & \vdots \\ a_{i1}+b_{i1} & a_{i2}+b_{i2} & \cdots & a_{in}+b_{in} \\ \vdots & \vdots & & \vdots \\ a_{n1} & a_{n2} & \cdots & a_{nn} \end{vmatrix}
$$

$$
=\begin{vmatrix} a_{11} & a_{12} & \cdots & a_{1n} \\ \vdots & \vdots & & \vdots \\ a_{i1} & a_{i2} & \cdots & a_{in} \\ \vdots & \vdots & & \vdots \\ a_{n1} & a_{n2} & \cdots & a_{nn} \end{vmatrix}+\begin{vmatrix} a_{11} & a_{12} & \cdots & a_{1n} \\ \vdots & \vdots & & \vdots \\ b_{i1} & b_{i2} & \cdots & b_{in} \\ \vdots & \vdots & & \vdots \\ a_{n1} & a_{n2} & \cdots & a_{nn} \end{vmatrix}.
$$

证明 按照定义 1.3,

$$
\begin{aligned}
\text{等式左边} &= \sum(-1)^{\tau(p_1\cdots p_i\cdots p_n)} a_{1p_1}\cdots(a_{ip_i}+b_{ip_i})\cdots a_{np_n} \\
&= \sum(-1)^{\tau(p_1\cdots p_i\cdots p_n)} a_{1p_1}\cdots a_{ip_i}\cdots a_{np_n} \\
&\quad + \sum(-1)^{\tau(p_1\cdots p_i\cdots p_n)} a_{1p_1}\cdots b_{ip_i}\cdots a_{np_n} \\
&= \text{等式右边}.
\end{aligned}
$$

关于此性质要特别注意只要有一行(列)的元素为两数之和,则此行列式按此行(列)就可拆成两个行列式之和.

推广 若行列式的某一行(列)的元素皆为 n 个元素的和,则此行列式按照这一行(列)可拆分为 n 个行列式之和.即

$$
\begin{vmatrix} \vdots & \vdots & & \vdots \\ a_1+a_2+\cdots+a_n & b_1+b_2+\cdots+b_n & \cdots & c_1+c_2+\cdots+c_n \\ \vdots & \vdots & & \vdots \end{vmatrix}
$$

$$
=\begin{vmatrix} \vdots & \vdots & & \vdots \\ a_1 & b_1 & \cdots & c_1 \\ \vdots & \vdots & & \vdots \end{vmatrix}+\begin{vmatrix} \vdots & \vdots & & \vdots \\ a_2 & b_2 & \cdots & c_2 \\ \vdots & \vdots & & \vdots \end{vmatrix}+\cdots+\begin{vmatrix} \vdots & \vdots & & \vdots \\ a_n & b_n & \cdots & c_n \\ \vdots & \vdots & & \vdots \end{vmatrix}.
$$

思考题 3 等式

$$
\begin{vmatrix} a_1+b_1 & a_2+b_2 \\ a_3+b_3 & a_4+b_4 \end{vmatrix}=\begin{vmatrix} a_1 & a_2 \\ a_3 & a_4 \end{vmatrix}+\begin{vmatrix} b_1 & b_2 \\ b_3 & b_4 \end{vmatrix}
$$

是否成立?

思考题 4 设 $D_n=\begin{vmatrix} a_{11}+b_{11} & a_{12}+b_{12} & \cdots & a_{1n}+b_{1n} \\ a_{21}+b_{21} & a_{22}+b_{22} & \cdots & a_{2n}+b_{2n} \\ \vdots & \vdots & & \vdots \\ a_{n1}+b_{n1} & a_{n2}+b_{n2} & \cdots & a_{nn}+b_{nn} \end{vmatrix}$,问 D_n 可拆分成多

少个每一个位置都只含一个加数的行列式之和?

性质 5（倍加性）　把行列式的某一行(列)的各元素乘以同一个数 k 后加到另一行(列)对应的元素上去,行列式的值不变. 即

$$\begin{vmatrix} a_{11} & a_{12} & \cdots & a_{1n} \\ \vdots & \vdots & & \vdots \\ a_{i1} & a_{i2} & \cdots & a_{in} \\ \vdots & \vdots & & \vdots \\ a_{j1} & a_{j2} & \cdots & a_{jn} \\ \vdots & \vdots & & \vdots \\ a_{n1} & a_{n2} & \cdots & a_{nn} \end{vmatrix} = \begin{vmatrix} a_{11} & a_{12} & \cdots & a_{1n} \\ \vdots & \vdots & & \vdots \\ a_{i1}+ka_{j1} & a_{i2}+ka_{j2} & \cdots & a_{in}+ka_{jn} \\ \vdots & \vdots & & \vdots \\ a_{j1} & a_{j2} & \cdots & a_{jn} \\ \vdots & \vdots & & \vdots \\ a_{n1} & a_{n2} & \cdots & a_{nn} \end{vmatrix}.$$

证明　利用"拆分性"等式右边

$$\begin{vmatrix} a_{11} & a_{12} & \cdots & a_{1n} \\ \vdots & \vdots & & \vdots \\ a_{i1}+ka_{j1} & a_{i2}+ka_{j2} & \cdots & a_{in}+ka_{jn} \\ \vdots & \vdots & & \vdots \\ a_{j1} & a_{j2} & \cdots & a_{jn} \\ \vdots & \vdots & & \vdots \\ a_{n1} & a_{n2} & \cdots & a_{nn} \end{vmatrix}$$

$$= \begin{vmatrix} a_{11} & a_{12} & \cdots & a_{1n} \\ \vdots & \vdots & & \vdots \\ a_{i1} & a_{i2} & \cdots & a_{in} \\ \vdots & \vdots & & \vdots \\ a_{j1} & a_{j2} & \cdots & a_{jn} \\ \vdots & \vdots & & \vdots \\ a_{n1} & a_{n2} & \cdots & a_{nn} \end{vmatrix} + \begin{vmatrix} a_{11} & a_{12} & \cdots & a_{1n} \\ \vdots & \vdots & & \vdots \\ ka_{j1} & ka_{j2} & \cdots & ka_{jn} \\ \vdots & \vdots & & \vdots \\ a_{j1} & a_{j2} & \cdots & a_{jn} \\ \vdots & \vdots & & \vdots \\ a_{n1} & a_{n2} & \cdots & a_{nn} \end{vmatrix}$$

再利用性质 3 的推论 2,结论成立.

将第 j 行(列)的各元素乘以数 k 后加到第 i 行(列)对应的元素上去,记为 $r_i+kr_j(c_i+kc_j)$. 在运用此变换 $r_i+kr_j(c_i+kc_j)$ 时要特别注意第 i 行(列)的元素发生了变化,但第 j 行(列)的元素没有发生变化.

思考题 5　等式

$$\begin{vmatrix} a & b \\ c & d \end{vmatrix} \xlongequal{r_2-2r_1} \begin{vmatrix} -2a & -2b \\ c-2a & d-2b \end{vmatrix}$$

是否成立?

思考题 6　(1)等式

$$\begin{vmatrix} a & b \\ c & d \end{vmatrix} \xlongequal[r_1 - r_2]{r_2 - r_1} \begin{vmatrix} a-c & b-d \\ c-a & d-b \end{vmatrix}$$

是否成立?

(2)对 $\begin{vmatrix} a & b \\ c & d \end{vmatrix}$ 先施行 $r_2 - r_1$ 后 $r_1 - r_2$ 与先施行 $r_1 - r_2$ 后 $r_2 - r_1$ 的结果是否相同?

例 2 利用行列式的性质将下列行列式化为上三角形行列式,并计算该行列式:

$$D = \begin{vmatrix} 1 & 1 & -1 & 2 \\ -1 & -1 & -4 & 1 \\ 2 & 4 & -6 & 1 \\ 1 & 2 & 4 & 2 \end{vmatrix}.$$

解

$$D \xlongequal[r_4 - r_1]{\substack{r_2 + r_1 \\ r_3 - 2r_1}} \begin{vmatrix} 1 & 1 & -1 & 2 \\ 0 & 0 & -5 & 3 \\ 0 & 2 & -4 & -3 \\ 0 & 1 & 5 & 0 \end{vmatrix} \xlongequal{r_2 \leftrightarrow r_4} - \begin{vmatrix} 1 & 1 & -1 & 2 \\ 0 & 1 & 5 & 0 \\ 0 & 2 & -4 & -3 \\ 0 & 0 & -5 & 3 \end{vmatrix}$$

$$\xlongequal{r_3 - 2r_2} - \begin{vmatrix} 1 & 1 & -1 & 2 \\ 0 & 1 & 5 & 0 \\ 0 & 0 & -14 & -3 \\ 0 & 0 & -5 & 3 \end{vmatrix} \xlongequal{r_3 - 3r_4} - \begin{vmatrix} 1 & 1 & -1 & 2 \\ 0 & 1 & 5 & 0 \\ 0 & 0 & 1 & -12 \\ 0 & 0 & -5 & 3 \end{vmatrix}$$

$$\xlongequal{r_4 + 5r_3} - \begin{vmatrix} 1 & 1 & -1 & 2 \\ 0 & 1 & 5 & 0 \\ 0 & 0 & 1 & -12 \\ 0 & 0 & 0 & -57 \end{vmatrix} = 57.$$

关于例 2 有两点说明:

(1)上述行列式也可化为下三角形行列式再求值;

(2)通过此例的化简过程不难得出:任意一个行列式都可以利用行列式的性质化为上(下)三角形行列式(证明略).

例 3 设

$$D = \begin{vmatrix} a_{11} & \cdots & a_{1k} & 0 & \cdots & 0 \\ \vdots & & \vdots & \vdots & & \vdots \\ a_{k1} & \cdots & a_{kk} & 0 & \cdots & 0 \\ c_{11} & \cdots & c_{1k} & b_{11} & \cdots & b_{1n} \\ \vdots & & \vdots & \vdots & & \vdots \\ c_{n1} & \cdots & c_{nk} & b_{n1} & \cdots & b_{nn} \end{vmatrix},$$

$$D_1=\begin{vmatrix} a_{11} & \cdots & a_{1k} \\ \vdots & & \vdots \\ a_{k1} & \cdots & a_{kk} \end{vmatrix},\quad D_2=\begin{vmatrix} b_{11} & \cdots & b_{1n} \\ \vdots & & \vdots \\ b_{n1} & \cdots & b_{nn} \end{vmatrix},$$

证明 $D=D_1D_2$.

证明　通过行列式的计算不难得出：**任意一个 n 阶行列式总能单独运用行的倍加性或列的倍加性化为上(下)三角形行列式**(证明略). 对 D_1 只用行的倍加性化为下三角形行列式，并将下三角形行列式记为 $\begin{vmatrix} p_{11} & \cdots & 0 \\ \vdots & & \vdots \\ p_{k1} & \cdots & p_{kk} \end{vmatrix}$，则 $D_1=p_{11}p_{22}\cdots p_{kk}$.

对 D_2 只用列的倍加性化为下三角形行列式，并将下三角形行列式记为 $\begin{vmatrix} q_{11} & \cdots & 0 \\ \vdots & \ddots & \vdots \\ q_{n1} & \cdots & q_{nn} \end{vmatrix}$，则 $D_2=q_{11}q_{22}\cdots q_{nn}$.

对 D 的前面 k 行施行与 D_1 完全相同的行的变化，再对后面 n 列施行与 D_2 完全相同的列的变化，则

$$D=\begin{vmatrix} p_{11} & \cdots & 0 & 0 & \cdots & 0 \\ \vdots & & \vdots & \vdots & & \vdots \\ p_{k1} & \cdots & p_{kk} & 0 & \cdots & 0 \\ c_{11} & \cdots & c_{1k} & q_{11} & \cdots & 0 \\ \vdots & & \vdots & \vdots & & \vdots \\ c_{n1} & \cdots & c_{nk} & q_{n1} & \cdots & q_{nn} \end{vmatrix}=p_{11}\cdots p_{kk}q_{11}\cdots q_{nn}.$$

从而 $D=D_1D_2$ 结论成立.(注意在整个变化过程中，$c_{ij}\,(i=1,\cdots,n;j=1,\cdots,k)$ 都没有发生变化).

利用例 3 的结论，行列式

$$\begin{vmatrix} 1 & 2 & 0 & 0 \\ 3 & 4 & 0 & 0 \\ 8 & 6 & 7 & -8 \\ 9 & 10 & 1 & -1 \end{vmatrix}=\begin{vmatrix} 1 & 2 \\ 3 & 4 \end{vmatrix}\begin{vmatrix} 7 & -8 \\ 1 & -1 \end{vmatrix}=-2\cdot 1=-2.$$

思考题 7　证明行列式

$$\begin{vmatrix} a_{11} & \cdots & a_{1k} & c_{11} & \cdots & c_{1k} \\ \vdots & & \vdots & \vdots & & \vdots \\ a_{k1} & \cdots & a_{kk} & c_{k1} & \cdots & c_{kn} \\ 0 & \cdots & 0 & b_{11} & \cdots & b_{1n} \\ \vdots & & \vdots & \vdots & & \vdots \\ 0 & \cdots & 0 & b_{n1} & \cdots & b_{nn} \end{vmatrix}=\begin{vmatrix} a_{11} & \cdots & a_{1k} \\ \vdots & & \vdots \\ a_{k1} & \cdots & a_{kk} \end{vmatrix}\begin{vmatrix} b_{11} & \cdots & b_{1n} \\ \vdots & & \vdots \\ b_{n1} & \cdots & b_{nn} \end{vmatrix}.$$

思考题 8 证明行列式

$$\begin{vmatrix} 0 & \cdots & 0 & a_{11} & \cdots & a_{1k} \\ \vdots & & \vdots & \vdots & & \vdots \\ 0 & \cdots & 0 & a_{k1} & \cdots & a_{kk} \\ b_{11} & \cdots & b_{1n} & c_{11} & \cdots & c_{1k} \\ \vdots & & \vdots & \vdots & & \vdots \\ b_{n1} & \cdots & b_{nn} & c_{n1} & \cdots & c_{nk} \end{vmatrix} = (-1)^{kn} \begin{vmatrix} a_{11} & \cdots & a_{1k} \\ \vdots & & \vdots \\ a_{k1} & \cdots & a_{kk} \end{vmatrix} \begin{vmatrix} b_{11} & \cdots & b_{1n} \\ \vdots & & \vdots \\ b_{n1} & \cdots & b_{nn} \end{vmatrix}.$$

习 题 1.4

1. 利用行列式的性质计算下列行列式.

(1) $\begin{vmatrix} 2 & 1 & 4 & 1 \\ 3 & -1 & 2 & 1 \\ 1 & 2 & 3 & 2 \\ 5 & 0 & 6 & 2 \end{vmatrix}$；　(2) $\begin{vmatrix} 1 & 1 & 3 & 1 \\ 1 & 0 & 2 & 1 \\ 2 & 1 & -1 & 5 \\ 0 & 2 & -3 & 1 \end{vmatrix}$；

(3) $\begin{vmatrix} 1 & 2 & 1 & 4 \\ 0 & -1 & 2 & 1 \\ 1 & 0 & 1 & 3 \\ 0 & 1 & 3 & 1 \end{vmatrix}$；　(4) $\begin{vmatrix} 1 & 0 & 0 & 2 \\ 3 & 0 & 0 & 4 \\ 5 & -1 & -2 & -6 \\ 7 & 3 & 5 & 6 \end{vmatrix}$.

2. 证明

(1) $\begin{vmatrix} a & b & c & d \\ a & d & c & b \\ c & d & a & b \\ c & b & a & d \end{vmatrix} = 0$；　(2) $\begin{vmatrix} a^2 & (a+1)^2 & (a+2)^2 & (a+3)^2 \\ b^2 & (b+1)^2 & (b+2)^2 & (b+3)^2 \\ c^2 & (c+1)^2 & (c+2)^2 & (c+3)^2 \\ d^2 & (d+1)^2 & (d+2)^2 & (d+3)^2 \end{vmatrix} = 0$.

1.5 行列式按行(列)展开

由 1.4 节可知，利用行列式的性质计算行列式，关键在于化行列式为上(下)三角形行列式，此方法理论上说起来简单，但计算过程是比较冗长的. 下面介绍另一种计算行列式的方法，此方法的基本思想是降阶，将高阶行列式的计算转化为较低阶行列式的计算.

一、按行(列)展开定理

定义 1.4 在 n 阶行列式 D 中，划去元素 a_{ij} 所在的第 i 行和第 j 列，剩下的元素按照原来的相对位置所构成的 $n-1$ 阶的行列式称为元素 a_{ij} 的余子式，记为 M_{ij}.

又记 $A_{ij}=(-1)^{i+j}M_{ij}$，并称 A_{ij} 为元素 a_{ij} 的代数余子式.

利用余子式和代数余子式的定义,可得按行(列)展开定理.

定理 1.2 n 阶行列式 D 等于它的任一行(列)的各元素与其对应的代数余子式的乘积之和. 即

$$D=a_{i1}A_{i1}+a_{i2}A_{i2}+\cdots+a_{in}A_{in}\quad(i=1,2,\cdots,n)$$

或

$$D=a_{1j}A_{1j}+a_{2j}A_{2j}+\cdots+a_{nj}A_{nj}\quad(j=1,2,\cdots,n).$$

证明 此定理的证明分三个步骤.

(1)先讨论一种特殊情形. 行列式 D 的第 1 行除 $a_{11}\neq 0$ 外,其余元素均为 0,即

$$D=\begin{vmatrix} a_{11} & 0 & \cdots & 0 \\ a_{21} & a_{22} & \cdots & a_{2n} \\ \vdots & \vdots & & \vdots \\ a_{n1} & a_{n2} & \cdots & a_{nn} \end{vmatrix}.$$

利用 1.4 节例 3 的结论可知

$$D=|a_{11}|\cdot\begin{vmatrix} a_{22} & \cdots & a_{2n} \\ \vdots & & \vdots \\ a_{n2} & \cdots & a_{nn} \end{vmatrix}=a_{11}M_{11}=a_{11}A_{11}.$$

(2)再讨论以下特殊情形. 行列式 D 的第 i 行除 $a_{ij}\neq 0$ 外,其余元素均为 0,即

$$D=\begin{vmatrix} a_{11} & \cdots & a_{1,j-1} & a_{1j} & a_{1,j+1} & \cdots & a_{1n} \\ \vdots & & \vdots & \vdots & \vdots & & \vdots \\ a_{i-1,1} & \cdots & a_{i-1,j-1} & a_{i-1,j} & a_{i-1,j+1} & \cdots & a_{i-1,n} \\ 0 & \cdots & 0 & a_{ij} & 0 & \cdots & 0 \\ a_{i+1,1} & \cdots & a_{i+1,j-1} & a_{i+1,j} & a_{i+1,j+1} & \cdots & a_{i+1,n} \\ \vdots & & \vdots & \vdots & \vdots & & \vdots \\ a_{n1} & \cdots & a_{n,j-1} & a_{nj} & a_{n,j+1} & \cdots & a_{nn} \end{vmatrix}.$$

将情形(2)转化为情形(1),将 D 的第 i 行依次与第 $i-1,\cdots,2,1$ 各行交换,再将第 j 列依次与第 $j-1,\cdots,2,1$ 各列交换,共经过 $i+j-2$ 次交换,得如下关系式,

$$D=(-1)^{i+j-2}\begin{vmatrix} a_{ij} & 0 & \cdots & 0 & 0 & \cdots & 0 \\ a_{1j} & a_{11} & \cdots & a_{1,j-1} & a_{1,j+1} & \cdots & a_{1n} \\ \vdots & \vdots & & \vdots & \vdots & & \vdots \\ a_{i-1,j} & a_{i-1,1} & \cdots & a_{i-1,j-1} & a_{i-1,j+1} & \cdots & a_{i-1,n} \\ a_{i+1,j} & a_{i+1,1} & \cdots & a_{i+1,j-1} & a_{i+1,j+1} & \cdots & a_{i+1,n} \\ \vdots & \vdots & & \vdots & \vdots & & \vdots \\ a_{nj} & a_{n1} & \cdots & a_{n,j-1} & a_{n,j+1} & \cdots & a_{n,n} \end{vmatrix}$$

$$=(-1)^{i+j-2}a_{ij}M_{ij}=a_{ij}(-1)^{i+j}M_{ij}=a_{ij}A_{ij}.$$

(3)最后讨论一般情形.

$$D=\begin{vmatrix} a_{11} & a_{12} & \cdots & a_{1n} \\ \vdots & \vdots & & \vdots \\ a_{i1} & a_{i2} & \cdots & a_{in} \\ \vdots & \vdots & & \vdots \\ a_{n1} & a_{n2} & \cdots & a_{nn} \end{vmatrix}$$

$$=\begin{vmatrix} a_{11} & a_{12} & \cdots & a_{1n} \\ \vdots & \vdots & & \vdots \\ a_{i1}+0+\cdots+0 & 0+a_{i2}+0+\cdots+0 & \cdots & 0+\cdots+0+a_{in} \\ \vdots & \vdots & & \vdots \\ a_{n1} & a_{n2} & \cdots & a_{nn} \end{vmatrix}.$$

利用拆分性将行列式 D 按第 i 行拆分为下列 n 个行列式的和，

$$D=\begin{vmatrix} a_{11} & a_{12} & \cdots & a_{1n} \\ \vdots & \vdots & & \vdots \\ a_{i1} & 0 & \cdots & 0 \\ \vdots & \vdots & & \vdots \\ a_{n1} & a_{n2} & \cdots & a_{nn} \end{vmatrix}+\begin{vmatrix} a_{11} & a_{12} & \cdots & a_{1n} \\ \vdots & \vdots & & \vdots \\ 0 & a_{i2} & \cdots & 0 \\ \vdots & \vdots & & \vdots \\ a_{n1} & a_{n2} & \cdots & a_{nn} \end{vmatrix}+\cdots+\begin{vmatrix} a_{11} & a_{12} & \cdots & a_{1n} \\ \vdots & \vdots & & \vdots \\ 0 & 0 & \cdots & a_{in} \\ \vdots & \vdots & & \vdots \\ a_{n1} & a_{n2} & \cdots & a_{nn} \end{vmatrix},$$

利用情形(2)的结论便有 $D=a_{i1}A_{i1}+a_{i2}A_{i2}+\cdots+a_{in}A_{in}(i=1,2,\cdots,n)$. 由此证明了行列式 D 等于它的任一行的元素与其对应的代数余子式的乘积之和.

同理可证行列式 D 等于它的任一列的元素与其对应的代数余子式的乘积之和.

例 1 利用定理 1.2 计算 1.4 节的例 2 中的 4 阶行列式

$$D=\begin{vmatrix} 1 & 1 & -1 & 2 \\ -1 & -1 & -4 & 1 \\ 2 & 4 & -6 & 1 \\ 1 & 2 & 4 & 2 \end{vmatrix}.$$

解 按照第 3 行展开，

$$\begin{aligned} D&=2\cdot A_{31}+4\cdot A_{32}-6\cdot A_{33}+A_{34} \\ &=2\cdot M_{31}-4\cdot M_{32}-6\cdot M_{33}-M_{34} \\ &=2\begin{vmatrix} 1 & -1 & 2 \\ -1 & -4 & 1 \\ 2 & 4 & 2 \end{vmatrix}-4\begin{vmatrix} 1 & -1 & 2 \\ -1 & -4 & 1 \\ 1 & 4 & 2 \end{vmatrix} \\ &\quad -6\begin{vmatrix} 1 & 1 & 2 \\ -1 & -1 & 1 \\ 1 & 2 & 2 \end{vmatrix}-\begin{vmatrix} 1 & 1 & -1 \\ -1 & -1 & -4 \\ 1 & 2 & 4 \end{vmatrix} \\ &=57. \end{aligned}$$

应用以上方法计算时计算量也较大，必须计算 4 个三阶行列式，为简化计算可按照如下方法求解：先利用行列式的性质将行列式的某一行(列)的元素只保留一个元素不为 0，而其余元素全化为 0，再按此行(列)降阶求解，即

$$D \xlongequal[\substack{c_3+c_1\\ c_4-2c_1}]{c_2-c_1} \begin{vmatrix} 1 & 0 & 0 & 0 \\ -1 & 0 & -5 & 3 \\ 2 & 2 & -4 & -3 \\ 1 & 1 & 5 & 0 \end{vmatrix} = 1 \cdot A_{11}$$

$$= \begin{vmatrix} 0 & -5 & 3 \\ 2 & -4 & -3 \\ 1 & 5 & 0 \end{vmatrix} \xlongequal{r_2+r_1} \begin{vmatrix} 0 & -5 & 3 \\ 2 & -9 & 0 \\ 1 & 5 & 0 \end{vmatrix}$$

$$= 3\,(-1)^{1+3} \begin{vmatrix} 2 & -9 \\ 1 & 5 \end{vmatrix} = 3(10+9) = 57.$$

推论　n 阶行列式 D 的每一行(列)的所有元素与另一行(列)对应元素的代数余子式乘积之和为零. 即

$$a_{i1}A_{j1} + a_{i2}A_{j2} + \cdots + a_{in}A_{jn} = 0 \quad (i \neq j);$$

或

$$a_{1i}A_{1j} + a_{2i}A_{2j} + \cdots + a_{ni}A_{nj} = 0 \quad (i \neq j).$$

证明

$$D = \begin{vmatrix} a_{11} & a_{12} & \cdots & a_{1n} \\ \vdots & \vdots & & \vdots \\ a_{i1} & a_{i2} & \cdots & a_{in} \\ \vdots & \vdots & & \vdots \\ a_{j1} & a_{j2} & \cdots & a_{jn} \\ \vdots & \vdots & & \vdots \\ a_{n1} & a_{n2} & \cdots & a_{nn} \end{vmatrix}$$

$$\xlongequal{\text{按第} j \text{行展开}} a_{j1}A_{j1} + a_{j2}A_{j2} + \cdots + a_{jn}A_{jn}. \tag{1.4}$$

将上式两边的第 j 行的所有元素全部相应替换成第 i 行的元素，则

$$\begin{vmatrix} a_{11} & a_{12} & \cdots & a_{1n} \\ \vdots & \vdots & & \vdots \\ a_{i1} & a_{i2} & \cdots & a_{in} \\ \vdots & \vdots & & \vdots \\ a_{i1} & a_{i2} & \cdots & a_{in} \\ \vdots & \vdots & & \vdots \\ a_{n1} & a_{n2} & \cdots & a_{nn} \end{vmatrix} = a_{i1}A_{j1} + a_{i2}A_{j2} + \cdots + a_{in}A_{jn} \quad (i \neq j). \tag{1.5}$$

式(1.5)左边的行列式为零,从而有 $a_{i1}A_{j1}+a_{i2}A_{j2}+\cdots+a_{in}A_{jn}=0\ (i\neq j)$.

同理可证 $a_{1i}A_{1j}+a_{2i}A_{2j}+\cdots+a_{ni}A_{nj}=0(i\neq j)$. 证毕

综合定理 1.2 及推论,有如下结论:

$$a_{i1}A_{j1}+a_{i2}A_{j2}+\cdots+a_{in}A_{jn}=\begin{cases}D, & i=j,\\ 0, & i\neq j;\end{cases}$$

$$a_{1i}A_{1j}+a_{2i}A_{2j}+\cdots+a_{ni}A_{nj}=\begin{cases}D, & i=j,\\ 0, & i\neq j.\end{cases}$$

例 2 已知 4 阶行列式

$$D=\begin{vmatrix}1&2&3&4\\5&6&7&8\\8&2&5&4\\1&1&-1&2\end{vmatrix}.$$

计算(1) $A_{31}+2A_{32}+3A_{33}+4A_{34}$; (2) $M_{31}-M_{32}-M_{33}-2M_{34}$; (3) $A_{31}+2A_{32}+3A_{33}+A_{34}$.

解 (1)所求算式为 D 的第 1 行的元素与第 3 行元素的代数余子式的乘积之和,应用推论可知其值为 0.

(2)因为 $M_{31}-M_{32}-M_{33}-2M_{34}=A_{31}+A_{32}-A_{33}+2A_{34}$, 而 $A_{31}+A_{32}-A_{33}+2A_{34}$ 为 D 的第 4 行的元素与第 3 行元素的代数余子式的乘积之和,应用推论,其值也为 0.

$$(3)A_{31}+2A_{32}+3A_{33}+A_{34}=\begin{vmatrix}1&2&3&4\\5&6&7&8\\1&2&3&1\\1&1&-1&2\end{vmatrix}\xlongequal{r_3-r_1}\begin{vmatrix}1&2&3&4\\5&6&7&8\\0&0&0&-3\\1&1&-1&2\end{vmatrix}$$

$$=3\begin{vmatrix}1&2&3\\5&6&7\\1&1&-1\end{vmatrix}\xlongequal[c_3+c_1]{c_2-c_1}3\begin{vmatrix}1&1&4\\5&1&12\\1&0&0\end{vmatrix}=24.$$

二、一些特殊行列式的计算

接下来介绍一些特殊形式的 n 阶行列式的计算方法.

例 3 计算 n 阶行列式

$$D_n=\begin{vmatrix}x&y&0&\cdots&0&0\\0&x&y&\cdots&0&0\\\vdots&\vdots&\vdots&&\vdots&\vdots\\0&0&0&\cdots&x&y\\y&0&0&\cdots&0&x\end{vmatrix}.$$

解 这是个形如⋱的"两线一点型"行列式，每行只有 2 个元素不为零，其余元素全为零，通常按"."点所在的行（或者列）降阶展开，如按第 n 行展开，

$$D_n = y\cdot(-1)^{n+1}\begin{vmatrix} y & 0 & \cdots & 0 & 0 \\ x & y & \cdots & 0 & 0 \\ \vdots & \vdots & & \vdots & \vdots \\ 0 & 0 & \cdots & x & y \end{vmatrix} + x\cdot(-1)^{2n}\begin{vmatrix} x & y & 0 & \cdots & 0 \\ 0 & x & y & \cdots & 0 \\ \vdots & \vdots & \vdots & & \vdots \\ 0 & 0 & 0 & \cdots & x \end{vmatrix}$$

$$= (-1)^{n+1}y^n + x^n.$$

例 4 计算 n 阶行列式

$$D_n = \begin{vmatrix} a_1 & 1 & 1 & \cdots & 1 \\ 1 & a_2 & 0 & \cdots & 0 \\ 1 & 0 & a_3 & \cdots & 0 \\ \vdots & \vdots & \vdots & & \vdots \\ 1 & 0 & 0 & \cdots & a_n \end{vmatrix},\quad a_i \neq 0,\quad i = 2,3,\cdots,n.$$

解 这是一个形如⊾的"箭型"行列式，通常采用化为上（下）三角形求解，但一定要注意化为上（下）三角形的方式，如下

$$D_n \xlongequal[i=2,3,\cdots,n]{c_1-\frac{1}{a_i}c_i} \begin{vmatrix} a_1 - \sum\limits_{i=2}^{n}\frac{1}{a_i} & 1 & 1 & \cdots & 1 \\ 0 & a_2 & 0 & \cdots & 0 \\ 0 & 0 & a_3 & \cdots & 0 \\ \vdots & \vdots & \vdots & \ddots & \vdots \\ 0 & 0 & 0 & \cdots & a_n \end{vmatrix}$$

$$= a_2a_3\cdots a_n\left(a_1 - \sum_{i=2}^{n}\frac{1}{a_i}\right).$$

也可利用行的变化将 D_n 化为下三角形行列式，读者可自行尝试.

例 5 计算 n 阶行列式

$$D_n = \begin{vmatrix} a & b & b & \cdots & b \\ b & a & b & \cdots & b \\ b & b & a & \cdots & b \\ \vdots & \vdots & \vdots & \ddots & \vdots \\ b & b & b & \cdots & a \end{vmatrix}.$$

(此 n 阶行列式有如下两个特点:① D_n 的每一行(列)元素之和相等(即行(列)和相等),都为 $a+(n-1)b$;②每两行元素相比较,对应元素只有两个元素不相同,其余 $n-2$ 个元素相同.利用以上两个特点,介绍以下两种求解方法.)

解 方法一 利用特点①,采用方法为"行和相等归一列,列和相等归一行",如

$$D_n=\begin{vmatrix} a & b & b & \cdots & b \\ b & a & b & \cdots & b \\ b & b & a & \cdots & b \\ \vdots & \vdots & \vdots & & \vdots \\ b & b & b & \cdots & a \end{vmatrix} \xlongequal[i=2,\cdots,n]{c_1+c_i} \begin{vmatrix} a+(n-1)b & b & b & \cdots & b \\ a+(n-1)b & a & b & \cdots & b \\ a+(n-1)b & b & a & \cdots & b \\ \vdots & \vdots & \vdots & & \vdots \\ a+(n-1)b & b & b & \cdots & a \end{vmatrix}$$

$$=[a+(n-1)b]\begin{vmatrix} 1 & b & b & \cdots & b \\ 1 & a & b & \cdots & b \\ 1 & b & a & \cdots & b \\ \vdots & \vdots & \vdots & & \vdots \\ 1 & b & b & \cdots & a \end{vmatrix}$$

$$\xlongequal[i=2,\cdots,n]{r_i-r_1}[a+(n-1)b]\begin{vmatrix} 1 & b & b & \cdots & b \\ 0 & a-b & 0 & \cdots & 0 \\ 0 & 0 & a-b & \cdots & 0 \\ \vdots & \vdots & \vdots & & \vdots \\ 0 & 0 & 0 & \cdots & a-b \end{vmatrix}$$

$$=[a+(n-1)b](a-b)^{n-1}.$$

方法二 利用特点②先将 D_n 化为形如◸的"箭型"行列式,

$$D_n\xlongequal[i=2,\cdots,n]{r_i-r_1}\begin{vmatrix} a & b & b & \cdots & b \\ b-a & a-b & 0 & \cdots & 0 \\ b-a & 0 & a-b & \cdots & 0 \\ \vdots & \vdots & \vdots & & \vdots \\ b-a & 0 & 0 & \cdots & a-b \end{vmatrix}$$

$$\xlongequal[i=2,\cdots,n]{c_1+c_i}\begin{vmatrix} a+(n-1)b & b & b & \cdots & b \\ 0 & a-b & 0 & \cdots & 0 \\ 0 & 0 & a-b & \cdots & 0 \\ \vdots & \vdots & \vdots & & \vdots \\ 0 & 0 & 0 & \cdots & a-b \end{vmatrix}$$

$$=[a+(n-1)b](a-b)^{n-1}.$$

例3~例5分别介绍了三种不同类型的 n 阶行列式的求解方法,我们以后在计算行列式时,一定要根据行列式的不同特点采用相对应的方法,这样才能快捷地计算出 n 阶行列式,在例题选讲中还会介绍一些常用的技巧.

例 6 证明范德蒙德(Vandermode)行列式,

$$D_n=\begin{vmatrix}1&1&1&\cdots&1\\x_1&x_2&x_3&\cdots&x_n\\x_1^2&x_2^2&x_3^2&\cdots&x_n^2\\\vdots&\vdots&\vdots&&\vdots\\x_1^{n-1}&x_2^{n-1}&x_3^{n-1}&\cdots&x_n^{n-1}\end{vmatrix}=\prod_{1\leqslant i<j\leqslant n}(x_j-x_i),$$

其中 $\prod\limits_{1\leqslant i<j\leqslant n}(x_j-x_i)$ 是指所有满足条件 $1\leqslant i<j\leqslant n$ 的形如 x_j-x_i 的因子的乘积. 即

$$\left.\begin{aligned}\prod_{1\leqslant i<j\leqslant n}(x_j-x_i)=(x_2-x_1)(x_3-x_1)\cdots(x_{n-1}-x_1)(x_n-x_1)\\(x_3-x_2)\cdots(x_{n-1}-x_2)(x_n-x_2)\\\cdots\cdots\\(x_{n-1}-x_{n-2})(x_n-x_{n-2})\\(x_n-x_{n-1})\end{aligned}\right\}\frac{n(n-1)}{2}\text{个因子.}$$

证明 用数学归纳法证明.

当 $n=2$ 时, $D_2=\begin{vmatrix}1&1\\x_1&x_2\end{vmatrix}=(x_2-x_1)=\prod\limits_{1\leqslant i<j\leqslant 2}(x_j-x_i)$ 结论成立;

假设 k 阶范德蒙德行列式结论成立,

现证明 $k+1$ 阶范德蒙德行列式结论也成立. 从第 $k+1$ 行开始,将上一行的 $-x_1$ 倍加到相邻的下一行,即

$$D_{k+1}=\begin{vmatrix}1&1&1&\cdots&1\\x_1&x_2&x_3&\cdots&x_{k+1}\\x_1^2&x_2^2&x_3^2&\cdots&x_{k+1}^2\\\vdots&\vdots&\vdots&&\vdots\\x_1^k&x_2^k&x_3^k&\cdots&x_{k+1}^k\end{vmatrix}$$

$$\xlongequal[i=k+1,k,\cdots,2]{r_i-x_1r_{i-1}}\begin{vmatrix}1&1&1&\cdots&1\\0&x_2-x_1&x_3-x_1&\cdots&x_{k+1}-x_1\\0&x_2(x_2-x_1)&x_3(x_3-x_1)&\cdots&x_{k+1}(x_{k+1}-x_1)\\0&\vdots&\vdots&&\vdots\\0&x_2^{k-1}(x_2-x_1)&x_3^{k-1}(x_3-x_1)&\cdots&x_{k+1}^{k-1}(x_{k+1}-x_1)\end{vmatrix}$$

再将其按照第 1 列展开,并提取公因式有

$$D_{k+1}=(x_2-x_1)(x_3-x_1)\cdots(x_{k+1}-x_1)\begin{vmatrix}1&1&\cdots&1\\x_2&x_3&\cdots&x_{k+1}\\\vdots&\vdots&&\vdots\\x_2^{k-1}&x_3^{k-1}&\cdots&x_{k+1}^{k-1}\end{vmatrix}.$$

上式右端的行列式是一个 k 阶范德蒙德行列式,利用归纳假设可得

$$D_{k+1}=(x_2-x_1)(x_3-x_1)\cdots(x_{k+1}-x_1)\prod_{2\leqslant i<j\leqslant k+1}(x_j-x_i)=\prod_{1\leqslant i<j\leqslant k+1}(x_j-x_i)$$

结论得证.

关于范德蒙德行列式的结果,有如下记忆方法:其结果为范德蒙德行列式的第2行元素 $x_1,x_2,\cdots,x_n$ 的后面的元素减去前面的元素的所有因子的乘积.

利用例4的结论有

$$\begin{vmatrix}1&1&1&1\\a&b&c&d\\a^2&b^2&c^2&d^2\\a^3&b^3&c^3&d^3\end{vmatrix}=(b-a)(c-a)(d-a)(c-b)(d-b)(d-c).$$

习 题 1.5

1. 计算三阶行列式 $\begin{vmatrix}1&-1&2\\3&2&1\\0&1&4\end{vmatrix}$ 的全部代数余子式.

2. 计算下列行列式:

(1) $\begin{vmatrix}1&2&1&4\\0&-1&2&1\\1&0&1&3\\0&1&3&1\end{vmatrix}$; (2) $\begin{vmatrix}2&3&0&1\\-1&4&5&2\\0&3&-1&1\\1&0&2&1\end{vmatrix}$; (3) $\begin{vmatrix}1&2&3&4\\2&3&4&1\\3&4&1&2\\4&1&2&3\end{vmatrix}$;

(4) $\begin{vmatrix}1&-1&1&x-1\\1&-1&x+1&-1\\1&x-1&1&-1\\x+1&-1&1&-1\end{vmatrix}$; (5) $\begin{vmatrix}1&a_1&0&0\\-1&1-a_1&a_2&0\\0&-1&1-a_2&a_3\\0&0&-1&1-a_3\end{vmatrix}$.

3. 解方程 $\begin{vmatrix}1&1&1&1\\x&a_1&a_2&a_3\\x^2&a_1^2&a_2^2&a_3^2\\x^3&a_1^3&a_2^3&a_3^3\end{vmatrix}=0$,其中 a_1,a_2,a_3 互不相等.

4. 计算下列 n 阶行列式:

(1) $\begin{vmatrix}b&0&\cdots&0&0&a\\a&b&\cdots&0&0&0\\\vdots&\vdots&&\vdots&\vdots&\vdots\\0&0&\cdots&a&b&0\\0&0&\cdots&0&a&b\end{vmatrix}$; (2) $\begin{vmatrix}a&0&0&\cdots&0&b\\0&a&0&\cdots&0&0\\0&0&a&\cdots&0&0\\\vdots&\vdots&\vdots&&\vdots&\vdots\\0&0&0&\cdots&a&0\\b&0&0&\cdots&0&a\end{vmatrix}$;

(3) $\begin{vmatrix} 1+a_1 & 1 & 1 & \cdots & 1 \\ 1 & 1+a_2 & 1 & \cdots & 1 \\ 1 & 1 & 1+a_3 & \cdots & 1 \\ \vdots & \vdots & \vdots & & \vdots \\ 1 & 1 & 1 & \cdots & 1+a_n \end{vmatrix}$，其中 $a_i \neq 0, i = 1,2,\cdots,n$；

(4) $\begin{vmatrix} 5 & 1 & 1 & \cdots & 1 & 1 \\ 1 & 5 & 1 & \cdots & 1 & 1 \\ 1 & 1 & 5 & \cdots & 1 & 1 \\ \vdots & \vdots & \vdots & & \vdots & \vdots \\ 1 & 1 & 1 & \cdots & 5 & 1 \\ 1 & 1 & 1 & \cdots & 1 & 5 \end{vmatrix}$.

5. 设 $D = \begin{vmatrix} 1 & -1 & 2 & 3 \\ 2 & 2 & 0 & 2 \\ 4 & 1 & -1 & -1 \\ 1 & 2 & 3 & 0 \end{vmatrix}$，$D$ 的元素 a_{ij} 的代数余子式记为 A_{ij}，求

(1) $A_{31} - A_{32} + 2A_{33} + 3A_{34}$；(2) $2A_{31} - 2A_{32} + 4A_{33} - 2A_{34}$.

1.6 克拉默法则

对于方程个数与未知量个数都为 n 的线性方程组

$$\begin{cases} a_{11}x_1 + a_{12}x_2 + \cdots + a_{1n}x_n = b_1, \\ a_{21}x_1 + a_{22}x_2 + \cdots + a_{2n}x_n = b_2, \\ \quad \cdots\cdots \\ a_{n1}x_1 + a_{n2}x_2 + \cdots + a_{nn}x_n = b_n, \end{cases} \tag{1.6}$$

有类似于二元、三元线性方程组的求解公式，有如下定理.

定理 1.3(克拉默法则)　如果线性方程组(1.6)的系数行列式

$$D = \begin{vmatrix} a_{11} & a_{12} & \cdots & a_{1n} \\ a_{21} & a_{22} & \cdots & a_{2n} \\ \vdots & \vdots & & \vdots \\ a_{n1} & a_{n2} & \cdots & a_{nn} \end{vmatrix} \neq 0.$$

那么线性方程组(1.6)有唯一解，且解的形式为 $x_j = \dfrac{D_j}{D}(j = 1,2,\cdots,n)$，其中 D_j 是将 D 的第 j 列换成 $b_1, b_2, \cdots, b_n$ 所得的 n 阶行列式，即

$$D_j = \begin{vmatrix} a_{11} & \cdots & a_{1,j-1} & b_1 & a_{1,j+1} & \cdots & a_{1n} \\ a_{21} & \cdots & a_{2,j-1} & b_2 & a_{2,j+1} & \cdots & a_{2n} \\ \vdots & & \vdots & \vdots & \vdots & & \vdots \\ a_{n1} & \cdots & a_{n,j-1} & b_n & a_{n,j+1} & \cdots & a_{nn} \end{vmatrix}.$$

这个法则的证明略去. 关于此法则必须注意以下两点.

(1)线性方程组必须满足方程组的个数与未知量的个数相等并且系数行列式 $D \neq 0$ 才能运用克拉默法则计算;

(2)利用克拉默法则计算线性方程组在理论上很重要,但在实际计算的过程中,计算量较大,通常还是采用第 3 章所介绍的高斯消元法求解线性方程组.

抛开求解公式,克拉默法则可叙述为以下定理.

定理 1.4 如果线性方程组(1.6)的系数行列式 $D \neq 0$,那么方程组(1.6)有解且解唯一.

下面给出定理 1.4 的逆否命题.

定理 1.4′ 如果线性方程组(1.6)无解或者解不唯一,则方程组(1.6)的系数行列式 $D = 0$.

对于齐次线性方程组

$$\begin{cases} a_{11}x_1 + a_{12}x_2 + \cdots + a_{1n}x_n = 0, \\ a_{21}x_1 + a_{22}x_2 + \cdots + a_{2n}x_n = 0, \\ \cdots\cdots \\ a_{n1}x_1 + a_{n2}x_2 + \cdots + a_{nn}x_n = 0. \end{cases} \tag{1.7}$$

显然 $x_1 = x_2 = \cdots = x_n = 0$ 是齐次线性方程组(1.7)的解,称其为**零解**,即说明任意一个齐次线性方程组总有零解;若解 $x_1, x_2, \cdots, x_n$ 不全为零,则称此解为**非零解**.

特别地,针对齐次线性方程组(1.7),定理 1.4 和定理 1.4′可叙述为以下定理.

定理 1.5 如果齐次线性方程组(1.7)的系数行列式 $D \neq 0$,那么(1.7)只有零解.

定理 1.5 的逆否命题如下,

定理 1.5′ 如果齐次线性方程组(1.7)有非零解,那么(1.7)的系数行列式 $D = 0$.

例 1 已知齐次线性方程组 $\begin{cases} \lambda x_1 + x_2 = 0, \\ x_1 + \lambda x_2 = 0 \end{cases}$ 有非零解,求 λ 的取值.

解 若齐次线性方程组有非零解,则系数行列式 $D = \begin{vmatrix} \lambda & 1 \\ 1 & \lambda \end{vmatrix} = 0$,从而 $\lambda = 1$ 或 -1. 将 $\lambda = 1$ 和 -1 代入原方程组进行验证,经验证当 $\lambda = 1$ 或 -1 时,该齐次线性方程组确实有非零解,因此 λ 的值为 1 或 -1.

特别说明,系数行列式 $D = 0$ 只是齐次线性方程组(1.7)有非零解的必要条件而非充分条件,通过后续内容的学习还将证明这个条件是充分的.

习　题 1.6

1. 利用克拉默法则求解下列方程组.

(1) $\begin{cases} x_1+x_2+x_3+x_4=1, \\ x_1+2x_2+3x_3+4x_4=2, \\ x_1+4x_2+9x_3+16x_4=3, \\ x_1+8x_2+27x_3+64x_4=4; \end{cases}$　　(2) $\begin{cases} x_1+x_3-x_4=1, \\ x_2+x_3+3x_4=-2, \\ 2x_2+x_3+x_4=-8, \\ x_1+4x_2-7x_3+6x_4=0. \end{cases}$

2. 判别下列齐次线性方程组是否有非零解.

(1) $\begin{cases} x_1+x_2+x_3=0, \\ x_1+2x_2+3x_3=0, \\ 3x_1+3x_2+x_3=0; \end{cases}$　　(2) $\begin{cases} x_1+x_2+x_3=0, \\ 2x_1+x_2+x_3=0, \\ x_2+x_3=0. \end{cases}$

3. 当 λ 取何值时，齐次线性方程组 $\begin{cases} \lambda x_1+x_2+x_3=0, \\ x_1+\lambda x_2+x_3=0, \\ x_1+x_2+\lambda x_3=0 \end{cases}$ 有非零解.

例 题 选 讲

计算行列式的基本方法是利用行列式的性质和按行(列)展开定理进行计算，但在计算的过程中除了前面所讲的一些方法外，往往需要采用一定的技巧，现介绍几类常用的技巧.

例 1　计算行列式

$$D=\begin{vmatrix} 1 & b_1 & 0 & 0 \\ -1 & 1-b_1 & b_2 & 0 \\ 0 & -1 & 1-b_2 & b_3 \\ 0 & 0 & -1 & 1-b_3 \end{vmatrix}.$$

解　计算此行列式除了直接用按行(列)展开求解之外，还可用如下方式，即从第 1 行开始，依次把每行加至相邻下一行，

$$D\xlongequal{r_2+r_1}\begin{vmatrix} 1 & b_1 & 0 & 0 \\ 0 & 1 & b_2 & 0 \\ 0 & -1 & 1-b_2 & b_3 \\ 0 & 0 & -1 & 1-b_3 \end{vmatrix}\xlongequal{r_3+r_2}\begin{vmatrix} 1 & b_1 & 0 & 0 \\ 0 & 1 & b_2 & 0 \\ 0 & 0 & 1 & b_3 \\ 0 & 0 & -1 & 1-b_3 \end{vmatrix}$$

$$\xlongequal{r_4+r_3}\begin{vmatrix} 1 & b_1 & 0 & 0 \\ 0 & 1 & b_2 & 0 \\ 0 & 0 & 1 & b_3 \\ 0 & 0 & 0 & 1 \end{vmatrix}=1.$$

例 2 计算行列式

$$D=\begin{vmatrix} a_1 & -1 & 0 & 0 \\ a_2 & x & -1 & 0 \\ a_3 & 0 & x & -1 \\ a_4 & 0 & 0 & x \end{vmatrix}.$$

解 方法一

$$D\xlongequal{r_2+xr_1}\begin{vmatrix} a_1 & -1 & 0 & 0 \\ a_2+a_1x & 0 & -1 & 0 \\ a_3 & 0 & x & -1 \\ a_4 & 0 & 0 & x \end{vmatrix}$$

$$\xlongequal{r_3+xr_2}\begin{vmatrix} a_1 & -1 & 0 & 0 \\ a_2+a_1x & 0 & -1 & 0 \\ a_3+a_2x+a_1x^2 & 0 & 0 & -1 \\ a_4 & 0 & 0 & x \end{vmatrix}$$

$$\xlongequal{r_4+xr_3}\begin{vmatrix} a_1 & -1 & 0 & 0 \\ a_2+a_1x & 0 & -1 & 0 \\ a_3+a_2x+a_1x^2 & 0 & 0 & -1 \\ a_4+a_3x+a_2x^2+a_1x^3 & 0 & 0 & 0 \end{vmatrix}$$

$$=-(a_4+a_3x+a_2x^2+a_1x^3)\begin{vmatrix} -1 & 0 & 0 \\ 0 & -1 & 0 \\ 0 & 0 & -1 \end{vmatrix}$$

$$=a_4+a_3x+a_2x^2+a_1x^3.$$

总结 通过例 1 和例 2 可知在行列式恒等变形时,逐行(列)相加或相减是一个重要的技巧.

例 2 除了用上述方法还可用以下递推方法求解.

方法二 将行列式记为 D_4,并将其按最后一行展开有

$$D_4=a_4\cdot(-1)^{4+1}\cdot\begin{vmatrix} -1 & 0 & 0 \\ x & -1 & 0 \\ 0 & x & -1 \end{vmatrix}+x\cdot(-1)^{4+4}\begin{vmatrix} a_1 & -1 & 0 \\ a_2 & x & -1 \\ a_3 & 0 & x \end{vmatrix},$$

其中 $\begin{vmatrix} a_1 & -1 & 0 \\ a_2 & x & -1 \\ a_3 & 0 & x \end{vmatrix}$ 是与 D_4 形式完全相同,只是阶数少了 1 阶的行列式,可记为 D_3,于是得递推公式 $D_4=a_4+xD_3$,继续使用此递推公式有 $D_3=a_3+xD_2$,而

$D_2 = \begin{vmatrix} a_1 & -1 \\ a_2 & x \end{vmatrix} = a_1x + a_2$，从而

$D_4 = a_4 + x(a_3 + xD_2) = a_4 + x[a_3 + x(a_1x + a_2)] = a_4 + a_3x + a_2x^2 + a_1x^3$.

例 3 计算 5 阶行列式

$$D_5 = \begin{vmatrix} 1-a & a & 0 & 0 & 0 \\ -1 & 1-a & a & 0 & 0 \\ 0 & -1 & 1-a & a & 0 \\ 0 & 0 & -1 & 1-a & a \\ 0 & 0 & 0 & -1 & 1-a \end{vmatrix}.$$

解 将各列都加到第 1 列，

$$D_5 = \begin{vmatrix} 1 & a & 0 & 0 & 0 \\ 0 & 1-a & a & 0 & 0 \\ 0 & -1 & 1-a & a & 0 \\ 0 & 0 & -1 & 1-a & a \\ -a & 0 & 0 & -1 & 1-a \end{vmatrix},$$

再按第 1 列展开，

$$D_5 = \begin{vmatrix} 1-a & a & 0 & 0 \\ -1 & 1-a & a & 0 \\ 0 & -1 & 1-a & a \\ 0 & 0 & -1 & 1-a \end{vmatrix} + (-a)\cdot(-1)^{5+1}\begin{vmatrix} a & 0 & 0 & 0 \\ 1-a & a & 0 & 0 \\ -1 & 1-a & a & 0 \\ 0 & -1 & 1-a & a \end{vmatrix}$$

$$= D_4 - a\,(-1)^{5+1}a^4,$$

从而得递推公式 $D_5 = D_4 - (-1)^{5+1}a^5$，继续使用此递推公式有 $D_4 = D_3 - (-1)^{4+1}a^4, D_3 = D_2 - (-1)^{3+1}a^3$，而

$$D_2 = \begin{vmatrix} 1-a & a \\ -1 & 1-a \end{vmatrix} = (1-a)^2 = a^2 - a + 1,$$

于是 $D_5 = D_2 - a^3 + a^4 - a^5 = 1 - a + a^2 - a^3 + a^4 - a^5$.

对于例 3 也可用逐行(列)相加法来做，读者自行尝试.

总结 通过例 2 和例 3 可知，对于规律性强且含零元素较多的行列式，可以考虑用按行(列)展开定理建立递推关系来求行列式，有时候也需要先变形再用按行(列)展开定理建立递推关系，在使用此方法时一定要正确给出递推基础，如例 2 和例 3 中的 D_2.

例 4 计算 4 阶行列式

$$D=\begin{vmatrix} a_1 & 0 & b_1 & 0 \\ 0 & c_1 & 0 & d_1 \\ b_2 & 0 & a_2 & 0 \\ 0 & d_2 & 0 & c_2 \end{vmatrix}.$$

解 互换 2,3 两行,再互换 2,3 两列,有

$$D=\begin{vmatrix} a_1 & b_1 & 0 & 0 \\ b_2 & a_2 & 0 & 0 \\ 0 & 0 & c_1 & d_1 \\ 0 & 0 & d_2 & c_2 \end{vmatrix},$$

利用 1.4 节例 3 的结论有 $D=\begin{vmatrix} a_1 & b_1 \\ b_2 & a_2 \end{vmatrix}\begin{vmatrix} c_1 & d_1 \\ d_2 & c_2 \end{vmatrix}=(a_1a_2-b_1b_2)(c_1c_2-d_1d_2)$.

再例如 4 阶行列式 $D=\begin{vmatrix} a_1 & 0 & 0 & b_1 \\ 0 & a_2 & b_2 & 0 \\ 0 & b_3 & a_3 & 0 \\ b_4 & 0 & 0 & a_4 \end{vmatrix}$ 也可用例 4 的方法求解,互换 2,4 两行,再互换 2,4 两列,有

$$D=\begin{vmatrix} a_1 & b_1 & 0 & 0 \\ b_4 & a_4 & 0 & 0 \\ 0 & 0 & a_3 & b_3 \\ 0 & 0 & b_2 & a_2 \end{vmatrix}=\begin{vmatrix} a_1 & b_1 \\ b_4 & a_4 \end{vmatrix}\begin{vmatrix} a_3 & b_3 \\ b_2 & a_2 \end{vmatrix}$$

$$=(a_1a_4-b_1b_4)(a_3a_2-b_3b_2).$$

例 5 计算 $2n$ 阶行列式

$$D_{2n}=\begin{vmatrix} a_1 & & & & & & b_1 \\ & a_2 & & & & b_2 & \\ & & \ddots & & \iddots & & \\ & & & a_n \quad b_n & & & \\ & & & c_n \quad d_n & & & \\ & & \iddots & & \ddots & & \\ & c_2 & & & & d_2 & \\ c_1 & & & & & & d_1 \end{vmatrix}.$$

解 将最后一行依次与上面的各行交换,交换到第 2 行,再将最后一列依次与前面的列交换,交换到第 2 列,共交换了 $4n-4$ 次,得

$$D_{2n}=\begin{vmatrix} a_1 & b_1 & & & & & & \\ c_1 & d_1 & & & & & & \\ & & a_2 & & & & & b_2 \\ & & & \ddots & & & \unicode{x22F0} & \\ & & & & a_n & b_n & & \\ & & & & c_n & d_n & & \\ & & & \unicode{x22F0} & & & \ddots & \\ & & c_2 & & & & & d_2 \end{vmatrix}$$

$$=\begin{vmatrix} a_1 & b_1 \\ c_1 & d_1 \end{vmatrix}\begin{vmatrix} a_2 & & & & & b_2 \\ & \ddots & & & \unicode{x22F0} & \\ & & a_n & b_n & & \\ & & c_n & d_n & & \\ & \unicode{x22F0} & & & \ddots & \\ c_2 & & & & & d_2 \end{vmatrix},$$

再将等式右边第 2 个行列式按上述方法类似变形，直至最后降为一个 2 阶行列式，于是有

$$D_{2n}=\begin{vmatrix} a_1 & b_1 \\ c_1 & d_1 \end{vmatrix}\begin{vmatrix} a_2 & b_2 \\ c_2 & d_2 \end{vmatrix}\begin{vmatrix} a_3 & & & & & b_3 \\ & \ddots & & & \unicode{x22F0} & \\ & & a_n & b_n & & \\ & & c_n & d_n & & \\ & \unicode{x22F0} & & & \ddots & \\ c_3 & & & & & d_3 \end{vmatrix}$$

$$=\cdots=(a_1d_1-b_1c_1)(a_2d_2-b_2c_2)\cdots(a_nd_n-b_nc_n)$$

$$=\prod_{i=1}^{n}(a_id_i-b_ic_i).$$

总结 由例 4 和例 5 可知对于一些类似于例 4 和例 5 这样的行列式，可以通过互换行(列)将行列式变形为 1.4 节例 3 的形式，再利用其结论求解，有的时候可能会多次应用该结论.

例 6 计算行列式

$$D=\begin{vmatrix} 1 & 1 & 1 & 1 \\ x_1 & x_2 & x_3 & x_4 \\ x_1^2 & x_2^2 & x_3^2 & x_4^2 \\ x_1^4 & x_2^4 & x_3^4 & x_4^4 \end{vmatrix}.$$

解 此行列式与范德蒙德行列式很接近，但缺少字母的 3 次方项，可用以下方

法(简称加边法)构造一个范德蒙德行列式记为

$$D_1=\begin{vmatrix}1&1&1&1&1\\x_1&x_2&x_3&x_4&y\\x_1^2&x_2^2&x_3^2&x_4^2&y^2\\x_1^3&x_2^3&x_3^3&x_4^3&y^3\\x_1^4&x_2^4&x_3^4&x_4^4&y^4\end{vmatrix}$$

一方面,将 D_1 按第 5 列展开有

$$\begin{aligned}D_1&=A_{15}+yA_{25}+y^2A_{35}+y^3A_{45}+y^4A_{55}\\&=M_{15}-yM_{25}+y^2M_{35}-y^3M_{45}+y^4M_{55},\end{aligned}$$

由此可知 y^3 的系数为 $-D$;

另一方面,利用范德蒙德行列式的结论,

$$D_1=(y-x_1)(y-x_2)(y-x_3)(y-x_4)\prod_{1\leqslant j<i\leqslant 4}(x_i-x_j),$$

由此可知 y^3 的系数为 $-(x_1+x_2+x_3+x_4)\prod\limits_{1\leqslant j<i\leqslant 4}(x_i-x_j)$, 即

$$D=(x_1+x_2+x_3+x_4)\prod_{1\leqslant j<i\leqslant 4}(x_i-x_j).$$

例 7 计算下列行列式

$$D=\begin{vmatrix}1&1&1&1\\x_1+1&x_2+1&x_3+1&x_4+1\\x_1^2+x_1&x_2^2+x_2&x_3^2+x_3&x_4^2+x_4\\x_1^3+x_1^2&x_2^3+x_2^2&x_3^3+x_3^2&x_4^3+x_4^2\end{vmatrix}.$$

解 利用逐行相加法,将第 1 行的 -1 倍加到第 2 行,再将所得的第 2 行的 -1 倍加到第 3 行,如此进行下去,直至行列式 D 变形为 $\begin{vmatrix}1&1&1&1\\x_1&x_2&x_3&x_4\\x_1^2&x_2^2&x_3^2&x_4^2\\x_1^3&x_2^3&x_3^3&x_4^3\end{vmatrix}$, 于是

$$D=\prod_{1\leqslant j<i\leqslant 4}(x_i-x_j).$$

总结 由例 6 和例 7 可知,当行列式的形式与范德蒙德行列式很接近时,可采用适当的方法,例如加边法、逐行(列)相加法等变形为范德蒙德行列式求解.

例 8 求方程 $f(x)=0$ 的根,其中 $f(x)=\begin{vmatrix}x-17&2&-7\\2&x-14&4\\2&4&x-14\end{vmatrix}$.

解 将第 2 行的 -1 倍加到第 3 行有

$$f(x)\xlongequal{r_3-r_2}\begin{vmatrix} x-17 & 2 & -7 \\ 2 & x-14 & 4 \\ 0 & 18-x & x-18 \end{vmatrix}$$

$$=(x-18)\begin{vmatrix} x-17 & 2 & -7 \\ 2 & x-14 & 4 \\ 0 & -1 & 1 \end{vmatrix}$$

$$\xlongequal{c_2+c_3}(x-18)\begin{vmatrix} x-17 & -5 & -7 \\ 2 & x-10 & 4 \\ 0 & 0 & 1 \end{vmatrix}$$

$$=(x-18)\begin{vmatrix} x-17 & -5 \\ 2 & x-10 \end{vmatrix}$$

$$=(x-18)(x^2-27x+180)$$

$$=(x-18)(x-12)(x-15).$$

从而方程的根为 12,15,18.

例 9 求方程 $f(x)=0$ 的根,其中 $f(x)=\begin{vmatrix} x-3 & -2 & 2 \\ 4 & x+1 & -4 \\ -4 & -5 & x+3 \end{vmatrix}$.

解 将第 3 列加至第 1 列,有

$$f(x)\xlongequal{c_1+c_3}\begin{vmatrix} x-1 & -2 & 2 \\ 0 & x+1 & -4 \\ x-1 & -5 & x+3 \end{vmatrix}$$

$$=(x-1)\begin{vmatrix} 1 & -2 & 2 \\ 0 & x+1 & -4 \\ 1 & -5 & x+3 \end{vmatrix}$$

$$\xlongequal{r_3-r_1}(x-1)\begin{vmatrix} 1 & -2 & 2 \\ 0 & x+1 & -4 \\ 0 & -3 & x+1 \end{vmatrix}$$

$$=(x^2+2x-11)(x-1),$$

从而方程的根为 $1,-1\pm 2\sqrt{3}$.

总结 对于形如例 8 和例 9 这样求方程的题目,避免将行列式直接展开,而是先采用适当的恒等变形之后再求解,通常将某行(列)的 k 倍加至另一行(列),使得某一行(列)能够出现未知量 x 的一次公因式,提出这个公因式,再降阶处理剩下的 3 阶行列式,这样才能较容易地求出方程的根.

总习题1

一、填空题

1. 4 阶行列式 $\begin{vmatrix} a_{11} & a_{12} & a_{13} & a_{14} \\ a_{21} & a_{22} & a_{23} & a_{24} \\ a_{31} & a_{32} & a_{33} & a_{34} \\ a_{41} & a_{42} & a_{43} & a_{44} \end{vmatrix}$ 中含有因子 $a_{13}a_{31}$ 的项为__________.

2. 已知 $\begin{vmatrix} a_{11} & a_{12} & a_{13} \\ a_{21} & a_{22} & a_{23} \\ a_{31} & a_{32} & a_{33} \end{vmatrix} = 2$，则 $\begin{vmatrix} 2a_{11} & 2a_{12} & 2a_{13} \\ a_{21} & a_{22} & a_{23} \\ a_{31}+3a_{11} & a_{32}+3a_{12} & a_{33}+3a_{13} \end{vmatrix} =$ __________.

3. 在 4 阶行列式 D_4 中，第 3 行元素依次是 $2,-1,3,5$，它们的余子式的值是 $3,9,-3,-1$，则 $D_4 =$ __________.

4. 设 $A_{i2}(i=1,2,3,4)$ 是行列式 $\begin{vmatrix} x & a_{12} & 3 & 7 \\ y & a_{22} & 8 & 9 \\ z & a_{32} & 2 & 3 \\ w & a_{42} & 9 & 6 \end{vmatrix}$ 中元素 a_{i2} 的代数余子式，则 $7A_{12}+9A_{22}+3A_{32}+6A_{42} =$ __________.

5. 4 阶行列式 $\begin{vmatrix} 1 & 1 & 1 & 1 \\ 1 & 2 & 3 & a \\ 1 & 2^2 & 3^2 & a^2 \\ 1 & 2^3 & 3^3 & a^3 \end{vmatrix} =$ __________.

6. $\begin{vmatrix} ka_{11} & ka_{12} & \cdots & ka_{1n} \\ ka_{21} & ka_{22} & \cdots & ka_{2n} \\ \vdots & \vdots & & \vdots \\ ka_{n1} & ka_{n2} & \cdots & ka_{nn} \end{vmatrix} =$ __________ $\begin{vmatrix} a_{11} & a_{12} & \cdots & a_{1n} \\ a_{21} & a_{22} & \cdots & a_{2n} \\ \vdots & \vdots & & \vdots \\ a_{n1} & a_{n2} & \cdots & a_{nn} \end{vmatrix}$，其中 k 为常数.

7. 若 $f(x) = \begin{vmatrix} 2 & x & 0 & 0 \\ 1 & 3 & 0 & 0 \\ -3 & 4 & 5 & x \\ -1 & 2 & 3 & 2 \end{vmatrix}$，则 x^2 的系数=__________.

8. 若 3 阶行列式 $\begin{vmatrix} 1 & 0 & 2 \\ x & 3 & 1 \\ 4 & x & 5 \end{vmatrix}$ 的元素 a_{12} 的代数余子式 $A_{12}=-1$，则元素 a_{21} 的代数余子式 $A_{21} =$ __________.

9. $\begin{vmatrix} 0 & 0 & \cdots & 0 & 1 \\ 0 & 0 & \cdots & 2 & 0 \\ \vdots & \vdots & & \vdots & \vdots \\ 0 & n-1 & \cdots & 0 & 0 \\ n & 0 & \cdots & 0 & 0 \end{vmatrix} =$ __________.

10. $\begin{vmatrix} 0 & 0 & 0 & 1 & 2 \\ 0 & 0 & 0 & 3 & 4 \\ 5 & -1 & 1 & 0 & 0 \\ 0 & 2 & 4 & 0 & 0 \\ 1 & 0 & 3 & 0 & 0 \end{vmatrix} =$ __________.

二、判断题

1. 若行列式有零行，则该行列式的值必为零； ( )

反之若行列式的值为零，则该行列式必有零行. ( )

2. $\begin{vmatrix} a_1+1 & b_1+2 \\ c_1+3 & d_1+4 \end{vmatrix} = \begin{vmatrix} a_1 & b_1 \\ c_1 & d_1 \end{vmatrix} + \begin{vmatrix} 1 & 2 \\ 3 & 4 \end{vmatrix}$. ( )

3. $\begin{vmatrix} 1 & 1 & 1 \\ 1 & x & x^2 \\ 1 & -2 & 4 \end{vmatrix} = 0$ 的充要条件是 $x = 2$. ( )

4. $\begin{vmatrix} ka_1 & kb_1 \\ kc_1 & kd_1 \end{vmatrix} = k\begin{vmatrix} a_1 & b_1 \\ c_1 & d_1 \end{vmatrix}$. ( )

5. $\begin{vmatrix} a_{11} & a_{12} & a_{13} \\ a_{21} & a_{22} & a_{23} \\ a_{31} & a_{32} & a_{33} \end{vmatrix} \xlongequal{r_1+2r_3} \begin{vmatrix} a_{11}+2a_{31} & a_{12}+2a_{32} & a_{13}+2a_{33} \\ a_{21} & a_{22} & a_{23} \\ 2a_{31} & 2a_{32} & 2a_{33} \end{vmatrix}$. ( )

6. 已知非齐次线性方程组 $\begin{cases} a_{11}x_1 + a_{12}x_2 + \cdots + a_{1n}x_n = b_1, \\ a_{21}x_1 + a_{22}x_2 + \cdots + a_{2n}x_n = b_2, \\ \cdots\cdots \\ a_{n1}x_1 + a_{n2}x_2 + \cdots + a_{nn}x_n = b_n, \end{cases}$ 其中 $b_1, b_2, \cdots, b_n$ 不全为零①

和齐次线性方程组 $\begin{cases} a_{11}x_1 + a_{12}x_2 + \cdots + a_{1n}x_n = 0, \\ a_{21}x_1 + a_{22}x_2 + \cdots + a_{2n}x_n = 0, \\ \cdots\cdots \\ a_{n1}x_1 + a_{n2}x_2 + \cdots + a_{nn}x_n = 0. \end{cases}$ ②

记 D 为以上两个方程组的系数行列式，则

(1)若 $D \neq 0$，则非齐次线性方程组①有唯一解； ( )

(2)齐次线性方程组②存在无解的情形； ( )

(3)若齐次线性方程组②有非零解，则 $D = 0$； ( )

(4)若非齐次线性方程组①无解或有多个不同的解，则 $D = 0$. ( )

三、计算题

1. 计算下列行列式.

(1) $\begin{vmatrix} 1 & 1 & 3 & 4 \\ 0 & 1 & 4 & 5 \\ 2 & 3 & 2 & 7 \\ 0 & 5 & 1 & -1 \end{vmatrix}$；　(2) $\begin{vmatrix} 1 & -1 & 2 & 3 \\ 2 & 2 & 0 & 2 \\ 4 & 1 & -1 & -1 \\ 1 & 2 & 3 & 0 \end{vmatrix}$；　(3) $\begin{vmatrix} 1 & 4 & 4 & 4 \\ 4 & 1 & 4 & 4 \\ 4 & 4 & 1 & 4 \\ 4 & 4 & 4 & 1 \end{vmatrix}$；

(4) $\begin{vmatrix} \alpha & 0 & 0 & 0 & \beta \\ x_1 & a & b & b & y_1 \\ x_2 & b & a & b & y_2 \\ x_3 & b & b & a & y_3 \\ \beta & 0 & 0 & 0 & \alpha \end{vmatrix}$；　　(5) $\begin{vmatrix} x & -1 & 0 & 0 \\ 0 & x & -1 & 0 \\ 0 & 0 & x & -1 \\ a_4 & a_3 & a_2 & a_1+x \end{vmatrix}$.

2.计算下列行列式.

(1) $D_{n+1}=\begin{vmatrix} 1 & 1 & 2 & \cdots & n-1 & n \\ 1 & -1 & 0 & \cdots & 0 & 0 \\ 1 & 0 & -2 & \cdots & 0 & 0 \\ \vdots & \vdots & \vdots & & \vdots & \vdots \\ 1 & 0 & 0 & \cdots & 0 & -n \end{vmatrix}$；

(2) $D_n=\begin{vmatrix} 1 & 2 & 3 & \cdots & n-1 & n \\ 1 & -1 & 0 & \cdots & 0 & 0 \\ 0 & 2 & -2 & \cdots & 0 & 0 \\ \vdots & \vdots & \vdots & & \vdots & \vdots \\ 0 & 0 & 0 & \cdots & n-1 & 1-n \end{vmatrix}$；

(3) $D_{2n}=\begin{vmatrix} a & & & & & b \\ & \ddots & & & \iddots & \\ & & a & b & & \\ & & c & d & & \\ & \iddots & & & \ddots & \\ c & & & & & d \end{vmatrix}$；

(4) $D_n=\begin{vmatrix} a+x_1 & x_2 & x_3 & \cdots & x_n \\ x_1 & a+x_2 & x_3 & \cdots & x_n \\ x_1 & x_2 & a+x_3 & \cdots & x_n \\ \vdots & \vdots & \vdots & & \vdots \\ x_1 & x_2 & x_3 & \cdots & a+x_n \end{vmatrix}$；

(5) $D_n=\begin{vmatrix} 1 & 2 & 3 & \cdots & n \\ 2 & 3 & 4 & \cdots & n+1 \\ 3 & 4 & 5 & \cdots & n+2 \\ \vdots & \vdots & \vdots & & \vdots \\ n & n+1 & n+2 & \cdots & 2n-1 \end{vmatrix}$.

3.已知齐次线性方程组

$$\begin{cases} (\lambda+1)x_1+2x_2-x_3=0, \\ 2x_1+(\lambda+1)x_2+x_3=0, \\ -x_1+x_2+(\lambda+1)x_3=0 \end{cases}$$

有非零解，求 λ 的值.

4.已知齐次线性方程组

$$\begin{cases}(\lambda-1)x_1+2x_2-ax_3=0,\\3x_1+(\lambda-a)x_2+3x_3=0,\\-ax_1+2x_2+(\lambda-1)x_3=0\end{cases}$$

有非零解,其中 a 为常数,求 λ 的值.

5. 已知非齐次线性方程组

$$\begin{cases}x_1+x_2+x_3=5,\\x_1+kx_2-x_3=3,\\2x_1-x_2+kx_3=7\end{cases}$$

有解但解不唯一,求 k 的值.

6. 已知行列式

$$D=\begin{vmatrix}1&0&3&4\\1&-1&2&5\\3&0&-1&2\\4&7&-2&3\end{vmatrix},$$

$A_{ij}(i,j=1,2,3,4)$ 为 D 的第 i 行 j 列元素的代数余子式,求

(1) $4A_{21}+7A_{22}-2A_{23}+3A_{24}$;(2) $A_{21}+5A_{23}+4A_{24}$;(3) $A_{31}+A_{32}-2A_{33}+A_{34}$.

四、证明题

1. 证明 $\begin{vmatrix}x_1+y_1&y_1+z_1&z_1+x_1\\x_2+y_2&y_2+z_2&z_2+x_2\\x_3+y_3&y_3+z_3&z_3+x_3\end{vmatrix}=2\begin{vmatrix}x_1&y_1&z_1\\x_2&y_2&z_2\\x_3&y_3&z_3\end{vmatrix}$.

2. 证明 $\begin{vmatrix}1&1&1&1\\a&b&c&d\\a^2&b^2&c^2&d^2\\a^4&b^4&c^4&d^4\end{vmatrix}=(a+b+c+d)(b-a)(c-a)(d-a)(c-b)(d-b)(d-c)$.

3. 证明(1) $D_n=\begin{vmatrix}a+b&ab&0&\cdots&0&0\\1&a+b&ab&\cdots&0&0\\\vdots&\vdots&\vdots&&\vdots&\vdots\\0&0&0&\cdots&a+b&ab\\0&0&0&\cdots&1&a+b\end{vmatrix}=\dfrac{a^{n+1}-b^{n+1}}{a-b}$;

(2) $D_n=\begin{vmatrix}\cos\alpha&1&0&\cdots&0&0&0\\1&2\cos\alpha&1&\cdots&0&0&0\\0&1&2\cos\alpha&\cdots&0&0&0\\\vdots&\vdots&\vdots&&\vdots&\vdots&\vdots\\0&0&0&\cdots&2\cos\alpha&1&0\\0&0&0&\cdots&1&2\cos\alpha&1\\0&0&0&\cdots&0&1&2\cos\alpha\end{vmatrix}=\cos n\alpha$.

4. 已知 a,b,c 不全为零,证明方程组 $\begin{cases} ax_2+bx_3+cx_4=0, \\ ax_1+x_2=0, \\ bx_1+x_3=0, \\ cx_1+x_4=0 \end{cases}$ 只有零解.

考研题选

1. 设有齐次线性方程组

$$\begin{cases} (1+a)x_1+x_2+\cdots+x_n=0, \\ 2x_1+(2+a)x_2+\cdots+2x_n=0, \\ \cdots\cdots \\ nx_1+nx_2+\cdots+(n+a)x_n=0. \end{cases} \quad (n\geqslant 2)$$

问 a 取何值时,该方程组有非零解. (2004 年)

2. 计算 n 阶行列式

$$\begin{vmatrix} 0 & 1 & 1 & \cdots & 1 & 1 \\ 1 & 0 & 1 & \cdots & 1 & 1 \\ 1 & 1 & 0 & \cdots & 1 & 1 \\ \vdots & \vdots & \vdots & & \vdots & \vdots \\ 1 & 1 & 1 & \cdots & 0 & 1 \\ 1 & 1 & 1 & \cdots & 1 & 0 \end{vmatrix}.$$

(1997 年)

3. 证明

$$D_n=\begin{vmatrix} 2a & 1 & 0 & \cdots & 0 & 0 & 0 \\ a^2 & 2a & 1 & \cdots & 0 & 0 & 0 \\ 0 & a^2 & 2a & \cdots & 0 & 0 & 0 \\ \vdots & \vdots & \vdots & & \vdots & \vdots & \vdots \\ 0 & 0 & 0 & \cdots & a^2 & 2a & 1 \\ 0 & 0 & 0 & \cdots & 0 & a^2 & 2a \end{vmatrix}=(n+1)a^n.$$

(2008 年)

第 2 章　矩阵及其运算

矩阵是线性代数的主要研究对象，是求解线性方程组的一个有力工具，矩阵的概念、理论和运算在数学的各分支和其他学科中都有广泛的应用. 本章以实例引出矩阵的概念，再介绍矩阵的相关运算，重点是矩阵的乘法运算以及相关运算规律，最后介绍逆矩阵及矩阵分块运算的相关知识.

2.1　矩　　阵

一、矩阵的定义

引例　现统计 2013 级软件工程 1 班三个姓氏：王、张、吴的男女生人数，得如下统计表 2.1：

表 2.1　班级姓氏性别统计表

	王	张	吴
男	1	2	3
女	4	3	1

删去表格的第一行和第一列，得到一个 2 行 3 列的矩形数表 $\begin{pmatrix} 1 & 2 & 3 \\ 4 & 3 & 1 \end{pmatrix}$，该矩形数表称为一个 2 行 3 列的矩阵.

一般的有如下定义.

定义 2.1　由 $m\times n$ 个数 $a_{ij}(i=1,\ 2,\ \cdots,\ m;\ j=1,\ 2,\ \cdots,\ n)$ 排成的 m 行 n 列的矩形数表

$$\begin{pmatrix} a_{11} & a_{12} & \cdots & a_{1n} \\ a_{21} & a_{22} & \cdots & a_{2n} \\ \vdots & \vdots & & \vdots \\ a_{m1} & a_{m2} & \cdots & a_{mn} \end{pmatrix}$$

称为一个 m 行 n 列的矩阵，简称 $m\times n$ 矩阵，并简记为 $\boldsymbol{A}=(a_{ij})_{m\times n}$ 或 $\boldsymbol{A}_{m\times n}$，其中 a_{ij} 是指 $\boldsymbol{A}$ 的位于第 i 行第 j 列的元素 $(i=1,2,\cdots,m;j=1,2,\cdots,n)$.

元素为实数的矩阵称为实矩阵，元素为复数的矩阵称为复矩阵. 在本书中通常用大写黑体字母 $\boldsymbol{A},\boldsymbol{B},\boldsymbol{C},\cdots$ 表示矩阵.

值得注意的是,矩阵和行列式在形式上有些类似,但在意义上完全不同,一个行列式是一个数,而一个矩阵是一个数表.

二、矩阵的相关概念

如果两个矩阵的行数和列数分别对应相等,那么称这两个矩阵为同型矩阵.

定义 2.2　如果两个同型矩阵 $\boldsymbol{A}=(a_{ij})_{m\times n}$,$\boldsymbol{B}=(b_{ij})_{m\times n}$ 的元素对应相等,即 $a_{ij}=b_{ij}(i=1,2,\cdots,m;j=1,2,\cdots,n)$,那么称 $\boldsymbol{A}$ 与 $\boldsymbol{B}$ 相等,记为 $\boldsymbol{A}=\boldsymbol{B}$.

将元素都为零的矩阵称为零矩阵,记为 $\boldsymbol{O}$. 注意不同型的零矩阵是不相等的,如 $\boldsymbol{O}_{2\times 3}\neq\boldsymbol{O}_{3\times 3}$.

对于矩阵 $\boldsymbol{A}_{m\times n}=(a_{ij})_{m\times n}$,有如下一些常用的特殊矩阵形式.

当 $m=1,n=1$ 时,$\boldsymbol{A}=(a_{11})$,$\boldsymbol{A}$ 为一行一列的矩阵,简记为 $\boldsymbol{A}=a_{11}$;

当 $m=1$ 时,$\boldsymbol{A}=(a_{11},a_{12},\cdots,a_{1n})$,称 $\boldsymbol{A}$ 为**行矩阵(行向量)**;

当 $n=1$ 时,$\boldsymbol{A}=\begin{pmatrix}a_{11}\\a_{21}\\\vdots\\a_{m1}\end{pmatrix}$,称 $\boldsymbol{A}$ 为**列矩阵(列向量)**;

当 $m=n$ 时,$\boldsymbol{A}=\begin{pmatrix}a_{11}&a_{12}&\cdots&a_{1n}\\a_{21}&a_{22}&\cdots&a_{2n}\\\vdots&\vdots&&\vdots\\a_{n1}&a_{n2}&\cdots&a_{nn}\end{pmatrix}$,称 $\boldsymbol{A}$ 为 n **阶方阵(矩阵)**,记为 $\boldsymbol{A}_n$.

下面再介绍一些非常特殊的 n 阶方阵.

主对角线以下的元素全为 0 的方阵

$$\begin{pmatrix}a_{11}&a_{12}&\cdots&a_{1n}\\0&a_{22}&\cdots&a_{2n}\\\vdots&\vdots&&\vdots\\0&0&\cdots&a_{nn}\end{pmatrix}$$

称为**上三角形矩阵**;

主对角线以上的元素全为 0 的方阵

$$\begin{pmatrix}a_{11}&0&\cdots&0\\a_{21}&a_{22}&\cdots&0\\\vdots&\vdots&&\vdots\\a_{n1}&a_{n2}&\cdots&a_{nn}\end{pmatrix}$$

称为**下三角形矩阵**;

主对角线以外的元素全为 0 的方阵

$$\begin{pmatrix} a_{11} & 0 & \cdots & 0 \\ 0 & a_{22} & \cdots & 0 \\ \vdots & \vdots & & \vdots \\ 0 & 0 & \cdots & a_{nn} \end{pmatrix}$$

称为**对角矩阵**，简称对角阵；特别地主对角线上的元素都相等的对角阵

$$\begin{pmatrix} k & 0 & \cdots & 0 \\ 0 & k & \cdots & 0 \\ \vdots & \vdots & & \vdots \\ 0 & 0 & \cdots & k \end{pmatrix}$$

称为**数量矩阵(纯量矩阵)**，而当 $k=1$ 时，$\begin{pmatrix} 1 & & \\ & \ddots & \\ & & 1 \end{pmatrix}$ 称为**单位矩阵**，记为 $\boldsymbol{I}$ 或 $\boldsymbol{I}_n$.

2.2　矩阵的线性运算与乘法运算

一、矩阵的线性运算

1. 矩阵的加法

引例　假设对某高校电子信息工程专业 1，2 两个班的王、刘、张这三个姓氏的男女生人数作如下统计，得表 2.2 和表 2.3.

表 2.2　班级姓氏性别统计表

	王	刘	张
男	1	2	4
女	0	1	2

(1 班)

表 2.3　班级姓氏性别统计表

	王	刘	张
男	3	0	2
女	2	4	1

(2 班)

通过表格求出这两个班的王、刘、张这三个姓氏的男女生总人数分别为多少？得表 2.4.

表 2.4　班级姓氏性别统计表

	王	刘	张
男	4	2	6
女	2	5	3

表 2.2 对应矩阵 $\boldsymbol{A}=\begin{pmatrix}1&2&4\\0&1&2\end{pmatrix}$，表 2.3 对应矩阵 $\boldsymbol{B}=\begin{pmatrix}3&0&2\\2&4&1\end{pmatrix}$，表 2.4 对应矩阵 $\boldsymbol{C}=\begin{pmatrix}4&2&6\\2&5&3\end{pmatrix}$，将矩阵 $\boldsymbol{C}$ 称为矩阵 $\boldsymbol{A}$ 与 $\boldsymbol{B}$ 的和，记为 $\boldsymbol{C}=\boldsymbol{A}+\boldsymbol{B}$.

一般的对矩阵加法有如下定义.

定义 2.3　设有两个 m 行 n 列的矩阵 $\boldsymbol{A}=(a_{ij})_{m\times n}$，$\boldsymbol{B}=(b_{ij})_{m\times n}$，记 $\boldsymbol{A}$ 与 $\boldsymbol{B}$ 的和为 $\boldsymbol{A}+\boldsymbol{B}$，并规定为 $\boldsymbol{A}+\boldsymbol{B}=(a_{ij})_{m\times n}+(b_{ij})_{m\times n}=(a_{ij}+b_{ij})_{m\times n}$.

例如，$\begin{pmatrix}1&2\\3&4\end{pmatrix}+\begin{pmatrix}3&-1\\-3&2\end{pmatrix}=\begin{pmatrix}4&1\\0&6\end{pmatrix}$.

由定义 2.3，可将矩阵的加法简单概括为“同型矩阵相加，则对应元素相加”.

称 $-\boldsymbol{A}=(-a_{ij})_{m\times n}$ 为 $\boldsymbol{A}$ 的负矩阵，即 $-\boldsymbol{A}$ 的每一个元素为 $\boldsymbol{A}$ 的每一个相应元素的相反数，由此可定义矩阵的减法，$\boldsymbol{A}-\boldsymbol{B}=\boldsymbol{A}+(-\boldsymbol{B})=(a_{ij}-b_{ij})_{m\times n}$，其中 $\boldsymbol{B}=(b_{ij})_{m\times n}$，矩阵的减法简单概括为“同型矩阵相减，则对应元素相减”. 从而若 $\boldsymbol{A}+\boldsymbol{B}=\boldsymbol{C}$，则 $\boldsymbol{A}=\boldsymbol{C}-\boldsymbol{B}$.

由定义 2.3 容易证明，矩阵的加法满足下列运算规律：

(1)交换律 $\boldsymbol{A}+\boldsymbol{B}=\boldsymbol{B}+\boldsymbol{A}$；

(2)结合律 $(\boldsymbol{A}+\boldsymbol{B})+\boldsymbol{C}=\boldsymbol{A}+(\boldsymbol{B}+\boldsymbol{C})$；

(3) $\boldsymbol{A}+\boldsymbol{O}=\boldsymbol{O}+\boldsymbol{A}=\boldsymbol{A}$，其中 $\boldsymbol{O}$ 是与 $\boldsymbol{A}$ 同型的零矩阵；

(4) $\boldsymbol{A}+(-\boldsymbol{A})=\boldsymbol{O}$.

2. 数与矩阵相乘(矩阵的数乘运算)

定义 2.4　设 $\boldsymbol{A}=(a_{ij})_{m\times n}$，$\lambda$ 是一个数，那么矩阵

$$\begin{pmatrix}\lambda a_{11}&\lambda a_{12}&\cdots&\lambda a_{1n}\\\lambda a_{21}&\lambda a_{22}&\cdots&\lambda a_{2n}\\\vdots&\vdots&&\vdots\\\lambda a_{m1}&\lambda a_{m2}&\cdots&\lambda a_{mn}\end{pmatrix}$$

称为数 λ 与矩阵 $\boldsymbol{A}$ 的乘积，记为 $\lambda\boldsymbol{A}$ 或 $\boldsymbol{A}\lambda$，即

$$\lambda\boldsymbol{A}=\boldsymbol{A}\lambda=\begin{pmatrix}\lambda a_{11}&\lambda a_{12}&\cdots&\lambda a_{1n}\\\lambda a_{21}&\lambda a_{22}&\cdots&\lambda a_{2n}\\\vdots&\vdots&&\vdots\\\lambda a_{m1}&\lambda a_{m2}&\cdots&\lambda a_{mn}\end{pmatrix}.$$

由定义 2.4 可知数 λ 与矩阵 $\boldsymbol{A}$ 相乘相当于将 $\boldsymbol{A}$ 的每一个元素都乘以数 λ.

由定义 2.4 容易证明，矩阵的数乘运算满足下列运算规律：

设 $\boldsymbol{A},\boldsymbol{B}$ 为同型矩阵，k,l 为数，

(1)结合律　$(kl)\boldsymbol{A}=k(l\boldsymbol{A})=l(k\boldsymbol{A})$；

(2)分配律　$k(\boldsymbol{A}+\boldsymbol{B})=k\boldsymbol{A}+k\boldsymbol{B},(k+l)\boldsymbol{A}=k\boldsymbol{A}+l\boldsymbol{A}$；

(3) $1\boldsymbol{A}=\boldsymbol{A},0\boldsymbol{A}=\boldsymbol{O}$;

(4) $k\boldsymbol{A}=\boldsymbol{O}$ 当且仅当 $k=0$ 或者 $\boldsymbol{A}=\boldsymbol{O}$.

例 1　已知 $\boldsymbol{A}=\begin{pmatrix}1&2&3\\4&5&6\end{pmatrix},\boldsymbol{B}=\begin{pmatrix}-2&4&0\\1&3&1\end{pmatrix}$，求(1) $3\boldsymbol{A}+5\boldsymbol{B}$；(2) $2\boldsymbol{A}-4\boldsymbol{B}$.

解　(1)
$$\begin{aligned}3\boldsymbol{A}+5\boldsymbol{B}&=3\begin{pmatrix}1&2&3\\4&5&6\end{pmatrix}+5\begin{pmatrix}-2&4&0\\1&3&1\end{pmatrix}\\&=\begin{pmatrix}3&6&9\\12&15&18\end{pmatrix}+\begin{pmatrix}-10&20&0\\5&15&5\end{pmatrix}\\&=\begin{pmatrix}-7&26&9\\17&30&23\end{pmatrix}.\end{aligned}$$

(2) $$2\boldsymbol{A}-4\boldsymbol{B}=2\begin{pmatrix}1&2&3\\4&5&6\end{pmatrix}-4\begin{pmatrix}-2&4&0\\1&3&1\end{pmatrix}=\begin{pmatrix}10&-12&6\\4&-2&8\end{pmatrix}.$$

二、矩阵的乘法

1. 矩阵乘法的定义

引例　现有某高校每位男生，每位女生平均每天早上花费在牛奶、面包、鸡蛋上面的费用(单位:元/人)统计表(表 2.5).

表 2.5　早餐费用统计表

	男生	女生
牛奶	2.50	2.50
面包	2.50	2.00
鸡蛋	1.00	1.00

该学校电子信息工程专业(简称电信)1，2 两个班男、女生人数统计表(表 2.6).

表 2.6　班级男女生统计表

	电信 1 班	电信 2 班
男生	20	25
女生	30	28

根据以上两个表格的信息，计算电信 1，2 两个班每天早上花费在牛奶、面包、鸡蛋上面的总费用分别为多少(单位：元)？完成下面表格表 2.7，

表 2.7

	电信 1 班	电信 2 班
牛奶		
面包		
鸡蛋		

解　由以上信息易得表 2.8.

表 2.8

	电信 1 班	电信 2 班
牛奶	2.50×20+2.50×30	2.50×25+2.50×28
面包	2.50×20+2.00×30	2.50×25+2.00×28
鸡蛋	1.00×20+1.00×30	1.00×25+1.00×28

将以上三个表格对应的矩阵分别记为 $\boldsymbol{A},\boldsymbol{B},\boldsymbol{C}$，即有

$$\boldsymbol{A}=\begin{pmatrix}2.50 & 2.50\\ 2.50 & 2.00\\ 1.00 & 1.00\end{pmatrix},$$

$$\boldsymbol{B}=\begin{pmatrix}20 & 25\\ 30 & 28\end{pmatrix},$$

$$\boldsymbol{C}=\begin{pmatrix}2.50\times 20+2.50\times 30 & 2.50\times 25+2.50\times 28\\ 2.50\times 20+2.00\times 30 & 2.50\times 25+2.00\times 28\\ 1.00\times 20+1.00\times 30 & 1.00\times 25+1.00\times 28\end{pmatrix},$$

观察矩阵 $\boldsymbol{C}$ 的元素与矩阵 $\boldsymbol{A},\boldsymbol{B}$ 的元素的关系，不难看出矩阵 $\boldsymbol{C}$ 的第 1 行第 1 列的元素 c_{11} 等于 $\boldsymbol{A}$ 的第 1 行与 $\boldsymbol{B}$ 的第 1 列的对应元素的乘积之和. 一般地，矩阵 $\boldsymbol{C}$ 的第 i 行第 j 列的元素有 c_{ij} 等于矩阵 $\boldsymbol{A}$ 的第 i 行与 $\boldsymbol{B}$ 的第 j 列的对应元素的乘积之和. 这样的矩阵 $\boldsymbol{C}$ 称为 $\boldsymbol{A}$ 与 $\boldsymbol{B}$ 的乘积.

定义 2.5　设 $\boldsymbol{A}=(a_{ij})_{m\times s}$，$\boldsymbol{B}=(b_{ij})_{s\times n}$，规定 $\boldsymbol{A}$ 与 $\boldsymbol{B}$ 的乘积是一个 $m\times n$ 的矩阵 $\boldsymbol{C}=(c_{ij})_{m\times n}$，其中 $c_{ij}=a_{i1}b_{1j}+a_{i2}b_{2j}+\cdots+a_{is}b_{sj}=\sum\limits_{k=1}^{s}a_{ik}b_{kj}(i=1,\cdots,m;j=1,\cdots,n)$，记为 $\boldsymbol{C}=\boldsymbol{AB}$.

由定义 2.5 可知

(1) $\boldsymbol{A}$ 与 $\boldsymbol{B}$ 可乘的条件为左边矩阵 $\boldsymbol{A}$ 的列数等于右边矩阵 $\boldsymbol{B}$ 的行数；

(2)乘积 $\boldsymbol{C}$ 的行数等于 $\boldsymbol{A}$ 的行数，$\boldsymbol{C}$ 的列数等于 $\boldsymbol{B}$ 的列数；

(3)乘积 $\boldsymbol{C}$ 的第 i 行第 j 列的元素 c_{ij} 等于 $\boldsymbol{A}$ 的第 i 行与 $\boldsymbol{B}$ 的第 j 列对应元素乘

积之和(常称"行列积"),即

$$i\text{行}\begin{pmatrix}\vdots & \vdots & & \vdots \\ a_{i1} & a_{i2} & \cdots & a_{is} \\ \vdots & \vdots & & \vdots\end{pmatrix}\begin{pmatrix}\cdots & b_{1j} & \cdots \\ \cdots & b_{2j} & \cdots \\ & \vdots & \\ \cdots & b_{sj} & \cdots\end{pmatrix}=\begin{pmatrix}\ddots & \vdots & ⋰ \\ \cdots & c_{ij} & \cdots \\ ⋰ & \vdots & \ddots\end{pmatrix}i\text{行}$$

$$\begin{matrix} & j\text{列} & j\text{列} \\ \boldsymbol{A} & \boldsymbol{B} & \boldsymbol{C}\end{matrix}$$

例 2　设矩阵 $\boldsymbol{A}=(1\quad 2\quad 3)$, $\boldsymbol{B}=\begin{pmatrix}3\\-1\\2\end{pmatrix}$,问 $\boldsymbol{A}$ 与 $\boldsymbol{B}$ 能否相乘?若能相乘,求出 $\boldsymbol{A}$ 与 $\boldsymbol{B}$ 的乘积.

解　由于 $\boldsymbol{A}$ 的列数等于 $\boldsymbol{B}$ 的行数,则 $\boldsymbol{A}$ 与 $\boldsymbol{B}$ 能相乘,且 $\boldsymbol{A}$ 与 $\boldsymbol{B}$ 的乘积是一个 1×1矩阵,即 $\boldsymbol{AB}=(1\quad 2\quad 3)\begin{pmatrix}3\\-1\\2\end{pmatrix}=(7)=7$.

2. 矩阵乘法的运算规律

数的乘法运算规律有交换律、结合律、乘法对加法的分配律、消去律等运算规律,这些运算规律对矩阵乘法运算还成立吗?下面以例题的形式,将矩阵的乘法与数的乘法的运算规律进行类比学习,从而总结出两者运算规律的不同点和相同点,并注意不同点中的特殊性.

例 3　已知 $\boldsymbol{A}=\begin{pmatrix}-1 & 1\\1 & -1\\1 & -1\end{pmatrix}$, $\boldsymbol{B}=\begin{pmatrix}1 & 2\\2 & 1\end{pmatrix}$,问 $\boldsymbol{AB}$, $\boldsymbol{BA}$ 是否都有意义?若有意义,求其结果.

解　因为 $\boldsymbol{A}$ 的列数等于 $\boldsymbol{B}$ 的行数,所以 $\boldsymbol{AB}$ 有意义,且

$$\boldsymbol{AB}=\begin{pmatrix}-1 & 1\\1 & -1\\1 & -1\end{pmatrix}\begin{pmatrix}1 & 2\\2 & 1\end{pmatrix}=\begin{pmatrix}1 & -1\\-1 & 1\\-1 & 1\end{pmatrix},$$

又因为 $\boldsymbol{B}$ 的列数 2 不等于 $\boldsymbol{A}$ 的行数 3,所以 $\boldsymbol{BA}$ 无意义.

由例 3 可知,在矩阵 $\boldsymbol{AB}$ 有意义的前提下, $\boldsymbol{BA}$ 不一定有意义.

例 4　已知 $\boldsymbol{A}=\begin{pmatrix}2 & 4\\-3 & -6\end{pmatrix}$, $\boldsymbol{B}=\begin{pmatrix}-2 & 4\\1 & -2\end{pmatrix}$,问 $\boldsymbol{AB}$, $\boldsymbol{BA}$ 是否都有意义?若有意义,求其结果.

解　容易看出 $\boldsymbol{AB}$, $\boldsymbol{BA}$ 都有意义,且有 $\boldsymbol{AB}=\begin{pmatrix}0 & 0\\0 & 0\end{pmatrix}$, $\boldsymbol{BA}=\begin{pmatrix}-16 & -32\\8 & 16\end{pmatrix}$.

由例 4 可知

(1) $\boldsymbol{AB}$ 与 $\boldsymbol{BA}$ 同时有意义的前提下，$\boldsymbol{AB}$ 也不一定等于 $\boldsymbol{BA}$. 与数的乘法运算规律类比，矩阵乘法不满足交换律，因此在进行矩阵乘法运算时，一定不能随意交换矩阵的位置. 为了叙述方便，乘积 $\boldsymbol{AB}$ 以后称为 $\boldsymbol{A}$ 左乘 $\boldsymbol{B}$，$\boldsymbol{B}$ 右乘 $\boldsymbol{A}$.

(2) 在数的乘法运算中：若 $ab=0$，则必有 $a=0$ 或 $b=0$，但在矩阵乘法运算中：若 $\boldsymbol{AB}=\boldsymbol{O}$，则未必有 $\boldsymbol{A}=\boldsymbol{O}$ 或 $\boldsymbol{B}=\boldsymbol{O}$，即两个不为零的矩阵相乘，有可能为零矩阵.

例 5　已知

$$\boldsymbol{A}=\begin{pmatrix} a_1 & 0 & \cdots & 0 \\ 0 & a_2 & \cdots & 0 \\ \vdots & \vdots & & \vdots \\ 0 & 0 & \cdots & a_n \end{pmatrix},\quad \boldsymbol{B}=\begin{pmatrix} b_1 & 0 & \cdots & 0 \\ 0 & b_2 & \cdots & 0 \\ \vdots & \vdots & & \vdots \\ 0 & 0 & \cdots & b_n \end{pmatrix},$$

求 $\boldsymbol{AB}$ 与 $\boldsymbol{BA}$.

解　$$\boldsymbol{AB}=\boldsymbol{BA}=\begin{pmatrix} a_1b_1 & 0 & \cdots & 0 \\ 0 & a_2b_2 & \cdots & 0 \\ \vdots & \vdots & & \vdots \\ 0 & 0 & \cdots & a_nb_n \end{pmatrix}.$$

由例 5 可知，两个 n 阶对角阵 $\boldsymbol{A}$，$\boldsymbol{B}$ 相乘满足交换律，且所得乘积 $\boldsymbol{AB}$ 仍是一个 n 阶对角阵，所得对角阵 $\boldsymbol{AB}$ 对角线上的元素为 $\boldsymbol{A}$，$\boldsymbol{B}$ 两个对角阵对角线上对应元素之积.

例 6　已知 $\boldsymbol{A}=kI_n$，$\boldsymbol{B}=(b_{ij})_n$ 为任意 n 阶方阵，求 $\boldsymbol{AB}$ 与 $\boldsymbol{BA}$.

解　$$\boldsymbol{AB}=\boldsymbol{BA}=\begin{pmatrix} kb_{11} & kb_{12} & \cdots & kb_{1n} \\ kb_{21} & kb_{22} & \cdots & kb_{2n} \\ \vdots & \vdots & & \vdots \\ kb_{n1} & kb_{n2} & \cdots & kb_{nn} \end{pmatrix}=k\boldsymbol{B}.$$

由例 6 可知，数量矩阵与任意同阶方阵相乘满足交换律，即 $kI_n\boldsymbol{B}_n=\boldsymbol{B}_nkI_n=k\boldsymbol{B}_n$. 不难计算，当 $\boldsymbol{A}$ 为任意 $m\times n$ 矩阵时，有

$$\boldsymbol{I}_m\boldsymbol{A}_{m\times n}=\boldsymbol{A}_{m\times n},\quad \boldsymbol{A}_{m\times n}\boldsymbol{I}_n=\boldsymbol{A}_{m\times n}.$$

由此可知，在满足可乘的条件下，单位矩阵与任意矩阵 $\boldsymbol{A}$ 左乘或右乘都等于矩阵 $\boldsymbol{A}$ 本身，可见单位矩阵在矩阵乘法中的作用类似于数 1 在数的乘法中的作用.

由以上几个例题可知，在一般情况下矩阵乘法不满足交换律，但在某些特殊的情况下交换律也可以成立，在学习的过程中要特别注意这不同点中的特殊性.

例 7　设 $\boldsymbol{A}=\begin{pmatrix} 1 & -1 \\ -2 & 2 \end{pmatrix}$，$\boldsymbol{B}=\begin{pmatrix} 3 & 1 \\ 2 & -1 \end{pmatrix}$，$\boldsymbol{C}=\begin{pmatrix} 2 & -1 \\ 1 & -3 \end{pmatrix}$，求 $\boldsymbol{AB}$，$\boldsymbol{AC}$.

解　$$\boldsymbol{AB}=\boldsymbol{AC}=\begin{pmatrix} 1 & 2 \\ -2 & -4 \end{pmatrix}.$$

数的乘法运算满足消去律:即若 $ab=ac$,$a\neq 0$,则必有 $b=c$. 但由例 7 可知,在矩阵乘法运算中,若 $\boldsymbol{AB}=\boldsymbol{AC}$,$\boldsymbol{A}\neq\boldsymbol{O}$,则未必有 $\boldsymbol{B}=\boldsymbol{C}$,即矩阵乘法不满足消去律.

前面类比地介绍了矩阵的乘法与数的乘法运算规律的不同点,以及不同点中的特殊性. 接下来介绍两者类似的运算规律.

(1)**结合律** $(\boldsymbol{AB})\boldsymbol{C}=\boldsymbol{A}(\boldsymbol{BC})$,$\lambda(\boldsymbol{AB})=(\lambda\boldsymbol{A})\boldsymbol{B}=\boldsymbol{A}(\lambda\boldsymbol{B})$,其中 λ 为常数.

(2)**左分配律** $\boldsymbol{A}(\boldsymbol{B}+\boldsymbol{C})=\boldsymbol{AB}+\boldsymbol{AC}$,

右分配律 $(\boldsymbol{B}+\boldsymbol{C})\boldsymbol{A}=\boldsymbol{BA}+\boldsymbol{CA}$.

证明 (1)设 $\boldsymbol{A}=(a_{ij})_{m\times s}$,$\boldsymbol{B}=(b_{ij})_{s\times n}$,$\boldsymbol{C}=(c_{ij})_{n\times k}$,很容易看出(1)式左右两边是同型矩阵,现在比较它们的对应元素,等式左边 $(\boldsymbol{AB})\boldsymbol{C}$ 的第 i 行第 j 列元素为 $\sum\limits_{p=1}^{n}\left(\sum\limits_{l=1}^{s}a_{il}b_{lp}\right)c_{pj}=\sum\limits_{p=1}^{n}\sum\limits_{l=1}^{s}a_{il}b_{lp}c_{pj}$,等式右边 $\boldsymbol{A}(\boldsymbol{BC})$ 的第 i 行第 j 列元素为 $\sum\limits_{l=1}^{s}a_{il}\left(\sum\limits_{p=1}^{n}b_{lp}c_{pj}\right)=\sum\limits_{l=1}^{s}\sum\limits_{p=1}^{n}a_{il}b_{lp}c_{pj}=\sum\limits_{p=1}^{n}\sum\limits_{l=1}^{s}a_{il}b_{lp}c_{pj}$,在此运用了双重连加号求和顺序可以交换的性质,从而有 $(\boldsymbol{AB})\boldsymbol{C}=\boldsymbol{A}(\boldsymbol{BC})$.

(2)只证明左分配律,设 $\boldsymbol{A}=(a_{ij})_{m\times s}$,$\boldsymbol{B}=(b_{ij})_{s\times n}$,$\boldsymbol{C}=(c_{ij})_{s\times n}$,易看出左分配律等式两边是同型矩阵,现比较它们的对应元素,等式左边 $\boldsymbol{A}(\boldsymbol{B}+\boldsymbol{C})$ 的第 i 行第 j 列的元素为 $\sum\limits_{k=1}^{s}a_{ik}(b_{kj}+c_{kj})=\sum\limits_{k=1}^{s}a_{ik}b_{kj}+\sum\limits_{k=1}^{s}a_{ik}c_{kj}$,等式右边 $\boldsymbol{AB}+\boldsymbol{AC}$ 的第 i 行第 j 列的元素为 $\boldsymbol{AB}$ 的第 i 行第 j 列的元素加上 $\boldsymbol{AC}$ 的第 i 行第 j 列的元素,即 $\boldsymbol{AB}+\boldsymbol{AC}$ 的第 i 行第 j 列的元素为 $\sum\limits_{k=1}^{s}a_{ik}b_{kj}+\sum\limits_{k=1}^{s}a_{ik}c_{kj}$,从而左分配律成立. 右分配律的证明请读者自行尝试.

例 8 已知 $\boldsymbol{X}=\begin{pmatrix}x_1\\x_2\\\vdots\\x_n\end{pmatrix}$,$\boldsymbol{Y}=(x_1,x_2,\cdots,x_n)$,且 $\boldsymbol{YX}=x_1^2+x_2^2+\cdots+x_n^2=1$,计算 $(\boldsymbol{I}-2\boldsymbol{XY})(\boldsymbol{I}-2\boldsymbol{XY})$.

解 $(\boldsymbol{I}-2\boldsymbol{XY})(\boldsymbol{I}-2\boldsymbol{XY})=\boldsymbol{I}-4\boldsymbol{XY}+4\boldsymbol{X}(\boldsymbol{YX})\boldsymbol{Y}=\boldsymbol{I}-4\boldsymbol{XY}+4\boldsymbol{XY}=\boldsymbol{I}$.

3. 方阵的幂

定义 2.6 设 $\boldsymbol{A}$ 为 n 阶方阵,定义 $\boldsymbol{A}$ 的幂为 $\boldsymbol{A}^0=\boldsymbol{I}$,$\boldsymbol{A}^k=\underbrace{\boldsymbol{AA}\cdots\boldsymbol{A}}_{k个}$,其中 k 为正整数.

由于矩阵的乘法满足结合律,所以通过定义 2.6 不难得出方阵的幂满足下列运算规律:

(1) $\boldsymbol{A}^k\boldsymbol{A}^l=\boldsymbol{A}^{k+l}$;

(2) $(\boldsymbol{A}^k)^l=\boldsymbol{A}^{kl}$,其中 k,l 为非负整数.

关于幂的运算有如下思考题.

思考题 1　$m\times n(m\neq n)$ 矩阵 $\boldsymbol{A}$ 的 $\boldsymbol{A}^k$ 有意义吗?

思考题 2　对于任意两个 n 阶方阵 $\boldsymbol{A},\boldsymbol{B}$, $(\boldsymbol{AB})^k$ 与 $\boldsymbol{A}^k\boldsymbol{B}^k$ 是否相等?

思考题 3　对于任意两个 n 阶方阵 $\boldsymbol{A}$ 与 $\boldsymbol{B}$,

$$(\boldsymbol{A}+\boldsymbol{B})^2=\boldsymbol{A}^2+2\boldsymbol{AB}+\boldsymbol{B}^2,\quad (\boldsymbol{A}+\boldsymbol{B})(\boldsymbol{A}-\boldsymbol{B})=\boldsymbol{A}^2-\boldsymbol{B}^2$$

是否一定成立?

在学习矩阵乘法的运算规律时,关键在于将其与数的乘法运算规律进行类比学习,为了帮助读者在学习的过程中熟练掌握两者运算规律的不同点和相同点,在本章结束时给出了数的乘法与矩阵乘法运算规律的对照学习总结表,方便读者学习.

4. 矩阵乘法的应用

设含 m 个方程, n 个未知量的线性方程组

$$\begin{cases}a_{11}x_1+a_{12}x_2+\cdots+a_{1n}x_n=b_1,\\ a_{21}x_1+a_{22}x_2+\cdots+a_{2n}x_n=b_2,\\ \qquad\cdots\cdots\\ a_{m1}x_1+a_{m2}x_2+\cdots+a_{mn}x_n=b_m.\end{cases}\tag{2.1}$$

利用矩阵的乘法,可以将其每一个方程表示成矩阵乘积的形式,即有

$$(a_{i1},a_{i2},\cdots,a_{in})\begin{pmatrix}x_1\\x_2\\\vdots\\x_n\end{pmatrix}=b_i,\quad i=1,2,\cdots,m.$$

这 m 个等式的左边有一个共同点,其中第 2 个矩阵都为列矩阵 $\begin{pmatrix}x_1\\x_2\\\vdots\\x_n\end{pmatrix}$. 利用矩阵的乘法将这 m 个等式"**聚零为整**", 则有

$$\begin{pmatrix}a_{11}&a_{12}&\cdots&a_{1n}\\a_{21}&a_{22}&\cdots&a_{2n}\\\vdots&\vdots&&\vdots\\a_{m1}&a_{m2}&\cdots&a_{mn}\end{pmatrix}\begin{pmatrix}x_1\\x_2\\\vdots\\x_n\end{pmatrix}=\begin{pmatrix}b_1\\b_2\\\vdots\\b_m\end{pmatrix}.\tag{2.2}$$

式(2.2)便是线性方程组的矩阵形式,简记为 $\boldsymbol{Ax}=\boldsymbol{b}$, 其中

$$\boldsymbol{A}=\begin{pmatrix}a_{11}&a_{12}&\cdots&a_{1n}\\a_{21}&a_{22}&\cdots&a_{2n}\\\vdots&\vdots&&\vdots\\a_{m1}&a_{m2}&\cdots&a_{mn}\end{pmatrix},\quad \boldsymbol{x}=\begin{pmatrix}x_1\\x_2\\\vdots\\x_n\end{pmatrix},\quad \boldsymbol{b}=\begin{pmatrix}b_1\\b_2\\\vdots\\b_m\end{pmatrix},$$

且称$\boldsymbol{A}=(a_{ij})_{m\times n}$为线性方程组(2.1)的系数矩阵,$(\boldsymbol{A}\vdots\boldsymbol{b})$称为线性方程组(2.1)的增广矩阵.

特别地,齐次线性方程组

$$\begin{cases}a_{11}x_1+a_{12}x_2+\cdots+a_{1n}x_n=0,\\ a_{21}x_1+a_{22}x_2+\cdots+a_{2n}x_n=0,\\ \cdots\cdots\\ a_{m1}x_1+a_{m2}x_2+\cdots+a_{mn}x_n=0\end{cases}$$

的矩阵形式简记为$\boldsymbol{A}x=\boldsymbol{0}$,其中$\boldsymbol{A}=\begin{pmatrix}a_{11}&a_{12}&\cdots&a_{1n}\\ a_{21}&a_{22}&\cdots&a_{2n}\\ \vdots&\vdots&&\vdots\\ a_{m1}&a_{m2}&\cdots&a_{mn}\end{pmatrix}$,$\boldsymbol{x}=\begin{pmatrix}x_1\\ x_2\\ \vdots\\ x_n\end{pmatrix}$,$\boldsymbol{0}=\begin{pmatrix}0\\ 0\\ \vdots\\ 0\end{pmatrix}$.

例 9 写出线性方程组$\begin{cases}2x_1+4x_2-3x_3=1,\\ -x_1+x_3=4\end{cases}$的矩阵形式.

解 由上面分析可得矩阵形式为$\begin{pmatrix}2&4&-3\\ -1&0&1\end{pmatrix}\begin{pmatrix}x_1\\ x_2\\ x_3\end{pmatrix}=\begin{pmatrix}1\\ 4\end{pmatrix}$.

设有n个变量$x_1,x_2,\cdots,x_n$到m个变量$y_1,y_2,\cdots,y_m$的关系式

$$\begin{cases}y_1=a_{11}x_1+a_{12}x_2+\cdots+a_{1n}x_n,\\ y_2=a_{21}x_1+a_{22}x_2+\cdots+a_{2n}x_n,\\ \cdots\cdots\\ y_m=a_{m1}x_1+a_{m2}x_2+\cdots+a_{mn}x_n,\end{cases}\tag{2.3}$$

称式(2.3)为从变量$x_1,x_2,\cdots,x_n$到变量$y_1,y_2,\cdots,y_m$的一个线性变换,其中$a_{ij}(i=1,2,\cdots,m;j=1,2,\cdots,n)$为常数.

类似于线性方程组(2.1)的矩阵表示形式可得到线性变换的矩阵形式简记为

$\boldsymbol{Y}=\boldsymbol{AX}$,其中$\boldsymbol{A}=(a_{ij})_{m\times n}$,$\boldsymbol{X}=\begin{pmatrix}x_1\\ x_2\\ \vdots\\ x_n\end{pmatrix}$,$\boldsymbol{Y}=\begin{pmatrix}y_1\\ y_2\\ \vdots\\ y_m\end{pmatrix}$.

例 10 写出从变量x_1,x_2,x_3到变量y_1,y_2的线性变换

$$\begin{cases}y_1=a_{11}x_1+a_{12}x_2+a_{13}x_3,\\ y_2=a_{21}x_1+a_{22}x_2+a_{23}x_3\end{cases}$$

的矩阵形式.

解 矩阵形式为$\begin{pmatrix}y_1\\ y_2\end{pmatrix}=\begin{pmatrix}a_{11}&a_{12}&a_{13}\\ a_{21}&a_{22}&a_{23}\end{pmatrix}\begin{pmatrix}x_1\\ x_2\\ x_3\end{pmatrix}$.

学习线性代数要善于利用矩阵及其运算来研究我们所涉及的对象，并特别注意应用“聚零为整”以及“化整为零”的思想方法帮助我们灵活地解决问题.

习　题　2.2

1. 已知 $\boldsymbol{A}=\begin{pmatrix}1&2&3\\4&5&6\end{pmatrix}$，$\boldsymbol{B}=\begin{pmatrix}3&-1&0\\2&1&4\end{pmatrix}$，求 $3\boldsymbol{A}+2\boldsymbol{B}$，$2\boldsymbol{A}-3\boldsymbol{B}$.

2. 计算下列矩阵的乘积.

(1) $\begin{pmatrix}1&2&3\\4&5&6\end{pmatrix}\begin{pmatrix}1&0\\-1&1\\0&-1\end{pmatrix}$；　(2) $(1\quad 2\quad 3)\begin{pmatrix}4\\5\\6\end{pmatrix}$；　(3) $\begin{pmatrix}1\\2\\3\end{pmatrix}(4\quad 5\quad 6)$；

(4) $(x_1\quad x_2\quad x_3)\begin{pmatrix}a_{11}&a_{12}&a_{13}\\a_{21}&a_{22}&a_{23}\\a_{31}&a_{32}&a_{33}\end{pmatrix}\begin{pmatrix}x_1\\x_2\\x_3\end{pmatrix}$；　(5) $\begin{pmatrix}1&2\\3&4\end{pmatrix}^2$.

3. 若 $\boldsymbol{A}$，$\boldsymbol{B}$ 满足 $\boldsymbol{AB}=\boldsymbol{BA}$，则称 $\boldsymbol{A}$ 与 $\boldsymbol{B}$ 可换. 已知 $\boldsymbol{A}=\begin{pmatrix}1&1\\0&1\end{pmatrix}$，求出与 $\boldsymbol{A}$ 可换的所有矩阵 $\boldsymbol{B}$.

4. 已知 $\boldsymbol{A}=\begin{pmatrix}1&0\\\lambda&1\end{pmatrix}$，证明 $\boldsymbol{A}^k=\begin{pmatrix}1&0\\k\lambda&1\end{pmatrix}$，其中 k 为正整数.

5. 写出下列线性方程组和线性变换的矩阵形式.

(1) $\begin{cases}x_1+2x_2-3x_3=5,\\2x_1-2x_2+4x_3=3,\\3x_1+5x_3=7;\end{cases}$　(2) $\begin{cases}x_1-x_2-x_3=0,\\x_1+4x_3=0,\\5x_1+x_2-7x_3=0;\end{cases}$

(3) 变量 x_1,x_2 到变量 y_1,y_2,y_3 的线性变换 $\begin{cases}y_1=2x_1-x_2,\\y_2=3x_1+5x_2,\\y_3=x_2.\end{cases}$

2.3　方阵的行列式及伴随矩阵

一、转置矩阵

定义 2.7　将 $\boldsymbol{A}_{m\times n}$ 的行换成同序数的列之后所得的 $n\times m$ 矩阵，称为 $\boldsymbol{A}_{m\times n}$ 的转置矩阵，记为 $\boldsymbol{A}^{\mathrm{T}}$ 或 $\boldsymbol{A}'$.

由定义易知 $\boldsymbol{A}_{m\times n}$ 的第 i 行第 j 列的元素为 $\boldsymbol{A}^{\mathrm{T}}$ 的第 j 行第 i 列的元素.

由定义 2.8 可知矩阵的转置满足下列运算规律：

(1) $(\boldsymbol{A}^{\mathrm{T}})^{\mathrm{T}}=\boldsymbol{A}$；

(2) $(\lambda\boldsymbol{A})^{\mathrm{T}}=\lambda\boldsymbol{A}^{\mathrm{T}}$，$\lambda$ 为一个常数；

(3) $(\boldsymbol{A}+\boldsymbol{B})^{\mathrm{T}}=\boldsymbol{A}^{\mathrm{T}}+\boldsymbol{B}^{\mathrm{T}}$；

(4) $(\boldsymbol{AB})^{\mathrm{T}}=\boldsymbol{B}^{\mathrm{T}}\boldsymbol{A}^{\mathrm{T}}$，推广 $(\boldsymbol{A}_1\boldsymbol{A}_2\cdots\boldsymbol{A}_s)^{\mathrm{T}}=\boldsymbol{A}_s^{\mathrm{T}}\boldsymbol{A}_{s-1}^{\mathrm{T}}\cdots\boldsymbol{A}_2^{\mathrm{T}}\boldsymbol{A}_1^{\mathrm{T}}$.

在这 4 个运算规律中,(1)、(2)、(3)由定义 2.8 很容易理解,接下来证明(4).

证明 设 $\boldsymbol{A}=(a_{ij})_{m\times s}$,$\boldsymbol{B}=(b_{ij})_{s\times n}$，则 $\boldsymbol{AB}$ 为 $m\times n$ 矩阵，$(\boldsymbol{AB})^{\mathrm{T}}$ 为 $n\times m$ 矩阵，$\boldsymbol{B}^{\mathrm{T}}\boldsymbol{A}^{\mathrm{T}}$ 为 $n\times m$ 矩阵,由此可见(4)式左右两边为同型矩阵;现比较它们的对应元素,左边 $(\boldsymbol{AB})^{\mathrm{T}}$ 的第 i 行第 j 列的元素为 $\boldsymbol{AB}$ 的第 j 行第 i 列的元素,而 $\boldsymbol{AB}$ 的第 j 行第 i 列的元素为 $\boldsymbol{A}$ 的第 j 行元素与 $\boldsymbol{B}$ 的第 i 列对应元素的乘积之和即为 $a_{j1}b_{1i}+a_{j2}b_{2i}+\cdots+a_{js}b_{si}$,右边 $\boldsymbol{B}^{\mathrm{T}}\boldsymbol{A}^{\mathrm{T}}$ 的第 i 行第 j 列的元素为 $\boldsymbol{B}^{\mathrm{T}}$ 的第 i 行元素与 $\boldsymbol{A}^{\mathrm{T}}$ 的第 j 列对应元素的乘积之和,即为 $\boldsymbol{B}$ 的第 i 列元素与 $\boldsymbol{A}$ 的第 j 行对应元素乘积之和 $b_{1i}a_{j1}+b_{2i}a_{j2}+\cdots+b_{si}a_{js}$，由此可见(4)式左右两边的对应元素相等,综合可得 $(\boldsymbol{AB})^{\mathrm{T}}=\boldsymbol{B}^{\mathrm{T}}\boldsymbol{A}^{\mathrm{T}}$.

定义 2.8 设 $\boldsymbol{A}$ 为 n 阶方阵,若 $\boldsymbol{A}=\boldsymbol{A}^{\mathrm{T}}$,则称 $\boldsymbol{A}$ 为对称矩阵.

由定义可知,对称矩阵 $\boldsymbol{A}$ 关于主对角线对称位置的元素相等,即 $a_{ij}=a_{ji}$.

通过定义 2.8 易得如下结论.

定理 2.1 如果 $\boldsymbol{A}$,$\boldsymbol{B}$ 都为 n 阶对称矩阵,那么 $\boldsymbol{A}^{\mathrm{T}}$,$\lambda\boldsymbol{A}$,$\boldsymbol{A}+\boldsymbol{B}$ 也为对称矩阵,其中 λ 为一个常数.

(请读者自行证明)

思考题 4 若 $\boldsymbol{A}$,$\boldsymbol{B}$ 都为 n 阶对称矩阵,则乘积 $\boldsymbol{AB}$ 也为对称矩阵吗？若不是，$\boldsymbol{AB}$ 必须满足怎样的条件才能成为对称矩阵？

例 1 设列矩阵 $\boldsymbol{X}=(x_1,x_2,\cdots,x_n)^{\mathrm{T}}$，满足 $\boldsymbol{X}^{\mathrm{T}}\boldsymbol{X}=1$，令 $\boldsymbol{H}=\boldsymbol{I}-2\boldsymbol{XX}^{\mathrm{T}}$，证明 $\boldsymbol{H}$ 是对称矩阵且满足 $\boldsymbol{HH}^{\mathrm{T}}=\boldsymbol{I}$.

证明 因为 $\boldsymbol{H}^{\mathrm{T}}=(\boldsymbol{I}-2\boldsymbol{XX}^{\mathrm{T}})^{\mathrm{T}}=\boldsymbol{I}^{\mathrm{T}}-(2\boldsymbol{XX}^{\mathrm{T}})^{\mathrm{T}}=\boldsymbol{I}-2\boldsymbol{XX}^{\mathrm{T}}=\boldsymbol{H}$，所以 $\boldsymbol{H}$ 为对称矩阵. 于是 $\boldsymbol{HH}^{\mathrm{T}}=\boldsymbol{H}^2$，由 2.2 节例 8 可知 $\boldsymbol{H}^2=\boldsymbol{I}$. 证毕

此题要特别注意 $\boldsymbol{X}^{\mathrm{T}}\boldsymbol{X}$ 与 $\boldsymbol{XX}^{\mathrm{T}}$ 的区别，$\boldsymbol{X}^{\mathrm{T}}\boldsymbol{X}$ 是一个 1 行 1 列的矩阵,而 $\boldsymbol{XX}^{\mathrm{T}}$ 却是一个 n 行 n 列的矩阵.

二、方阵的行列式

定义 2.9 由 n 阶方阵 $\boldsymbol{A}$ 的各元素按原顺序构成的 n 阶行列式,称为方阵 $\boldsymbol{A}$ 的行列式. 记为 $|\boldsymbol{A}|$ 或 $\det\boldsymbol{A}$，即

$$|\boldsymbol{A}|=\det\boldsymbol{A}=\begin{vmatrix} a_{11} & a_{12} & \cdots & a_{1n} \\ a_{21} & a_{22} & \cdots & a_{2n} \\ \vdots & \vdots & & \vdots \\ a_{n1} & a_{n2} & \cdots & a_{nn} \end{vmatrix}.$$

注意方阵 $\boldsymbol{A}$ 与方阵 $\boldsymbol{A}$ 的行列式 $|\boldsymbol{A}|$ 的区别：

(1)表现形式上:方阵 $\boldsymbol{A}$ 是用(　)将 $\boldsymbol{A}$ 的元素聚在一起,而方阵 $\boldsymbol{A}$ 的行列式是用两条竖线｜　｜将 $\boldsymbol{A}$ 的元素聚在一起;

(2)本质上：$\boldsymbol{A}$ 是由 n^2 个数按一定方式排成的矩形数表，而 $|\boldsymbol{A}|$ 是这些数按一定的运算法则所确定的一个数.

例如，$\boldsymbol{A}=\begin{pmatrix}1&2\\3&4\end{pmatrix}$，而 $|\boldsymbol{A}|=\begin{vmatrix}1&2\\3&4\end{vmatrix}=-2$. 特别注意 $m\times n$ 的矩阵 $\boldsymbol{A}_{m\times n}(m\neq n)$ 是不能构成一个行列式的.

n 阶方阵 $\boldsymbol{A}$ 的行列式有如下性质.

设 $\boldsymbol{A},\boldsymbol{B}$ 都为 n 阶方阵，λ 为数，则

(1) $|\boldsymbol{A}^{\mathrm{T}}|=|\boldsymbol{A}|$；

(2) $|\lambda\boldsymbol{A}|=\lambda^n|\boldsymbol{A}|$；

(3) $|\boldsymbol{AB}|=|\boldsymbol{A}||\boldsymbol{B}|$.

证明　(1)由行列式的性质 1“转置性”易得.

(2)设 $\boldsymbol{A}=(a_{ij})_{n\times n}$，则 $\lambda\boldsymbol{A}=(\lambda a_{ij})_{n\times n}$，从而

$$|\lambda\boldsymbol{A}|=\begin{vmatrix}\lambda a_{11}&\cdots&\lambda a_{1n}\\\vdots&&\vdots\\\lambda a_{n1}&\cdots&\lambda a_{nn}\end{vmatrix}=\lambda^n\begin{vmatrix}a_{11}&\cdots&a_{1n}\\\vdots&&\vdots\\a_{n1}&\cdots&a_{nn}\end{vmatrix}=\lambda^n|\boldsymbol{A}|.$$

(3)设 $\boldsymbol{A}=(a_{ij})_{n\times n}$，$\boldsymbol{B}=(b_{ij})_{n\times n}$，记 $\boldsymbol{C}=\boldsymbol{AB}=(c_{ij})_{n\times n}$ 由矩阵乘积定义可知

$$c_{ij}=a_{i1}b_{1j}+a_{i2}b_{2j}+\cdots+a_{in}b_{nj}=\sum_{k=1}^{n}a_{ik}b_{kj},$$

作一个 $2n$ 阶行列式，并由 1.4 节的例 3 有

$$|\boldsymbol{A}||\boldsymbol{B}|=\begin{vmatrix}a_{11}&a_{12}&\cdots&a_{1n}&0&0&\cdots&0\\a_{21}&a_{22}&\cdots&a_{2n}&0&0&\cdots&0\\\vdots&\vdots&&\vdots&\vdots&\vdots&&\vdots\\a_{n1}&a_{n2}&\cdots&a_{nn}&0&0&\cdots&0\\-1&0&\cdots&0&b_{11}&b_{12}&\cdots&b_{1n}\\0&-1&\cdots&0&b_{21}&b_{22}&\cdots&b_{2n}\\\vdots&\vdots&&\vdots&\vdots&\vdots&&\vdots\\0&0&\cdots&-1&b_{n1}&b_{n2}&\cdots&b_{nn}\end{vmatrix}$$

利用倍加性将上式右边的 $2n$ 阶行列式的第 $n+1$ 行乘 a_{11}，第 $n+2$ 行乘 a_{12}，…，第 $2n$ 行乘 a_{1n} 分别都加到第 1 行，可得

$$|\boldsymbol{A}||\boldsymbol{B}|=\begin{vmatrix}0&0&\cdots&0&c_{11}&c_{12}&\cdots&c_{1n}\\a_{21}&a_{22}&\cdots&a_{2n}&0&0&\cdots&0\\\vdots&\vdots&&\vdots&\vdots&\vdots&&\vdots\\a_{n1}&a_{n2}&\cdots&a_{nn}&0&0&\cdots&0\\-1&0&\cdots&0&b_{11}&b_{12}&\cdots&b_{1n}\\0&-1&\cdots&0&b_{21}&b_{22}&\cdots&b_{2n}\\\vdots&\vdots&&\vdots&\vdots&\vdots&&\vdots\\0&0&\cdots&-1&b_{n1}&b_{n2}&\cdots&b_{nn}\end{vmatrix},$$

按照上述同样的办法，将左上角的元素 $a_{21},\cdots,a_{2n},\cdots,a_{nn}$ 消为零的同时，右上角的 0 元素依次变为 $c_{21},\cdots,c_{2n},\cdots,c_{nn}$，从而由第 1 章思考题 8 的结论可知

$$|\boldsymbol{A}||\boldsymbol{B}|=\begin{vmatrix} 0 & 0 & \cdots & 0 & c_{11} & c_{12} & \cdots & c_{1n} \\ 0 & 0 & \cdots & 0 & c_{21} & c_{22} & \cdots & c_{2n} \\ \vdots & \vdots & & \vdots & \vdots & \vdots & & \vdots \\ 0 & 0 & \cdots & 0 & c_{n1} & c_{n2} & \cdots & c_{nn} \\ -1 & 0 & \cdots & 0 & b_{11} & b_{12} & \cdots & b_{1n} \\ 0 & -1 & \cdots & 0 & b_{21} & b_{22} & \cdots & b_{2n} \\ 0 & 0 & \cdots & -1 & b_{n1} & b_{n2} & \cdots & b_{nn} \end{vmatrix}$$

$$=(-1)^{n\cdot n}|\boldsymbol{C}|(-1)^{n}=(-1)^{n(n+1)}|\boldsymbol{C}|=|\boldsymbol{C}|=|\boldsymbol{AB}|.$$

关于上述 3 个性质有以下两点说明：

(1)运用性质 2 时要特别注意不要错误地应用为 $|\lambda\boldsymbol{A}|=\lambda|\boldsymbol{A}|$；

(2)对于任意 n 阶方阵 $\boldsymbol{A},\boldsymbol{B}$，虽有 $\boldsymbol{AB}\neq\boldsymbol{BA}$，但总有 $|\boldsymbol{AB}|=|\boldsymbol{BA}|=|\boldsymbol{A}||\boldsymbol{B}|$，这里要注意当 $\boldsymbol{A}$ 为 $m\times n$ 矩阵，$\boldsymbol{B}$ 为 $n\times m$ 矩阵时，$|\boldsymbol{AB}|$ 是有意义的，但 $|\boldsymbol{AB}|=|\boldsymbol{A}||\boldsymbol{B}|$ 是错误的.

关于性质 3 可推广为 s 个 n 阶方阵相乘的的情形，即 $|\boldsymbol{A}_1\boldsymbol{A}_2\cdots\boldsymbol{A}_s|=|\boldsymbol{A}_1||\boldsymbol{A}_2|\cdots|\boldsymbol{A}_s|$，从而有 $|\boldsymbol{A}^k|=|\boldsymbol{A}|^k$，其中 s,k 为正整数.

例 2 设有两个 3 阶方阵 $\boldsymbol{A},\boldsymbol{B}$，$|\boldsymbol{A}|=2$，$|\boldsymbol{B}|=4$，计算行列式

$$|-2\boldsymbol{A}^4(\boldsymbol{AB})^{\mathrm{T}}|.$$

解
$$\begin{aligned}|-2\boldsymbol{A}^4(\boldsymbol{AB})^{\mathrm{T}}|&=(-2)^3|\boldsymbol{A}^4(\boldsymbol{AB})^{\mathrm{T}}|=(-2)^3|\boldsymbol{A}|^4|(\boldsymbol{AB})^{\mathrm{T}}|\\&=(-2)^3|\boldsymbol{A}|^4|\boldsymbol{AB}|=(-2)^3|\boldsymbol{A}|^5|\boldsymbol{B}|\\&=(-2)^3\cdot2^5\cdot4=-2^8\cdot4=-2^{10}.\end{aligned}$$

思考题 5 对于任意 n 阶方阵 $\boldsymbol{A},\boldsymbol{B}$，等式 $|\boldsymbol{A}+\boldsymbol{B}|=|\boldsymbol{A}|+|\boldsymbol{B}|$ 成立吗？

三、伴随矩阵

定义 2.10 n 阶方阵 $\boldsymbol{A}=(a_{ij})$ 的行列式的各个元素的代数余子式 $\boldsymbol{A}_{ij}$ 构成的 n 阶方阵

$$\boldsymbol{A}^*=\begin{pmatrix} A_{11} & A_{21} & \cdots & A_{n1} \\ A_{12} & A_{22} & \cdots & A_{n2} \\ \vdots & \vdots & & \vdots \\ A_{1n} & A_{2n} & \cdots & A_{nn} \end{pmatrix}$$

称为 $\boldsymbol{A}$ 的伴随矩阵.

例 3 设 $\boldsymbol{A}=\begin{pmatrix} a & b \\ c & d \end{pmatrix}$，计算 $\boldsymbol{A}^*$.

解 $A_{11}=d,A_{12}=-c,A_{21}=-b,A_{22}=a$，则 $\boldsymbol{A}^*=\begin{pmatrix} d & -b \\ -c & a \end{pmatrix}$.

由例 2 观察 2 阶方阵 $\boldsymbol{A}$ 与其伴随矩阵 $\boldsymbol{A}^*$ 的元素的关系，$\boldsymbol{A}^*$ 是将 $\boldsymbol{A}$ 的主对角线上的元素互调，次对角线上的元素分别变为原来元素的相反数所得，因此可以用记忆口诀“主对调，次变号”帮助我们快速写出 2 阶方阵 $\boldsymbol{A}$ 的伴随矩阵，如 $\begin{pmatrix}2&3\\4&5\end{pmatrix}^*=\begin{pmatrix}5&-3\\-4&2\end{pmatrix}$，但注意此口诀只适用于 2 阶方阵.

定理 2.2　n 阶方阵 $\boldsymbol{A}$ 与其伴随矩阵 $\boldsymbol{A}^*$ 满足 $\boldsymbol{AA}^*=\boldsymbol{A}^*\boldsymbol{A}=|\boldsymbol{A}|\boldsymbol{I}$.

证明　只证明 $\boldsymbol{AA}^*=|\boldsymbol{A}|\boldsymbol{I}$. 利用矩阵乘法定义和 1.5 节的定理 1.2 及其推论可得

$$\boldsymbol{AA}^*=\begin{pmatrix}a_{11}&a_{12}&\cdots&a_{1n}\\a_{21}&a_{22}&\cdots&a_{2n}\\\vdots&\vdots&&\vdots\\a_{n1}&a_{n2}&\cdots&a_{nn}\end{pmatrix}\begin{pmatrix}A_{11}&A_{21}&\cdots&A_{n1}\\A_{12}&A_{22}&\cdots&A_{n2}\\\vdots&\vdots&&\vdots\\A_{1n}&A_{2n}&\cdots&A_{nn}\end{pmatrix}=\begin{pmatrix}|\boldsymbol{A}|&0&\cdots&0\\0&|\boldsymbol{A}|&\cdots&0\\\vdots&\vdots&&\vdots\\0&0&0&|\boldsymbol{A}|\end{pmatrix}$$

$$=|\boldsymbol{A}|\begin{pmatrix}1&0&\cdots&0\\0&1&\cdots&0\\\vdots&\vdots&&\vdots\\0&0&\cdots&1\end{pmatrix}=|\boldsymbol{A}|I.$$

同理可证 $\boldsymbol{A}^*\boldsymbol{A}=|\boldsymbol{A}|\boldsymbol{I}$.

定理 2.3　设 $\boldsymbol{A}^*$ 为 n 阶方阵 $\boldsymbol{A}$ 的伴随矩阵，则 $|\boldsymbol{A}^*|=|\boldsymbol{A}|^{n-1}$.（习题 2.3）

习　题　2.3

1. 已知 $\boldsymbol{A}=\begin{pmatrix}1&-2&3\\0&1&2\\0&-1&4\end{pmatrix}$，$\boldsymbol{B}=\begin{pmatrix}1&2&3\\-1&-2&4\\0&5&1\end{pmatrix}$，求 $(\boldsymbol{AB})^{\mathrm{T}}$，$|\boldsymbol{AB}|$，$|\boldsymbol{A}^k|$（$k$ 为正整数）.

2. 设有两个 3 阶方阵 $\boldsymbol{A},\boldsymbol{B}$ 满足 $|\boldsymbol{A}|=1$，$|\boldsymbol{B}|=3$，求 $|3\boldsymbol{A}^*(2\boldsymbol{B})^{\mathrm{T}}|$，$||2\boldsymbol{A}^*|\boldsymbol{B}^{\mathrm{T}}|$.

3. 求下列矩阵的伴随矩阵：

(1) $\boldsymbol{A}=\begin{pmatrix}1&3\\-4&8\end{pmatrix}$；　　(2) $\boldsymbol{A}=\begin{pmatrix}1&2&-1\\0&1&3\\1&0&4\end{pmatrix}$.

4. 设 $\boldsymbol{\alpha}=(1,2,3)^{\mathrm{T}}$，$\boldsymbol{\beta}=\left(1,\frac{1}{2},0\right)^{\mathrm{T}}$，$\boldsymbol{A}=\boldsymbol{\alpha\beta}^{\mathrm{T}}$，求 $\boldsymbol{A}^n$.

5. 已知 $x=\begin{pmatrix}1\\2\\3\end{pmatrix}$，$\boldsymbol{A}=\boldsymbol{xx}^{\mathrm{T}}$，求 $\boldsymbol{A}^n$.

6. 设 $\boldsymbol{A},\boldsymbol{B}$ 都为 n 阶方阵，且 $\boldsymbol{A}$ 为对称阵，证明 $\boldsymbol{BAB}^{\mathrm{T}}$ 也为对称阵.

7. 设 $\boldsymbol{A}$ 为任意 $m\times n$ 矩阵，证明 $\boldsymbol{A}^{\mathrm{T}}\boldsymbol{A}$ 与 $\boldsymbol{AA}^{\mathrm{T}}$ 都是对称矩阵.

8. 设 $\boldsymbol{A}^*$ 为 n 阶方阵 $\boldsymbol{A}$ 的伴随矩阵，证明 $|\boldsymbol{A}^*|=|\boldsymbol{A}|^{n-1}$.

2.4 逆矩阵

数有加法、减法、乘法、除法这四种运算，对于矩阵前面已经定义了加法、减法和乘法，与数的运算相比较，矩阵的运算缺少除法这一运算. 现在的问题是：矩阵是否有类似于数的除法的运算呢？在数的运算中我们知道，当数 $a \neq 0$ 时，除以数 a 相当于乘上这个数的倒数 a^{-1}，有了倒数这一概念之后，除法运算全部转化为乘法运算. 对矩阵而言，是否也存在类似于倒数作用的一个矩阵，而且有了该矩阵，就相当于有了矩阵的除法运算呢？类似于倒数作用的矩阵又该如何去定义呢？这是本节讨论的重点.

一、逆矩阵的定义

对于数 a，当 $a \neq 0$ 时有倒数 $\frac{1}{a} = a^{-1}$，且使 $aa^{-1} = a^{-1}a = 1$，类似于数的倒数，矩阵有如下定义.

定义 2.11 设 $\boldsymbol{A}$ 为 n 阶方阵，若存在 n 阶方阵 $\boldsymbol{B}$，使得

$$\boldsymbol{AB} = \boldsymbol{BA} = \boldsymbol{I},$$

则称 $\boldsymbol{A}$ 是可逆矩阵，且称 $\boldsymbol{B}$ 为 $\boldsymbol{A}$ 的逆矩阵；若 $\boldsymbol{B}$ 不存在，则称 $\boldsymbol{A}$ 是不可逆矩阵.

首先指出对于 n 阶方阵 $\boldsymbol{A}$，满足 $\boldsymbol{AB} = \boldsymbol{BA} = \boldsymbol{I}$ 的矩阵 $\boldsymbol{B}$ 是唯一的. 因为假设 $\boldsymbol{B}$，$\boldsymbol{C}$ 都为 $\boldsymbol{A}$ 的逆矩阵，则有 $\boldsymbol{AB} = \boldsymbol{BA} = \boldsymbol{I}$，$\boldsymbol{AC} = \boldsymbol{CA} = \boldsymbol{I}$，则 $\boldsymbol{B} = \boldsymbol{BI} = \boldsymbol{B}(\boldsymbol{AC}) = (\boldsymbol{BA})\boldsymbol{C} = \boldsymbol{IC} = \boldsymbol{C}$.

将 $\boldsymbol{A}$ 的唯一的逆矩阵记为 $\boldsymbol{A}^{-1}$，读作 $\boldsymbol{A}$ 的逆，即有 $\boldsymbol{AA}^{-1} = \boldsymbol{A}^{-1}\boldsymbol{A} = \boldsymbol{I}$.

注意由 $\boldsymbol{AB} = \boldsymbol{BA} = \boldsymbol{I}$ 这一等式关系，不仅判断出 $\boldsymbol{A}$ 是可逆的，同时还可以确定出 $\boldsymbol{B}$ 是 $\boldsymbol{A}$ 的逆矩阵.

例 1 判定下列矩阵是否可逆？若可逆，求其逆矩阵.

(1) $\boldsymbol{A} = \begin{pmatrix} 1 & 2 \\ 3 & 6 \end{pmatrix}$；　　　(2) $\boldsymbol{A} = \begin{pmatrix} 1 & 2 \\ 0 & 1 \end{pmatrix}$.

解 (1)假设 $\boldsymbol{B} = \begin{pmatrix} a & b \\ c & d \end{pmatrix}$ 为 $\boldsymbol{A}$ 的逆矩阵，则 $\boldsymbol{B}$ 满足 $\boldsymbol{AB} = \boldsymbol{BA} = I$，由 $\boldsymbol{AB} = \boldsymbol{I}$ 可得 $\begin{pmatrix} 1 & 2 \\ 3 & 6 \end{pmatrix}\begin{pmatrix} a & b \\ c & d \end{pmatrix} = \begin{pmatrix} 1 & 0 \\ 0 & 1 \end{pmatrix}$，即 $\begin{pmatrix} a+2c & b+2d \\ 3a+6c & 3b+6d \end{pmatrix} = \begin{pmatrix} 1 & 0 \\ 0 & 1 \end{pmatrix}$，建立方程组

$$\begin{cases} a + 2c = 1, \\ 3a + 6c = 0, \\ b + 2d = 0, \\ 3b + 6d = 1, \end{cases}$$

经计算此方程组无解，即说明满足 $\boldsymbol{AB}=\boldsymbol{BA}=\boldsymbol{I}$ 的矩阵 $\boldsymbol{B}$ 是不存在的，所以 $\boldsymbol{A}$ 为不可逆矩阵.

(2)设 $\boldsymbol{B}=\begin{pmatrix} a & b \\ c & d \end{pmatrix}$ 为 $\boldsymbol{A}$ 的逆矩阵，则 $\boldsymbol{B}$ 满足 $\boldsymbol{AB}=\boldsymbol{BA}=\boldsymbol{I}$，由 $\boldsymbol{AB}=\boldsymbol{I}$ 可得 $\begin{pmatrix} a & b \\ c & d \end{pmatrix}\begin{pmatrix} 1 & 2 \\ 0 & 1 \end{pmatrix}=\begin{pmatrix} 1 & 0 \\ 0 & 1 \end{pmatrix}$，即 $\begin{pmatrix} a & 2a+b \\ c & 2c+d \end{pmatrix}=\begin{pmatrix} 1 & 0 \\ 0 & 1 \end{pmatrix}$，建立方程组

$$\begin{cases} a=1, \\ 2a+b=0, \\ c=0, \\ 2c+d=1, \end{cases}$$

经计算此方程组有唯一解

$$\begin{cases} a=1, \\ b=-2, \\ c=0, \\ d=1, \end{cases}$$

于是 $\boldsymbol{B}=\begin{pmatrix} 1 & -2 \\ 0 & 1 \end{pmatrix}$，易验证这样的矩阵 $\boldsymbol{B}$ 也满足 $\boldsymbol{BA}=\boldsymbol{I}$，所以 $\boldsymbol{A}$ 是可逆的，且 $\boldsymbol{A}^{-1}=\begin{pmatrix} 1 & -2 \\ 0 & 1 \end{pmatrix}$.

二、逆矩阵判定定理

定理 2.4　n 阶方阵 $\boldsymbol{A}$ 可逆的充要条件是 $|\boldsymbol{A}|\neq 0$，且当 $\boldsymbol{A}$ 可逆时，$\boldsymbol{A}^{-1}=\dfrac{1}{|\boldsymbol{A}|}\boldsymbol{A}^*$.

证明　必要性　若 n 阶方阵 $\boldsymbol{A}$ 可逆，则 $\boldsymbol{A}^{-1}$ 存在且满足 $\boldsymbol{AA}^{-1}=\boldsymbol{I}$，等式两边同时取行列式有 $|\boldsymbol{AA}^{-1}|=|I|$，即 $|\boldsymbol{A}||\boldsymbol{A}^{-1}|=1$，从而 $|\boldsymbol{A}|\neq 0$.

充分性　因为 $\boldsymbol{AA}^*=\boldsymbol{A}^*\boldsymbol{A}=|\boldsymbol{A}|\boldsymbol{I}$，当 $|\boldsymbol{A}|\neq 0$ 时，则有 $\boldsymbol{A}\dfrac{1}{|\boldsymbol{A}|}\boldsymbol{A}^*=\dfrac{1}{|\boldsymbol{A}|}\boldsymbol{A}^*\boldsymbol{A}=\boldsymbol{I}$，于是 n 阶方阵 $\boldsymbol{A}$ 可逆且 $\boldsymbol{A}^{-1}=\dfrac{1}{|\boldsymbol{A}|}\boldsymbol{A}^*$. 证毕

推论 1　若 n 阶方阵 $\boldsymbol{A}$ 可逆，则 $|\boldsymbol{A}^{-1}|=\dfrac{1}{|\boldsymbol{A}|}=|\boldsymbol{A}|^{-1}$.

例 2　设 2 阶方阵 $\boldsymbol{A}=\begin{pmatrix} a & b \\ c & d \end{pmatrix}$，当 a,b,c,d 满足什么关系时，$\boldsymbol{A}$ 可逆？当 $\boldsymbol{A}$ 可逆时，求其逆矩阵 $\boldsymbol{A}^{-1}$.

解　当 $|\boldsymbol{A}|=ad-bc\neq 0$ 时，$\boldsymbol{A}$ 可逆，且

$$A^{-1}=\frac{1}{ad-bc}A^{*}=\frac{1}{ad-bc}\begin{pmatrix}d & -b\\ -c & a\end{pmatrix}.$$

例 3 设 3 阶方阵 $A=\begin{pmatrix}1 & 2 & 3\\ 2 & 2 & 1\\ 3 & 4 & 3\end{pmatrix}$，判定 A 是否可逆？若可逆，求其逆矩阵.

解 因为 $|A|=\begin{vmatrix}1 & 2 & 3\\ 2 & 2 & 1\\ 3 & 4 & 3\end{vmatrix}=2\neq 0$，所以 A 可逆. 先求 $|A|$ 的各元素的代数余子式，

$$A_{11}=\begin{vmatrix}2 & 1\\ 4 & 3\end{vmatrix}=2,\quad A_{21}=-\begin{vmatrix}2 & 3\\ 4 & 3\end{vmatrix}=6,\quad A_{31}=\begin{vmatrix}2 & 3\\ 2 & 1\end{vmatrix}=-4,$$

$$A_{12}=-\begin{vmatrix}2 & 1\\ 3 & 3\end{vmatrix}=-3,\quad A_{22}=\begin{vmatrix}1 & 3\\ 3 & 3\end{vmatrix}=-6,\quad A_{32}=-\begin{vmatrix}1 & 3\\ 2 & 1\end{vmatrix}=5,$$

$$A_{13}=\begin{vmatrix}2 & 2\\ 3 & 4\end{vmatrix}=2,\quad A_{23}=-\begin{vmatrix}1 & 2\\ 3 & 4\end{vmatrix}=2,\quad A_{33}=\begin{vmatrix}1 & 2\\ 2 & 2\end{vmatrix}=-2,$$

从而

$$A^{*}=\begin{pmatrix}2 & 6 & -4\\ -3 & -6 & 5\\ 2 & 2 & -2\end{pmatrix},$$

则 $A^{-1}=\frac{1}{|A|}A^{*}=\frac{1}{2}\begin{pmatrix}2 & 6 & -4\\ -3 & -6 & 5\\ 2 & 2 & -2\end{pmatrix}=\begin{pmatrix}1 & 3 & -2\\ -\frac{3}{2} & -3 & \frac{5}{2}\\ 1 & 1 & -1\end{pmatrix}.$

应用公式 $A^{-1}=\frac{1}{|A|}A^{*}$ 求 A^{-1} 的过程中要特别注意三点：

(1) A^{*} 的元素是 $|A|$ 的元素的代数余子式而非余子式，因而余子式前面的符号不要忘记；

(2)注意 A^{*} 的元素的构成，A^{*} 的第 i 行第 j 列的元素是 A 的第 j 行第 i 列元素的代数余子式；

(3)写出 A^{-1} 时，不要忘了 A^{*} 前面的系数 $\frac{1}{|A|}$.

例 1 用的是待定系数法，例 2 和例 3 用的是伴随矩阵法，用此两种方法求逆，不仅能判断出 n 阶方阵 A 是否可逆，同时在 A 可逆时，也可求出它的逆矩阵，但是计算量大. 事实上，用待定系数法求逆，需解一个含 n^2 个未知量的线性方程组，用伴随矩阵法求逆，需计算 n^2 个 $n-1$ 阶和 1 个 n 阶的行列式. 在第 3 章将介绍初等变换求逆矩阵的方法.

推论 2　对于 n 阶方阵 $\boldsymbol{A},\boldsymbol{B}$，若 $\boldsymbol{AB}=\boldsymbol{I}$（或 $\boldsymbol{BA}=\boldsymbol{I}$），则 $\boldsymbol{A}$ 可逆，且 $\boldsymbol{B}=\boldsymbol{A}^{-1}$.

证明　在等式 $\boldsymbol{AB}=\boldsymbol{I}$ 两边同时取行列式有 $|\boldsymbol{AB}|=1$，即 $|\boldsymbol{A}||\boldsymbol{B}|=1$，从而 $|\boldsymbol{A}|\neq 0$，即 $\boldsymbol{A}$ 可逆；由于 $\boldsymbol{A}^{-1}$ 存在，所以在 $\boldsymbol{AB}=\boldsymbol{I}$ 等式两边同时左乘 $\boldsymbol{A}^{-1}$，有 $\boldsymbol{A}^{-1}\boldsymbol{AB}=\boldsymbol{A}^{-1}\boldsymbol{I}$，化简即得 $\boldsymbol{B}=\boldsymbol{A}^{-1}$.

将推论中的条件 $\boldsymbol{AB}=\boldsymbol{I}$（或 $\boldsymbol{BA}=\boldsymbol{I}$）与定义 2.11 中的等式 $\boldsymbol{AB}=\boldsymbol{BA}=\boldsymbol{I}$ 相比较，可得出以下结论，若 $\boldsymbol{AB}=\boldsymbol{I}$，则必有 $\boldsymbol{BA}=\boldsymbol{I}$，反之也成立.

例 4　设 n 阶对角阵 $\boldsymbol{A}=\begin{pmatrix}a_1 & & \\ & \ddots & \\ & & a_n\end{pmatrix}$，且满足 $a_1\cdots a_n\neq 0$，证明 $\boldsymbol{A}$ 可逆且

$$\boldsymbol{A}^{-1}=\begin{pmatrix}a_1^{-1} & & \\ & \ddots & \\ & & a_n^{-1}\end{pmatrix}.$$

证明　因为 $\begin{pmatrix}a_1 & & \\ & \ddots & \\ & & a_n\end{pmatrix}\begin{pmatrix}a_1^{-1} & & \\ & \ddots & \\ & & a_n^{-1}\end{pmatrix}=\boldsymbol{I}$，所以 $\boldsymbol{A}$ 可逆，且 $\boldsymbol{A}^{-1}=$

$$\begin{pmatrix}a_1^{-1} & & \\ & \ddots & \\ & & a_n^{-1}\end{pmatrix}.$$

由例 4 可知，当 n 阶对角阵 $\boldsymbol{A}$ 的主对角线上的元素都不为零时，对角阵 $\boldsymbol{A}$ 是可逆的，且 $\boldsymbol{A}^{-1}$ 也为对角阵，其主对角线上的元素即为 $\boldsymbol{A}$ 的主对角线上元素的倒数.

例 5　设 n 阶方阵 $\boldsymbol{A}$ 满足 $\boldsymbol{A}^2+\boldsymbol{A}-2\boldsymbol{I}=\boldsymbol{O}$，

(1)证明 $\boldsymbol{A}$ 可逆，并求出 $\boldsymbol{A}$ 的逆矩阵；

(2)证明 $\boldsymbol{A}+3\boldsymbol{I}$ 可逆，并求出 $\boldsymbol{A}+3\boldsymbol{I}$ 的逆矩阵.

分析　要证明 n 阶方阵 $\boldsymbol{A}$ 可逆且求其逆矩阵，关键是通过已知条件构造出等式关系 $\boldsymbol{AB}=I$，则 $\boldsymbol{A}$ 可逆，且 $\boldsymbol{B}=\boldsymbol{A}^{-1}$.

证明　(1)将 $\boldsymbol{A}^2+\boldsymbol{A}-2\boldsymbol{I}=\boldsymbol{O}$ 变形可得 $\boldsymbol{A}(\boldsymbol{A}+\boldsymbol{I})=2\boldsymbol{I}$，即 $\frac{1}{2}\boldsymbol{A}(\boldsymbol{A}+\boldsymbol{I})=\boldsymbol{I}$，则 $\boldsymbol{A}$ 可逆，且 $\boldsymbol{A}^{-1}=\frac{1}{2}(\boldsymbol{A}+\boldsymbol{I})$；

(2)将 $\boldsymbol{A}^2+\boldsymbol{A}-2\boldsymbol{I}=\boldsymbol{O}$ 变形为 $\boldsymbol{A}^2+\boldsymbol{A}-6\boldsymbol{I}=-4\boldsymbol{I}$，即 $(\boldsymbol{A}+3\boldsymbol{I})\left[-\frac{1}{4}(\boldsymbol{A}-2\boldsymbol{I})\right]=\boldsymbol{I}$，由此可知 $\boldsymbol{A}+3\boldsymbol{I}$ 可逆，且 $(\boldsymbol{A}+3\boldsymbol{I})^{-1}=-\frac{1}{4}(\boldsymbol{A}-2\boldsymbol{I})$.

三、逆矩阵的性质

(1)若 n 阶方阵 $\boldsymbol{A}$ 可逆，则 $\boldsymbol{A}^{-1}$ 也可逆，且 $(\boldsymbol{A}^{-1})^{-1}=\boldsymbol{A}$.

(2)若 n 阶方阵 $\boldsymbol{A}$ 可逆，数 $\lambda\neq 0$，则 $\lambda\boldsymbol{A}$ 也可逆，且 $(\lambda\boldsymbol{A})^{-1}=\frac{1}{\lambda}\boldsymbol{A}^{-1}$.

(3)若 n 阶方阵 $\boldsymbol{A}$ 可逆,则 $\boldsymbol{A}^{\mathrm{T}}$ 也可逆,且 $(\boldsymbol{A}^{\mathrm{T}})^{-1}=(\boldsymbol{A}^{-1})^{\mathrm{T}}$.

(4)若 n 阶方阵 $\boldsymbol{A},\boldsymbol{B}$ 都可逆,则乘积 $\boldsymbol{AB}$ 也可逆,且 $(\boldsymbol{AB})^{-1}=\boldsymbol{B}^{-1}\boldsymbol{A}^{-1}$.

证明 仅证明(3)和(4).

(3)因为 $(\boldsymbol{A}^{\mathrm{T}})(\boldsymbol{A}^{-1})^{\mathrm{T}}=(\boldsymbol{A}^{-1}\boldsymbol{A})^{\mathrm{T}}=\boldsymbol{I}^{\mathrm{T}}=\boldsymbol{I}$,由推论即得 $\boldsymbol{A}^{\mathrm{T}}$ 可逆且 $(\boldsymbol{A}^{\mathrm{T}})^{-1}=(\boldsymbol{A}^{-1})^{\mathrm{T}}$;

(4)因为 $(\boldsymbol{AB})(\boldsymbol{B}^{-1}\boldsymbol{A}^{-1})=\boldsymbol{A}(\boldsymbol{BB}^{-1})\boldsymbol{A}^{-1}=\boldsymbol{AA}^{-1}=\boldsymbol{I}$,由推论即得 $\boldsymbol{AB}$ 可逆,且 $(\boldsymbol{AB})^{-1}=\boldsymbol{B}^{-1}\boldsymbol{A}^{-1}$.

关于性质(4)可作如下推广:若 $\boldsymbol{A}_i(i=1,2,\cdots,s)$ 都为 n 阶可逆矩阵,则乘积 $\boldsymbol{A}_1\boldsymbol{A}_2\cdots\boldsymbol{A}_s$ 也可逆且 $(\boldsymbol{A}_1\boldsymbol{A}_2\cdots\boldsymbol{A}_s)^{-1}=\boldsymbol{A}_s^{-1}\boldsymbol{A}_{s-1}^{-1}\cdots\boldsymbol{A}_2^{-1}\boldsymbol{A}_1^{-1}$. 还规定 $\boldsymbol{A}^{-k}=(\boldsymbol{A}^{-1})^k$ (其中 k 为正整数).

关于逆矩阵还有如下结论:

(5)若 n 阶方阵 $\boldsymbol{A}$ 可逆,且 $\boldsymbol{AB}=\boldsymbol{AC}$,则 $\boldsymbol{B}=\boldsymbol{C}$.

(6)若 n 阶方阵 $\boldsymbol{A}$ 可逆,且 $\boldsymbol{AB}=\boldsymbol{O}$, 则 $\boldsymbol{B}=\boldsymbol{O}$.

证明 (5)因为 n 阶方阵 $\boldsymbol{A}$ 可逆,所以 $\boldsymbol{A}^{-1}$ 存在,在等式 $\boldsymbol{AB}=\boldsymbol{AC}$ 两边同时左乘 $\boldsymbol{A}^{-1}$ 有 $\boldsymbol{A}^{-1}\boldsymbol{AB}=\boldsymbol{A}^{-1}\boldsymbol{AC}$, 即 $\boldsymbol{B}=\boldsymbol{C}$;

(6)因为 n 阶方阵 $\boldsymbol{A}$ 可逆,所以 $\boldsymbol{A}^{-1}$ 存在,在等式 $\boldsymbol{AB}=\boldsymbol{O}$ 两边同时左乘 $\boldsymbol{A}^{-1}$,即有 $\boldsymbol{B}=\boldsymbol{O}$.

思考题 6 若 n 阶方阵 $\boldsymbol{A},\boldsymbol{B}$ 都可逆, $\boldsymbol{A}+\boldsymbol{B}$ 是否可逆? 且当 $\boldsymbol{A}+\boldsymbol{B}$ 可逆时,等式 $(\boldsymbol{A}+\boldsymbol{B})^{-1}=\boldsymbol{A}^{-1}+\boldsymbol{B}^{-1}$ 是否成立?

例 6 设 $\boldsymbol{A}$ 为 4 阶方阵,满足 $|\boldsymbol{A}|=2$, 求 $|(3\boldsymbol{A})^{-1}-2\boldsymbol{A}^*|$.

解
$$\left|(3\boldsymbol{A})^{-1}-2\boldsymbol{A}^*\right|=\left|\frac{1}{3}\boldsymbol{A}^{-1}-2\boldsymbol{A}^*\right|=\left|\frac{1}{6}\boldsymbol{A}^*-2\boldsymbol{A}^*\right|=\left|-\frac{11}{6}\boldsymbol{A}^*\right|$$
$$=\left(-\frac{11}{6}\right)^4|\boldsymbol{A}^*|=\left(-\frac{11}{6}\right)^4 2^3=\frac{1}{2}\left(\frac{11}{3}\right)^4.$$

关于例 6 特别注意 $|(3\boldsymbol{A})^{-1}-2\boldsymbol{A}^*|\neq|(3\boldsymbol{A})^{-1}|-|2\boldsymbol{A}^*|$.

四、利用逆矩阵求解矩阵方程

含有未知矩阵 $\boldsymbol{X}$ 的方程称为矩阵方程,看以下三种情况:

(1)矩阵方程 $\boldsymbol{AX}=\boldsymbol{B}$, 其中 $\boldsymbol{A}$ 为 n 阶可逆方阵,则 $\boldsymbol{AX}=\boldsymbol{B}$ 有唯一解 $\boldsymbol{X}=\boldsymbol{A}^{-1}\boldsymbol{B}$;

(2)矩阵方程 $\boldsymbol{XA}=\boldsymbol{B}$, 其中 $\boldsymbol{A}$ 为 n 阶可逆方阵,则 $\boldsymbol{XA}=\boldsymbol{B}$ 有唯一解 $X=\boldsymbol{BA}^{-1}$;

(3)矩阵方程 $\boldsymbol{AXB}=\boldsymbol{C}$, 其中 $\boldsymbol{A},\boldsymbol{B}$ 分别为 n 阶和 m 阶可逆方阵,则 $\boldsymbol{AXB}=\boldsymbol{C}$ 有唯一解 $\boldsymbol{X}=\boldsymbol{A}^{-1}\boldsymbol{CB}^{-1}$.

证明 (1)在 $\boldsymbol{AX}=\boldsymbol{B}$ 等式两边同时左乘 $\boldsymbol{A}^{-1}$, 得 $\boldsymbol{A}^{-1}\boldsymbol{AX}=\boldsymbol{A}^{-1}\boldsymbol{B}$, 即 $\boldsymbol{X}=\boldsymbol{A}^{-1}\boldsymbol{B}$;

(2)在 $\boldsymbol{XA}=\boldsymbol{B}$ 等式两边同时右乘 $\boldsymbol{A}^{-1}$, 得 $\boldsymbol{XAA}^{-1}=\boldsymbol{BA}^{-1}$,即 $\boldsymbol{X}=\boldsymbol{BA}^{-1}$;

(3)在 $\boldsymbol{AXB}=\boldsymbol{C}$ 等式两边同时左乘 $\boldsymbol{A}^{-1}$，右乘 $\boldsymbol{B}^{-1}$ 得 $\boldsymbol{A}^{-1}\boldsymbol{AXBB}^{-1}=\boldsymbol{A}^{-1}\boldsymbol{CB}^{-1}$，即 $\boldsymbol{X}=\boldsymbol{A}^{-1}\boldsymbol{CB}^{-1}$.

例 7　设矩阵 $\boldsymbol{A}=\begin{pmatrix}3&0&1\\1&1&0\\0&1&4\end{pmatrix}$，且满足 $\boldsymbol{AB}=\boldsymbol{A}+2\boldsymbol{B}$，求矩阵 $\boldsymbol{B}$.

解　由 $\boldsymbol{AB}=\boldsymbol{A}+2\boldsymbol{B}$ 移项可得 $\boldsymbol{AB}-2\boldsymbol{B}=\boldsymbol{A}$，从而 $(\boldsymbol{A}-2\boldsymbol{I})\boldsymbol{B}=\boldsymbol{A}$，又因为 $|\boldsymbol{A}-2\boldsymbol{I}|=\begin{vmatrix}1&0&1\\1&-1&0\\0&1&2\end{vmatrix}=-1\neq0$，所以 $\boldsymbol{A}-2\boldsymbol{I}$ 可逆，且 $\boldsymbol{B}=(\boldsymbol{A}-2\boldsymbol{I})^{-1}\boldsymbol{A}$，利用逆矩阵公式可求出 $(\boldsymbol{A}-2\boldsymbol{I})^{-1}=\begin{pmatrix}2&-1&-1\\2&-4&-1\\-1&2&1\end{pmatrix}$，于是

$$\boldsymbol{B}=-\begin{pmatrix}2&-1&-1\\2&-2&-1\\-1&1&1\end{pmatrix}\begin{pmatrix}3&0&1\\1&1&0\\0&1&4\end{pmatrix}=\begin{pmatrix}5&-2&-2\\2&-5&-2\\-1&4&3\end{pmatrix}.$$

习　题　2.4

1. 计算下列矩阵的逆矩阵.

(1) $\begin{pmatrix}1&2\\3&4\end{pmatrix}$；　(2) $\begin{pmatrix}1&0&0\\0&3&0\\0&0&8\end{pmatrix}$；　(3) $\begin{pmatrix}1&2&3\\0&1&2\\0&0&1\end{pmatrix}$；　(4) $\begin{pmatrix}2&0&1\\-1&4&1\\-1&0&3\end{pmatrix}$.

2. 设 $\boldsymbol{A}$ 为 3 阶方阵，且 $|\boldsymbol{A}|=3$，求 $|(2\boldsymbol{A})^{-1}-5\boldsymbol{A}^*|$.

3. 解下列矩阵方程.

(1) $\begin{pmatrix}1&4\\2&9\end{pmatrix}\boldsymbol{X}=\begin{pmatrix}4&-5\\1&2\end{pmatrix}$；　(2) $\boldsymbol{X}\begin{pmatrix}2&0\\1&-1\end{pmatrix}=\begin{pmatrix}3&0\\1&-1\end{pmatrix}$；

(3) $\begin{pmatrix}1&2&3\\2&2&1\\3&4&3\end{pmatrix}\boldsymbol{X}\begin{pmatrix}2&1\\5&3\end{pmatrix}=\begin{pmatrix}1&3\\2&0\\3&1\end{pmatrix}$.

4. 设 $\boldsymbol{A}=\begin{pmatrix}1&-1&0\\0&1&-1\\-1&0&1\end{pmatrix}$，且 $\boldsymbol{AX}=2\boldsymbol{X}+\boldsymbol{A}$，求 $\boldsymbol{X}$.

5. 设 $\boldsymbol{A}=\begin{pmatrix}1&0&1\\0&2&0\\1&0&1\end{pmatrix}$，且 $\boldsymbol{AB}+\boldsymbol{I}=\boldsymbol{A}^2+\boldsymbol{B}$，求 $\boldsymbol{B}$.

6. 设 n 阶方阵 $\boldsymbol{A}$ 满足 $\boldsymbol{A}^2-2\boldsymbol{A}-2\boldsymbol{I}=\boldsymbol{O}$，证明(1) $\boldsymbol{A}$ 可逆且求 $\boldsymbol{A}^{-1}$；(2) $\boldsymbol{A}-\boldsymbol{I}$ 也可逆且求 $(\boldsymbol{A}-\boldsymbol{I})^{-1}$；(3) $\boldsymbol{A}+\boldsymbol{I}$ 和 $\boldsymbol{A}-2\boldsymbol{I}$ 都可逆.

7. 设 n 阶方阵 $\boldsymbol{A}$ 可逆，证明其伴随矩阵 $\boldsymbol{A}^*$ 也可逆且 $(\boldsymbol{A}^*)^{-1}=\frac{1}{|\boldsymbol{A}|}\boldsymbol{A}$.

8. 设 n 阶方阵 $\boldsymbol{A}$ 满足 $\boldsymbol{A}^2=\boldsymbol{A}$，且 $\boldsymbol{A}\neq\boldsymbol{I}$，证明 $|\boldsymbol{A}|=0$.

2.5 分块矩阵

本节介绍在理论研究中以及在处理阶数较高矩阵的运算(特别是乘法运算)时，常用的一种技巧——矩阵的分块：即用一些贯穿于矩阵的纵线和横线将矩阵分为若干小块，从而把大型矩阵的运算转化为若干个小矩阵的运算来研究，其中每个小块称为矩阵的子块，以子块为元素的形式上的矩阵称为分块矩阵. 同一矩阵有不同的分块方法，可根据实际情况恰当分块，某些矩阵可经过适当分块，使其结构简洁明了，易看出所要研究问题的特征.

例如，$\boldsymbol{A}=\left(\begin{array}{cc:cc}1&0&0&0\\0&1&0&0\\\hdashline 1&2&5&6\\3&4&7&8\end{array}\right)=\begin{pmatrix}\boldsymbol{I}_2&\boldsymbol{O}_2\\\boldsymbol{A}_1&\boldsymbol{A}_2\end{pmatrix}$，其中 $\boldsymbol{A}_1=\begin{pmatrix}1&2\\3&4\end{pmatrix}$，$\boldsymbol{A}_2=\begin{pmatrix}5&6\\7&8\end{pmatrix}$，这样划分使得该矩阵的结构一目了然.

若按列分块：

$$\boldsymbol{A}=\left(\begin{array}{c:c:c:c}1&0&0&0\\0&1&0&0\\1&2&5&6\\3&4&7&8\end{array}\right)=(\boldsymbol{A}_1,\boldsymbol{A}_2,\boldsymbol{A}_3,\boldsymbol{A}_4),$$

将其分为形式上的行矩阵，其中

$$\boldsymbol{A}_1=\begin{pmatrix}1\\0\\1\\3\end{pmatrix},\quad \boldsymbol{A}_2=\begin{pmatrix}0\\1\\2\\4\end{pmatrix},\quad \boldsymbol{A}_3=\begin{pmatrix}0\\0\\5\\7\end{pmatrix},\quad \boldsymbol{A}_4=\begin{pmatrix}0\\0\\6\\8\end{pmatrix}.$$

若按行分块：

$$\boldsymbol{A}=\left(\begin{array}{cccc}1&0&0&0\\\hdashline 0&1&0&0\\\hdashline 1&2&5&6\\\hdashline 3&4&7&8\end{array}\right)=\begin{pmatrix}\boldsymbol{B}_1^{\mathrm{T}}\\\boldsymbol{B}_2^{\mathrm{T}}\\\boldsymbol{B}_3^{\mathrm{T}}\\\boldsymbol{B}_4^{\mathrm{T}}\end{pmatrix},$$

将其分为形式上的列矩阵，其中 $\boldsymbol{B}_1^{\mathrm{T}}=(1,0,0,0)$，$\boldsymbol{B}_2^{\mathrm{T}}=(0,1,0,0)$，$\boldsymbol{B}_3^{\mathrm{T}}=(1,2,5,6)$，$\boldsymbol{B}_4^{\mathrm{T}}=(3,4,7,8)$.

一、分块矩阵的运算及运算规则

1. 分块矩阵的加法

设 $\boldsymbol{A},\boldsymbol{B}$ 为同型矩阵，对 $\boldsymbol{A},\boldsymbol{B}$ 采用相同的分块方法有

$$\boldsymbol{A}=\begin{pmatrix}\boldsymbol{A}_{11} & \boldsymbol{A}_{12} & \cdots & \boldsymbol{A}_{1s}\\ \boldsymbol{A}_{21} & \boldsymbol{A}_{22} & \cdots & \boldsymbol{A}_{2s}\\ \vdots & \vdots & & \vdots\\ \boldsymbol{A}_{r1} & \boldsymbol{A}_{r2} & \cdots & \boldsymbol{A}_{rs}\end{pmatrix},\quad \boldsymbol{B}=\begin{pmatrix}\boldsymbol{B}_{11} & \boldsymbol{B}_{12} & \cdots & \boldsymbol{B}_{1s}\\ \boldsymbol{B}_{21} & \boldsymbol{B}_{22} & \cdots & \boldsymbol{B}_{2s}\\ \vdots & \vdots & & \vdots\\ \boldsymbol{B}_{r1} & \boldsymbol{B}_{r2} & \cdots & \boldsymbol{B}_{rs}\end{pmatrix},$$

其中子块 $\boldsymbol{A}_{ij}$ 与 $\boldsymbol{B}_{ij}(i=1,2,\cdots,r;j=1,2,\cdots,s)$ 均为同型矩阵，则

$$\boldsymbol{A}+\boldsymbol{B}=\begin{pmatrix}\boldsymbol{A}_{11}+\boldsymbol{B}_{11} & \boldsymbol{A}_{12}+\boldsymbol{B}_{12} & \cdots & \boldsymbol{A}_{1s}+\boldsymbol{B}_{1s}\\ \boldsymbol{A}_{21}+\boldsymbol{B}_{21} & \boldsymbol{A}_{22}+\boldsymbol{B}_{22} & \cdots & \boldsymbol{A}_{2s}+\boldsymbol{B}_{2s}\\ \vdots & \vdots & & \vdots\\ \boldsymbol{A}_{r1}+\boldsymbol{B}_{r1} & \boldsymbol{A}_{r2}+\boldsymbol{B}_{r2} & \cdots & \boldsymbol{A}_{rs}+\boldsymbol{B}_{rs}\end{pmatrix},$$

即矩阵 $\boldsymbol{A},\boldsymbol{B}$ 相加的分块原则为 $\boldsymbol{A},\boldsymbol{B}$ 的分法一致，相加原则为 $\boldsymbol{A},\boldsymbol{B}$ 的对应子块相加.

2. 数乘分块矩阵

设 λ 为数，分块矩阵 $\boldsymbol{A}=\begin{pmatrix}\boldsymbol{A}_{11} & \boldsymbol{A}_{12} & \cdots & \boldsymbol{A}_{1s}\\ \boldsymbol{A}_{21} & \boldsymbol{A}_{22} & \cdots & \boldsymbol{A}_{2s}\\ \vdots & \vdots & & \vdots\\ \boldsymbol{A}_{r1} & \boldsymbol{A}_{r2} & \cdots & \boldsymbol{A}_{rs}\end{pmatrix}$，则 $\lambda\boldsymbol{A}=\begin{pmatrix}\lambda\boldsymbol{A}_{11} & \cdots & \lambda\boldsymbol{A}_{1s}\\ \vdots & & \vdots\\ \lambda\boldsymbol{A}_{r1} & \cdots & \lambda\boldsymbol{A}_{rs}\end{pmatrix}$，

即数乘分块矩阵的相乘原则为数 λ 去乘每一个子块.

3. 分块矩阵的转置

分块矩阵

$$\boldsymbol{A}=\begin{pmatrix}\boldsymbol{A}_{11} & \boldsymbol{A}_{12} & \cdots & \boldsymbol{A}_{1s}\\ \boldsymbol{A}_{21} & \boldsymbol{A}_{22} & \cdots & \boldsymbol{A}_{2s}\\ \vdots & \vdots & & \vdots\\ \boldsymbol{A}_{r1} & \boldsymbol{A}_{r2} & \cdots & \boldsymbol{A}_{rs}\end{pmatrix}$$

的转置矩阵为

$$\boldsymbol{A}^{\mathrm{T}}=\begin{pmatrix}\boldsymbol{A}_{11}^{\mathrm{T}} & \boldsymbol{A}_{21}^{\mathrm{T}} & \cdots & \boldsymbol{A}_{r1}^{\mathrm{T}}\\ \boldsymbol{A}_{12}^{\mathrm{T}} & \boldsymbol{A}_{22}^{\mathrm{T}} & \cdots & \boldsymbol{A}_{r2}^{\mathrm{T}}\\ \vdots & \vdots & & \vdots\\ \boldsymbol{A}_{1s}^{\mathrm{T}} & \boldsymbol{A}_{2s}^{\mathrm{T}} & \cdots & \boldsymbol{A}_{rs}^{\mathrm{T}}\end{pmatrix},$$

即 $\boldsymbol{A}^{\mathrm{T}}$ 是在 $\boldsymbol{A}$ 的基础上不仅行列的子块互换，而且每一子块也要转置.

4. 分块矩阵的乘法

设 $\boldsymbol{A}$ 为 $m\times s$ 矩阵，$\boldsymbol{B}$ 为 $s\times n$ 矩阵，对 $\boldsymbol{A},\boldsymbol{B}$ 进行分块，使 $\boldsymbol{A}$ 的列的分法与 $\boldsymbol{B}$ 的行的分法一致，即

$$\boldsymbol{A}=\begin{pmatrix}\boldsymbol{A}_{11} & \boldsymbol{A}_{12} & \cdots & \boldsymbol{A}_{1k}\\ \boldsymbol{A}_{21} & \boldsymbol{A}_{22} & \cdots & \boldsymbol{A}_{2k}\\ \vdots & \vdots & & \vdots\\ \boldsymbol{A}_{r1} & \boldsymbol{A}_{r2} & \cdots & \boldsymbol{A}_{rk}\end{pmatrix},\quad \boldsymbol{B}=\begin{pmatrix}\boldsymbol{B}_{11} & \boldsymbol{B}_{12} & \cdots & \boldsymbol{B}_{1t}\\ \boldsymbol{B}_{21} & \boldsymbol{B}_{22} & \cdots & \boldsymbol{B}_{2t}\\ \vdots & \vdots & & \vdots\\ \boldsymbol{B}_{k1} & \boldsymbol{B}_{k2} & \cdots & \boldsymbol{B}_{kt}\end{pmatrix},$$

其中子块 $\boldsymbol{A}_{ij}$ 为 $r_i\times k_j$ 矩阵，$\boldsymbol{B}_{ij}$ 为 $k_i\times t_j$ 矩阵，于是

$$\boldsymbol{C}=\boldsymbol{A}\boldsymbol{B}=\begin{pmatrix}\boldsymbol{C}_{11} & \boldsymbol{C}_{12} & \cdots & \boldsymbol{C}_{1t}\\ \boldsymbol{C}_{21} & \boldsymbol{C}_{22} & \cdots & \boldsymbol{C}_{2t}\\ \vdots & \vdots & & \vdots\\ \boldsymbol{C}_{r1} & \boldsymbol{C}_{r2} & \cdots & \boldsymbol{C}_{rt}\end{pmatrix},$$

其中 $\boldsymbol{C}_{ij}=\boldsymbol{A}_{i1}\boldsymbol{B}_{1j}+\boldsymbol{A}_{i2}\boldsymbol{B}_{2j}+\cdots+\boldsymbol{C}_{ik}\boldsymbol{C}_{kj}\ (i=1,2,\cdots,r;j=1,2,\cdots,t)$.

由上可知，计算分块矩阵 $\boldsymbol{A},\boldsymbol{B}$ 的乘积注意以下两个原则：

(1)**分块原则**　$\boldsymbol{A}$ 的列的分法与 $\boldsymbol{B}$ 的行的分法一致；

(2)**相乘原则**　将子块当作元素，按照普通数字矩阵乘法定义相乘，同时注意 $\boldsymbol{A}$ 的子块一定要放在 $\boldsymbol{B}$ 的子块的左边.

例 1　设

$$\boldsymbol{A}=\begin{pmatrix}1 & 0 & 0 & 0\\ 0 & 1 & 0 & 0\\ -1 & 2 & 1 & 0\\ 1 & 1 & 0 & 1\end{pmatrix},\quad \boldsymbol{B}=\begin{pmatrix}1 & 0 & 0 & 0\\ 2 & 0 & 0 & 0\\ 1 & 0 & 4 & 1\\ -1 & -1 & 2 & 0\end{pmatrix},$$

用分块矩阵的乘法计算 $\boldsymbol{A}\boldsymbol{B}$.

解　将 $\boldsymbol{A},\boldsymbol{B}$ 按如下分块方法分块，

$$\boldsymbol{A}=\left(\begin{array}{cc:cc}1 & 0 & 0 & 0\\ 0 & 1 & 0 & 0\\ \hdashline -1 & 2 & 1 & 0\\ 1 & 1 & 0 & 1\end{array}\right),\quad \boldsymbol{B}=\left(\begin{array}{cc:cc}1 & 0 & 0 & 0\\ 2 & 0 & 0 & 0\\ \hdashline 1 & 0 & 4 & 1\\ -1 & -1 & 2 & 0\end{array}\right),$$

此时 $\boldsymbol{A}$ 的列的分法与 $\boldsymbol{B}$ 的行的分法一致，满足分块矩阵乘法的分块原则，

记 $\boldsymbol{A}=\begin{pmatrix}\boldsymbol{I} & \boldsymbol{O}\\ \boldsymbol{A}_1 & \boldsymbol{I}\end{pmatrix}$, $\boldsymbol{B}=\begin{pmatrix}\boldsymbol{B}_1 & \boldsymbol{O}\\ \boldsymbol{B}_2 & \boldsymbol{B}_3\end{pmatrix}$, 其中 $\boldsymbol{A}_1=\begin{pmatrix}-1 & 2\\ 1 & 1\end{pmatrix}$, $\boldsymbol{I}=\begin{pmatrix}1 & 0\\ 0 & 1\end{pmatrix}$, $\boldsymbol{B}_1=\begin{pmatrix}1 & 0\\ 2 & 0\end{pmatrix}$, $\boldsymbol{B}_2=\begin{pmatrix}1 & 0\\ -1 & -1\end{pmatrix}$, $\boldsymbol{B}_3=\begin{pmatrix}4 & 1\\ 2 & 0\end{pmatrix}$, 则

$$AB = \begin{pmatrix} B_1 & O \\ A_1B_1 + B_2 & B_3 \end{pmatrix},$$

其中 $A_1B_1 + B_2 = \begin{pmatrix} -1 & 2 \\ 1 & 1 \end{pmatrix}\begin{pmatrix} 1 & 0 \\ 2 & 0 \end{pmatrix} + \begin{pmatrix} 1 & 0 \\ -1 & -1 \end{pmatrix} = \begin{pmatrix} 4 & 0 \\ 2 & -1 \end{pmatrix}$，从而

$$AB = \begin{pmatrix} 1 & 0 & 0 & 0 \\ 2 & 0 & 0 & 0 \\ 4 & 0 & 4 & 1 \\ 2 & -1 & 2 & 0 \end{pmatrix}.$$

此题还可这样分块，即

$$A = \left(\begin{array}{cc:cc} 1 & 0 & 0 & 0 \\ 0 & 1 & 0 & 0 \\ \hdashline -1 & 2 & 1 & 0 \\ 1 & 1 & 0 & 1 \end{array}\right),\quad B = \left(\begin{array}{c:ccc} 1 & 0 & 0 & 0 \\ 2 & 0 & 0 & 0 \\ \hdashline 1 & 0 & 4 & 1 \\ -1 & -1 & 2 & 0 \end{array}\right),$$

同样符合分块矩阵乘法的分块原则，请读者自行计算.

二、分块对角阵及相关运算

若分块方阵具有下列形状

$$A = \begin{pmatrix} A_1 & & & \\ & A_2 & & \\ & & \ddots & \\ & & & A_s \end{pmatrix}$$

其中 $A_i\,(i = 1,2,\cdots,s)$ 为方阵，其余未写出的子块全为零矩阵，则称 A 为分块对角矩阵或准对角矩阵.

设有两个分块对角阵

$$A = \begin{pmatrix} A_1 & & & \\ & A_2 & & \\ & & \ddots & \\ & & & A_s \end{pmatrix},\quad B = \begin{pmatrix} B_1 & & & \\ & B_2 & & \\ & & \ddots & \\ & & & B_s \end{pmatrix},$$

其中 A_i 与 B_i 为同阶方阵 $(i = 1,2,\cdots,s)$，有如下结论：

(1) $A + B = \begin{pmatrix} A_1 + B_1 & & & \\ & A_2 + B_2 & & \\ & & \ddots & \\ & & & A_s + B_s \end{pmatrix}$；

(2) $\boldsymbol{AB}=\begin{pmatrix}\boldsymbol{A}_1\boldsymbol{B}_1 & & & \\ & \boldsymbol{A}_2\boldsymbol{B}_2 & & \\ & & \ddots & \\ & & & \boldsymbol{A}_s\boldsymbol{B}_s\end{pmatrix}$;

(3) $\begin{pmatrix}\boldsymbol{A}_1 & & & \\ & \boldsymbol{A}_2 & & \\ & & \ddots & \\ & & & \boldsymbol{A}_s\end{pmatrix}^k=\begin{pmatrix}\boldsymbol{A}_1^k & & & \\ & \boldsymbol{A}_2^k & & \\ & & \ddots & \\ & & & \boldsymbol{A}_s^k\end{pmatrix}$;

(4) $|\boldsymbol{A}|=\begin{vmatrix}\boldsymbol{A}_1 & & & \\ & \boldsymbol{A}_2 & & \\ & & \ddots & \\ & & & \boldsymbol{A}_s\end{vmatrix}=|\boldsymbol{A}_1||\boldsymbol{A}_2|\cdots|\boldsymbol{A}_s|$;

(5) $\boldsymbol{A}$ 为可逆矩阵的充要条件是 $\boldsymbol{A}_i(i=1,2,\cdots,s)$ 为可逆矩阵,且

$$\boldsymbol{A}^{-1}=\begin{pmatrix}\boldsymbol{A}_1^{-1} & & & \\ & \boldsymbol{A}_2^{-1} & & \\ & & \ddots & \\ & & & \boldsymbol{A}_s^{-1}\end{pmatrix}.$$

仅证明(5).因为 $|\boldsymbol{A}|\neq 0$ 的充要条件是 $|\boldsymbol{A}_i|\neq 0(i=1,2,\cdots,s)$,且

$$\begin{pmatrix}\boldsymbol{A}_1 & & & \\ & \boldsymbol{A}_2 & & \\ & & \ddots & \\ & & & \boldsymbol{A}_s\end{pmatrix}\begin{pmatrix}\boldsymbol{A}_1^{-1} & & & \\ & \boldsymbol{A}_2^{-1} & & \\ & & \ddots & \\ & & & \boldsymbol{A}_s^{-1}\end{pmatrix}=\begin{pmatrix}\boldsymbol{A}_1\boldsymbol{A}_1^{-1} & & & \\ & \boldsymbol{A}_2\boldsymbol{A}_2^{-1} & & \\ & & \ddots & \\ & & & \boldsymbol{A}_s\boldsymbol{A}_s^{-1}\end{pmatrix}=\boldsymbol{I},$$

所以结论成立.

例 2 设

$$\boldsymbol{A}=\begin{pmatrix}1 & 2 & 0 & 0\\ 3 & 5 & 0 & 0\\ 0 & 0 & 8 & 3\\ 0 & 0 & 5 & 2\end{pmatrix}.$$

(1)证明 $\boldsymbol{A}$ 可逆并求 $\boldsymbol{A}^{-1}$;(2)求 $|\boldsymbol{A}^8|$.

解 (1) $\boldsymbol{A}=\left(\begin{array}{cc:cc}1 & 2 & 0 & 0\\ 3 & 5 & 0 & 0\\ \hdashline 0 & 0 & 8 & 3\\ 0 & 0 & 5 & 2\end{array}\right)=\begin{pmatrix}\boldsymbol{A}_1 & \boldsymbol{O}\\ \boldsymbol{O} & \boldsymbol{A}_2\end{pmatrix}$,其中 $\boldsymbol{A}_1=\begin{pmatrix}1 & 2\\ 3 & 5\end{pmatrix}$,$\boldsymbol{A}_2=\begin{pmatrix}8 & 3\\ 5 & 2\end{pmatrix}$,

因为 $|\boldsymbol{A}_1|=-1\neq 0$,$|\boldsymbol{A}_2|=1\neq 0$,所以 $\boldsymbol{A}_1$,$\boldsymbol{A}_2$ 都可逆,从而 $\boldsymbol{A}$ 可逆,且

$$A^{-1}=\begin{pmatrix}A_1^{-1} & O\\ O & A_2^{-1}\end{pmatrix}=\begin{pmatrix}-5 & 2 & 0 & 0\\ 3 & -1 & 0 & 0\\ 0 & 0 & 2 & -3\\ 0 & 0 & -5 & 8\end{pmatrix}.$$

(2) $|A^8|=|A|^8=(|A_1||A_2|)^8=1$.

例 3　设 A,B 分别是 m 阶，n 阶可逆矩阵，记 $P=\begin{pmatrix}A & O\\ C & B\end{pmatrix}$，证明 P 可逆，并求 P^{-1}.

证明　因为 $|P|=|A||B|\neq 0$，所以 P 是可逆的.

令 $P^{-1}=\begin{pmatrix}X_1 & X_2\\ X_3 & X_4\end{pmatrix}$，其中 P^{-1} 与 P 相乘符合分块矩阵乘法的分块原则. 由

$$P^{-1}P=I \text{ 有} \begin{pmatrix}X_1 & X_2\\ X_3 & X_4\end{pmatrix}\begin{pmatrix}A & O\\ C & B\end{pmatrix}=\begin{pmatrix}I_m & O\\ O & I_n\end{pmatrix},$$

即

$$\begin{cases}X_1A+X_2C=I_m,\\ X_2B=O,\\ X_3A+X_4C=O,\\ X_4B=I_n,\end{cases} \text{解之} \begin{cases}X_1=A^{-1},\\ X_2=O,\\ X_3=-B^{-1}CA^{-1},\\ X_4=B^{-1},\end{cases}$$

因此 $P^{-1}=\begin{pmatrix}A^{-1} & O\\ -B^{-1}CA^{-1} & B^{-1}\end{pmatrix}$.

例 4　利用例 3 的结论，求矩阵 $P=\begin{pmatrix}1 & 0 & 0 & 0\\ 0 & 1 & 0 & 0\\ 3 & 4 & 1 & 2\\ 5 & 6 & 0 & 1\end{pmatrix}$ 的逆矩阵.

解　$P=\left(\begin{array}{cc:cc}1 & 0 & 0 & 0\\ 0 & 1 & 0 & 0\\ \hdashline 3 & 4 & 1 & 2\\ 5 & 6 & 0 & 1\end{array}\right)=\begin{pmatrix}A & O\\ C & B\end{pmatrix}$，其中

$$A=\begin{pmatrix}1 & 0\\ 0 & 1\end{pmatrix},\quad B=\begin{pmatrix}1 & 2\\ 0 & 1\end{pmatrix},\quad C=\begin{pmatrix}3 & 4\\ 5 & 6\end{pmatrix},$$

$$A^{-1}=\begin{pmatrix}1 & 0\\ 0 & 1\end{pmatrix},\quad B^{-1}=\begin{pmatrix}1 & -2\\ 0 & 1\end{pmatrix},\quad -B^{-1}CA^{-1}=\begin{pmatrix}7 & 8\\ -5 & -6\end{pmatrix},$$

从而

$$P^{-1}=\begin{pmatrix}A^{-1} & O\\ -B^{-1}CA^{-1} & B^{-1}\end{pmatrix}=\begin{pmatrix}1 & 0 & 0 & 0\\ 0 & 1 & 0 & 0\\ 7 & 8 & 1 & -2\\ -5 & -6 & 0 & 1\end{pmatrix}.$$

为了方便大家记住例 3 的结论，根据教学实践总结出一记忆口诀：

$$\begin{pmatrix}A & O\\ C & B\end{pmatrix}^{-1}=\begin{pmatrix}A^{-1} & O\\ -B^{-1}CA^{-1} & B^{-1}\end{pmatrix}=\begin{pmatrix}A^{-1} & O\\ \text{A 的逆,B 的逆,同行逆在} & \\ \text{前,C 要夹中间,负号少不了} & B^{-1}\end{pmatrix}.$$

习　题　2.5

1. 利用分块矩阵的乘法计算下列矩阵的乘积.

(1) $\begin{pmatrix}1 & 0 & 0\\ 0 & 2 & -1\\ 0 & 0 & 3\end{pmatrix}\begin{pmatrix}1 & 0 & 0\\ 0 & 1 & 0\\ 0 & -1 & 1\end{pmatrix}$；

(2) $\begin{pmatrix}1 & -2 & 1 & 0\\ 0 & 1 & 0 & 1\\ 0 & 0 & 2 & -1\\ 0 & 0 & 0 & 3\end{pmatrix}\begin{pmatrix}1 & 0 & -2 & 3\\ 0 & 1 & 0 & -3\\ 0 & 0 & 3 & -1\\ 0 & 0 & -2 & 1\end{pmatrix}$；

(3) $\begin{pmatrix}2 & 1 & 0 & 0\\ 5 & 3 & 0 & 0\\ 0 & 0 & 1 & 0\\ 0 & 0 & 0 & 1\end{pmatrix}\begin{pmatrix}3 & -1 & 0 & 0\\ -2 & 1 & 0 & 0\\ 0 & 0 & -2 & 3\\ 0 & 0 & 7 & 5\end{pmatrix}$；

(4) $\begin{pmatrix}3 & 2 & 0 & 0\\ 4 & 3 & 0 & 0\\ 0 & 0 & 1 & -1\\ 0 & 0 & 0 & 2\end{pmatrix}^2$.

2. 求下列矩阵的逆矩阵.

(1) $\begin{pmatrix}1 & 0 & 0\\ 0 & 2 & 1\\ 0 & 5 & 3\end{pmatrix}$；　(2) $\begin{pmatrix}1 & 2 & 0 & 0\\ 3 & 7 & 0 & 0\\ 0 & 0 & 4 & 3\\ 0 & 0 & 3 & 2\end{pmatrix}$；　(3) $\begin{pmatrix}2 & 1 & 0 & 0\\ 5 & 3 & 0 & 0\\ 5 & 7 & 1 & 0\\ -1 & -3 & -1 & 1\end{pmatrix}$.

3. 设 A,B 分别为 m 阶，n 阶可逆矩阵，记 $P=\begin{pmatrix}A & C\\ O & B\end{pmatrix}$，证明 P 可逆并求出 P^{-1}.

4. 设 A,B 分别为 m 阶，n 阶可逆矩阵，记 $P=\begin{pmatrix}C & A\\ B & O\end{pmatrix}$，

(1)证明 P 可逆且求出 P^{-1}；

(2)求 $\begin{pmatrix} \boldsymbol{O} & \boldsymbol{A} \\ \boldsymbol{B} & \boldsymbol{O} \end{pmatrix}$ 的逆矩阵；

(3)利用(2)的结论，求矩阵 $\begin{pmatrix} 0 & 1 & 0 & \cdots & 0 \\ 0 & 0 & 2 & \cdots & 0 \\ \vdots & \vdots & \vdots & & \vdots \\ 0 & 0 & 0 & \cdots & n-1 \\ n & 0 & 0 & \cdots & 0 \end{pmatrix}$ 的逆矩阵.

数的乘法与矩阵乘法对照学习总结表

数的乘法	矩阵的乘法
交换律： $ab=ba$	不满足交换律 $\boldsymbol{AB}$ 有意义，$\boldsymbol{BA}$ 不一定有意义，即使 $\boldsymbol{AB}$ 与 $\boldsymbol{BA}$ 都有意义，$\boldsymbol{AB}$ 也不一定等于 $\boldsymbol{BA}$. 但 (1)两个 n 阶对角阵相乘满足交换律； (2)数量矩阵与任意同阶方阵相乘满足交换律
若 $ab=0$，则 $a=0$ 或 $b=0$.	若 $\boldsymbol{AB}=\boldsymbol{O}$，不能得到 $\boldsymbol{A}=\boldsymbol{O}$ 或 $\boldsymbol{B}=\boldsymbol{O}$； 但若 $\boldsymbol{AB}=\boldsymbol{O}$，且 $\boldsymbol{A}$ 可逆，则 $\boldsymbol{B}=\boldsymbol{O}$
消去律： 若 $ab=ac$，$a\neq 0$，则 $b=c$	不满足消去律： 若 $\boldsymbol{AB}=\boldsymbol{AC}$，$\boldsymbol{A}\neq\boldsymbol{O}$，不能推出 $\boldsymbol{B}=\boldsymbol{C}$. 但若 $\boldsymbol{AB}=\boldsymbol{AC}$，且 $\boldsymbol{A}$ 可逆，则 $\boldsymbol{B}=\boldsymbol{C}$
结合律：$(ab)c=a(bc)$	结合律：$(\boldsymbol{AB})\boldsymbol{C}=\boldsymbol{A}(\boldsymbol{BC})$， $\lambda(\boldsymbol{AB})=(\lambda\boldsymbol{A})\boldsymbol{B}=\boldsymbol{A}(\lambda\boldsymbol{B})$，$\lambda$ 为数
分配律： $a(b+c)=ab+ac=(b+c)a$	分配律： $\boldsymbol{A}(\boldsymbol{B}+\boldsymbol{C})=\boldsymbol{AB}+\boldsymbol{AC}$，左分配； $(\boldsymbol{B}+\boldsymbol{C})\boldsymbol{A}=\boldsymbol{BA}+\boldsymbol{CA}$，右分配
$1a=a1=a$	$\boldsymbol{I}_n\boldsymbol{A}_n=\boldsymbol{A}_n\boldsymbol{I}_n=\boldsymbol{A}_n$，$\boldsymbol{I}_m\boldsymbol{A}_{m\times n}=\boldsymbol{A}_{m\times n}$，$\boldsymbol{A}_{m\times n}\boldsymbol{I}_n=\boldsymbol{A}_{m\times n}$
$1^k=1$	$\boldsymbol{I}^k=\boldsymbol{I}$
幂的运算规律： $a^ka^l=a^{k+l}$， $(a^k)^l=a^{kl}$， $(ab)^k=a^kb^k$	幂的运算规律：设 $\boldsymbol{A}$，$\boldsymbol{B}$ 都为 n 阶方阵，k，l 为正整数，则 $\boldsymbol{A}^k\boldsymbol{A}^l=\boldsymbol{A}^{k+l}$， $(\boldsymbol{A}^k)^l=\boldsymbol{A}^{kl}$. 但是 $(\boldsymbol{AB})^k\neq\boldsymbol{A}^k\boldsymbol{B}^k$
数中常用公式： $(a\pm b)^2=a^2\pm 2ab+b^2$， $(a+b)(a-b)=a^2-b^2$	设 $\boldsymbol{A}$，$\boldsymbol{B}$ 都为 n 阶方阵，则 $(\boldsymbol{A}\pm\boldsymbol{B})^2\neq\boldsymbol{A}^2\pm 2\boldsymbol{AB}+\boldsymbol{B}^2$， $(\boldsymbol{A}+\boldsymbol{B})(\boldsymbol{A}-\boldsymbol{B})\neq\boldsymbol{A}^2-\boldsymbol{B}^2$， 但在 $\boldsymbol{AB}=\boldsymbol{BA}$ 的前提下，这两个公式又是成立的. 特别地 $(\boldsymbol{A}\pm\boldsymbol{I})^2=\boldsymbol{A}^2\pm 2\boldsymbol{AI}+\boldsymbol{I}^2=\boldsymbol{A}^2\pm 2\boldsymbol{A}+\boldsymbol{I}$， $(\boldsymbol{A}+\boldsymbol{I})(\boldsymbol{A}-\boldsymbol{I})=\boldsymbol{A}^2-\boldsymbol{I}^2=\boldsymbol{A}^2-\boldsymbol{I}$

例题选讲

例 1 设 $\boldsymbol{\alpha}=(1,2,3)^{\mathrm{T}},\boldsymbol{\beta}=(-1,1,1)^{\mathrm{T}},\boldsymbol{A}=\boldsymbol{\alpha}\boldsymbol{\beta}^{\mathrm{T}}$，求 $\boldsymbol{A}^n$.

解 $\boldsymbol{A}^n=(\boldsymbol{\alpha}\boldsymbol{\beta}^{\mathrm{T}})^n=\boldsymbol{\alpha}\underbrace{(\boldsymbol{\beta}^{\mathrm{T}}\boldsymbol{\alpha})(\boldsymbol{\beta}^{\mathrm{T}}\boldsymbol{\alpha})(\boldsymbol{\beta}^{\mathrm{T}}\boldsymbol{\alpha})\cdots(\boldsymbol{\beta}^{\mathrm{T}}\boldsymbol{\alpha})}_{n-1}\boldsymbol{\beta}^{\mathrm{T}}$，又由于

$$\boldsymbol{\beta}^{\mathrm{T}}\boldsymbol{\alpha}=(-1,1,1)\begin{pmatrix}1\\2\\3\end{pmatrix}=4,$$

从而

$$\boldsymbol{A}^n=4^{n-1}\boldsymbol{\alpha}\boldsymbol{\beta}^{\mathrm{T}}=4^{n-1}\begin{pmatrix}1\\2\\3\end{pmatrix}(-1,1,1)=4^{n-1}\begin{pmatrix}-1&1&1\\-2&2&2\\-3&3&3\end{pmatrix}.$$

例 2 已知 $\boldsymbol{A}=\begin{pmatrix}a_1b_1&a_1b_2&a_1b_3\\a_2b_1&a_2b_2&a_2b_3\\a_3b_1&a_3b_2&a_3b_3\end{pmatrix}$，证明存在数 l 使得 $\boldsymbol{A}^2=l\boldsymbol{A}$，并求数 l.

解 因为 $\boldsymbol{A}$ 中任意两行，任意两列都成比例，所以矩阵 $\boldsymbol{A}$ 可分解成两个矩阵相乘的形式即 $\boldsymbol{A}=\begin{pmatrix}a_1\\a_2\\a_3\end{pmatrix}(b_1,b_2,b_3)$，此时

$$\boldsymbol{A}^2=\begin{pmatrix}a_1\\a_2\\a_3\end{pmatrix}\left((b_1,b_2,b_3)\begin{pmatrix}a_1\\a_2\\a_3\end{pmatrix}\right)(b_1,b_2,b_3),$$

又因为

$$(b_1,b_2,b_3)\begin{pmatrix}a_1\\a_2\\a_3\end{pmatrix}=a_1b_1+a_2b_2+a_3b_3,$$

所以

$$\boldsymbol{A}^2=(a_1b_1+a_2b_2+a_3b_3)\begin{pmatrix}a_1\\a_2\\a_3\end{pmatrix}(b_1,b_2,b_3),$$

记数 $l=a_1b_1+a_2b_2+a_3b_3$，则有 $\boldsymbol{A}^2=l\boldsymbol{A}$.

注　设 $\boldsymbol{\alpha}=(a_1,a_2,a_3)^{\mathrm{T}}$，$\boldsymbol{\beta}=(b_1,b_2,b_3)^{\mathrm{T}}$，则 $\boldsymbol{\alpha\beta}^{\mathrm{T}}=\begin{pmatrix}a_1b_1 & a_1b_2 & a_1b_3\\ a_2b_1 & a_2b_2 & a_2b_3\\ a_3b_1 & a_3b_2 & a_3b_3\end{pmatrix}$，$\boldsymbol{\alpha}^{\mathrm{T}}\boldsymbol{\beta}=a_1b_1+a_2b_2+a_3b_3$，易看出 $\boldsymbol{\alpha\beta}^{\mathrm{T}}$ 是一个矩阵，$\boldsymbol{\alpha}^{\mathrm{T}}\boldsymbol{\beta}$ 却是一个数，且这个数 $\boldsymbol{\alpha}^{\mathrm{T}}\boldsymbol{\beta}$ 是矩阵 $\boldsymbol{\alpha\beta}^{\mathrm{T}}$ 的主对角线元素之和.

例 3　已知 $\boldsymbol{PA}=\boldsymbol{BP}$，其中 $\boldsymbol{P}=\begin{pmatrix}0 & -1 & 0\\ 2 & 0 & 0\\ 0 & 0 & 3\end{pmatrix}$，$\boldsymbol{B}=\begin{pmatrix}1 & 0 & 0\\ 0 & -1 & 0\\ 0 & 0 & -1\end{pmatrix}$，求 $\boldsymbol{A}^{2012}$.

解　因为 $\boldsymbol{P}$ 可逆，由 $\boldsymbol{PA}=\boldsymbol{BP}$ 可知，$\boldsymbol{A}=\boldsymbol{P}^{-1}\boldsymbol{BP}$，从而

$$\boldsymbol{A}^{2012}=(\boldsymbol{P}^{-1}\boldsymbol{BP})^{2012}=\boldsymbol{P}^{-1}\underbrace{\boldsymbol{B}(\boldsymbol{PP}^{-1})\boldsymbol{B}(\boldsymbol{PP}^{-1})\boldsymbol{B}(\boldsymbol{PP}^{-1})\boldsymbol{B}\cdots(\boldsymbol{PP}^{-1})\boldsymbol{B}}_{2012}\boldsymbol{P}=\boldsymbol{P}^{-1}\boldsymbol{B}^{2012}\boldsymbol{P},$$

则 $\boldsymbol{A}^{2012}=\boldsymbol{P}^{-1}\begin{pmatrix}1 & 0 & 0\\ 0 & 1 & 0\\ 0 & 0 & 1\end{pmatrix}\boldsymbol{P}=\boldsymbol{P}^{-1}\boldsymbol{P}=\boldsymbol{I}.$

总结　由例 1～例 3 可知，在求方阵幂的过程中，要巧妙运用矩阵乘法的结合律，使计算简化.

例 4　已知 $\boldsymbol{A}=\begin{pmatrix}\lambda & 1 & 0\\ 0 & \lambda & 1\\ 0 & 0 & \lambda\end{pmatrix}$，求 $\boldsymbol{A}^n$.

解　$\begin{pmatrix}\lambda & 1 & 0\\ 0 & \lambda & 1\\ 0 & 0 & \lambda\end{pmatrix}=\begin{pmatrix}\lambda & 0 & 0\\ 0 & \lambda & 0\\ 0 & 0 & \lambda\end{pmatrix}+\begin{pmatrix}0 & 1 & 0\\ 0 & 0 & 1\\ 0 & 0 & 0\end{pmatrix}=\lambda\begin{pmatrix}1 & 0 & 0\\ 0 & 1 & 0\\ 0 & 0 & 1\end{pmatrix}+\begin{pmatrix}0 & 1 & 0\\ 0 & 0 & 1\\ 0 & 0 & 0\end{pmatrix}$.

记 $\boldsymbol{A}=\lambda\boldsymbol{I}+\boldsymbol{B}$，其中 $\boldsymbol{B}=\begin{pmatrix}0 & 1 & 0\\ 0 & 0 & 1\\ 0 & 0 & 0\end{pmatrix}$，由于 $\boldsymbol{B}^2=\begin{pmatrix}0 & 1 & 0\\ 0 & 0 & 0\\ 0 & 0 & 0\end{pmatrix}$，$\boldsymbol{B}^3=\begin{pmatrix}0 & 0 & 0\\ 0 & 0 & 0\\ 0 & 0 & 0\end{pmatrix}$，进而有 $\boldsymbol{B}^4=\boldsymbol{B}^5=\cdots=\boldsymbol{O}$，所以

$$\begin{aligned}\boldsymbol{A}^n&=(\lambda\boldsymbol{I}+\boldsymbol{B})^n=\lambda^n\boldsymbol{I}^n+C_n^1(\lambda\boldsymbol{I})^{n-1}\boldsymbol{B}+C_n^2(\lambda\boldsymbol{I})^{n-2}\boldsymbol{B}^2\\&=\begin{pmatrix}\lambda^n & 0 & 0\\ 0 & \lambda^n & 0\\ 0 & 0 & \lambda^n\end{pmatrix}+\begin{pmatrix}0 & C_n^1\lambda^{n-1} & 0\\ 0 & 0 & C_n^1\lambda^{n-1}\\ 0 & 0 & 0\end{pmatrix}+\begin{pmatrix}0 & 0 & C_n^2\lambda^{n-2}\\ 0 & 0 & 0\\ 0 & 0 & 0\end{pmatrix}\\&=\begin{pmatrix}\lambda^n & C_n^1\lambda^{n-1} & C_n^2\lambda^{n-2}\\ 0 & \lambda^n & C_n^1\lambda^{n-1}\\ 0 & 0 & \lambda^n\end{pmatrix}.\end{aligned}$$

特别说明,设 n 阶方阵 $\boldsymbol{B}=\begin{pmatrix}0&1&0&\cdots&0&0\\0&0&1&\cdots&0&0\\\vdots&\vdots&\vdots&&\vdots&\vdots\\0&0&0&\cdots&1&0\\0&0&0&\cdots&0&1\\0&0&0&\cdots&0&0\end{pmatrix}$,则有 $\boldsymbol{B}^n=\boldsymbol{O}$.

例 5 设 $\boldsymbol{A}=\begin{pmatrix}1&1&1\\0&2&2\\0&0&3\end{pmatrix}$,$(\boldsymbol{A}^{-1})^*$ 是 $\boldsymbol{A}^{-1}$ 的伴随矩阵,求 $(\boldsymbol{A}^{-1})^*$.

解 因为 $\boldsymbol{AA}^*=|\boldsymbol{A}|\boldsymbol{I}$,所以有 $\boldsymbol{A}^{-1}(\boldsymbol{A}^{-1})^*=|\boldsymbol{A}^{-1}|\boldsymbol{I}$,从而

$$(\boldsymbol{A}^{-1})^*=|\boldsymbol{A}^{-1}|\boldsymbol{A}=\frac{1}{|\boldsymbol{A}|}\boldsymbol{A}=\frac{1}{6}\begin{pmatrix}1&1&1\\0&2&2\\0&0&3\end{pmatrix}=\begin{pmatrix}\frac{1}{6}&\frac{1}{6}&\frac{1}{6}\\0&\frac{1}{3}&\frac{1}{3}\\0&0&\frac{1}{2}\end{pmatrix}.$$

例 6 设 $\boldsymbol{A}=(a_{ij})$ 是任一 n 阶方阵 $(n\geqslant 3)$,$\boldsymbol{A}^*$ 是其伴随矩阵,证明 $(k\boldsymbol{A})^*=k^{n-1}\boldsymbol{A}^*$,其中 k 为常数.

证明 由于 $k\boldsymbol{A}=(ka_{ij})$,故行列式 $|k\boldsymbol{A}|$ 的任一元素 ka_{ij} 的代数余子式为

$$(-1)^{i+j}\begin{vmatrix}ka_{11}&\cdots&ka_{1,j-1}&ka_{1,j+1}&\cdots&ka_{1n}\\\vdots&&\vdots&\vdots&&\vdots\\ka_{i-1,1}&\cdots&ka_{i-1,j-1}&ka_{i-1,j+1}&\cdots&ka_{i-1,n}\\ka_{i+1,1}&\cdots&ka_{i+1,j-1}&ka_{i+1,j+1}&\cdots&ka_{i+1,n}\\\vdots&&\vdots&\vdots&&\vdots\\ka_{n1}&\cdots&ka_{n,j-1}&ka_{n,j+1}&\cdots&ka_{nn}\end{vmatrix}_{n-1}$$

$$=(-1)^{i+j}k^{n-1}\begin{vmatrix}a_{11}&\cdots&a_{1,j-1}&a_{1,j+1}&\cdots&a_{1n}\\\vdots&&\vdots&\vdots&&\vdots\\a_{i-1,1}&\cdots&a_{i-1,j-1}&a_{i-1,j+1}&\cdots&a_{i-1,n}\\a_{i+1,1}&\cdots&a_{i+1,j-1}&a_{i+1,j+1}&\cdots&a_{i+1,n}\\\vdots&&\vdots&\vdots&&\vdots\\a_{n1}&\cdots&a_{n,j-1}&a_{n,j+1}&\cdots&a_{nn}\end{vmatrix}=k^{n-1}\boldsymbol{A}_{ij},$$

其中 $\boldsymbol{A}_{ij}$ 为 $|\boldsymbol{A}|$ 的元素 a_{ij} 的代数余子式,再由伴随矩阵的定义有

$$(k\boldsymbol{A})^*=k^{n-1}\boldsymbol{A}^*.$$

例 7 设 $\boldsymbol{A}$ 为 n 阶可逆矩阵,证明:

(1) $\boldsymbol{A}^*=|\boldsymbol{A}|\boldsymbol{A}^{-1}$; (2) $(\boldsymbol{A}^*)^{-1}=(\boldsymbol{A}^{-1})^*=\frac{1}{|\boldsymbol{A}|}\boldsymbol{A}$;

(3) $(\boldsymbol{A}^*)^* = |\boldsymbol{A}|^{n-2}\boldsymbol{A}(n>2)$；(4) $(\boldsymbol{A}^*)^{\mathrm{T}} = (\boldsymbol{A}^{\mathrm{T}})^*$.

证明　(1)由于 $\boldsymbol{A}$ 可逆且 $\boldsymbol{A}^{-1} = \frac{1}{|\boldsymbol{A}|}\boldsymbol{A}^*$，所以 $\boldsymbol{A}^* = |\boldsymbol{A}|\boldsymbol{A}^{-1}$.

(2)将 $\boldsymbol{AA}^* = \boldsymbol{A}^*\boldsymbol{A} = |\boldsymbol{A}|\boldsymbol{I}$ 变形为 $\frac{1}{|\boldsymbol{A}|}\boldsymbol{AA}^* = \boldsymbol{A}^*\frac{1}{|\boldsymbol{A}|}\boldsymbol{A} = \boldsymbol{I}$，则 $(\boldsymbol{A}^*)^{-1} = \frac{1}{|\boldsymbol{A}|}\boldsymbol{A}$.

又由等式 $\boldsymbol{AA}^* = |\boldsymbol{A}|\boldsymbol{I}$ 可知 $(\boldsymbol{A}^{-1})(\boldsymbol{A}^{-1})^* = |\boldsymbol{A}^{-1}|\boldsymbol{I}$，则 $(\boldsymbol{A}^{-1})^* = |\boldsymbol{A}^{-1}|\boldsymbol{A} = \frac{1}{|\boldsymbol{A}|}\boldsymbol{A}$，于是 $(\boldsymbol{A}^*)^{-1} = (\boldsymbol{A}^{-1})^* = \frac{1}{|\boldsymbol{A}|}\boldsymbol{A}$.

(3)由等式 $\boldsymbol{AA}^* = |\boldsymbol{A}|\boldsymbol{I}$ 可知，因为 $\boldsymbol{A}$ 可逆，则 $\boldsymbol{A}^*$ 也可逆，且有 $\boldsymbol{A}^*(\boldsymbol{A}^*)^* = |\boldsymbol{A}^*|\boldsymbol{I}$，于是 $(\boldsymbol{A}^*)^* = |\boldsymbol{A}^*|(\boldsymbol{A}^*)^{-1} = |\boldsymbol{A}|^{n-1}\frac{1}{|\boldsymbol{A}|}\boldsymbol{A} = |\boldsymbol{A}|^{n-2}\boldsymbol{A}$.

(4)由等式 $\boldsymbol{A}^* = |\boldsymbol{A}|\boldsymbol{A}^{-1}$ 有

$$(\boldsymbol{A}^*)^{\mathrm{T}} = (|\boldsymbol{A}|\boldsymbol{A}^{-1})^{\mathrm{T}} = |\boldsymbol{A}|(\boldsymbol{A}^{-1})^{\mathrm{T}}$$

与

$$(\boldsymbol{A}^{\mathrm{T}})^* = |\boldsymbol{A}^{\mathrm{T}}|(\boldsymbol{A}^{\mathrm{T}})^{-1} = |\boldsymbol{A}|(\boldsymbol{A}^{-1})^{\mathrm{T}},$$

于是 $(\boldsymbol{A}^*)^{\mathrm{T}} = (\boldsymbol{A}^{\mathrm{T}})^*$.

例 8　设 $\boldsymbol{A},\boldsymbol{B}$ 都为 n 阶可逆矩阵，证明 $(\boldsymbol{AB})^* = \boldsymbol{B}^*\boldsymbol{A}^*$.

证明　由 $\boldsymbol{A}^* = |\boldsymbol{A}|\boldsymbol{A}^{-1}$ 有 $(\boldsymbol{AB})^* = |\boldsymbol{AB}|(\boldsymbol{AB})^{-1} = |\boldsymbol{A}||\boldsymbol{B}|\boldsymbol{B}^{-1}\boldsymbol{A}^{-1} = |\boldsymbol{B}|\boldsymbol{B}^{-1}|\boldsymbol{A}|\boldsymbol{A}^{-1} = \boldsymbol{B}^*\boldsymbol{A}^*$. 证毕

总结　综合例 6～例 8 及前面所学知识，将伴随矩阵的结论总结如下：

设 $\boldsymbol{A}$ 为 n 阶可逆矩阵，则

(1) $\boldsymbol{AA}^* = \boldsymbol{A}^*\boldsymbol{A} = |\boldsymbol{A}|\boldsymbol{I}$；

(2) $|\boldsymbol{A}^*| = |\boldsymbol{A}|^{n-1}$；

(3) $(k\boldsymbol{A})^* = k^{n-1}\boldsymbol{A}^*$；

(4)当 $\boldsymbol{A}$ 可逆时有 $\boldsymbol{A}^* = |\boldsymbol{A}|\boldsymbol{A}^{-1}$，$(\boldsymbol{A}^*)^{-1} = (\boldsymbol{A}^{-1})^* = \frac{1}{|\boldsymbol{A}|}\boldsymbol{A}$，$(\boldsymbol{A}^*)^* = |\boldsymbol{A}|^{n-2}\boldsymbol{A}(n>2)$，$(\boldsymbol{A}^*)^{\mathrm{T}} = (\boldsymbol{A}^{\mathrm{T}})^*$；

(5)当 $\boldsymbol{A},\boldsymbol{B}$ 都可逆时有 $(\boldsymbol{AB})^* = \boldsymbol{B}^*\boldsymbol{A}^*$.

例 9　设 $\boldsymbol{A},\boldsymbol{B}$ 为 n 阶可逆方阵，$\boldsymbol{A}^*,\boldsymbol{B}^*$ 分别为 $\boldsymbol{A},\boldsymbol{B}$ 的伴随矩阵，$\boldsymbol{C} = \begin{pmatrix} \boldsymbol{A} & \boldsymbol{O} \\ \boldsymbol{O} & \boldsymbol{B} \end{pmatrix}$，则 $\boldsymbol{C}^* = ($　　$)$.

(A) $\begin{pmatrix} |\boldsymbol{A}|\boldsymbol{A}^* & \boldsymbol{O} \\ \boldsymbol{O} & |\boldsymbol{B}|\boldsymbol{B}^* \end{pmatrix}$；　　(B) $\begin{pmatrix} |\boldsymbol{B}|\boldsymbol{B}^* & \boldsymbol{O} \\ \boldsymbol{O} & |\boldsymbol{A}|\boldsymbol{A}^* \end{pmatrix}$；

(C) $\begin{pmatrix} |\boldsymbol{A}|\boldsymbol{B}^* & \boldsymbol{O} \\ \boldsymbol{O} & |\boldsymbol{B}|\boldsymbol{A}^* \end{pmatrix}$；　　(D) $\begin{pmatrix} |\boldsymbol{B}|\boldsymbol{A}^* & \boldsymbol{O} \\ \boldsymbol{O} & |\boldsymbol{A}|\boldsymbol{B}^* \end{pmatrix}$.

解 由逆矩阵公式可知

$$C^* = |C|C^{-1} = \begin{vmatrix} A & O \\ O & B \end{vmatrix} \begin{pmatrix} A & O \\ O & B \end{pmatrix}^{-1} = |A|\,|B| \begin{pmatrix} A^{-1} & O \\ O & B^{-1} \end{pmatrix}$$

$$= \begin{pmatrix} |A|\,|B|A^{-1} & O \\ O & |A|\,|B|B^{-1} \end{pmatrix} = \begin{pmatrix} |B|A^* & O \\ O & |A|B^* \end{pmatrix},$$

应选(D).

例 10 设 3 阶方阵 A,B 满足 $A^{-1}BA = 6A + BA$，且 $A = \begin{pmatrix} \frac{1}{3} & 0 & 0 \\ 0 & \frac{1}{4} & 0 \\ 0 & 0 & \frac{1}{7} \end{pmatrix}$，求 B.

解 由条件可知 A 可逆，于是在等式 $A^{-1}BA = 6A + BA$ 两边同时右乘 A^{-1} 和左乘 A 有 $B = 6A + AB$，移项有 $(I - A)B = 6A$. 从而

$$B = 6\,(I - A)^{-1}A = 6 \begin{pmatrix} \frac{3}{2} & & \\ & \frac{4}{3} & \\ & & \frac{7}{6} \end{pmatrix} \begin{pmatrix} \frac{1}{3} & 0 & 0 \\ 0 & \frac{1}{4} & 0 \\ 0 & 0 & \frac{1}{7} \end{pmatrix} = \begin{pmatrix} 3 & & \\ & 2 & \\ & & 1 \end{pmatrix}.$$

总结 解矩阵方程时应先化简矩阵方程，再将已知数据代入求解. 化简矩阵方程要根据不同的条件，采用不同的化简方法，一般来说可将某一矩阵左乘或右乘等式的两端达到化简的目的. 在化简过程中常用的等式关系有 $AA^{-1} = A^{-1}A = I$，$AA^* = A^*A = |A|I$ 等.

例 11 设 A 为 n 阶可逆矩阵，且 A 的每行元素之和都等于 k，证明 $k \neq 0$ 且 A^{-1} 的每行元素之和都等于 k^{-1}.

证明 将 A 的每行元素之和都等于 k 用矩阵乘积来表示为 $A\begin{pmatrix} 1 \\ \vdots \\ 1 \end{pmatrix} = \begin{pmatrix} k \\ \vdots \\ k \end{pmatrix} = k\begin{pmatrix} 1 \\ \vdots \\ 1 \end{pmatrix}$. 令 $b = \begin{pmatrix} 1 \\ \vdots \\ 1 \end{pmatrix}$，则上式可写为 $Ab = kb$，由条件 A 可逆有 $b = kA^{-1}b$. 若 $k = 0$，则 $b = 0$，与 $b = \begin{pmatrix} 1 \\ \vdots \\ 1 \end{pmatrix}$ 矛盾，于是 $k \neq 0$，同时上式可变形为

$$A^{-1}b=\frac{1}{k}b=\begin{pmatrix}\frac{1}{k}\\ \vdots\\ \frac{1}{k}\end{pmatrix},$$

则有 A^{-1} 的每行元素之和都等于 $\frac{1}{k}$. 证毕

总 习 题 2

一、填空题

1. 设 $A=\begin{pmatrix}\cos\theta & -\sin\theta\\ \sin\theta & \cos\theta\end{pmatrix}$, 则 $A^{-1}=$____________.

2. 设 A 为 3 阶方阵, 且 $|A|=3$, A^* 为 A 的伴随矩阵, 则 $|3A^{-1}|=$____________, $|A^*|=$____________, $|(2A)^2|=$____________.

3. 设 $A=\begin{pmatrix}1&4&0&0&0\\1&1&0&0&0\\0&0&1&0&0\\0&0&0&2&0\\0&0&0&0&3\end{pmatrix}$, 则 $A^{-1}=$____________.

4. 若 $A^2=A$, 且 A 可逆, 则 $A=$____________.

5. 已知 $\begin{pmatrix}2&3\\1&2\end{pmatrix}X=\begin{pmatrix}4&-1\\2&1\end{pmatrix}$, 则 $X=$____________.

6. 设 $A=\begin{pmatrix}-8&2&-2\\2&x&-4\\-2&-4&x\end{pmatrix}$ 不可逆, 则 $x=$____________.

7. 设 $A=(\alpha_1,\alpha_2,\alpha_3)$, $B=(\alpha_1+\alpha_2+\alpha_3,\alpha_1+2\alpha_2+4\alpha_3,\alpha_1+3\alpha_2+9\alpha_3)$, 其中 $\alpha_1,\alpha_2,\alpha_3$ 都为 3×1 的列矩阵, 若 $|A|=1$, 则 $|B|=$____________.

8. 已知 A 的逆矩阵 $A^{-1}=\begin{pmatrix}1&0&1\\2&1&0\\-3&2&-5\end{pmatrix}$, 则 $(A^*)^{-1}=$____________.

9. 设 α 为 3×1 矩阵, α^T 是 α 的转置矩阵, 若 $\alpha\alpha^T=\begin{pmatrix}1&-1&1\\-1&1&-1\\1&-1&1\end{pmatrix}$, 则 $\alpha^T\alpha=$____________.

10. 设 $A=\begin{pmatrix}0&0&5&2\\0&0&2&1\\\cos\theta&\sin\theta&-1&3\\-\sin\theta&\cos\theta&0&1\end{pmatrix}$, 则 $A^{-1}=$____________.

11. 设矩阵 $\boldsymbol{A}=\begin{pmatrix}0&1&0&0\\0&0&1&0\\0&0&0&1\\0&0&0&0\end{pmatrix}$，则 $\boldsymbol{A}^3=$ __________，$\boldsymbol{A}^4=$ __________.

12. 设 $\boldsymbol{A}$ 是 m 阶方阵，$\boldsymbol{B}$ 是 n 阶方阵，且 $|\boldsymbol{A}|=a$，$|\boldsymbol{B}|=b$，若 $\boldsymbol{C}=\begin{pmatrix}\boldsymbol{O}&3\boldsymbol{A}\\-\boldsymbol{B}&\boldsymbol{O}\end{pmatrix}$，则 $|\boldsymbol{C}|=$ __________.

二、判断题(下面各题中的大写字母均表示矩阵)

1. 若 $\boldsymbol{A}^2=\boldsymbol{O}$，则 $\boldsymbol{A}=\boldsymbol{O}$.　(　　)
2. 若 $\boldsymbol{A}^2=\boldsymbol{A}$，则 $\boldsymbol{A}=\boldsymbol{O}$ 或 $\boldsymbol{A}=\boldsymbol{I}$.　(　　)
3. 若 $\boldsymbol{AB}=\boldsymbol{AC}$，且 $\boldsymbol{A}\neq\boldsymbol{O}$，则 $\boldsymbol{B}=\boldsymbol{C}$.　(　　)
4. 若方阵 $\boldsymbol{A}$ 和 $\boldsymbol{B}$ 满足 $\boldsymbol{AB}=\boldsymbol{O}$，则 $|\boldsymbol{A}|=0$ 或 $|\boldsymbol{B}|=0$.　(　　)
5. $|k\boldsymbol{A}|=k|\boldsymbol{A}|$，其中 k 为非零常数，$\boldsymbol{A}$ 为 n 阶方阵.　(　　)
6. 若 $\boldsymbol{A}$ 可逆且 $\boldsymbol{AB}=\boldsymbol{O}$，则 $\boldsymbol{B}=\boldsymbol{O}$.　(　　)
7. 若 $\boldsymbol{A}$ 和 $\boldsymbol{B}$ 均可逆，则 $\boldsymbol{A}+\boldsymbol{B}$ 可逆.　(　　)
8. 若 $\boldsymbol{A}^{\mathrm{T}}\boldsymbol{A}=\boldsymbol{I}$，则 $|\boldsymbol{A}|=1$ 或 -1.　(　　)
9. 若 $\boldsymbol{A}=\boldsymbol{O}$，则 $|\boldsymbol{A}|=0$.　(　　)
10. 若 $|\boldsymbol{A}|=0$，则 $\boldsymbol{A}=\boldsymbol{O}$.　(　　)

三、计算题

1. 设 $\boldsymbol{A}=\begin{pmatrix}0&3&3\\1&1&0\\-1&2&3\end{pmatrix}$，且 $\boldsymbol{AB}=\boldsymbol{A}+2\boldsymbol{B}$，求 $\boldsymbol{B}$.

2. 已知 n 为自然数，设 $\boldsymbol{A}=\begin{pmatrix}3\\1\\2\end{pmatrix}(2,3,-1)$，求 $\boldsymbol{A}^n$.

3. 求 $\begin{pmatrix}1&1\\3&3\end{pmatrix}^n$.

4. 设 $\boldsymbol{AP}=\boldsymbol{P\Lambda}$，其中 $\boldsymbol{P}=\begin{pmatrix}1&1&1\\1&0&-2\\1&-1&1\end{pmatrix}$，$\boldsymbol{\Lambda}=\begin{pmatrix}-1&0&0\\0&1&0\\0&0&5\end{pmatrix}$，求 $\boldsymbol{A}^{11}$.

5. 设 $\boldsymbol{A}=\begin{pmatrix}1&0&0\\0&-2&0\\0&0&1\end{pmatrix}$，$\boldsymbol{A}^*\boldsymbol{BA}=2\boldsymbol{BA}-8\boldsymbol{I}$，求 $\boldsymbol{B}$.

6. 已知 $\boldsymbol{A}=\begin{pmatrix}1&1&-1\\-1&1&1\\1&-1&1\end{pmatrix}$，$\boldsymbol{A}^*\boldsymbol{X}=\boldsymbol{A}^{-1}+2\boldsymbol{X}$，求 $\boldsymbol{X}$.

7. 已知 $\boldsymbol{A}=\begin{pmatrix}1&0&0\\1&1&0\\1&1&1\end{pmatrix}$，$\boldsymbol{B}=\begin{pmatrix}0&1&1\\1&0&1\\1&1&0\end{pmatrix}$，且矩阵 $\boldsymbol{X}$ 满足，$\boldsymbol{AXA}+\boldsymbol{BXB}=\boldsymbol{AXB}+\boldsymbol{BXA}+$

$\boldsymbol{I}$，其中 $\boldsymbol{I}$ 为 3 阶单位矩阵，求 $\boldsymbol{X}$.

8. 设 $\boldsymbol{A}$ 为 3 阶方阵，$|\boldsymbol{A}|=2$，求行列式 $\left||\boldsymbol{A}^*|\boldsymbol{A}\right|$，$|(2\boldsymbol{A})^{-1}-5\boldsymbol{A}^*|$，$|(\boldsymbol{A}^*)^{-1}|$.

9. 设 $\boldsymbol{A}$ 为 3 阶方阵，$|\boldsymbol{A}|=3$，求行列式 $|(\boldsymbol{A}^*)^{-1}|$，$|(2\boldsymbol{A})^*|$，$|4\boldsymbol{A}-(\boldsymbol{A}^*)^*|$.

四、证明题

1. 已知 $\boldsymbol{A}$ 为 n 阶方阵满足 $\boldsymbol{A}^k=\boldsymbol{O}$，$k$ 为正整数，证明 $(\boldsymbol{I}-\boldsymbol{A})$ 可逆且 $(\boldsymbol{I}-\boldsymbol{A})^{-1}=\boldsymbol{A}^{k-1}+\boldsymbol{A}^{k-2}+\cdots+\boldsymbol{I}$.

2. 已知 n 阶方阵 $\boldsymbol{A}$ 满足 $\boldsymbol{A}^3+2\boldsymbol{A}^2+\boldsymbol{A}-\boldsymbol{I}=\boldsymbol{O}$，证明 $\boldsymbol{A}$ 可逆，并求 $\boldsymbol{A}^{-1}$.

3. 设方阵 $\boldsymbol{A}$ 满足 $2\boldsymbol{A}^2+\boldsymbol{A}-3\boldsymbol{I}=\boldsymbol{O}$，证明(1) $\boldsymbol{A}$ 可逆，并求 $\boldsymbol{A}^{-1}$；(2) $3\boldsymbol{I}-\boldsymbol{A}$ 可逆，并求 $(3\boldsymbol{I}-\boldsymbol{A})^{-1}$.

4. 设 $\boldsymbol{A}$ 为 n 阶方阵，$\boldsymbol{B}$ 为 n 阶可逆矩阵，且满足 $\boldsymbol{A}^2-\boldsymbol{B}+\boldsymbol{A}\boldsymbol{B}=\boldsymbol{O}$，证明 $\boldsymbol{A}$ 可逆.

5. 设 $\boldsymbol{\alpha}$ 为 $n\times 1$ 的非零列矩阵，$\boldsymbol{A}=\boldsymbol{I}-\boldsymbol{\alpha}\boldsymbol{\alpha}^{\mathrm{T}}$，证明

(1) $\boldsymbol{A}^2=\boldsymbol{A}$ 的充要条件为 $\boldsymbol{\alpha}^{\mathrm{T}}\boldsymbol{\alpha}=1$；

(2)若 $\boldsymbol{\alpha}^{\mathrm{T}}\boldsymbol{\alpha}=1$，则 $\boldsymbol{A}$ 不可逆.

考 研 题 选

1. 设 $\boldsymbol{A}$，$\boldsymbol{B}$ 均为 2 阶方阵，$\boldsymbol{A}^*$，$\boldsymbol{B}^*$ 分别为 $\boldsymbol{A}$，$\boldsymbol{B}$ 的伴随矩阵，若 $|\boldsymbol{A}|=2$，$|\boldsymbol{B}|=3$，则分块矩阵 $\begin{pmatrix}\boldsymbol{O} & \boldsymbol{A}\\ \boldsymbol{B} & \boldsymbol{O}\end{pmatrix}$ 的伴随矩阵为(　　).　(2009 年)

(A) $\begin{pmatrix}\boldsymbol{O} & 3\boldsymbol{B}^*\\ 2\boldsymbol{A}^* & \boldsymbol{O}\end{pmatrix}$　(B) $\begin{pmatrix}\boldsymbol{O} & 2\boldsymbol{B}^*\\ 3\boldsymbol{A}^* & \boldsymbol{O}\end{pmatrix}$　(C) $\begin{pmatrix}\boldsymbol{O} & 3\boldsymbol{A}^*\\ 2\boldsymbol{B}^* & \boldsymbol{O}\end{pmatrix}$　(D) $\begin{pmatrix}\boldsymbol{O} & 2\boldsymbol{A}^*\\ 3\boldsymbol{B}^* & \boldsymbol{O}\end{pmatrix}$

2. 设矩阵 $\boldsymbol{A}=(a_{ij})_{3\times 3}$ 满足 $\boldsymbol{A}^*=\boldsymbol{A}^{\mathrm{T}}$，其中 $\boldsymbol{A}^*$ 为 $\boldsymbol{A}$ 的伴随矩阵，$\boldsymbol{A}^{\mathrm{T}}$ 为 $\boldsymbol{A}$ 的转置矩阵，若 a_{11}，a_{12}，a_{13} 为三个相等的正数，则 a_{11} 为(　　).　(2005 年)

(A) $\dfrac{\sqrt{3}}{3}$　(B) 3　(C) $\dfrac{1}{3}$　(D) $\sqrt{3}$

3. 设 $\boldsymbol{A}$ 为 n 阶非零矩阵，$\boldsymbol{I}$ 为 n 阶单位矩阵，若 $\boldsymbol{A}^3=0$，则(　　).　(2008 年)

(A) $\boldsymbol{I}-\boldsymbol{A}$ 不可逆，$\boldsymbol{I}+\boldsymbol{A}$ 不可逆　(B) $\boldsymbol{I}-\boldsymbol{A}$ 不可逆，$\boldsymbol{I}+\boldsymbol{A}$ 可逆

(C) $\boldsymbol{I}-\boldsymbol{A}$ 可逆，$\boldsymbol{I}+\boldsymbol{A}$ 可逆　(D) $\boldsymbol{I}-\boldsymbol{A}$ 可逆，$\boldsymbol{I}+\boldsymbol{A}$ 不可逆

4. 设 $\boldsymbol{A}=\begin{pmatrix}0 & -1 & 0\\ 1 & 0 & 0\\ 0 & 0 & -1\end{pmatrix}$，$\boldsymbol{B}=\boldsymbol{P}^{-1}\boldsymbol{A}\boldsymbol{P}$，其中 $\boldsymbol{P}$ 为 3 阶可逆矩阵，求 $\boldsymbol{B}^{2004}-2\boldsymbol{A}^2$.　(2004 年)

5. 设 $\boldsymbol{A}$ 为 n 阶可逆矩阵，$\boldsymbol{\alpha}$ 为 $n\times 1$ 矩阵，b 为常数，记分块矩阵 $\boldsymbol{P}=\begin{pmatrix}\boldsymbol{I} & \boldsymbol{O}\\ -\boldsymbol{\alpha}^{\mathrm{T}}\boldsymbol{A}^* & |\boldsymbol{A}|\end{pmatrix}$，$\boldsymbol{Q}=\begin{pmatrix}\boldsymbol{A} & \boldsymbol{\alpha}\\ \boldsymbol{\alpha}^{\mathrm{T}} & b\end{pmatrix}$，其中 $\boldsymbol{A}^*$ 为 $\boldsymbol{A}$ 的伴随矩阵，$\boldsymbol{I}$ 为 n 阶单位矩阵，

(1)计算并化简 $\boldsymbol{P}\boldsymbol{Q}$；

(2)证明矩阵 $\boldsymbol{Q}$ 可逆的充要条件是 $\boldsymbol{\alpha}^{\mathrm{T}}\boldsymbol{A}^{-1}\boldsymbol{\alpha}\neq b$.　(1997 年)

6. 设 $(2\boldsymbol{I}-\boldsymbol{C}^{-1}\boldsymbol{B})\boldsymbol{A}^{\mathrm{T}}=\boldsymbol{C}^{-1}$，其中 $\boldsymbol{I}$ 为 4 阶单位矩阵，$\boldsymbol{A}^{\mathrm{T}}$ 是 4 阶方阵 $\boldsymbol{A}$ 的转置矩阵，且

$$\boldsymbol{B}=\begin{pmatrix}1&2&-3&-2\\0&1&2&-3\\0&0&1&2\\0&0&0&1\end{pmatrix},\quad \boldsymbol{C}=\begin{pmatrix}1&2&0&1\\0&1&2&0\\0&0&1&2\\0&0&0&1\end{pmatrix}.$$

求 $\boldsymbol{A}$. （1998 年）

第 3 章　初等变换与线性方程组

本章主要利用矩阵的相关知识来解决含 m 个方程 n 个未知量的一般线性方程组 $\boldsymbol{A}_{m\times n}\boldsymbol{x}=\boldsymbol{b}$ 的求解的问题，主要有以下三个问题：

(1)如何判别线性方程组 $\boldsymbol{A}_{m\times n}\boldsymbol{x}=\boldsymbol{b}$ 是否有解？

(2)在有解的前提下，如何判别是唯一解还是无穷多解？

(3)如何求线性方程组 $\boldsymbol{A}_{m\times n}\boldsymbol{x}=\boldsymbol{b}$ 的解？

3.1　高斯消元法求解线性方程组

一、线性方程组的高斯消元法

引例　用消元法求解线性方程组 $\begin{cases}2x_1+5x_2+4x_3=4,\\x_1+4x_2+5x_3=-2,\\x_1-3x_2-2x_3=5.\end{cases}$

解　交换一、三两个方程，使第一个方程 x_1 的系数为 1，得

$$\begin{cases}x_1-3x_2-2x_3=5,\\x_1+4x_2+5x_3=-2,\\2x_1+5x_2+4x_3=4.\end{cases}$$

利用此方程组的第一个方程，将二、三两个方程的未知量 x_1 消掉，即将第一个方程的 -1 倍加到第二个方程，将第一个方程的 -2 倍加到第三个方程，得

$$\begin{cases}x_1-3x_2-2x_3=5,\\7x_2+7x_3=-7,\\11x_2+8x_3=-6.\end{cases}$$

将此方程组的第二个方程 x_2 的系数化为 1，即第二个方程两边同时乘以 $\frac{1}{7}$，得

$$\begin{cases}x_1-3x_2-2x_3=5,\\x_2+x_3=-1,\\11x_2+8x_3=-6.\end{cases}$$

利用第二个方程将下面方程的未知量 x_2 消掉，即第二个方程的 -11 倍加到第三个方程，得

$$\begin{cases} x_1 - 3x_2 - 2x_3 = 5, \\ x_2 + x_3 = -1, \\ -3x_3 = 5. \end{cases}$$

此方程组与原方程组是同解方程组，称其为阶梯形方程组，从而原方程组的解为

$$\begin{cases} x_1 = \dfrac{11}{3}, \\ x_2 = \dfrac{2}{3}, \\ x_3 = -\dfrac{5}{3}. \end{cases}$$

引例的整个求解过程，主要对线性方程组实施了三种类型的变换：

(1)变换两个方程的位置；

(2)用一个非零的数 k 去乘某一个方程；

(3)将某一方程的 k 倍加到另一个方程.

以上这三种变换称为线性方程组的初等变换(或同解变换). 通过若干次初等变换将原方程组逐步化为**阶梯形方程组**，再通过最后一个方程不断往上回代，求出原方程组的解，此方法称为高斯消元法，高斯消元法适用于任意线性方程组.

容易观察到，引例的求解过程中，未知量并未参与运算，只是系数和常数项参与运算，因此以上 5 个线性方程组的变换关系完全可以用矩阵的行变换来反映，过程如下：

$$\begin{pmatrix} 2 & 5 & 4 & 4 \\ 1 & 4 & 5 & -2 \\ 1 & -3 & -2 & 5 \end{pmatrix} \to \begin{pmatrix} 1 & -3 & -2 & 5 \\ 1 & 4 & 5 & -2 \\ 2 & 5 & 4 & 4 \end{pmatrix} \to \begin{pmatrix} 1 & -3 & -2 & 5 \\ 0 & 7 & 7 & -7 \\ 0 & 11 & 8 & -6 \end{pmatrix}$$

$$\to \begin{pmatrix} 1 & -3 & -2 & 5 \\ 0 & 1 & 1 & -1 \\ 0 & 11 & 8 & -6 \end{pmatrix} \to \begin{pmatrix} 1 & -3 & -2 & 5 \\ 0 & 1 & 1 & -1 \\ 0 & 0 & -3 & 5 \end{pmatrix}.$$

最后一个矩阵是阶梯形方程组所对应的矩阵，称为**行阶梯形矩阵**.

对应于线性方程组的三种同解变换分别定义出矩阵的三种初等行变换.

定义 3.1　矩阵的三种初等行变换是指下列三种变换：

(1)交换矩阵的 i,j 两行，记为 $r_i \leftrightarrow r_j$；

(2)用一个非零的数 k 去乘矩阵的第 i 行，记为 kr_i；

(3)将矩阵第 j 行元素的 k 倍加到第 i 行对应的元素上，记为 $r_i + kr_j$.

为了以后应用方便，将(1)、(2)、(3)这三种初等行变换依次称为互换变换，倍乘变换和倍加变换.

为了以后准确的应用，现对行阶梯形矩阵的特点作如下描述：

(1)矩阵若有零行(元素全为零的行)，零行在最下面；

(2)矩阵的非零行的首非零元(第 1 个非零的元素)总在上一行首非零元的偏右位置.

例如

$$\begin{pmatrix} 1 & 2 & 0 & 1 \\ 0 & 2 & 3 & 4 \\ 0 & 0 & 5 & 6 \\ 0 & 0 & 0 & 0 \end{pmatrix}, \quad \begin{pmatrix} 11 & 2 & 0 & 1 \\ 0 & 0 & 3 & 4 \\ 0 & 0 & 0 & 2 \\ 0 & 0 & 0 & 0 \end{pmatrix}$$

都是行阶梯形矩阵,但

$$\begin{pmatrix} 1 & 2 & 0 & 1 \\ 0 & 2 & 3 & 4 \\ 0 & 3 & 5 & 6 \\ 0 & 0 & 0 & 0 \end{pmatrix}$$

不是行阶梯形矩阵.

接下来再介绍一种特殊的行阶梯形矩阵——**行最简形矩阵**,它除了具备行阶梯形矩阵的两个特点以外,还有第 3 个特点即:(3)非零行的首非零元必为 1,且首非零元“1”所在列的其余元素全为 0. 例如

$$\begin{pmatrix} 1 & 0 & 0 & 1 \\ 0 & 1 & 0 & 3 \\ 0 & 0 & 1 & 2 \\ 0 & 0 & 0 & 0 \end{pmatrix}, \quad \begin{pmatrix} 1 & 0 & -1 & 0 & 4 \\ 0 & 1 & -1 & 0 & 3 \\ 0 & 0 & 0 & 1 & -3 \\ 0 & 0 & 0 & 0 & 0 \end{pmatrix}$$

都是行最简形矩阵,但

$$\begin{pmatrix} 1 & 2 & 0 & 1 \\ 0 & 1 & 3 & 5 \\ 0 & 0 & 1 & 2 \\ 0 & 0 & 0 & 0 \end{pmatrix}$$

是行阶梯形矩阵而非行最简形矩阵.

有了矩阵的初等行变换与行阶梯形矩阵的概念,线性方程组的高斯消元法可以从矩阵的角度描述如下:利用矩阵的初等行变换将线性方程组的增广矩阵化为行阶梯形矩阵,再通过行阶梯形矩阵所对应的阶梯形方程组的回代,从而求出线性方程组的解.

二、利用矩阵的初等行变换求解线性方程组

例 1　利用矩阵的初等行变换求解线性方程组

$$\begin{cases} x_1 - 2x_2 - 3x_3 = 2, \\ x_1 - 4x_2 - 13x_3 = 14, \\ -3x_1 + 5x_2 + 4x_3 = 2. \end{cases}$$

解 将增广矩阵化为行阶梯形矩阵，

$$\begin{pmatrix} 1 & -2 & -3 & 2 \\ 1 & -4 & -13 & 14 \\ -3 & 5 & 4 & 2 \end{pmatrix} \xrightarrow[r_3+3r_1]{r_2-r_1} \begin{pmatrix} 1 & -2 & -3 & 2 \\ 0 & -2 & -10 & 12 \\ 0 & -1 & -5 & 8 \end{pmatrix}$$

$$\xrightarrow[r_3\times(-1)]{r_2\times\left(-\frac{1}{2}\right)} \begin{pmatrix} 1 & -2 & -3 & 2 \\ 0 & 1 & 5 & -6 \\ 0 & 1 & 5 & -8 \end{pmatrix}$$

$$\xrightarrow{r_3-r_2} \begin{pmatrix} 1 & -2 & -3 & 2 \\ 0 & 1 & 5 & -6 \\ 0 & 0 & 0 & -2 \end{pmatrix},$$

行阶梯形矩阵所对应的阶梯形方程组为 $\begin{cases} x_1 - 2x_2 - 3x_3 = 2, \\ x_2 + 5x_3 = -6, \\ 0 = -2. \end{cases}$ 显然 $0=-2$ 是一个矛盾方程，从而方程组无解.

例 2 利用矩阵的初等行变换求解线性方程组

$$\begin{cases} 2x_1 - x_2 + 3x_3 = 1, \\ 4x_1 + 2x_2 + 5x_3 = 4, \\ 2x_1 + 2x_3 = 6. \end{cases}$$

解 将增广矩阵化为行阶梯形矩阵，

$$\begin{pmatrix} 2 & -1 & 3 & 1 \\ 4 & 2 & 5 & 4 \\ 2 & 0 & 2 & 6 \end{pmatrix} \xrightarrow[r_3-r_1]{r_2-2r_1} \begin{pmatrix} 2 & -1 & 3 & 1 \\ 0 & 4 & -1 & 2 \\ 0 & 1 & -1 & 5 \end{pmatrix} \xrightarrow{r_2\leftrightarrow r_3} \begin{pmatrix} 2 & -1 & 3 & 1 \\ 0 & 1 & -1 & 5 \\ 0 & 4 & -1 & 2 \end{pmatrix}$$

$$\xrightarrow{r_3-4r_2} \begin{pmatrix} 2 & -1 & 3 & 1 \\ 0 & 1 & -1 & 5 \\ 0 & 0 & 3 & -18 \end{pmatrix},$$

行阶梯形矩阵所对应的阶梯形方程组为 $\begin{cases} 2x_1 - x_2 + 3x_3 = 1, \\ x_2 - x_3 = 5, \\ 3x_3 = -18. \end{cases}$ 通过方程的回代，易得方程组的解为 $\begin{cases} x_1 = 9, \\ x_2 = -1, \\ x_3 = -6. \end{cases}$

例 2 中阶梯形方程组的回代过程也可用矩阵的初等行变换来实现，即将行阶梯形矩阵再化为行最简形矩阵，过程如下：

$$\left(\begin{array}{ccc:c}2 & -1 & 3 & 1\\0 & 1 & -1 & 5\\0 & 0 & 3 & -18\end{array}\right)\xrightarrow{r_3\times\frac{1}{3}}\left(\begin{array}{ccc:c}2 & -1 & 3 & 1\\0 & 1 & -1 & 5\\0 & 0 & 1 & -6\end{array}\right)\xrightarrow[r_1-3r_3]{r_2+r_3}\left(\begin{array}{ccc:c}2 & -1 & 0 & 19\\0 & 1 & 0 & -1\\0 & 0 & 1 & -6\end{array}\right)$$

$$\xrightarrow{r_3+r_2}\left(\begin{array}{ccc:c}2 & 0 & 0 & 18\\0 & 1 & 0 & -1\\0 & 0 & 1 & -6\end{array}\right)\xrightarrow{r_1\times\frac{1}{2}}\left(\begin{array}{ccc:c}1 & 0 & 0 & 9\\0 & 1 & 0 & -1\\0 & 0 & 1 & -6\end{array}\right),$$

再写出行最简形矩阵所对应的方程组 $\begin{cases}x_1=9,\\x_2=-1,\\x_3=-6,\end{cases}$ 它刚好是该线性方程组的解.

例 3　利用矩阵的初等行变换解线性方程组

$$\begin{cases}x_1+x_2-3x_3-x_4=1,\\3x_1-x_2-3x_3+4x_4=4,\\x_1+5x_2-9x_3-8x_4=0,\\2x_1+2x_2-6x_3-2x_4=2.\end{cases}$$

解　将增广矩阵化为行阶梯形矩阵，

$$\left(\begin{array}{cccc:c}1 & 1 & -3 & -1 & 1\\3 & -1 & -3 & 4 & 4\\1 & 5 & -9 & -8 & 0\\2 & 2 & -6 & -2 & 2\end{array}\right)\xrightarrow[\substack{r_3-r_1\\r_4-2r_1}]{r_2-3r_1}\left(\begin{array}{cccc:c}1 & 1 & -3 & -1 & 1\\0 & -4 & 6 & 7 & 1\\0 & 4 & -6 & -7 & -1\\0 & 0 & 0 & 0 & 0\end{array}\right)$$

$$\xrightarrow{r_3+r_2}\left(\begin{array}{cccc:c}1 & 1 & -3 & -1 & 1\\0 & -4 & 6 & 7 & 1\\0 & 0 & 0 & 0 & 0\\0 & 0 & 0 & 0 & 0\end{array}\right)$$

$$\xrightarrow{r_2\times(-1)}\left(\begin{array}{cccc:c}1 & 1 & -3 & -1 & 1\\0 & 4 & -6 & -7 & -1\\0 & 0 & 0 & 0 & 0\\0 & 0 & 0 & 0 & 0\end{array}\right),$$

行阶梯形矩阵所对应的阶梯形方程组为

$$\begin{cases}x_1+x_2-3x_3-x_4=1,\\4x_2-6x_3-7x_4=-1.\end{cases}$$

此阶梯形方程组含 2 个方程 4 个未知量，有无穷多解. 用以下方式表示出无穷多解，将 4 个未知量分为两类：保留未知量和自由未知量，阶梯形方程组有 2 个方程，则选 2 个未知量作为保留未知量留在方程的左边（一般可选择行阶梯形矩阵中每一个非零行的首非零元所对应的未知量)，剩余未知量移到方程的右边作为自由未知量，如下：

$$\begin{cases}x_1+x_2=3x_3+x_4+1,\\4x_2=6x_3+7x_4-1,\end{cases}$$

再将其化简有 $\begin{cases}x_1=\dfrac{3}{2}x_3-\dfrac{3}{4}x_4+\dfrac{5}{4},\\x_2=\dfrac{3}{2}x_3+\dfrac{7}{4}x_4-\dfrac{1}{4},\end{cases}$ 其中 x_1，x_2 为保留未知量，x_3，x_4 为自由未知量. 取 $x_3=c_1$，$x_4=c_2$，即得方程组的一般解

$$\begin{cases}x_1=\dfrac{3}{2}c_1-\dfrac{3}{4}c_2+\dfrac{5}{4},\\x_2=\dfrac{3}{2}c_1+\dfrac{7}{4}c_2-\dfrac{1}{4},\\x_3=c_1,\\x_4=c_2,\end{cases}$$

其中 c_1，c_2 为任意常数.

以上 3 个例题体现了线性方程组解的 3 种不同类型，而且通过后面的学习可知线性方程组的解只有这三种类型.

三、利用行阶梯形矩阵判定对应的线性方程组解的类型

以例 1～例 3 的行阶梯形矩阵为例，以表格的形式总结线性方程组解的 3 种不同类型所对应的行阶梯形矩阵的特点(表 3.1).

表 3.1　阶梯形矩阵与解的类型对应表

行阶梯形矩阵	行阶梯形矩阵所对应的线性方程组解的类型	此行阶梯形矩阵的特点
$\left(\begin{array}{ccc:c}0&-2&-3&2\\0&1&5&-6\\0&0&0&-2\end{array}\right)$	类型一：无解	有这样的一行：最右边的一个元素不为 0，而其余元素全为 0
$\left(\begin{array}{ccc:c}2&-1&3&1\\0&1&-1&5\\0&0&1&-6\end{array}\right)$	类型二：唯一解	①不存在类型一那样的行； ②非零行的行数等于未知量的个数
$\left(\begin{array}{cccc:c}1&1&-3&-1&1\\0&4&-6&-7&-1\\0&0&0&0&0\end{array}\right)$	类型三：无穷多解	①不存在类型一那样的行； ②非零行的行数小于未知量的个数

一般地，可以证明，任意含 m 个方程 n 个未知量的线性方程组 $\boldsymbol{A}_{m\times n}\boldsymbol{X}=\boldsymbol{b}$，总可通过矩阵的初等行变换将其增广矩阵化为行阶梯形矩阵，行阶梯形矩阵也一定属于上述表格中所归结的三种类型中的一种，从而线性方程组的解的类型只可能

是无解、唯一解和无穷多解这三种情形. 证明过程如下.

证明　任意含 m 个方程 n 个未知量的线性方程组

$$\begin{cases} a_{11}x_1 + a_{12}x_2 + \cdots + a_{1n}x_n = b_1, \\ a_{21}x_1 + a_{22}x_2 + \cdots + a_{2n}x_n = b_2, \\ \qquad \cdots\cdots \\ a_{m1}x_1 + a_{m2}x_2 + \cdots + a_{mn}x_n = b_m. \end{cases} \tag{3.1}$$

它的增广矩阵为 $(\boldsymbol{A} \vdots \boldsymbol{b}) = \left(\begin{array}{cccc:c} a_{11} & a_{12} & \cdots & a_{1n} & b_1 \\ a_{21} & a_{22} & \cdots & a_{2n} & b_2 \\ \vdots & \vdots & & \vdots & \\ a_{m1} & a_{m2} & \cdots & a_{mn} & b_m \end{array}\right)$.

第一步　若 $a_{11} \neq 0$，则分别将第 1 行的 $-\dfrac{a_{i1}}{a_{11}}$ 倍加到第 i 行 $(i=2,3,\cdots,m)$；否则先通过互换变换或倍加变换将第 1 行第 1 列这一位置的元素变为非零，增广矩阵 $(\boldsymbol{A} \vdots \boldsymbol{b})$ 变形为

$$\left(\begin{array}{cccc:c} a_{11} & a_{12} & \cdots & a_{1n} & b_1 \\ 0 & a'_{22} & \cdots & a'_{2n} & b'_2 \\ \vdots & \vdots & & \vdots & \vdots \\ 0 & a'_{m2} & \cdots & a'_{mn} & b'_m \end{array}\right)$$

第二步　将矩形框中的矩阵当成一个新的增广矩阵，按照第 1 步所介绍的方法一步步变换下去，最后增广矩阵 $(\boldsymbol{A} \vdots \boldsymbol{b})$ 一定变换为一个行阶梯形矩阵，为叙述方便不妨设所得的阶梯形矩阵为

$$\boldsymbol{B} = \left(\begin{array}{cccccc:c} c_{11} & c_{12} & \cdots & c_{1r} & \cdots & c_{1n} & d_1 \\ 0 & c_{22} & \cdots & c_{2r} & \cdots & c_{2n} & d_2 \\ \vdots & \vdots & & \vdots & & \vdots & \vdots \\ 0 & 0 & \cdots & c_{rr} & \cdots & c_{rn} & d_r \\ 0 & 0 & \cdots & 0 & \cdots & 0 & d_{r+1} \\ 0 & 0 & \cdots & 0 & \cdots & 0 & 0 \\ 0 & 0 & \cdots & 0 & \cdots & 0 & 0 \end{array}\right), \quad 其中\ c_{ii} \neq 0, i = 1,2,\cdots,r.$$

行阶梯形矩阵中后面的零行可能出现也可能不出现，它所对应的方程为“$0=0$”恒等式，不会影响方程组讨论，因为行阶梯形矩阵 $\boldsymbol{B}$ 是由增广矩阵 $(\boldsymbol{A} \vdots \boldsymbol{b})$ 通过矩阵的初等行变换变换所得，所以行阶梯形矩阵 $\boldsymbol{B}$ 所对应的阶梯形方程组与原方程组一定同解，现只需讨论 $\boldsymbol{B}$ 所对应的阶梯形方程组的解的情况，

(1)若 $d_{r+1} \neq 0$，则阶梯形方程组会出现“$0 = d_{r+1}$”这样的矛盾方程，此时方程组无解；

(2)若 $d_{r+1}=0$，即说明阶梯形方程组没有矛盾方程，方程组是有解的.

当 $\boldsymbol{B}$ 的非零行的行数 $r=n$ 时，阶梯形方程组的具体形式为

$$\begin{cases} c_{11}x_1+c_{12}x_2+\cdots+c_{1r}x_r+\cdots+c_{1n}x_n=d_1, \\ c_{22}x_2+\cdots+c_{2r}x_r+\cdots+c_{2n}x_n=d_2, \\ \qquad\qquad \cdots\cdots \\ c_{nn}x_n=d_n. \end{cases}$$

通过方程的回代即可唯一地确定原线性方程组的解.

当 $\boldsymbol{B}$ 的非零行的行数 $r<n$ 时，$\boldsymbol{B}$ 所对应的阶梯形方程组为

$$\begin{cases} c_{11}x_1+c_{12}x_2+\cdots+c_{1r}x_r+\cdots+c_{1n}x_n=d_1, \\ c_{22}x_2+\cdots+c_{2r}x_r+\cdots+c_{2n}x_n=d_2, \\ \qquad\qquad \cdots\cdots \\ c_{rr}x_r+\cdots+c_{rn}x_n=d_r. \end{cases}$$

此时阶梯形方程组的方程的个数小于未知量的个数，方程组一定有自由未知量，从而方程组一定有无穷多解.

通过以上的证明过程可得如下定理.

定理 3.1 任意 $m\times n$ 的矩阵 $\boldsymbol{A}$ 总可通过矩阵的初等行变换化为行阶梯形矩阵或行最简形矩阵.

例 4 确定 λ 的值，使线性方程组

$$\begin{cases} x_1+2x_2+4x_3+2x_4=\lambda, \\ x_1+x_2+x_3+\lambda x_4=1, \\ 2x_1+x_2-x_3+x_4=1 \end{cases}$$

无解.

解 将增广矩阵化为行阶梯形矩阵

$$\left(\begin{array}{cccc:c} 1 & 2 & 4 & 2 & \lambda \\ 1 & 1 & 1 & \lambda & 1 \\ 2 & 1 & -1 & 1 & 1 \end{array}\right) \xrightarrow[r_3-2r_1]{r_2-r_1} \left(\begin{array}{cccc:c} 1 & 2 & 4 & 2 & \lambda \\ 0 & -1 & -3 & \lambda-2 & 1-\lambda \\ 0 & -3 & -9 & -3 & 1-2\lambda \end{array}\right)$$

$$\xrightarrow{r_3-3r_2} \left(\begin{array}{cccc:c} 1 & 2 & 4 & 2 & \lambda \\ 0 & -1 & -3 & \lambda-2 & 1-\lambda \\ 0 & 0 & 0 & -3\lambda+3 & \lambda-2 \end{array}\right),$$

要使线性方程组无解，则必须有 $\begin{cases} -3\lambda+3=0, \\ \lambda-2\neq 0, \end{cases}$ 从而 $\lambda=1$.

例 5 解齐次线性方程组

$$\begin{cases} x_1+x_2+x_3=0, \\ 2x_1+x_2-x_3=0, \\ x_2+x_3=0. \end{cases}$$

解　将增广矩阵化为行阶梯形矩阵

$$\begin{pmatrix}1&1&1&\vdots&0\\2&1&-1&\vdots&0\\0&1&1&\vdots&0\end{pmatrix}\xrightarrow{r_2-2r_1}\begin{pmatrix}1&1&1&0\\0&-1&-3&0\\0&1&1&0\end{pmatrix}\xrightarrow[\substack{r_2\times(-1)\\ r_3\times\left(-\frac{1}{2}\right)}]{r_3+r_2}\begin{pmatrix}1&1&1&\vdots&0\\0&1&3&\vdots&0\\0&0&1&\vdots&0\end{pmatrix}$$

$$\xrightarrow[r_1-r_3]{r_2-3r_3}\begin{pmatrix}1&1&0&\vdots&0\\0&1&0&\vdots&0\\0&0&1&\vdots&0\end{pmatrix}\xrightarrow{r_1-r_2}\begin{pmatrix}1&0&0&\vdots&0\\0&1&0&\vdots&0\\0&0&1&\vdots&0\end{pmatrix},$$

由此可知该齐次线性方程组有唯一解 $x_1=x_2=x_3=0$.

通过例 5 的求解过程容易看出,用初等行变换求解齐次线性方程组时,只需对系数矩阵进行初等行变换.

在线性方程组(3.1)中令 $b_1=b_2=\cdots=b_m=0$,便可得齐次线性方程组

$$\begin{cases}a_{11}x_1+a_{12}x_2+\cdots+a_{1n}x_n=0,\\a_{21}x_1+a_{22}x_2+\cdots+a_{2n}x_n=0,\\\qquad\cdots\cdots\\a_{m1}x_1+a_{m2}x_2+\cdots+a_{mn}x_n=0.\end{cases}\tag{3.2}$$

由于 $x_1=x_2=\cdots=x_n=0$ 总是方程组(3.2)的解,所以齐次线性方程组(3.2)一定有解,其解只可能是唯一解和无穷多解这两种类型,唯一解又称为只有零解,无穷多解又称为有非零解.结合前面的讨论,可得如下定理.

定理 3.2　对齐次线性方程组(3.2)的系数矩阵施行有限次初等行变换,使它化为行阶梯形矩阵 $\boldsymbol{B}$,则

(1)齐次线性方程组(3.2)只有零解的充要条件为 $\boldsymbol{B}$ 中非零行的行数等于齐次线性方程组(3.2)的未知量个数;

(2)齐次线性方程组(3.2)有非零解的充要条件为 $\boldsymbol{B}$ 中非零行的行数小于齐次线性方程组(3.2)的未知量个数.

四、矩阵的标准形

抛开线性方程组的求解,单纯就矩阵而言,除了三种初等行变换,还有三种初等列变换,即将定义 3.1 中的“行”变成“列”.

矩阵的三种初等列变换是指下列三种变换:

(1)交换矩阵的 i,j 两列,记为 $c_i\leftrightarrow c_j$;

(2)用一个非零的数 k 去乘矩阵的第 i 列,记为 kc_i;

(3)将矩阵的第 j 列元素的 k 倍加到第 i 列对应的元素上,记为 c_i+kc_j.

矩阵的初等行变换和初等列变换统称为矩阵的初等变换.在施行这些初等变换时要特别注意倍乘变换(2)中的数 k 是不等于零的,而倍加变换(3)中的数 k 可以为零也可以不为零.

前面讲过用矩阵的初等行变换可以将矩阵化为比较简单的行最简形矩阵,现利用矩阵的初等列变换还可以将行最简形矩阵化为更简单的形式,即只保留行最简形矩阵的每一行的首非零元,而将其余元素全化为零,如

$$\boldsymbol{B}=\begin{pmatrix}1&0&-1&0&4\\0&1&-1&0&3\\0&0&0&1&-3\\0&0&0&0&0\end{pmatrix}\xrightarrow[c_5-4c_1]{c_3+c_1}\begin{pmatrix}1&0&0&0&0\\0&1&-1&0&3\\0&0&0&1&-3\\0&0&0&0&0\end{pmatrix}$$

$$\xrightarrow[c_5-3c_2]{c_3+c_2}\begin{pmatrix}1&0&0&0&0\\0&1&0&0&0\\0&0&0&1&-3\\0&0&0&0&0\end{pmatrix}\xrightarrow[c_3\leftrightarrow c_4]{c_5-3c_4}\left(\begin{array}{cccc:c}1&0&0&0&0\\0&1&0&0&0\\0&0&1&0&0\\\hdashline 0&0&0&0&0\end{array}\right)=\boldsymbol{F}.$$

将形如 $\boldsymbol{F}$ 的矩阵称为矩阵 $\boldsymbol{B}$ 的标准形,其特点是 $\boldsymbol{F}$ 的左上角是一个单位矩阵,而其余元素全为 0.一般地有如下结论.

定理 3.3　任意 m 行 n 列的矩阵 $\boldsymbol{A}$ 总可通过矩阵的初等行变换和初等列变换化为形如 $\boldsymbol{F}=\begin{pmatrix}\boldsymbol{I}_r&\boldsymbol{O}\\\boldsymbol{O}&\boldsymbol{O}\end{pmatrix}$ 的标准形,其中 r 为 $\boldsymbol{A}$ 的行阶梯形矩阵的非零行的行数.

五、矩阵的等价

定义 3.2　如果矩阵 $\boldsymbol{A}$ 经过有限次初等变换变成矩阵 $\boldsymbol{B}$,那么称矩阵 $\boldsymbol{A}$ 与矩阵 $\boldsymbol{B}$ 等价,记为 $\boldsymbol{A}\sim\boldsymbol{B}$;如果矩阵 $\boldsymbol{A}$ 经过有限次初等行变换变成矩阵 $\boldsymbol{B}$,那么称矩阵 $\boldsymbol{A}$ 与矩阵 $\boldsymbol{B}$ 行等价,如果矩阵 $\boldsymbol{A}$ 经过有限次初等列变换变成矩阵 $\boldsymbol{B}$,那么称矩阵 $\boldsymbol{A}$ 与矩阵 $\boldsymbol{B}$ 列等价.

容易验证,矩阵之间的等价关系具有下列性质:

(1)**反身性**　$\boldsymbol{A}\sim\boldsymbol{A}$;

(2)**对称性**　若 $\boldsymbol{A}\sim\boldsymbol{B}$,则 $\boldsymbol{B}\sim\boldsymbol{A}$;

(3)**传递性**　若 $\boldsymbol{A}\sim\boldsymbol{B}$, $\boldsymbol{B}\sim\boldsymbol{C}$ 则 $\boldsymbol{A}\sim\boldsymbol{C}$.

思考题 1　请问以下求解过程是否正确?

设 3 元线性方程组 $\boldsymbol{Ax}=\boldsymbol{b}$,现对其增广矩阵 $(\boldsymbol{A}\,\vdots\,\boldsymbol{b})$ 通过初等行变换化为行阶梯形矩阵 $\boldsymbol{B}$,再对行阶梯形矩阵 $\boldsymbol{B}$ 施行初等列变换化为标准形 $\boldsymbol{F}$,过程如下:

$$(\boldsymbol{A}\,\vdots\,\boldsymbol{b})\xrightarrow{\text{行}}\boldsymbol{B}=\left(\begin{array}{ccc:c}1&0&0&9\\0&1&0&6\\0&0&1&3\end{array}\right)\xrightarrow{\text{列}}\boldsymbol{F}=\left(\begin{array}{ccc:c}1&0&0&0\\0&1&0&0\\0&0&1&0\end{array}\right)$$

写出标准形 $\boldsymbol{F}$ 对应的方程组为 $\begin{cases}x_1=0,\\x_2=0,\\x_3=0,\end{cases}$ 所以该方程组只有零解.

思考题 2　请问以下求解过程是否正确？

设 3 元齐次线性方程组 $\boldsymbol{Ax}=\boldsymbol{0}$，现对其系数矩阵 $\boldsymbol{A}$ 通过初等行变换化为如下的行最简形矩阵 $\boldsymbol{B}$ ：

$$\boldsymbol{A}\xrightarrow{\text{行变换}}\boldsymbol{B}=\begin{pmatrix}1&0&0\\0&1&0\\0&0&0\end{pmatrix},$$

写出行最简形矩阵 $\boldsymbol{B}$ 对应的方程组为 $\begin{cases}x_1=0,\\x_2=0,\end{cases}$ 所以该方程组只有零解.

习　题　3.1

1. 用初等行变换化下列矩阵为行最简形矩阵.

(1) $\begin{pmatrix}2&-1&8&1\\1&2&-1&3\\1&1&1&2\end{pmatrix}$；　(2) $\begin{pmatrix}1&2&1&3\\3&-1&-3&-1\\2&3&1&4\end{pmatrix}$；

(3) $\begin{pmatrix}4&2&-1&2\\3&-1&2&10\\11&3&0&8\end{pmatrix}$.

2. 用初等行变换求解下列非齐次线性方程组.

(1) $\begin{cases}x_1+x_2+2x_3=4,\\x_1-x_2-x_3=-1,\\2x_1-4x_2-5x_3=1;\end{cases}$　(2) $\begin{cases}2x_1+x_2-x_3+x_4=1,\\4x_1+2x_2-2x_3+x_4=2,\\2x_1+x_2-x_3-x_4=1;\end{cases}$

(3) $\begin{cases}2x_1+3x_2+x_3=4,\\x_1-2x_2+4x_3=-5,\\3x_1+8x_2-2x_3=13,\\4x_1-x_2+9x_3=-6;\end{cases}$　(4) $\begin{cases}x_1+x_2+x_3=4,\\2x_1+x_2+x_3=3,\\3x_1+2x_2-x_3=1.\end{cases}$

3. 用初等行变换求解下列齐次线性方程组.

(1) $\begin{cases}x_1+x_2+2x_3-x_4=0,\\2x_1+x_2+x_3-x_4=0,\\2x_1+2x_2+x_3+2x_4=0;\end{cases}$　(2) $\begin{cases}2x_1-x_2+3x_3=0,\\4x_1+2x_2+2x_3=0,\\-2x_1+5x_2-4x_3=0;\end{cases}$

(3) $\begin{cases}x_1+2x_2+x_3-x_4=0,\\3x_1+6x_2-x_3-3x_4=0,\\5x_1+10x_2+x_3-5x_4=0.\end{cases}$

4. 利用矩阵的初等行变换讨论当 λ 取何值时，下列非齐次线性方程组有解.

$$\begin{cases}2x_1-x_2+x_3+x_4=1,\\x_1+2x_2-x_3+4x_4=2,\\x_1+7x_2-4x_3+11x_4=\lambda.\end{cases}$$

3.2 初等矩阵

一、初等矩阵的定义

定义 3.3 由 n 阶单位矩阵 $\boldsymbol{I}_n$ 经过一次初等变换所得的矩阵称为初等矩阵（简称初等阵）.

初等矩阵有以下三种类型.

对 $\boldsymbol{I}_n$ 施行一次互换变换 $r_i \leftrightarrow r_j$ 或 $c_i \leftrightarrow c_j$ 得一个初等矩阵，称为**互换初等阵**，记为

$$\boldsymbol{I}(i,j)=\begin{pmatrix}1 & & & & & \\ & \ddots & & & & \\ & & 0 & & 1 & & \\ & & & \ddots & & & \\ & & 1 & & 0 & & \\ & & & & & \ddots & \\ & & & & & & 1\end{pmatrix}\begin{matrix} \\ \\ i \\ \\ j \\ \\ \\ \end{matrix};$$

对 $\boldsymbol{I}_n$ 施行一次倍乘变换 kr_i 或 kc_i 得一个初等矩阵，称为**倍乘初等阵**，记为

$$\boldsymbol{I}(i(k))=\begin{pmatrix}1 & & & & \\ & \ddots & & & \\ & & k & & \\ & & & \ddots & \\ & & & & 1\end{pmatrix}i;$$

对 $\boldsymbol{I}_n$ 施行一次倍加变换 r_i+kr_j 或 c_j+kc_i 得一个初等矩阵，称为**倍加初等阵**，记为

$$\boldsymbol{I}(i,j(k))=\begin{pmatrix}1 & & & & & & \\ & \ddots & & & & & \\ & & 1 & & k & & \\ & & & \ddots & & & \\ & & & & 1 & & \\ & & & & & \ddots & \\ & & & & & & 1\end{pmatrix}\begin{matrix} \\ \\ i \\ \\ j \\ \\ \\ \end{matrix}.$$

例如，

$$\boldsymbol{I}(2,3)=\begin{pmatrix}1&0&0\\0&0&1\\0&1&0\end{pmatrix},\quad \boldsymbol{I}(2(3))=\begin{pmatrix}1&0&0\\0&3&0\\0&0&1\end{pmatrix},\quad \boldsymbol{I}(2,3(5))=\begin{pmatrix}1&0&0\\0&1&5\\0&0&1\end{pmatrix}.$$

二、初等变换和初等矩阵的关系

初等矩阵有一个非常重要的作用，能够将矩阵 $\boldsymbol{A}$ 的初等变换的过程用矩阵等式的形式表示出来，有如下定理 3.4，此定理也是数学中常用的"数形结合"思想的一种很好的体现.

定理 3.4　设任意 m 行 n 列的矩阵 $\boldsymbol{A}$，对矩阵 $\boldsymbol{A}$ 施行一次初等行(列)变换，相当于在 $\boldsymbol{A}$ 的左(右)边乘上一个相应的 m 阶(n 阶)初等阵，这个相应的 m 阶(n 阶)初等阵是由 m 阶(n 阶)单位矩阵 $\boldsymbol{I}_m(\boldsymbol{I}_n)$ 经过与 $\boldsymbol{A}$ 相同的初等行(列)变换所得到的初等阵.

定理 3.4 的证明略去，只通过下面的例题帮助我们正确地理解并运用此定理.

例 1　已知矩阵 $\boldsymbol{A}$ 经初等变换得矩阵 $\boldsymbol{C}$，其过程如下：

$$\boldsymbol{A}=\begin{pmatrix}1&2&3\\4&5&6\end{pmatrix}\xrightarrow{r_2-4r_1}\boldsymbol{B}=\begin{pmatrix}1&2&3\\0&-3&-6\end{pmatrix}$$

$$\xrightarrow{c_2-2c_1}\boldsymbol{C}=\begin{pmatrix}1&0&3\\0&-3&-6\end{pmatrix}. \tag{3.3}$$

利用初等矩阵建立 $\boldsymbol{A}$ 与 $\boldsymbol{B}$，$\boldsymbol{B}$ 与 $\boldsymbol{C}$，$\boldsymbol{A}$ 与 $\boldsymbol{C}$ 之间的等量关系.

解　$\boldsymbol{B}$ 是由 $\boldsymbol{A}$ 经过一次初等行变换所得，因此应在 $\boldsymbol{A}$ 的左边乘上一个 2 阶初等阵，这个 2 阶初等阵是由 $\boldsymbol{I}_2=\begin{pmatrix}1&0\\0&1\end{pmatrix}$ 经过与 $\boldsymbol{A}$ 相同的初等行变换 r_2-4r_1 所得，即为 $\begin{pmatrix}1&0\\-4&1\end{pmatrix}$，从而有如下等式关系

$$\begin{pmatrix}1&0\\-4&1\end{pmatrix}\boldsymbol{A}=\begin{pmatrix}1&2&3\\0&-3&-6\end{pmatrix}. \tag{3.4}$$

$\boldsymbol{C}$ 是由 $\boldsymbol{B}$ 经过一次初等列变换所得，因此应在 $\boldsymbol{B}$ 的右边乘上一个 3 阶初等阵，这个 3 阶初等阵是由 $\boldsymbol{I}_3=\begin{pmatrix}1&0&0\\0&1&0\\0&0&1\end{pmatrix}$ 经过与 $\boldsymbol{B}$ 相同的初等列变换 c_2-2c_1 所得，即为 $\begin{pmatrix}1&-2&0\\0&1&0\\0&0&1\end{pmatrix}$，从而有如下等量关系，

$$\boldsymbol{B}\begin{pmatrix}1&-2&0\\0&1&0\\0&0&1\end{pmatrix}=\begin{pmatrix}1&0&3\\0&-3&-6\end{pmatrix}. \tag{3.5}$$

利用等式(3.4)和(3.5)有

$$\begin{pmatrix} 1 & 0 \\ -4 & 1 \end{pmatrix} \boldsymbol{A} \begin{bmatrix} 1 & -2 & 0 \\ 0 & 1 & 0 \\ 0 & 0 & 1 \end{bmatrix} = \boldsymbol{C}. \tag{3.6}$$

反之通过式(3.4)～(3.6)这样的等量关系，也必有式(3.3)这样的 $\boldsymbol{A},\boldsymbol{B},\boldsymbol{C}$ 之间的初等变换关系.

一般地，

$\boldsymbol{I}(i,j)\boldsymbol{A}$ 相当于交换 $\boldsymbol{A}$ 的 i,j 两行，$\boldsymbol{AI}(i,j)$ 相当于交换 $\boldsymbol{A}$ 的 i,j 两列；

$\boldsymbol{I}(i(k))\boldsymbol{A}$ 相当于将 $\boldsymbol{A}$ 的第 i 行乘以 k，$\boldsymbol{AI}(i(k))$ 相当于将 $\boldsymbol{A}$ 的第 i 列乘以 k；

$\boldsymbol{I}(i,j(k))\boldsymbol{A}$ 相当于将 $\boldsymbol{A}$ 的第 j 行的 k 倍加到第 i 行，$\boldsymbol{AI}(i,j(k))$ 相当于将 $\boldsymbol{A}$ 的第 i 列的 k 倍加到第 j 列.

在应用定理 3.4 的过程中，特别要注意初等阵是乘在 $\boldsymbol{A}$ 的左边还是右边，若对 $\boldsymbol{A}$ 施行初等行变换，则初等阵乘在 $\boldsymbol{A}$ 的左边；若对 $\boldsymbol{A}$ 施行初等列变换，则初等阵乘在 $\boldsymbol{A}$ 的右边. 为帮助大家记忆此定理，将此定理简称为**"行左列右"定理**.

应用"行左列右"定理，可建立如下等式关系：

$$\boldsymbol{I}(i,j)\boldsymbol{I}(i,j) = \boldsymbol{I}, \quad \boldsymbol{I}(i(k))\boldsymbol{I}\left(i\left(\frac{1}{k}\right)\right) = \boldsymbol{I}, \quad \boldsymbol{I}(i,j(k))\boldsymbol{I}(i,j(-k)) = \boldsymbol{I}.$$

于是可总结如下结论.

初等矩阵都是可逆矩阵，其逆矩阵为同一类型的初等矩阵，且满足

$$\boldsymbol{I}(i,j)^{-1} = \boldsymbol{I}(i,j), \boldsymbol{I}(i(k))^{-1} = \boldsymbol{I}\left(i\left(\frac{1}{k}\right)\right), \boldsymbol{I}(i,j(k))^{-1} = \boldsymbol{I}(i,j(-k)).$$

思考题 3 计算 $\begin{bmatrix} 1 & 0 & 0 \\ 0 & 0 & 1 \\ 0 & 1 & 0 \end{bmatrix}^{2013}$ 以及 $\begin{bmatrix} 1 & 0 & 0 \\ 0 & 0 & 1 \\ 0 & 1 & 0 \end{bmatrix}^{2014}$.

例 2 设矩阵 $\boldsymbol{A} = \begin{pmatrix} 1 & 2 & 2 \\ 2 & 5 & 3 \end{pmatrix}$，

(1)将 $\boldsymbol{A}$ 化为行最简形矩阵 $\boldsymbol{F}$，且利用初等矩阵建立 $\boldsymbol{A}$ 与 $\boldsymbol{F}$ 之间的等量关系；

(2)将 $\boldsymbol{A}$ 表示成若干个初等矩阵与行最简形矩阵 $\boldsymbol{F}$ 的乘积.

解 (1) $\boldsymbol{A} \xrightarrow{r_2 - 2r_1} \boldsymbol{B} = \begin{pmatrix} 1 & 2 & 2 \\ 0 & 1 & -1 \end{pmatrix} \xrightarrow{r_1 - 2r_2} \begin{pmatrix} 1 & 0 & 4 \\ 0 & 1 & -1 \end{pmatrix} = \boldsymbol{F}$，由"行左列右"定理有 $\begin{pmatrix} 1 & 0 \\ -2 & 1 \end{pmatrix}\boldsymbol{A} = \boldsymbol{B}$，$\begin{pmatrix} 1 & -2 \\ 0 & 1 \end{pmatrix}\boldsymbol{B} = \boldsymbol{F}$，从而 $\boldsymbol{A}$ 与 $\boldsymbol{F}$ 的等式关系为 $\begin{pmatrix} 1 & -2 \\ 0 & 1 \end{pmatrix}\begin{pmatrix} 1 & 0 \\ -2 & 1 \end{pmatrix}\boldsymbol{A} = \boldsymbol{F}$.

(2)由(1)有 $\boldsymbol{A} = \begin{pmatrix} 1 & 0 \\ -2 & 1 \end{pmatrix}^{-1} \begin{pmatrix} 1 & -2 \\ 0 & 1 \end{pmatrix}^{-1} \boldsymbol{F} = \begin{pmatrix} 1 & 0 \\ 2 & 1 \end{pmatrix}\begin{pmatrix} 1 & 2 \\ 0 & 1 \end{pmatrix}\boldsymbol{F}$.

三、初等行变换求逆矩阵

定理 3.5　n 阶方阵 $\boldsymbol{A}$ 可逆的充要条件是 $\boldsymbol{A}$ 可以经过有限次初等行变换化为 $\boldsymbol{I}_n$.

证明　充分性　由于 n 阶方阵 $\boldsymbol{A}$ 可以经过有限次初等行变换化为 $\boldsymbol{I}_n$，根据“行左列右”定理，则必存在有限个初等阵 $\boldsymbol{P}_1,\boldsymbol{P}_2,\cdots,\boldsymbol{P}_s$，使 $\boldsymbol{P}_s\cdots\boldsymbol{P}_2\boldsymbol{P}_1\boldsymbol{A}=\boldsymbol{I}$，等式两边同时取行列式有 $|\boldsymbol{P}_s|\cdots|\boldsymbol{P}_2||\boldsymbol{P}_1||\boldsymbol{A}|=1$，由此可知 $|\boldsymbol{A}|\neq 0$，n 阶方阵 $\boldsymbol{A}$ 可逆.

必要性　因为任一矩阵都可以经过初等行变换为行最简形矩阵，设 n 阶方阵 $\boldsymbol{A}$ 的行最简形矩阵为 $\boldsymbol{F}$($\boldsymbol{F}$ 也为 n 阶方阵)，根据“行左列右”定理，存在有限个初等矩阵 $\boldsymbol{P}_1,\boldsymbol{P}_2,\cdots,\boldsymbol{P}_s$，使 $\boldsymbol{P}_s\cdots\boldsymbol{P}_2\boldsymbol{P}_1\boldsymbol{A}=\boldsymbol{F}$，两边取行列式有 $|\boldsymbol{P}_s|\cdots|\boldsymbol{P}_2||\boldsymbol{P}_1||\boldsymbol{A}|=|\boldsymbol{F}|$，由于初等阵 $\boldsymbol{P}_1,\boldsymbol{P}_2,\cdots,\boldsymbol{P}_s$ 和 n 阶方阵 $\boldsymbol{A}$ 都是可逆的，因此 $|\boldsymbol{F}|\neq 0$，即 n 阶方阵 $\boldsymbol{F}$ 不可能有零行，结合行最简形矩阵的特点：每一行的首非零元为 1，且“1”所在列的其余元素为 0，可知 $\boldsymbol{F}=\boldsymbol{I}_n$.

通过定理 3.5 可知，若 n 阶方阵 $\boldsymbol{A}$ 只通过初等行变换可以化为 $\boldsymbol{I}_n$，则 $\boldsymbol{A}$ 是可逆的，否则 $\boldsymbol{A}$ 不可逆. 例如，$\boldsymbol{A}=\begin{pmatrix}1&2\\1&2\end{pmatrix}\xrightarrow{r_2-r_1}\begin{pmatrix}1&2\\0&0\end{pmatrix}$，即 $\boldsymbol{A}$ 通过初等行变换不可能化为 $\boldsymbol{I}_n$，则 $\boldsymbol{A}$ 不可逆；$\boldsymbol{B}=\begin{pmatrix}1&2\\1&3\end{pmatrix}\xrightarrow[r_1-2r_2]{r_2-r_1}\begin{pmatrix}1&0\\0&1\end{pmatrix}$，即 $\boldsymbol{B}$ 通过初等行变换可以化为 $\boldsymbol{I}_n$，则 $\boldsymbol{B}$ 可逆.

定理 3.5 表明当 n 阶方阵 $\boldsymbol{A}$ 可逆时，$\boldsymbol{A}$ 可以只通过初等行变换化为 $\boldsymbol{I}_n$，即存在有限个初等矩阵 $\boldsymbol{P}_1,\boldsymbol{P}_2,\cdots,\boldsymbol{P}_s$ 使

$$\boldsymbol{P}_s\cdots\boldsymbol{P}_2\boldsymbol{P}_1\boldsymbol{A}=\boldsymbol{I}. \tag{3.7}$$

式(3.7)两边同时右乘 $\boldsymbol{A}^{-1}$ 有

$$\boldsymbol{P}_s\cdots\boldsymbol{P}_2\boldsymbol{P}_1\boldsymbol{I}=\boldsymbol{A}^{-1}. \tag{3.8}$$

(3.7)和(3.8)两式表明如果对 $\boldsymbol{A}$ 施行初等行变换化为单位矩阵 $\boldsymbol{I}$，那么单位矩阵 $\boldsymbol{I}$ 经过与 $\boldsymbol{A}$ 相同的初等行变换就可以变为 $\boldsymbol{A}^{-1}$. 由此将 n 阶方阵 $\boldsymbol{A}$ 与 $\boldsymbol{I}_n$ 合在一起构成一个 $n\times 2n$ 矩阵 $(\boldsymbol{A}\ \vdots\ \boldsymbol{I})$，则有如下关系

$$(\boldsymbol{A}\ \vdots\ \boldsymbol{I})\xrightarrow{\text{行}}(\boldsymbol{I}\ \vdots\ \boldsymbol{A}^{-1}).$$

综合以上可得判定 n 阶方阵 $\boldsymbol{A}$ 是否可逆且求出逆矩阵的新方法，即对 $(\boldsymbol{A}\ \vdots\ \boldsymbol{I})$ 施行初等行变换，如果能将 $(\boldsymbol{A}\ \vdots\ \boldsymbol{I})$ 化为 $(\boldsymbol{I}\ \vdots\ \boldsymbol{B})$ 的形式，那么矩阵 $\boldsymbol{A}$ 可逆，且 $\boldsymbol{A}^{-1}=\boldsymbol{B}$，否则 $\boldsymbol{A}$ 不可逆.

例 3　利用矩阵的初等行变换判定下列矩阵是否可逆？若可逆，求其逆矩阵.

(1) $\boldsymbol{A}=\begin{pmatrix}1&1&2\\2&0&1\\0&2&3\end{pmatrix}$；　　(2) $\boldsymbol{A}=\begin{pmatrix}1&2&3\\2&2&1\\3&4&3\end{pmatrix}$.

解　(1) $\left(\begin{array}{ccc:ccc}1&1&2&1&0&0\\2&0&1&0&1&0\\0&2&3&0&0&1\end{array}\right)\xrightarrow{r_2-2r_1}\left(\begin{array}{ccc:ccc}1&1&2&1&0&0\\0&-2&-3&-2&1&0\\0&2&3&0&0&1\end{array}\right)\xrightarrow{r_3+r_2}$

$\left(\begin{array}{ccc:ccc}1&1&2&1&0&0\\0&-2&-3&-2&1&0\\0&0&0&-2&1&1\end{array}\right)$，因为 $\boldsymbol{A}$ 不能通过初等行变换化为 $\boldsymbol{I}_n$，所以 $\boldsymbol{A}$ 不可逆.

(2) $\left(\begin{array}{ccc:ccc}1&2&3&1&0&0\\2&2&1&0&1&0\\3&4&3&0&0&1\end{array}\right)\xrightarrow[r_3-3r_1]{r_2-2r_1}\left(\begin{array}{ccc:ccc}1&2&3&1&0&0\\0&-2&-5&-2&1&0\\0&-2&-6&-3&0&1\end{array}\right)\xrightarrow[r_3-r_2]{r_1+r_2}$

$\left(\begin{array}{ccc:ccc}1&0&-2&-1&1&0\\0&-2&-5&-2&1&0\\0&0&-1&-1&-1&1\end{array}\right)\xrightarrow[r_2\times\left(-\frac{1}{2}\right)]{\substack{r_2-5r_3\\r_1-2r_3}}\left(\begin{array}{ccc:ccc}1&0&0&1&3&-2\\0&1&0&-\frac{3}{2}&-3&\frac{5}{2}\\0&0&1&1&1&-1\end{array}\right)$，所以 $\boldsymbol{A}$

可逆且 $\boldsymbol{A}^{-1}=\begin{pmatrix}1&3&-2\\-\frac{3}{2}&-3&\frac{5}{2}\\1&1&-1\end{pmatrix}$.

当 n 阶方阵 $\boldsymbol{A}$ 可逆时矩阵方程 $\boldsymbol{AX}=\boldsymbol{B}$ 有解 $\boldsymbol{X}=\boldsymbol{A}^{-1}\boldsymbol{B}$，在第 2 章求解时，是先求 $\boldsymbol{A}^{-1}$，再求 $\boldsymbol{X}=\boldsymbol{A}^{-1}\boldsymbol{B}$. 利用前面用初等变换求逆矩阵的思路，可得出直接求出 $\boldsymbol{X}=\boldsymbol{A}^{-1}\boldsymbol{B}$ 的方法.

将式(3.8)两边同时右乘矩阵 $\boldsymbol{B}$，有

$$\boldsymbol{P}_s\cdots\boldsymbol{P}_2\boldsymbol{P}_1\boldsymbol{B}=\boldsymbol{A}^{-1}\boldsymbol{B}. \tag{3.9}$$

由式(3.7)与式(3.9)可知：若 n 阶方阵 $\boldsymbol{A}$ 通过初等行变换化为 $\boldsymbol{I}_n$，那么对 $\boldsymbol{B}$ 施行与 $\boldsymbol{A}$ 完全相同的初等行变换，则矩阵 $\boldsymbol{B}$ 变成 $\boldsymbol{A}^{-1}\boldsymbol{B}$，即

$$(\boldsymbol{A}\,\vdots\,\boldsymbol{B})\xrightarrow{\text{行}}(\boldsymbol{I}\,\vdots\,\boldsymbol{A}^{-1}\boldsymbol{B}).$$

例 4　解矩阵方程 $\boldsymbol{AX}=\boldsymbol{B}$，其中 $\boldsymbol{A}=\begin{pmatrix}1&2&3\\2&2&1\\3&4&3\end{pmatrix}$，　$\boldsymbol{B}=\begin{pmatrix}2&5\\3&1\\4&3\end{pmatrix}$.

解　$(\boldsymbol{A},\boldsymbol{B})=\left(\begin{array}{ccc:cc}1&2&3&2&5\\2&2&1&3&1\\3&4&3&4&3\end{array}\right)\xrightarrow[r_3-3r_1]{r_2-2r_1}\left(\begin{array}{ccc:cc}1&2&3&2&5\\0&-2&-5&-1&-9\\0&-2&-6&-2&-12\end{array}\right)\xrightarrow[r_3-r_2]{r_1+r_2}$

$\left(\begin{array}{ccc:cc}1&0&-2&1&-4\\0&-2&-5&-1&-9\\0&0&-1&-1&-3\end{array}\right)\xrightarrow[r_2\times\left(-\frac{1}{2}\right)]{\substack{r_2-5r_3\\r_1-2r_3}}\left(\begin{array}{ccc:cc}1&0&0&3&2\\0&1&0&-2&-3\\0&0&1&1&3\end{array}\right)$，所以 $\boldsymbol{X}=\begin{pmatrix}3&2\\-2&-3\\1&3\end{pmatrix}$.

关于定理 3.5 有如下推论.

推论　n 阶方阵 $\boldsymbol{A}$ 可逆的充要条件为 $\boldsymbol{A}$ 可以表示为有限个初等矩阵的乘积.

证明　充分性　因为 n 阶方阵 $\boldsymbol{A}$ 可以表示为有限个初等矩阵的乘积，且初等矩阵都是可逆的，所以 n 阶方阵 $\boldsymbol{A}$ 可逆.

必要性　由定理 3.5 可知，n 阶可逆矩阵 $\boldsymbol{A}$ 可以通过有限次初等行变换化为 $\boldsymbol{I}_n$，根据"行左列右"定理，存在有限个初等矩阵 $\boldsymbol{P}_1, \boldsymbol{P}_2, \cdots, \boldsymbol{P}_s$ 使 $\boldsymbol{P}_s \cdots \boldsymbol{P}_2 \boldsymbol{P}_1 \boldsymbol{A} = \boldsymbol{I}$，变形为

$$\boldsymbol{A} = \boldsymbol{P}_1^{-1} \boldsymbol{P}_2^{-1} \cdots \boldsymbol{P}_s^{-1} \boldsymbol{I} = \boldsymbol{Q}_1 \boldsymbol{Q}_2 \cdots \boldsymbol{Q}_s,$$

其中 $\boldsymbol{Q}_i = \boldsymbol{P}_i^{-1} (i = 1, 2, \cdots, s)$，由于初等矩阵的逆矩阵也是初等矩阵，从而 $\boldsymbol{A}$ 可以表示为有限个初等矩阵的乘积，结论得证.　证毕

利用推论可得如下定理.

定理 3.6　设 $\boldsymbol{A}, \boldsymbol{B}$ 都是 $m \times n$ 矩阵，

(1) $\boldsymbol{A}$ 与 $\boldsymbol{B}$ 行等价的充要条件为存在 m 阶可逆矩阵 $\boldsymbol{P}$ 使 $\boldsymbol{PA} = \boldsymbol{B}$；

(2) $\boldsymbol{A}$ 与 $\boldsymbol{B}$ 列等价的充要条件为存在 n 阶可逆矩阵 $\boldsymbol{Q}$ 使 $\boldsymbol{AQ} = \boldsymbol{B}$；

(3) $\boldsymbol{A}$ 与 $\boldsymbol{B}$ 等价的充要条件为存在 m 阶可逆矩阵 $\boldsymbol{P}$ 和 n 阶可逆矩阵 $\boldsymbol{Q}$，使 $\boldsymbol{PAQ} = \boldsymbol{B}$.

定理 3.6 只证明(1)，其余读者请自行证明.

证明　因为 $\boldsymbol{A}$ 与 $\boldsymbol{B}$ 行等价，由"行左列右"定理可知，存在有限个初等矩阵 $\boldsymbol{P}_1, \boldsymbol{P}_2, \cdots, \boldsymbol{P}_s$，使 $\boldsymbol{P}_s \cdots \boldsymbol{P}_2 \boldsymbol{P}_1 \boldsymbol{A} = \boldsymbol{B}$，令 $\boldsymbol{P} = \boldsymbol{P}_s \cdots \boldsymbol{P}_2 \boldsymbol{P}_1$，即 $\boldsymbol{PA} = \boldsymbol{B}$. 因为 $\boldsymbol{P}_1, \boldsymbol{P}_2, \cdots, \boldsymbol{P}_s$ 可逆，所以 $\boldsymbol{P}$ 可逆，从而充分性得证；反之亦然.　证毕

习　题　3.2

1. 设 $\boldsymbol{A} = \begin{pmatrix} 1 & 2 & 3 & 4 \\ 2 & 3 & 4 & 5 \\ 5 & 4 & 3 & 2 \end{pmatrix}$，

(1)将 $\boldsymbol{A}$ 化为行最简形矩阵 $\boldsymbol{F}$，且建立 $\boldsymbol{A}$ 与 $\boldsymbol{F}$ 的等式关系；

(2)将 $\boldsymbol{A}$ 表示成若干个初等矩阵与行最简形矩阵 $\boldsymbol{F}$ 的乘积形式.

2. 已知矩阵 $\boldsymbol{A}$ 经初等变换得矩阵 $\boldsymbol{C}$，其过程如下：

$$\boldsymbol{A} = \begin{pmatrix} 1 & 2 & 3 \\ 4 & 5 & 6 \end{pmatrix} \xrightarrow{r_1 \leftrightarrow r_2} \boldsymbol{B} = \begin{pmatrix} 4 & 5 & 6 \\ 1 & 2 & 3 \end{pmatrix} \xrightarrow{c_2 - 2c_1} \boldsymbol{C} = \begin{pmatrix} 4 & -3 & 6 \\ 1 & 0 & 3 \end{pmatrix},$$

建立 $\boldsymbol{A}$ 与 $\boldsymbol{B}$，$\boldsymbol{B}$ 与 $\boldsymbol{C}$，$\boldsymbol{A}$ 与 $\boldsymbol{C}$ 之间的等量关系.

3. 利用"行左列右" 定理计算下列矩阵的乘积.

(1) $\begin{pmatrix} 0 & 1 \\ 1 & 0 \end{pmatrix} \begin{pmatrix} 3 & 2 & 1 \\ 4 & 3 & 2 \end{pmatrix}$；　　(2) $\begin{pmatrix} 3 & 2 & 1 \\ 4 & 3 & 2 \end{pmatrix} \begin{pmatrix} 1 & -2 & 0 \\ 0 & 1 & 0 \\ 0 & 0 & 1 \end{pmatrix}$；

(3) $\begin{pmatrix} 1 & -4 \\ 0 & 1 \end{pmatrix} \begin{pmatrix} 3 & 2 & 1 \\ 4 & 3 & 2 \end{pmatrix} \begin{pmatrix} 1 & 0 & -3 \\ 0 & 1 & 0 \\ 0 & 0 & 1 \end{pmatrix}$.

4. 利用矩阵的初等行变换判定下列矩阵是否可逆，若可逆求其逆矩阵.

(1) $\boldsymbol{A}=\begin{pmatrix}2 & -1 & 0\\ 1 & -2 & 1\\ 0 & -1 & 2\end{pmatrix}$；　　(2) $\boldsymbol{A}=\begin{pmatrix}1 & 1 & -1\\ 0 & 2 & 2\\ 1 & -1 & 0\end{pmatrix}$.

5. 利用矩阵的初等行变换解矩阵方程 $\boldsymbol{AX}=\boldsymbol{B}$，其中 $\boldsymbol{A}=\begin{pmatrix}1 & -1 & 0\\ 0 & 1 & -1\\ -1 & 0 & -1\end{pmatrix}$，$\boldsymbol{B}=\begin{pmatrix}1 & -1\\ 2 & 1\\ 3 & 1\end{pmatrix}$.

3.3 矩阵的秩

矩阵的秩是矩阵的一个非常重要的数值特征，是线性代数的一个非常重要的概念，为了定义矩阵的秩先给出 k 阶子式的概念.

一、k 阶子式

定义 3.4 设 $\boldsymbol{A}$ 为任意 $m\times n$ 矩阵，任取 $\boldsymbol{A}$ 的 k 行 k 列 $(1\leqslant k\leqslant \min\{m,n\})$，将位于这些行和列的相交处的 k^2 个元素，按照 $\boldsymbol{A}$ 中的相对位置所组成的 k 阶行列式，称为 $\boldsymbol{A}$ 的一个 k 阶子式.

例如，设 $\boldsymbol{A}=\begin{pmatrix}1 & 2 & 3 & -1\\ 2 & 4 & 6 & -2\\ 3 & 0 & 2 & 1\end{pmatrix}$，则 $\boldsymbol{A}$ 的最高阶子式为 3 阶子式共 $C_3^3C_4^3=4$ 个，很容易计算出这 4 个 3 阶子式都为零；2 阶子式共 $C_3^2C_4^2=18$ 个，取其中一个二阶子式 $\begin{vmatrix}1 & 2\\ 3 & 0\end{vmatrix}=-6\neq 0$. 一般地，将值为 0 的子式称为零子式，值不为 0 的子式称为非零子式.

定义 3.5 设 $\boldsymbol{A}$ 为任意 $m\times n$ 矩阵，若 $\boldsymbol{A}$ 有一个 r 阶子式 D 不为零，且所有的 $r+1$ 阶子式全为零(若存在的话)，则非零子式 D 称为 $\boldsymbol{A}$ 的最高阶非零子式.

关于定义 3.5 有两点说明：

(1) 利用行列式的按行(列)展开定理可知，若矩阵的所有 $r+1$ 阶子式全为零，则能够保证所有的阶数高于 $r+1$ 的子式全为零；

(2) $\boldsymbol{A}$ 的最高阶非零子式不一定唯一. 例如，对于矩阵 $\boldsymbol{A}=\begin{pmatrix}1 & 2 & 3 & -1\\ 2 & 4 & 6 & -2\\ 3 & 0 & 2 & 1\end{pmatrix}$ 而言，$\begin{vmatrix}1 & 2\\ 3 & 0\end{vmatrix}$ 和 $\begin{vmatrix}1 & 3\\ 3 & 2\end{vmatrix}$ 都是 $\boldsymbol{A}$ 的最高阶非零子式.

二、矩阵的秩

定义 3.6　任意 $m \times n$ 矩阵 $\boldsymbol{A}$ 的最高阶非零子式的阶数称为矩阵 $\boldsymbol{A}$ 的秩，记为 $R(\boldsymbol{A})$. 规定零矩阵的秩为 0.

由定义 3.6 可知，矩阵

$$\boldsymbol{A} = \begin{pmatrix} 1 & 2 & 3 & -1 \\ 2 & 4 & 6 & -2 \\ 3 & 0 & 2 & 1 \end{pmatrix}$$

的秩 $R(\boldsymbol{A}) = 2$.

思考题 4　若矩阵 $\boldsymbol{A}$ 的秩为 r，问 $\boldsymbol{A}$ 有没有等于零的 $r-1$ 阶子式？有没有等于零的 r 阶子式？有没有不等于零的 $r+1$ 阶子式？

由定义 3.6 可得如下结论：

(1) $0 \leqslant R(\boldsymbol{A}_{m\times n}) \leqslant \min\{m,n\}$；

(2)若 $\boldsymbol{A}$ 的所有 $r+1$ 阶子式全为 0，则 $R(\boldsymbol{A}) \leqslant r$；

(3)若 $\boldsymbol{A}$ 有一个 r 阶子式不为 0，则 $R(\boldsymbol{A}) \geqslant r$；

(4) $R(\boldsymbol{A}) \leqslant R(\boldsymbol{A},\boldsymbol{B})$；

(5) $R(\boldsymbol{A}^{\mathrm{T}}) = R(\boldsymbol{A}) = R(k\boldsymbol{A})$，其中 k 是不为零的常数；

(6) n 阶方阵 $\boldsymbol{A}$ 可逆的充要条件为 $R(\boldsymbol{A}) = n$.

只证明(5)与(6)，

证明　(5)由于 $\boldsymbol{A}^{\mathrm{T}}$ 的每一子式与 $\boldsymbol{A}$ 的对应的子式互为转置行列式，由行列式的转置性可知，$\boldsymbol{A}^{\mathrm{T}}$ 的所有子式与 $\boldsymbol{A}$ 的所有子式是否为零的情况对应相同，这就意味着 $\boldsymbol{A}^{\mathrm{T}}$ 与 $\boldsymbol{A}$ 的最高阶非零子式的阶数相同，从而 $R(\boldsymbol{A}^{\mathrm{T}}) = R(\boldsymbol{A})$. 类似有 $R(k\boldsymbol{A}) = R(\boldsymbol{A})$.

(6)因为 n 阶方阵 $\boldsymbol{A}$ 可逆的充要条件为 $|\boldsymbol{A}| \neq 0$，所以 $|\boldsymbol{A}|$ 为 $\boldsymbol{A}$ 的最高阶非零子式，从而 $R(\boldsymbol{A}) = n$，反之也成立. 此时 n 阶方阵 $\boldsymbol{A}$ 的秩等于它的阶数，于是 n 阶可逆矩阵 $\boldsymbol{A}$ 又称为**满秩矩阵**，不可逆矩阵又称为**降秩矩阵**. 证毕

例 1　利用定义求行阶梯形矩阵 $\boldsymbol{A}$ 的秩，其中

$$\boldsymbol{A} = \begin{pmatrix} 2 & -1 & 0 & 3 & -2 \\ 0 & 3 & 1 & -2 & 5 \\ 0 & 0 & 0 & 4 & -3 \\ 0 & 0 & 0 & 0 & 0 \end{pmatrix}.$$

分析　利用定义求矩阵的秩，关键在于找出 $\boldsymbol{A}$ 的一个最高阶的非零子式.

解　$\boldsymbol{A}$ 的最高阶子式为 4 阶子式共有 $C_4^4 C_5^4 = 5$ 个，每一个 4 阶子式都含有零

行,所以 A 的所有 4 阶子式全为 0. 而 A 的三阶子式 $\begin{vmatrix} 2 & -1 & 3 \\ 0 & 3 & -2 \\ 0 & 0 & 4 \end{vmatrix} = 24 \neq 0$, 由此可知 $\begin{vmatrix} 2 & -1 & 3 \\ 0 & 3 & -2 \\ 0 & 0 & 4 \end{vmatrix}$ 便是 A 的一个最高阶非零子式,从而 $R(A)=3$.

通过例 1 的求解过程可以看出,利用定义求矩阵的秩,需要计算很多行列式,计算量较大. 观察例 1 的结果有如下结论:**行阶梯形矩阵的秩等于其非零行的行数**,并且此结论可推广到一般的 m 行 n 列的行阶梯形矩阵. 为方便求出任意 m 行 n 列矩阵 A 的秩,有如下定理.

定理 3.7　初等变换不改变矩阵的秩.

证明　仅对初等行变换加以证明.

(1)将矩阵 A 的 i, j 两行互换得到矩阵 B, 则 B 与 A 相应的子式要么相等要么只相差一个符号,因而 A, B 相应的子式是否为零的情况相同,即最高阶非零子式的阶数相同,从而有 $R(A)=R(B)$.

(2)用一个非零的数 k 去乘以矩阵 A 的某一行得矩阵 B, 则 B 与 A 相应的子式要么相等,要么相差 k 倍,因而 A, B 相应的子式是否为零的情况相同,即最高阶非零子式的阶数相同,从而 $R(A)=R(B)$.

(3)将矩阵 A 的第 j 行的 k 倍加到第 i 行得到矩阵 B, 设 $\boldsymbol{\alpha}_i$ 为矩阵 A 的第 i 行 $(i=1,2,\cdots,n)$, 如下

$$A = \begin{pmatrix} \vdots \\ \boldsymbol{\alpha}_i \\ \vdots \\ \boldsymbol{\alpha}_j \\ \vdots \end{pmatrix} \xrightarrow{r_i + kr_j} B = \begin{pmatrix} \vdots \\ \boldsymbol{\alpha}_i + k\boldsymbol{\alpha}_j \\ \vdots \\ \boldsymbol{\alpha}_j \\ \vdots \end{pmatrix}.$$

设 $R(A)=r$, 要证明 $R(B)=R(A)=r$, 只需证明 $R(B) \leqslant R(A)$ 且 $R(A) \leqslant R(B)$. 先证 $R(B) \leqslant R(A)$, 任取 B 的 $r+1$ 阶子式 D_{r+1}, 分以下三种情况讨论,

① D_{r+1} 中不含第 i 行的元素,此时 D_{r+1} 也为 A 的 $r+1$ 阶子式,则 $D_{r+1}=0$.

② D_{r+1} 中含有 i, j 两行的元素,此时 D_{r+1} 与 A 对应的 $r+1$ 阶子式的值相同,则 $D_{r+1}=0$.

③ D_{r+1} 含有第 i 行但不含有第 j 行元素,即此时 D_{r+1} 可拆成两个 $r+1$ 阶子式的和

$$D_{r+1}=\begin{vmatrix}\vdots\\ \boldsymbol{\alpha}_i+k\boldsymbol{\alpha}_j\\ \vdots\end{vmatrix}=\begin{vmatrix}\vdots\\ \boldsymbol{\alpha}_i\\ \vdots\end{vmatrix}+k\begin{vmatrix}\vdots\\ \boldsymbol{\alpha}_j\\ \vdots\end{vmatrix}.$$

上式右端第一个行列式为 $\boldsymbol{A}$ 的一个 $r+1$ 阶子式，故为0，而第二个行列式可由 $\boldsymbol{A}$ 的某一个 $r+1$ 阶子式变换两行的位置得到，因而也为0，从而 $D_{r+1}=0$.

由此证明 $\boldsymbol{B}$ 的任意 $r+1$ 阶子式都为零，从而有 $R(\boldsymbol{B})\leqslant r$，即 $R(\boldsymbol{B})\leqslant R(\boldsymbol{A})$. 反之，由于 $\boldsymbol{B}$ 也可以经过一次倍加变换变回 $\boldsymbol{A}$，故有 $R(\boldsymbol{A})\leqslant R(\boldsymbol{B})$，综上便有 $R(\boldsymbol{A})=R(\boldsymbol{B})$.

经过一次初等行变换矩阵的秩不变，则可知，经过有限次初等行变换矩阵的秩仍不变. 同理可证经过有限次初等列变换矩阵的秩不变. 综合以上分析可知，初等变换不改变矩阵的秩.

定理3.7给出了求任意 m 行 n 列矩阵 $\boldsymbol{A}$ 的秩的理论根据：即将 $\boldsymbol{A}$ 的秩转化为求 $\boldsymbol{A}$ 的行阶梯形矩阵的秩.

例2　设 $\boldsymbol{A}=\begin{pmatrix}2&-1&3\\4&2&5\\2&0&2\end{pmatrix}$，$\boldsymbol{b}=\begin{pmatrix}1\\4\\6\end{pmatrix}$，且 $\boldsymbol{B}=(\boldsymbol{A}\,\vdots\,\boldsymbol{b})$，利用初等变换求 $R(\boldsymbol{A})$ 和 $R(\boldsymbol{B})$.

解　$\boldsymbol{B}=(\boldsymbol{A}\,\vdots\,b)=\left(\begin{array}{ccc:c}2&-1&3&1\\4&2&5&4\\2&0&2&6\end{array}\right)\xrightarrow[r_3-r_1]{r_2-2r_1}\left(\begin{array}{ccc:c}2&-1&3&1\\0&4&-1&2\\0&1&-1&5\end{array}\right)\xrightarrow{r_2\leftrightarrow r_3}$

$\begin{pmatrix}2&-1&3&1\\0&1&-1&5\\0&4&-1&2\end{pmatrix}\xrightarrow{r_3-4r_2}\left(\begin{array}{ccc:c}2&-1&3&1\\0&1&-1&5\\0&0&3&-18\end{array}\right)$，由此可知 $R(\boldsymbol{B})=3$.

将 $\boldsymbol{B}$ 的行阶梯形矩阵的最后一列舍弃即为 $\boldsymbol{A}$ 的行阶梯形矩阵，从而 $R(\boldsymbol{A})=3$.

结合定理3.7和定理3.6可得如下推论.

推论　设 $\boldsymbol{A}$ 为任意 $m\times n$ 矩阵，$\boldsymbol{P}$，$\boldsymbol{Q}$ 分别为 m 阶和 n 阶可逆矩阵，则 $R(\boldsymbol{A})=R(\boldsymbol{PA})=R(\boldsymbol{AQ})=R(\boldsymbol{PAQ})$.

证明　只证明 $R(\boldsymbol{A})=R(\boldsymbol{PA})$. 令 $\boldsymbol{B}=\boldsymbol{PA}$，由于 $\boldsymbol{P}$ 可逆，根据定理3.6可知 $\boldsymbol{A}$ 与 $\boldsymbol{B}$ 行等价，即 $\boldsymbol{A}$ 可经初等行变换变为 $\boldsymbol{B}$，再由定理3.7可得 $R(\boldsymbol{A})=R(\boldsymbol{PA})$.

其余读者可类似证明. 证毕

三、利用矩阵的秩判定线性方程组解的类型

通过前面的学习可以知道，线性方程组解的类型只有三种：无解、唯一解和无穷多解，而且每一种解的类型所对应的行阶梯矩阵的特点也总结过，有了矩阵的秩

的定义之后，可以利用线性方程组的系数矩阵和增广矩阵的秩来判定方程组解的类型，结合表 3.1 的内容，有如下定理.

定理 3.8　对于 n 元线性方程组 $\boldsymbol{A}_{m\times n}\boldsymbol{x}=\boldsymbol{b}$，

(1) $\boldsymbol{A}_{m\times n}\boldsymbol{x}=\boldsymbol{b}$ 有解的充要条件为 $R(\boldsymbol{A})=R(\boldsymbol{A}\,\vdots\,\boldsymbol{b})$，$\boldsymbol{A}_{m\times n}\boldsymbol{x}=\boldsymbol{b}$ 无解的充要条件为 $R(\boldsymbol{A})<R(\boldsymbol{A}\,\vdots\,\boldsymbol{b})$；

(2) $\boldsymbol{A}_{m\times n}\boldsymbol{x}=\boldsymbol{b}$ 有唯一解的充要条件为 $R(\boldsymbol{A})=R(\boldsymbol{A}\,\vdots\,\boldsymbol{b})=n$；

(3) $\boldsymbol{A}_{m\times n}\boldsymbol{x}=\boldsymbol{b}$ 有无穷多解的充要条件为 $R(\boldsymbol{A})=R(\boldsymbol{A}\,\vdots\,\boldsymbol{b})<n$.

结合定理 3.8 和定理 3.2 可得齐次线性方程组 $\boldsymbol{A}_{m\times n}\boldsymbol{x}=\boldsymbol{0}$ 的解的判定结论如下.

定理 3.9　对于 n 元齐次线性方程组 $\boldsymbol{A}_{m\times n}\boldsymbol{x}=\boldsymbol{0}$，

(1) $\boldsymbol{A}_{m\times n}\boldsymbol{x}=\boldsymbol{0}$ 只有零解(即唯一解)的充要条件为 $R(\boldsymbol{A})=n$；

(2) $\boldsymbol{A}_{m\times n}\boldsymbol{x}=\boldsymbol{0}$ 有非零解(即无穷多解)的充要条件为 $R(\boldsymbol{A})<n$.

结合定理 3.9 和矩阵秩的相关结论，可得如下推论.

推论 1　若齐次线性方程组 $\boldsymbol{A}_{m\times n}\boldsymbol{x}=\boldsymbol{0}$ 中方程个数 m 小于未知量个数 n，则该齐次线性方程组 $\boldsymbol{A}_{m\times n}\boldsymbol{x}=\boldsymbol{0}$ 必有非零解.

证明　因为 $R(\boldsymbol{A})\leqslant m$，而 $m<n$，则必有 $R(\boldsymbol{A})<n$，从而结论成立.

推论 2　若齐次线性方程组 $\boldsymbol{A}_{m\times n}\boldsymbol{x}=\boldsymbol{0}$ 中方程个数 m 等于未知量个数 n，且 $|\boldsymbol{A}|=0$，则该齐次线性方程组 $\boldsymbol{A}_{m\times n}\boldsymbol{x}=\boldsymbol{0}$ 有非零解.

证明　因为 $|\boldsymbol{A}|=0$，所以 $R(\boldsymbol{A})<n$，从而结论成立.

将推论 2 与定理 1.5′结合便有以下定理.

定理 3.10　含 n 个方程 n 个未知量的齐次线性方程组 $\boldsymbol{A}\boldsymbol{x}=\boldsymbol{0}$ 有非零解的充要条件为 $|\boldsymbol{A}|=0$.

例 3　设线性方程组

$$\begin{cases}\lambda x_1+x_2+x_3=1,\\ x_1+\lambda x_2+x_3=\lambda,\\ x_1+x_2+\lambda x_3=\lambda^2.\end{cases}$$

问 λ 取何值时，该线性方程组有唯一解、无解、有无穷多解？并在有无穷多解时求其一般解.

解　**方法一**　运用初等行变换将增广矩阵化为行阶梯形矩阵，有

$$\left(\begin{array}{ccc:c}\lambda & 1 & 1 & 1\\ 1 & \lambda & 1 & \lambda\\ 1 & 1 & \lambda & \lambda^2\end{array}\right)\xrightarrow{r_1\leftrightarrow r_3}\left(\begin{array}{ccc:c}1 & 1 & \lambda & \lambda^2\\ 1 & \lambda & 1 & \lambda\\ \lambda & 1 & 1 & 1\end{array}\right)\xrightarrow[r_3-\lambda r_1]{r_2-r_1}\left(\begin{array}{ccc:c}1 & 1 & \lambda & \lambda^2\\ 0 & \lambda-1 & 1-\lambda & \lambda-\lambda^2\\ 0 & 1-\lambda & 1-\lambda^2 & 1-\lambda^3\end{array}\right)$$

$$\xrightarrow{r_3+r_2}\left(\begin{array}{ccc:c}1 & 1 & \lambda & \lambda^2\\ 0 & \lambda-1 & 1-\lambda & \lambda(\lambda-1)\\ 0 & 0 & -\lambda^2-\lambda+2 & -\lambda^3-\lambda^2+\lambda+1\end{array}\right).$$

当 $R(\boldsymbol{A})=R(\boldsymbol{A}\vdots\boldsymbol{b})=3$ 时,方程组有唯一解. 此时必有 $\lambda-1\neq0$ 和 $-\lambda^2-\lambda+2\neq0$, 从而 $\lambda\neq1$ 且 $\lambda\neq-2$.

由定理 3.8 可知,要使方程组无解或无穷多解,λ 的取值只可能为 1 或 −2. 将 $\lambda=1$ 或 -2 代入行阶梯形矩阵可知以下结论.

当 $\lambda=-2$ 时, $(\boldsymbol{A}\vdots\boldsymbol{b})\to\begin{pmatrix}1&1&-2&4\\0&-3&3&6\\0&0&0&3\end{pmatrix}$, 此时 $R(\boldsymbol{A})=2<R(\boldsymbol{A}\vdots\boldsymbol{b})=3$, 该方程组无解;

当 $\lambda=1$ 时, $(\boldsymbol{A}\vdots\boldsymbol{b})\to\begin{pmatrix}1&1&1&1\\0&0&0&0\\0&0&0&0\end{pmatrix}$, 此时 $R(\boldsymbol{A})=R(\boldsymbol{A}\vdots\boldsymbol{b})=1<3$, 该方程组有无穷多解,对应的同解方程组为 $x_1+x_2+x_3=1$, 变形有 $x_1=-x_2-x_3+1$,其中 x_1 为保留未知量, x_2,x_3 为自由未知量,取 $x_2=c_1,x_3=c_2$, 方程组的一般解为 $\begin{cases}x_1=1-c_1-c_2,\\x_2=c_1,\\x_3=c_2,\end{cases}$ 其中 c_1,c_2 为任意常数.

方法二　此方程组方程的个数与未知量的个数相等,根据克拉默法则,当系数行列式 $D=\begin{vmatrix}\lambda&1&1\\1&\lambda&1\\1&1&\lambda\end{vmatrix}\neq0$ 时,该方程组有唯一解,

$$\begin{vmatrix}\lambda&1&1\\1&\lambda&1\\1&1&\lambda\end{vmatrix}\xlongequal[c_1+c_3]{c_1+c_2}\begin{vmatrix}\lambda+2&1&1\\\lambda+2&\lambda&1\\\lambda+2&1&\lambda\end{vmatrix}$$
$$=(\lambda+2)\begin{vmatrix}1&1&1\\1&\lambda&1\\1&1&\lambda\end{vmatrix}$$
$$=(\lambda+2)\begin{vmatrix}1&1&1\\0&\lambda-1&0\\1&1&\lambda\end{vmatrix}$$
$$=(\lambda+2)(\lambda-1)^2,$$

即当 $\lambda\neq1$ 且 $\lambda\neq-2$ 时,方程组有唯一解. 由此可知,要使方程组无解或无穷多解, λ 的取值只可能为 1 或 −2, 将 $\lambda=1$ 或 -2 代入原方程组,再判定是无解还是无穷多解,这里不再详细说明.

以上两种方法各有优缺点,方法一的优点在于通过行阶梯形矩阵比较直观

地判定三种解的情况，难点在于读者对含有参数 λ 的矩阵施行初等行变换时容易出错；方法二的优点在于避开了方法一的难点，但此方法只适用于未知量的个数与方程的个数相等的线性方程组，以后遇到此类型的题目，读者可适当地选择方法.

为了后面学习的需要，下面将定理 3.8 推广到矩阵方程.

定理 3.11 矩阵方程 $\boldsymbol{AX}=\boldsymbol{B}$ 有解的充要条件为 $R(\boldsymbol{A})=R(\boldsymbol{A} \mid \boldsymbol{B})$.

利用定理 3.11 还可得出如下定理.

定理 3.12 设 $\boldsymbol{AB}=\boldsymbol{C}$，则 $R(\boldsymbol{C})\leqslant \min\{R(\boldsymbol{A}),R(\boldsymbol{B})\}$. 即乘积的秩小于等于各因子的秩.

证明 因为 $\boldsymbol{AB}=\boldsymbol{C}$，所以矩阵方程 $\boldsymbol{AX}=\boldsymbol{C}$ 有解 $\boldsymbol{X}=\boldsymbol{B}$，于是由定理 3.11 有 $R(\boldsymbol{A})=R(\boldsymbol{A} \mid \boldsymbol{C})$，而又因为 $R(\boldsymbol{C})\leqslant R(\boldsymbol{A} \mid \boldsymbol{C})$，所以 $R(\boldsymbol{C})\leqslant R(\boldsymbol{A})$，即乘积 $\boldsymbol{C}$ 的秩小于等于它的左因子 $\boldsymbol{A}$ 的秩. 又因为 $\boldsymbol{B}^{\mathrm{T}}\boldsymbol{A}^{\mathrm{T}}=\boldsymbol{C}^{\mathrm{T}}$，由刚才的证明可得 $R(\boldsymbol{C}^{\mathrm{T}})\leqslant R(\boldsymbol{B}^{\mathrm{T}})$，从而有 $R(\boldsymbol{C})\leqslant R(\boldsymbol{B})$. 综合以上结论，便有 $R(\boldsymbol{C})\leqslant \min\{R(\boldsymbol{A}),R(\boldsymbol{B})\}$.

习 题 3.3

1. 求下列矩阵的秩.

(1) $\boldsymbol{A}=\begin{pmatrix}3&1&0&2\\1&-1&2&-1\\1&3&-4&4\end{pmatrix}$；　(2) $\boldsymbol{A}=\begin{pmatrix}2&1&8&3&7\\1&0&3&2&0\\3&-2&5&8&0\end{pmatrix}$.

2. 设矩阵 $\boldsymbol{A}=\begin{pmatrix}1&1&2&1&3\\2&a&1&2&6\\4&5&5&b&12\end{pmatrix}$ 的秩为 2，求 a,b 的值.

3. 当 λ 取何值时，方程组 $\begin{cases}(1+\lambda)x_1+x_2+x_3=0,\\x_1+(1+\lambda)x_2+x_3=3,\\x_1+x_2+(1+\lambda)x_3=\lambda\end{cases}$ (1)有唯一解；(2)无解；(3)有无穷多解？并在无穷多解时，求其一般解.

4. 当 λ 取何值时，矩阵 $\begin{pmatrix}1&1&\lambda^2&-2\\1&-2&\lambda&1\\-2&1&-2&\lambda\end{pmatrix}$ 的秩最小.

例 题 选 讲

例 1 设 $\boldsymbol{A}$ 是 3 阶方阵，将 $\boldsymbol{A}$ 的第 1 列与第 2 列交换得 $\boldsymbol{B}$，再把 $\boldsymbol{B}$ 的第 2 列加到第 3 列得 $\boldsymbol{C}$，求满足 $\boldsymbol{AQ}=\boldsymbol{C}$ 的可逆矩阵 $\boldsymbol{Q}$.

解　由条件可知 $\boldsymbol{A}\xrightarrow{c_1\leftrightarrow c_2}\boldsymbol{B}\xrightarrow{c_3+c_2}\boldsymbol{C}$，根据"行左列右"定理有

$$\boldsymbol{A}\begin{pmatrix}0&1&0\\1&0&0\\0&0&1\end{pmatrix}=\boldsymbol{B},\quad \boldsymbol{B}\begin{pmatrix}1&0&0\\0&1&1\\0&0&1\end{pmatrix}=\boldsymbol{C},$$

从而 $\boldsymbol{A}\begin{pmatrix}0&1&0\\1&0&0\\0&0&1\end{pmatrix}\begin{pmatrix}1&0&0\\0&1&1\\0&0&1\end{pmatrix}=\boldsymbol{C}$，则 $\boldsymbol{Q}=\begin{pmatrix}0&1&0\\1&0&0\\0&0&1\end{pmatrix}\begin{pmatrix}1&0&0\\0&1&1\\0&0&1\end{pmatrix}=\begin{pmatrix}0&1&1\\1&0&0\\0&0&1\end{pmatrix}$.

例 2　已知 3 阶方阵 $\boldsymbol{A}$ 可逆，将 $\boldsymbol{A}$ 的第 1 列与第 3 列交换得 $\boldsymbol{B}$，再把 $\boldsymbol{B}$ 的第 1 列的 4 倍加到第 3 列得 $\boldsymbol{C}$，求满足 $P\boldsymbol{A}^{-1}=\boldsymbol{C}^{-1}$ 的可逆矩阵 $\boldsymbol{P}$.

解　由已知条件可知 $\boldsymbol{A}\xrightarrow{c_3\leftrightarrow c_1}\boldsymbol{B}\xrightarrow{c_3+4c_1}\boldsymbol{C}$，根据"行左列右"定理有

$$\boldsymbol{A}\begin{pmatrix}0&0&1\\0&1&0\\1&0&0\end{pmatrix}=\boldsymbol{B},\quad \boldsymbol{B}\begin{pmatrix}1&0&4\\0&1&0\\0&0&1\end{pmatrix}=\boldsymbol{C},$$

从而 $\boldsymbol{A}\begin{pmatrix}0&0&1\\0&1&0\\1&0&0\end{pmatrix}\begin{pmatrix}1&0&4\\0&1&0\\0&0&1\end{pmatrix}=\boldsymbol{C}$，两边同时求逆有

$$\begin{pmatrix}1&0&4\\0&1&0\\0&0&1\end{pmatrix}^{-1}\begin{pmatrix}0&0&1\\0&1&0\\1&0&0\end{pmatrix}^{-1}\boldsymbol{A}^{-1}=\boldsymbol{C}^{-1},$$

则 $\boldsymbol{P}=\begin{pmatrix}1&0&4\\0&1&0\\0&0&1\end{pmatrix}^{-1}\begin{pmatrix}0&0&1\\0&1&0\\1&0&0\end{pmatrix}^{-1}=\begin{pmatrix}1&0&-4\\0&1&0\\0&0&1\end{pmatrix}\begin{pmatrix}0&0&1\\0&1&0\\1&0&0\end{pmatrix}=\begin{pmatrix}-4&0&1\\0&1&0\\1&0&0\end{pmatrix}$.

例 3　设 $\boldsymbol{A}$ 为 n 阶可逆矩阵 $(n\geqslant 2)$，交换 $\boldsymbol{A}$ 的第 1 行与第 2 行得矩阵 $\boldsymbol{B}$，$\boldsymbol{A}^*$，$\boldsymbol{B}^*$ 分别为 $\boldsymbol{A}$，$\boldsymbol{B}$ 的伴随矩阵，则(　　).

(A)交换 $\boldsymbol{A}^*$ 的第 1 列与第 2 列得 $\boldsymbol{B}^*$

(B)交换 $\boldsymbol{A}^*$ 的第 1 行与第 2 行得 $\boldsymbol{B}^*$

(C)交换 $\boldsymbol{A}^*$ 的第 1 列与第 2 列得 $-\boldsymbol{B}^*$

(D)交换 $\boldsymbol{A}^*$ 的第 1 行与第 2 行得 $-\boldsymbol{B}^*$

解　选(C).

由已知条件可知 $\boldsymbol{A}\xrightarrow{r_1\leftrightarrow r_2}\boldsymbol{B}$，根据"行左列右"定理有 $\boldsymbol{I}(1,2)\boldsymbol{A}=\boldsymbol{B}$，从而 $\boldsymbol{A}^{-1}\boldsymbol{I}^{-1}(1,2)=\boldsymbol{B}^{-1}$，即 $\dfrac{1}{|\boldsymbol{A}|}\boldsymbol{A}^*\boldsymbol{I}(1,2)=\dfrac{1}{|\boldsymbol{B}|}\boldsymbol{B}^*$，因为 $|\boldsymbol{B}|=-|\boldsymbol{A}|$，上式即为 $\boldsymbol{A}^*\boldsymbol{I}(1,2)=-\boldsymbol{B}^*$，所以应选(C).

例 4　设 $\boldsymbol{A}$ 为 3 阶方阵，$\boldsymbol{P}$ 为 3 阶可逆矩阵，且 $\boldsymbol{P}^{-1}\boldsymbol{AP}=\begin{pmatrix}1&0&0\\0&1&0\\0&0&2\end{pmatrix}$，若 $\boldsymbol{P}=(\boldsymbol{\alpha}_1,\boldsymbol{\alpha}_2,\boldsymbol{\alpha}_3)$，$\boldsymbol{Q}=(\boldsymbol{\alpha}_1+\boldsymbol{\alpha}_2,\boldsymbol{\alpha}_2,\boldsymbol{\alpha}_3)$，求 $\boldsymbol{Q}^{-1}\boldsymbol{AQ}$.

解　由已知条件可知 $\boldsymbol{P}\xrightarrow{c_1+c_2}\boldsymbol{Q}$，根据“行左列右”定理有 $\boldsymbol{P}\begin{pmatrix}1&0&0\\1&1&0\\0&0&1\end{pmatrix}=\boldsymbol{Q}$，

$$\boldsymbol{Q}^{-1}\boldsymbol{AQ}=\begin{pmatrix}1&0&0\\1&1&0\\0&0&1\end{pmatrix}^{-1}\boldsymbol{P}^{-1}\boldsymbol{AP}\begin{pmatrix}1&0&0\\1&1&0\\0&0&1\end{pmatrix}$$

$$=\begin{pmatrix}1&0&0\\-1&1&0\\0&0&1\end{pmatrix}\begin{pmatrix}1&0&0\\0&1&0\\0&0&2\end{pmatrix}\begin{pmatrix}1&0&0\\1&1&0\\0&0&1\end{pmatrix}=\begin{pmatrix}1&0&0\\0&1&0\\0&0&2\end{pmatrix}.$$

例 5　给定方程组 $\begin{cases}x_1-x_2=a_1,\\x_2-x_3=a_2,\\x_3-x_4=a_3,\\x_4-x_5=a_4,\\x_5-x_1=a_5,\end{cases}$ 证明这个方程组有解的充要条件是 $\sum\limits_{i=1}^{5}a_i=0$.

证明　将增广矩阵化为行阶梯形矩阵，

$$\left(\begin{array}{ccccc:c}1&-1&0&0&0&a_1\\0&1&-1&0&0&a_2\\0&0&1&-1&0&a_3\\0&0&0&1&-1&a_4\\-1&0&0&0&1&a_5\end{array}\right)\xrightarrow[i=1,2,3,4]{r_5+r_i}\left(\begin{array}{ccccc:c}1&-1&0&0&0&a_1\\0&1&-1&0&0&a_2\\0&0&1&-1&0&a_3\\0&0&0&1&-1&a_4\\0&0&0&0&0&\sum\limits_{i=1}^{5}a_i\end{array}\right).$$

因为方程组有解的充要条件为 $R(\boldsymbol{A})=R(\boldsymbol{A}\,\vdots\,\boldsymbol{b})$，即必须 $\sum\limits_{i=1}^{5}a_i=0$，从而结论成立.

例 6　已知平面上三条不同直线的方程分别为

$l_1:ax+2by+3c=0$，　$l_2:bx+2cy+3a=0$，　$l_3:cx+2ay+3b=0$，

试证这三条直线交于一点的充要条件为 $a+b+c=0$.

证明　三条直线 l_1,l_2,l_3 交于一点意味着方程组 $\begin{cases}ax+2by=-3c,\\bx+2cy=-3a,\\cx+2ay=-3b\end{cases}$ 有唯一解，令

$$\boldsymbol{A}=\begin{pmatrix} a & 2b \\ b & 2c \\ c & 2a \end{pmatrix},\quad (\boldsymbol{A} \,\vdots\, \boldsymbol{b})=\begin{pmatrix} a & 2b & -3c \\ b & 2c & -3a \\ c & 2a & -3b \end{pmatrix},$$

则有三条直线交于一点的充要条件为 $R(\boldsymbol{A})=R(\boldsymbol{A},\boldsymbol{b})=2$，

一方面，当 $R(\boldsymbol{A})=R(\boldsymbol{A} \,\vdots\, \boldsymbol{b})=2$ 时，由 $R(\boldsymbol{A} \,\vdots\, \boldsymbol{b})=2$ 可知 $|\boldsymbol{A} \,\vdots\, \boldsymbol{b}|=0$，而

$$\begin{vmatrix} a & 2b & -3c \\ b & 2c & -3a \\ c & 2a & -3b \end{vmatrix} \xlongequal[i=2,3]{r_1+r_i} (a+b+c)\begin{vmatrix} 1 & 2 & -3 \\ b & 2c & -3a \\ c & 2a & -3b \end{vmatrix}$$

$$\xlongequal[r_3-cr_1]{r_2-br_1} (a+b+c)\begin{vmatrix} 1 & 2 & -3 \\ 0 & 2c-2b & -3a+3b \\ 0 & 2a-2c & -3b+3c \end{vmatrix}$$

$$=(a+b+c)(6a^2+6b^2+6c^2-ab-ac-bc)$$

$$=3(a+b+c)((a-b)^2+(a-c)^2+(b-c)^2).$$

于是 $(a+b+c)=0$ 或者 $(a-b)^2+(a-c)^2+(b-c)^2=0$，但 $(a-b)^2+(a-c)^2+(b-c)^2=0$ 当且仅当 $a=b=c$，而当 $a=b=c$ 时三条直线 l_1,l_2,l_3 是相同的，与条件矛盾，于是只有 $(a+b+c)=0$.

另一方面，当 $(a+b+c)=0$ 时，由上可知 $|\boldsymbol{A} \,\vdots\, \boldsymbol{b}|=0$，于是 $R(\boldsymbol{A} \,\vdots\, \boldsymbol{b})\leqslant 2$，对于矩阵 $\boldsymbol{A}$，

$$\boldsymbol{A}=\begin{pmatrix} a & 2b \\ b & 2c \\ c & 2a \end{pmatrix} \xrightarrow[r_3+r_2]{r_3+r_1} \begin{pmatrix} a & 2b \\ b & 2c \\ 0 & 0 \end{pmatrix},$$

而

$$\begin{vmatrix} a & 2b \\ b & 2c \end{vmatrix}=2ac-2b^2=-2a(a+b)-2b^2$$

$$=-2\left(\left(a+\frac{1}{2}b\right)^2+\frac{3}{4}b^2\right)\neq 0 \quad (\text{否则 } a=b=c=0),$$

由此可知 $R(\boldsymbol{A})=2$，又因为 $R(\boldsymbol{A} \,\vdots\, \boldsymbol{b})\geqslant R(\boldsymbol{A})=2$，于是 $R(\boldsymbol{A} \,\vdots\, \boldsymbol{b})=2$，从而有 $R(\boldsymbol{A})=R(\boldsymbol{A} \,\vdots\, \boldsymbol{b})=2$.

两个方面结合可知 $R(\boldsymbol{A})=R(\boldsymbol{A} \,\vdots\, \boldsymbol{b})=2$ 的充要条件为 $a+b+c=0$，于是三条直线交于一点的充要条件为 $a+b+c=0$，结论成立.

总习题 3

一、填空题

1. 设 $\boldsymbol{B}$ 为 3 阶可逆矩阵，$\boldsymbol{A}=\begin{pmatrix} 1 & 1 & 3 \\ 0 & 1 & 2 \\ 1 & 2 & 5 \end{pmatrix}$，则 $R(\boldsymbol{AB})=$ __________.

2. 设 $\boldsymbol{A}=\begin{pmatrix}a_1\\a_2\\a_3\end{pmatrix}(b_1,b_2,b_3)$，$a_i,b_i(i=1,2,3)$ 皆不为 0，则 $R(\boldsymbol{A})=$ ________.

3. 已知 $\boldsymbol{A}=\begin{pmatrix}1&1&a\\1&a&1\\a&1&1\end{pmatrix}$，$R(\boldsymbol{A})=2$，则 $a=$ ________.

4. 已知矩阵 $\boldsymbol{A}=\begin{pmatrix}1&1&-6&10\\2&5&k&-1\\1&2&-1&k\end{pmatrix}$ 的秩为 2，则 $k=$ ________.

5. 设矩阵 $\boldsymbol{A}=\begin{pmatrix}1&2&3\\2&\lambda&1\\-1&3&2\\-2&1&-1\end{pmatrix}$，且齐次线性方程组 $\boldsymbol{Ax}=\boldsymbol{0}$ 有非零解，则 $\lambda=$ ________.

6. 设 $\boldsymbol{A}$ 是 n 阶可逆矩阵，将 $\boldsymbol{A}$ 的第 i 行和第 j 行对换后得到的矩阵记为 $\boldsymbol{B}$，则 $\boldsymbol{AB}^{-1}=$ ________.

7. 当 $\lambda=$ ________ 时，矩阵 $\begin{pmatrix}3&1&1&4\\\lambda&4&10&1\\1&7&17&3\\2&2&4&3\end{pmatrix}$ 的秩最小.

8. 已知线性方程组 $\begin{cases}x_1+x_2+x_3+x_4=0,\\x_2+2x_3+2x_4=1,\\-x_2+(a-3)x_3-2x_4=b,\\3x_1+2x_2+x_3+ax_4=-1\end{cases}$ 有无穷多个解，那么我们所求 a，b 的值为________.

9. 设 4 阶方阵 $\boldsymbol{A}$ 的秩为 2，则其伴随矩阵 $\boldsymbol{A}^*$ 的秩= ________.

二、判断题

1. 若 $R(\boldsymbol{A})=r$，则 $\boldsymbol{A}$ 中必有一个非零的 r 阶子式.　(　　)

2. 若 $R(\boldsymbol{A})=r$，则 $\boldsymbol{A}$ 中所有的 $r-1$ 阶子式都非零.　(　　)

3. 若 $\boldsymbol{Ax}=\boldsymbol{b}$ 有无穷多解，则 $\boldsymbol{Ax}=\boldsymbol{0}$ 有非零解.　(　　)

4. 若 $\boldsymbol{Ax}=\boldsymbol{0}$ 仅有零解，则 $\boldsymbol{Ax}=\boldsymbol{b}$ 有唯一解.　(　　)

5. 若 $\boldsymbol{A}_{m\times n}$ 有一个 r 阶子式不等于零，则 $R(\boldsymbol{A})\geqslant r$.　(　　)

6. 设 $\boldsymbol{A}$ 为 $m\times n$ 矩阵，且 $R(\boldsymbol{A})=n$，则 $m\geqslant n$.　(　　)

三、计算题

1. 写出一个以 $\begin{cases}x_1=2c_1-2c_2,\\x_2=-3c_1+4c_2,\\x_3=c_1,\\x_4=c_2\end{cases}$ 为解的齐次线性方程组.

2. 问 λ 取何值时，线性方程组

$$\begin{cases}(2-\lambda)x_1+2x_2-2x_3=1,\\2x_1+(5-\lambda)x_2-4x_3=2,\\-2x_1-4x_2+(5-\lambda)x_3=-\lambda-1\end{cases}$$

有唯一解、无解和有无穷多解？并在有无穷多解时求其一般解.

3. 求方程组(Ⅰ)

$$\begin{cases}x_1-5x_2+2x_3-3x_4=11,\\-3x_1+x_2-4x_3+2x_4=-5,\\-x_1-9x_2-4x_4=17\end{cases}$$

的解，并求满足方程组(Ⅰ)及条件 $5x_1+3x_2+6x_3-x_4=1$ 的解.

4. 设 $\boldsymbol{A}$ 为 n 阶的非零方阵，又 $\boldsymbol{A}$ 的每一个元素 $a_{ij}=A_{ij}$（A_{ij} 是 a_{ij} 的代数余子式 $i=1,2,\cdots,n;j=1,2,\cdots,n$），证明(1) $R(\boldsymbol{A})=n$；(2)当 $n\geqslant 3$ 时，$|\boldsymbol{A}|=1$.

5. 已知齐次线性方程组

$$(\text{Ⅰ})\begin{cases}x_1+2x_2+3x_3=0,\\2x_1+3x_2+5x_3=0,\\x_1+x_2+ax_3=0\end{cases}\quad 与\quad(\text{Ⅱ})\begin{cases}x_1+bx_2+cx_3=0,\\2x_1+b^2x_2+(c+1)x_3=0\end{cases}$$

同解，求 a,b,c.

6. 已知下列非齐次线性方程组

$$(\text{Ⅰ})\begin{cases}x_1+x_2-2x_4=-6,\\4x_1-x_2-x_3-x_4=1,\\3x_1-x_2-x_3=3;\end{cases}\qquad(\text{Ⅱ})\begin{cases}x_1+mx_2-x_3-x_4=-5,\\nx_2-x_3-2x_4=-11,\\x_3-2x_4=-t+1.\end{cases}$$

(1)求方程组(Ⅰ)的解；

(2)当方程组(Ⅱ)中的参数 m,n,t 为何值时，方程组(Ⅰ)与(Ⅱ)同解.

四、证明题

1. 设 $\boldsymbol{A}=\begin{pmatrix}a_1\\a_2\\\vdots\\a_n\end{pmatrix}(b_1,b_2,\cdots,b_n)\neq 0$，证明(1) $R(\boldsymbol{A})=1$；(2)存在常数 k 使 $\boldsymbol{A}^2=k\boldsymbol{A}$.

2. 证明 $R(\boldsymbol{A})=1$ 的充要条件是存在非零列向量 $\boldsymbol{\alpha}$ 及非零行向量 $\boldsymbol{\beta}^{\mathrm{T}}$，使 $\boldsymbol{A}=\boldsymbol{ab}^{\mathrm{T}}$.

3. 设 $\boldsymbol{A}$ 为 $m\times n$ 矩阵，$\boldsymbol{B}$ 为 $n\times m$ 矩阵，且 $m>n$，证明 $|\boldsymbol{AB}|=0$.

4. 设 $\boldsymbol{A}$ 为列满秩矩阵，$\boldsymbol{AB}=\boldsymbol{C}$，证明齐次线性方程组 $\boldsymbol{Bx}=\boldsymbol{0}$ 与 $\boldsymbol{Cx}=\boldsymbol{0}$ 同解.

5. 设 $\boldsymbol{A}$ 为 $m\times n$ 矩阵，证明矩阵方程 $\boldsymbol{Ax}=\boldsymbol{I}_m$ 有解的充要条件是 $R(\boldsymbol{A})=m$.

考 研 题 选

1. 设 $\boldsymbol{A}$ 为 3 阶方阵，将 $\boldsymbol{A}$ 的第 2 行加到第 1 行得矩阵 $\boldsymbol{B}$，再将 $\boldsymbol{B}$ 的第 1 列的 -1 倍加到第 2 列得 $\boldsymbol{C}$，记 $\boldsymbol{P}=\begin{pmatrix}1&1&0\\0&1&0\\0&0&1\end{pmatrix}$，则(　　).　(2006 年)

(A) $C=P^{-1}AP$ (B) $C=PAP^{-1}$ (C) $C=P^{\mathrm{T}}AP$ (D) $C=PAP^{\mathrm{T}}$

2. 设A为3阶方阵,将A的第2列加到第1列得矩阵B,再交换B的第2行与第3行得单位矩阵,记$P_1=\begin{pmatrix}1&0&0\\1&1&0\\0&0&1\end{pmatrix}$,$P_2=\begin{pmatrix}1&0&0\\0&0&1\\0&1&0\end{pmatrix}$,则$A=$( ). (2011年)

(A) P_1P_2 (B) $P_1^{-1}P_2$ (C) P_2P_1 (D) $P_2P_1^{-1}$

3. 设A,P均为3阶方阵,P^{T}为P的转置矩阵,且$P^{\mathrm{T}}AP=\begin{pmatrix}1&0&0\\0&1&0\\0&0&2\end{pmatrix}$,若$P=(\alpha_1,\alpha_2,\alpha_3)$,$Q=(\alpha_1+\alpha_2,\alpha_2,\alpha_3)$,则$Q^{\mathrm{T}}AQ=$( ) (2009年)

(A) $\begin{pmatrix}2&1&0\\1&1&0\\0&0&2\end{pmatrix}$ (B) $\begin{pmatrix}1&1&0\\1&2&0\\0&0&2\end{pmatrix}$ (C) $\begin{pmatrix}2&0&0\\0&1&0\\0&0&2\end{pmatrix}$ (D) $\begin{pmatrix}1&0&0\\0&2&0\\0&0&2\end{pmatrix}$

4. 设$A=\begin{pmatrix}a_{11}&a_{12}&a_{13}\\a_{21}&a_{22}&a_{23}\\a_{31}&a_{32}&a_{33}\end{pmatrix}$,$B=\begin{pmatrix}a_{21}&a_{22}&a_{23}\\a_{11}&a_{12}&a_{13}\\a_{31}+a_{11}&a_{32}+a_{12}&a_{33}+a_{13}\end{pmatrix}$,$P_1=\begin{pmatrix}0&1&0\\1&0&0\\0&0&1\end{pmatrix}$,$P_2=\begin{pmatrix}1&0&0\\0&1&0\\1&0&1\end{pmatrix}$,则必有( ). (1995年)

(A) $AP_1P_2=B$ (B) $AP_2P_1=B$ (C) $P_1P_2A=B$ (D) $P_2P_1A=B$

5. 设$A=(a_{ij})$是3阶非零矩阵,$|A|$为A的行列式,A_{ij}为a_{ij}的代数余子式,若$A_{ij}+a_{ij}=0(i,j=1,2,3)$,则$|A|=$( ).

6. 设$A=\begin{pmatrix}1&a&0&0\\0&1&a&0\\0&0&1&a\\a&0&0&1\end{pmatrix}$,$\beta=\begin{pmatrix}1\\-1\\0\\0\end{pmatrix}$.

(1)计算行列式$|A|$;

(2)当实数a为何值时,方程组$Ax=\beta$有无穷多解,并求其一般解. (2012年)

7. 设$A=\begin{pmatrix}\lambda&1&1\\0&\lambda-1&0\\1&1&\lambda\end{pmatrix}$,$b=\begin{pmatrix}a\\1\\1\end{pmatrix}$,已知线性方程组$Ax=b$存在2个不同的解,

(1)求λ,a;

(2)求方程组$Ax=b$的一般解. (2010年)

8. 设线性方程组$\begin{cases}x_1+x_2+x_3=0,\\x_1+2x_2+ax_3=0,\\x_1+4x_2+a^2x_3=0\end{cases}$与方程$x_1+2x_2+x_3=a-1$有公共解,求$a$的值以及所有公共解. (2007年)

9. 设n元线性方程组$Ax=b$,其中

$$\boldsymbol{A}=\begin{pmatrix}2a & 1 & 0 & \cdots & 0 & 0 & 0\\ a^2 & 2a & 1 & \cdots & 0 & 0 & 0\\ 0 & a^2 & 2a & \cdots & 0 & 0 & 0\\ \vdots & \vdots & \vdots & & \vdots & \vdots & \vdots\\ 0 & 0 & 0 & \cdots & a^2 & 2a & 1\\ 0 & 0 & 0 & \cdots & 0 & a^2 & 2a\end{pmatrix},\quad \boldsymbol{x}=\begin{pmatrix}x_1\\ x_2\\ \vdots\\ x_n\end{pmatrix},\quad \boldsymbol{b}=\begin{pmatrix}1\\ 0\\ \vdots\\ 0\end{pmatrix},$$

(1)证明 $|\boldsymbol{A}|=(n+1)a^n$；

(2)当 a 为何值时，该方程组有唯一解，并求出 x_1；

(3)当 a 为何值时，该方程组有无穷多解，并求出所有解.　(2008年)

10. 设 $\boldsymbol{A}=\begin{pmatrix}1 & a\\ 1 & 0\end{pmatrix}$，$\boldsymbol{B}=\begin{pmatrix}0 & 1\\ 1 & b\end{pmatrix}$，当 a,b 为何值时，存在矩阵 $\boldsymbol{C}$ 使得 $\boldsymbol{AC}-\boldsymbol{CA}=\boldsymbol{B}$，并求矩阵 $\boldsymbol{C}$.　(2013年)

第 4 章　向量组的线性相关性

向量是中学研究运动学、几何学的问题中曾用到的工具. 本章从代数学角度，引入 n 维向量、向量组的线性相关性和向量组的最大无关组等概念. 这些理论将有效地用于建立线性方程组解的结构理论.

4.1　n 维 向 量

定义 4.1　称 $n \times 1$ 的列矩阵

$$\boldsymbol{\alpha} = \begin{pmatrix} a_1 \\ a_2 \\ \vdots \\ a_n \end{pmatrix}$$

为一个 n 维列向量，$\boldsymbol{\alpha}^{\mathrm{T}} = (a_1, a_2, \cdots, a_n)$ 为一个 n 维行向量，两者统称为 n 维向量，a_i 称为 $\boldsymbol{\alpha}$ 的第 i 个分量.

分量为实数的向量称为实向量，分量为复数的向量称为复向量，如无特别声明，所讨论的向量都为实向量. 本书通常用黑体小写字母 $\boldsymbol{\alpha}, \boldsymbol{\beta}$ 等表示列向量，$\boldsymbol{\alpha}^{\mathrm{T}}$，$\boldsymbol{\beta}^{\mathrm{T}}$ 等表示行向量. 当 $n = 1$ 时，一维向量可以看成是数轴上以原点为起点的有向线段；当 $n = 2$ 时，二维向量可以看成是平面直角坐标系中以原点为起点的任一向量；当 $n = 3$ 时，三维向量可以看成是空间直角坐标系中以原点为起点的任一向量；当 $n \geqslant 4$ 时，n 维向量没有直观的几何意义.

分量全为零的向量称为零向量，记为 $\mathbf{0}$.

因为 n 维列向量是 $n \times 1$ 矩阵，n 维行向量是 $1 \times n$ 矩阵，所以第 2 章所定义的矩阵的相等、矩阵的线性运算及运算规律都适用于 n 维向量.

设两个 n 维列向量 $\boldsymbol{\alpha} = (a_1, a_2, \cdots, a_n)^{\mathrm{T}}, \boldsymbol{\beta} = (b_1, b_2, \cdots, b_n)^{\mathrm{T}}$，有如下定义.

(1)若 $a_i = b_i (i = 1, 2, \cdots, n)$，则称为 $\boldsymbol{\alpha}$ 与 $\boldsymbol{\beta}$ 相等，记为 $\boldsymbol{\alpha} = \boldsymbol{\beta}$；

(2)向量 $(-a_1, -a_2, \cdots, -a_n)^{\mathrm{T}}$ 为向量 $\boldsymbol{\alpha}$ 的负向量，记为 $-\boldsymbol{\alpha}$；

(3) n 维列向量 $\boldsymbol{\alpha}$ 与 $\boldsymbol{\beta}$ 的和记为 $\boldsymbol{\alpha} + \boldsymbol{\beta}$，即 $\boldsymbol{\alpha} + \boldsymbol{\beta} = (a_1 + b_1, a_2 + b_2, \cdots, a_n + b_n)^{\mathrm{T}}$，通过负向量可定义向量的减法，$\boldsymbol{\alpha} - \boldsymbol{\beta} = \boldsymbol{\alpha} + (-\boldsymbol{\beta})$；

(4)数 k 与向量 $\boldsymbol{\alpha}$ 相乘，记为 $k\boldsymbol{\alpha}$，即 $k\boldsymbol{\alpha} = (ka_1, ka_2, \cdots, ka_n)^{\mathrm{T}}$.

n 维向量的加法和数乘运算满足下列运算规律.

设 $\boldsymbol{\alpha}, \boldsymbol{\beta}$ 为 n 维向量，k, l 为数，则

(1) $\boldsymbol{\alpha}+\boldsymbol{\beta}=\boldsymbol{\beta}+\boldsymbol{\alpha}$;

(2) $(\boldsymbol{\alpha}+\boldsymbol{\beta})+\boldsymbol{\gamma}=\boldsymbol{\alpha}+(\boldsymbol{\beta}+\boldsymbol{\gamma})$;

(3) $\boldsymbol{\alpha}+\boldsymbol{0}=\boldsymbol{\alpha}$;

(4) $\boldsymbol{\alpha}+(-\boldsymbol{\alpha})=\boldsymbol{0}$;

(5) $1\boldsymbol{\alpha}=\boldsymbol{\alpha}$;

(6) $k(l\boldsymbol{\alpha})=(kl)\boldsymbol{\alpha}$;

(7) $(k+l)\boldsymbol{\alpha}=k\boldsymbol{\alpha}+l\boldsymbol{\alpha}$;

(8) $k(\boldsymbol{\alpha}+\boldsymbol{\beta})=k\boldsymbol{\alpha}+k\boldsymbol{\beta}$.

习　题　4.1

1. 已知 $\boldsymbol{\alpha}=(1,2,3,4)^{\mathrm{T}}$, $\boldsymbol{\beta}=(2,-1,0,4)^{\mathrm{T}}$，求 $2\boldsymbol{\alpha}-4\boldsymbol{\beta}$.

2. 已知 $\frac{1}{3}\boldsymbol{\alpha}+(0,1,1)^{\mathrm{T}}+2(1,2,-1)^{\mathrm{T}}=(3,1,2)^{\mathrm{T}}$，求 $\boldsymbol{\alpha}$.

3. 设 $3(\boldsymbol{\alpha}_1-\boldsymbol{\alpha})+2(\boldsymbol{\alpha}_2+\boldsymbol{\alpha})=5(\boldsymbol{\alpha}_3+\boldsymbol{\alpha})$，其中 $\boldsymbol{\alpha}_1=(2,1,-1)^{\mathrm{T}}$, $\boldsymbol{\alpha}_2=(1,3,-2)^{\mathrm{T}}$, $\boldsymbol{\alpha}_3=(4,1,-1)^{\mathrm{T}}$，求 $\boldsymbol{\alpha}$.

4. 设 $\boldsymbol{\alpha}=(2,k,0,0)^{\mathrm{T}}$, $\boldsymbol{\beta}=(-1,0,\lambda,1)^{\mathrm{T}}$, $\boldsymbol{\gamma}=(\mu,-5,4,-1)^{\mathrm{T}}$ 且 $\boldsymbol{\alpha}+\boldsymbol{\beta}+\boldsymbol{\gamma}=\boldsymbol{0}$，求参数 k,λ,μ.

4.2　向量组及其线性组合

一、向量组

由若干个维数相同的列(行)向量所组成的集合称为一个向量组.

由若干个同维数列(行)向量为列(行)可构成一个矩阵，如 m 个 n 维列向量 $\alpha_i(i=1,2,\cdots,m)$ 为列可构成一个 $n\times m$ 矩阵 $\boldsymbol{A}=(\boldsymbol{\alpha}_1,\boldsymbol{\alpha}_2,\cdots,\boldsymbol{\alpha}_m)$，$m$ 个 n 维行向量 $\boldsymbol{\beta}_i^{\mathrm{T}}(i=1,2,\cdots,m)$ 为行可构成一个 $m\times n$ 矩阵 $\boldsymbol{A}=\begin{pmatrix}\boldsymbol{\beta}_1^{\mathrm{T}}\\ \boldsymbol{\beta}_2^{\mathrm{T}}\\ \vdots\\ \boldsymbol{\beta}_m^{\mathrm{T}}\end{pmatrix}$；反之，一个 $m\times n$ 的矩阵 $\boldsymbol{A}_{m\times n}=(\boldsymbol{\alpha}_{ij})_{m\times n}$，其任意一列都可构成一个 m 维列向量记为 $\boldsymbol{\alpha}_i(i=1,2,\cdots,n)$，所有列向量 $\boldsymbol{\alpha}_1,\boldsymbol{\alpha}_2,\cdots,\boldsymbol{\alpha}_n$ 所构成的向量组称为矩阵 $\boldsymbol{A}_{m\times n}=(\boldsymbol{\alpha}_{ij})_{m\times n}$ 的列向量组，其任意一行可构成一个 n 维行向量记为 $\boldsymbol{\beta}_i^{\mathrm{T}}(i=1,2,\cdots,m)$，所有行向量 $\boldsymbol{\beta}_1^{\mathrm{T}},\boldsymbol{\beta}_2^{\mathrm{T}},\cdots,\boldsymbol{\beta}_m^{\mathrm{T}}$ 所构成的向量组称为矩阵 $\boldsymbol{A}_{m\times n}=(\boldsymbol{\alpha}_{ij})_{m\times n}$ 的行向量组. 以上反映出了向量组与矩阵之间的一一对应关系，这种对应关系实为"聚零为整"与"化整为零"思想的一种体现，从而可以用矩阵的知识来解决向量组的有关问题，或利用向量组的知识来

解决矩阵的有关问题. 利用这种“转换”的思想来分析问题和处理问题是线性代数中一种重要的方法.

二、向量组的线性组合

定义 4.2 设有 m 个 n 维列向量所构成的向量组 $A:\boldsymbol{\alpha}_1,\boldsymbol{\alpha}_2,\cdots,\boldsymbol{\alpha}_m$，对于任意一组数 $k_1,k_2,\cdots,k_m$，向量 $k_1\boldsymbol{\alpha}_1+k_2\boldsymbol{\alpha}_2+\cdots+k_m\boldsymbol{\alpha}_m$ 称为向量组 A 的一个线性组合，$k_1,k_2,\cdots,k_m$ 称为组合系数. 若对于向量 $\boldsymbol{b}$，存在一组数 $\lambda_1,\lambda_2,\cdots,\lambda_m$，使 $\boldsymbol{b}=\lambda_1\boldsymbol{\alpha}_1+\lambda_2\boldsymbol{\alpha}_2+\cdots+\lambda_m\boldsymbol{\alpha}_m$，则称向量 $\boldsymbol{b}$ 是向量组 A 的一个线性组合，或称向量 $\boldsymbol{b}$ 可由向量组 A 线性表示.

关于定义 4.2，有如下结论.

(1)线性表示具有传递性. 即若向量 $\boldsymbol{b}$ 可由向量组 $A:\boldsymbol{\alpha}_1,\boldsymbol{\alpha}_2,\cdots,\boldsymbol{\alpha}_m$ 线性表示，向量 $\boldsymbol{\alpha}_i(i=1,2,\cdots,m)$ 可由向量组 $B:\boldsymbol{\gamma}_1,\boldsymbol{\gamma}_2,\cdots,\boldsymbol{\gamma}_s$ 线性表示，则向量 $\boldsymbol{b}$ 可由向量组 $B:\boldsymbol{\gamma}_1,\boldsymbol{\gamma}_2,\cdots,\boldsymbol{\gamma}_s$ 线性表示.

(2)零向量可由任意同维向量组线性表示. 事实上 $\mathbf{0}=0\boldsymbol{\alpha}_1+0\boldsymbol{\alpha}_2+\cdots+0\boldsymbol{\alpha}_m$.

(3)向量组中的任意一个向量都可由该向量组线性表示. 事实上

$$\boldsymbol{\alpha}_i=0\boldsymbol{\alpha}_1+\cdots+0\boldsymbol{\alpha}_{i-1}+1\boldsymbol{\alpha}_i+0\boldsymbol{\alpha}_{i+1}+\cdots+\boldsymbol{\alpha}_m.$$

设有向量组

$$\boldsymbol{e}_1=\begin{pmatrix}1\\0\\\vdots\\0\end{pmatrix},\boldsymbol{e}_2=\begin{pmatrix}0\\1\\\vdots\\0\end{pmatrix},\cdots,\boldsymbol{e}_n=\begin{pmatrix}0\\0\\\vdots\\1\end{pmatrix},$$

其中每一个向量 $\boldsymbol{e}_i(i=1,2,\cdots,n)$ 的特点是第 i 个分量为 1，其余的分量为 0，此向量组称为 n 维单位坐标向量组. 因为对于任意向量 $\boldsymbol{\alpha}=(a_1,a_2,\cdots,a_n)^{\mathrm{T}}$ 总有 $\boldsymbol{\alpha}=a_1\boldsymbol{e}_1+a_2\boldsymbol{e}_2+\cdots+a_n\boldsymbol{e}_n$. 因此有以下结论.

(4)任意 n 维向量 $\boldsymbol{\alpha}=(a_1,a_2,\cdots,a_n)^{\mathrm{T}}$ 都可由 n 维单位坐标向量组线性表示，且组合系数即为 $\boldsymbol{\alpha}$ 的分量 $a_1,a_2,\cdots,a_n$.

例 1 设有向量 $\boldsymbol{b}=\begin{pmatrix}-1\\1\\5\end{pmatrix},\boldsymbol{\alpha}_1=\begin{pmatrix}1\\2\\3\end{pmatrix},\boldsymbol{\alpha}_2=\begin{pmatrix}0\\1\\4\end{pmatrix},\boldsymbol{\alpha}_3=\begin{pmatrix}2\\3\\6\end{pmatrix}$，问向量 $\boldsymbol{b}$ 能否由向量组 $\boldsymbol{\alpha}_1,\boldsymbol{\alpha}_2,\boldsymbol{\alpha}_3$ 线性表示?

解 假设有一组数 k_1,k_2,k_3 使得 $\boldsymbol{b}=k_1\boldsymbol{\alpha}_1+k_2\boldsymbol{\alpha}_2+k_3\boldsymbol{\alpha}_3$，即

$$k_1\begin{pmatrix}1\\2\\3\end{pmatrix}+k_2\begin{pmatrix}0\\1\\4\end{pmatrix}+k_3\begin{pmatrix}2\\3\\6\end{pmatrix}=\begin{pmatrix}-1\\1\\5\end{pmatrix},$$

得

$$\begin{cases}k_1+2k_3=-1,\\2k_1+k_2+3k_3=1,\\3k_1+4k_2+6k_3=5,\end{cases}$$

解此方程组，将增广矩阵化为阶梯形矩阵，

$$\left(\begin{array}{ccc:c}1&0&2&-1\\2&1&3&1\\3&4&6&5\end{array}\right)\to\left(\begin{array}{ccc:c}1&0&2&-1\\0&1&-1&3\\0&0&1&-1\end{array}\right),$$

因为方程组的系数矩阵的秩等于增广矩阵的秩，所以该方程组有解，从而向量 $\boldsymbol{b}$ 可由向量组 $\boldsymbol{\alpha}_1,\boldsymbol{\alpha}_2,\boldsymbol{\alpha}_3$ 线性表示.

由例 1 可以看出，一个向量能否由一个向量组线性表示的问题，可归结为一个线性方程组是否有解来判定，一般地有如下定理.

定理 4.1　设有 n 维向量组 $A:\boldsymbol{\alpha}_1,\boldsymbol{\alpha}_2,\cdots,\boldsymbol{\alpha}_m$ 和 n 维向量 $\boldsymbol{b}$，则向量 $\boldsymbol{b}$ 能由向量组 $A:\boldsymbol{\alpha}_1,\boldsymbol{\alpha}_2,\cdots,\boldsymbol{\alpha}_m$ 线性表示的充要条件为线性方程组 $\boldsymbol{Ax}=\boldsymbol{b}$ 有解，其中系数矩阵 $\boldsymbol{A}=(\boldsymbol{\alpha}_1,\boldsymbol{\alpha}_2,\cdots,\boldsymbol{\alpha}_m)$，$\boldsymbol{x}=(\boldsymbol{x}_1,\boldsymbol{x}_2,\cdots,\boldsymbol{x}_m)^{\mathrm{T}}$.

证明　向量 $\boldsymbol{b}$ 能由向量组 $A:\boldsymbol{\alpha}_1,\boldsymbol{\alpha}_2,\cdots,\boldsymbol{\alpha}_m$ 线性表示的充要条件为存在一组数 $x_1,x_2,\cdots,x_m$，使 $x_1\boldsymbol{\alpha}_1+x_2\boldsymbol{\alpha}_2+\cdots+x_m\boldsymbol{\alpha}_m=\boldsymbol{b}$，将此式变形为

$$(\boldsymbol{\alpha}_1,\boldsymbol{\alpha}_2,\cdots,\boldsymbol{\alpha}_m)\begin{pmatrix}x_1\\x_2\\\vdots\\x_m\end{pmatrix}=\boldsymbol{b},$$

即说明线性方程组 $\boldsymbol{Ax}=\boldsymbol{b}$ 有解.

结合定理 4.1 与定理 3.8 有以下定理.

定理 4.2　设有 n 维向量组 $A:\boldsymbol{\alpha}_1,\boldsymbol{\alpha}_2,\cdots,\boldsymbol{\alpha}_m$ 和 n 维向量 $\boldsymbol{b}$，则 n 维向量 $\boldsymbol{b}$ 能由向量组 $\boldsymbol{A}$ 线性表示的充要条件为 $R(\boldsymbol{A})=R(\boldsymbol{A}\,\vdots\,\boldsymbol{b})$. 其中 $\boldsymbol{A}=(\boldsymbol{\alpha}_1,\boldsymbol{\alpha}_2,\cdots,\boldsymbol{\alpha}_m)$，$(\boldsymbol{A}\,\vdots\,\boldsymbol{b})=(\boldsymbol{\alpha}_1,\boldsymbol{\alpha}_2,\cdots,\boldsymbol{\alpha}_m,\boldsymbol{b})$.

上面讨论的是一个向量与一个向量组之间的线性表示问题，下面介绍两个向量组之间的线性表示问题.

三、向量组的等价

定义 4.3　设有向量组 $A:\boldsymbol{\alpha}_1,\boldsymbol{\alpha}_2,\cdots,\boldsymbol{\alpha}_m$ 与向量组 $B:\boldsymbol{\beta}_1,\boldsymbol{\beta}_2,\cdots,\boldsymbol{\beta}_s$，若向量组 B 中的每一个向量都可由向量组 A 线性表示，则称向量组 B 可由向量组 A 线性表示. 若向量组 A 与 B 能相互线性表示，则称这两个向量组等价.

向量组的等价有如下三个性质：

(1)**反身性** 向量组与它自身等价；

(2)**对称性** 若向量组 A 与向量组 B 等价，则向量组 B 与向量组 A 等价；

(3)**传递性** 若向量组 A 与向量组 B 等价，向量组 B 与向量组 C 等价，则向量组 A 与向量组 C 等价.

设向量组 B 可由向量组 A 线性表示，且线性表示式为

$$\begin{cases}\boldsymbol{\beta}_1 = k_{11}\boldsymbol{\alpha}_1 + k_{21}\boldsymbol{\alpha}_2 + \cdots + k_{m1}\boldsymbol{\alpha}_m, \\ \boldsymbol{\beta}_2 = k_{12}\boldsymbol{\alpha}_1 + k_{22}\boldsymbol{\alpha}_2 + \cdots + k_{m2}\boldsymbol{\alpha}_m, \\ \qquad\cdots\cdots \\ \boldsymbol{\beta}_s = k_{1s}\boldsymbol{\alpha}_1 + k_{2s}\boldsymbol{\alpha}_2 + \cdots + k_{ms}\boldsymbol{\alpha}_m.\end{cases} \tag{4.1}$$

利用矩阵的乘法 $\boldsymbol{\beta}_i = (\boldsymbol{\alpha}_1, \boldsymbol{\alpha}_2, \cdots, \boldsymbol{\alpha}_m)\begin{pmatrix} k_{1i} \\ k_{2i} \\ \vdots \\ k_{mi}\end{pmatrix}$ $(i = 1, 2, \cdots, s)$，这 s 个方程的等式右边有一个共同点，左乘的矩阵同为行矩阵 $(\boldsymbol{\alpha}_1, \boldsymbol{\alpha}_2, \cdots, \boldsymbol{\alpha}_m)$，利用"聚"的思想将这 s 个等式"聚零为整"有

$$(\boldsymbol{\beta}_1, \boldsymbol{\beta}_2, \cdots, \boldsymbol{\beta}_s) = (\boldsymbol{\alpha}_1, \boldsymbol{\alpha}_2, \cdots, \boldsymbol{\alpha}_m)\begin{pmatrix} k_{11} & k_{12} & \cdots & k_{1s} \\ k_{21} & k_{22} & \cdots & k_{2s} \\ \vdots & \vdots & & \vdots \\ k_{m1} & k_{m2} & \cdots & k_{ms}\end{pmatrix},$$

将上式简记为矩阵等式

$$\boldsymbol{B} = \boldsymbol{AK}, \tag{4.2}$$

其中矩阵 $\boldsymbol{A} = (\boldsymbol{\alpha}_1, \boldsymbol{\alpha}_2, \cdots, \boldsymbol{\alpha}_m)$，矩阵 $\boldsymbol{B} = (\boldsymbol{\beta}_1, \boldsymbol{\beta}_2, \cdots, \boldsymbol{\beta}_s)$，$\boldsymbol{K} = (k_{ij})_{m\times s}$. 可见若两个向量组 A 与 B 之间有线性表示式(4.1)，则有式(4.2)这样的矩阵表达式；反之若有式(4.2)这样的矩阵表达式，则可看出矩阵 $\boldsymbol{B}$ 的列向量组可由 A 的列向量组线性表示式(4.1).

由以上的分析过程，可得如下定理.

定理 4.3 设有两个 n 维向量组 A：$\boldsymbol{\alpha}_1, \boldsymbol{\alpha}_2, \cdots, \boldsymbol{\alpha}_m$ 和向量组 B：$\boldsymbol{\beta}_1, \boldsymbol{\beta}_2, \cdots, \boldsymbol{\beta}_s$，则向量组 B 可由向量组 A 线性表示的充要条件为矩阵方程 $\boldsymbol{AX} = \boldsymbol{B}$ 有解，其中矩阵 $\boldsymbol{A} = (\boldsymbol{\alpha}_1, \boldsymbol{\alpha}_2, \cdots, \boldsymbol{\alpha}_m)$，$\boldsymbol{B} = (\boldsymbol{\beta}_1, \boldsymbol{\beta}_2, \cdots, \boldsymbol{\beta}_s)$.

结合定理 4.3 与定理 3.11 可得如下定理.

定理 4.4 设有 n 维向量组 A：$\boldsymbol{\alpha}_1, \boldsymbol{\alpha}_2, \cdots, \boldsymbol{\alpha}_m$ 和 n 维向量组 B：$\boldsymbol{\beta}_1, \boldsymbol{\beta}_2, \cdots, \boldsymbol{\beta}_s$，则向量组 B 可由向量组 A 线性表示的充要条件为 $R(\boldsymbol{A}) = R(\boldsymbol{A} \vdots \boldsymbol{B})$，其中矩阵 $\boldsymbol{A} = (\boldsymbol{\alpha}_1, \boldsymbol{\alpha}_2, \cdots, \boldsymbol{\alpha}_m)$，$(\boldsymbol{A} \vdots \boldsymbol{B}) = (\boldsymbol{\alpha}_1, \boldsymbol{\alpha}_2, \cdots, \boldsymbol{\alpha}_m, \boldsymbol{\beta}_1, \boldsymbol{\beta}_2, \cdots, \boldsymbol{\beta}_s)$.

通过定理 4.4 可得如下推论.

推论 1　n 维向量组 A:$\boldsymbol{\alpha}_1,\boldsymbol{\alpha}_2,\cdots,\boldsymbol{\alpha}_m$ 和向量组 B:$\boldsymbol{\beta}_1,\boldsymbol{\beta}_2,\cdots,\boldsymbol{\beta}_s$ 等价的充要条件为 $R(\boldsymbol{A})=R(\boldsymbol{B})=R(\boldsymbol{A}\vdots\boldsymbol{B})$，其中矩阵 $\boldsymbol{A}=(\boldsymbol{\alpha}_1,\boldsymbol{\alpha}_2,\cdots,\boldsymbol{\alpha}_m)$，$\boldsymbol{B}=(\boldsymbol{\beta}_1,\boldsymbol{\beta}_2,\cdots,\boldsymbol{\beta}_s)$.

证明　因为向量组 B 可由向量组 A 线性表示的充要条件为 $R(\boldsymbol{A})=R(\boldsymbol{A}\vdots\boldsymbol{B})$，类似地，向量组 A 可由向量组 B 线性表示的充要条件为 $R(\boldsymbol{B})=R(\boldsymbol{B}\vdots\boldsymbol{A})$，又 $R(\boldsymbol{A}\vdots\boldsymbol{B})=R(\boldsymbol{B}\vdots\boldsymbol{A})$，所以结论成立. 证毕

推论 2　若向量组 B:$\boldsymbol{\beta}_1,\boldsymbol{\beta}_2,\cdots,\boldsymbol{\beta}_s$ 可由向量组 A:$\boldsymbol{\alpha}_1,\boldsymbol{\alpha}_2,\cdots,\boldsymbol{\alpha}_m$ 线性表示，则 $R(\boldsymbol{B})\leqslant R(\boldsymbol{A})$，其中 $\boldsymbol{B}=(\boldsymbol{\beta}_1,\boldsymbol{\beta}_2,\cdots,\boldsymbol{\beta}_s)$，$\boldsymbol{A}=(\boldsymbol{\alpha}_1,\boldsymbol{\alpha}_2,\cdots,\boldsymbol{\alpha}_m)$.

例 2　设 $\boldsymbol{\alpha}_1=\begin{pmatrix}1\\-1\\1\\-1\end{pmatrix}$，$\boldsymbol{\alpha}_2=\begin{pmatrix}3\\1\\1\\3\end{pmatrix}$，$\boldsymbol{\beta}_1=\begin{pmatrix}2\\0\\1\\1\end{pmatrix}$，$\boldsymbol{\beta}_2=\begin{pmatrix}1\\1\\0\\2\end{pmatrix}$，$\boldsymbol{\beta}_3=\begin{pmatrix}3\\-1\\2\\0\end{pmatrix}$，证明向量组 $\boldsymbol{\alpha}_1,\boldsymbol{\alpha}_2$ 与向量组 $\boldsymbol{\beta}_1,\boldsymbol{\beta}_2,\boldsymbol{\beta}_3$ 等价.

证明　令 $\boldsymbol{A}=(\boldsymbol{\alpha}_1,\boldsymbol{\alpha}_2)$，$\boldsymbol{B}=(\boldsymbol{\beta}_1,\boldsymbol{\beta}_2,\boldsymbol{\beta}_3)$，将 $(\boldsymbol{A}\vdots\boldsymbol{B})$ 化为行阶梯形矩阵，

$$\left(\begin{array}{cc:ccc}1&3&2&1&3\\-1&1&0&1&-1\\1&1&1&0&2\\-1&3&1&2&0\end{array}\right)\rightarrow\left(\begin{array}{cc:ccc}1&3&2&1&3\\0&2&1&1&1\\0&0&0&0&0\\0&0&0&0&0\end{array}\right)$$

由上可知 $R(\boldsymbol{A})=2$，$R(\boldsymbol{A}\vdots\boldsymbol{B})=2$，再观察得知 $R(\boldsymbol{B})=2$，从而有 $R(\boldsymbol{A})=R(\boldsymbol{B})=R(\boldsymbol{A}\vdots\boldsymbol{B})$.

习　题　4.2

1. 下列各题中的向量 $\boldsymbol{b}$ 能否由其余向量组成的向量组线性表示？若能，写出一个线性表示式.

(1) $\boldsymbol{b}=(-1,1,0,1)^{\mathrm{T}}$，$\boldsymbol{\alpha}_1=(5,0,1,2)^{\mathrm{T}}$，$\boldsymbol{\alpha}_2=(4,1,0,1)^{\mathrm{T}}$，$\boldsymbol{\alpha}_3=(1,1,1,0)^{\mathrm{T}}$；

(2) $\boldsymbol{b}=(0,8,-1,5)^{\mathrm{T}}$，$\boldsymbol{\alpha}_1=(1,3,-1,2)^{\mathrm{T}}$，$\boldsymbol{\alpha}_2=(0,-1,2,1)^{\mathrm{T}}$，$\boldsymbol{\alpha}_3=(-2,1,3,2)^{\mathrm{T}}$.

2. 已知向量组 A:$\boldsymbol{\alpha}_1=(0,1,1)^{\mathrm{T}}$，$\boldsymbol{\alpha}_2=(1,1,0)^{\mathrm{T}}$，向量组 B:$\boldsymbol{\beta}_1=(-1,0,1)^{\mathrm{T}}$，$\boldsymbol{\beta}_2=(1,2,1)^{\mathrm{T}}$，$\boldsymbol{\beta}_3=(3,2,-1)^{\mathrm{T}}$，证明向量组 A 与 B 等价.

3. 已知向量组 A:$\boldsymbol{\alpha}_1=(0,1,2,3)^{\mathrm{T}}$，$\boldsymbol{\alpha}_2=(3,0,1,2)^{\mathrm{T}}$，$\boldsymbol{\alpha}_3=(2,3,0,1)^{\mathrm{T}}$；向量组 B:$\boldsymbol{\beta}_1=(2,1,1,2)^{\mathrm{T}}$，$\boldsymbol{\beta}_2=(0,-2,1,1)^{\mathrm{T}}$，$\boldsymbol{\beta}_3=(4,4,1,3)^{\mathrm{T}}$，证明向量组 B 能由向量组 A 线性表示，但向量组 A 不能由向量组 B 线性表示.

4. 试用矩阵乘积的形式表示向量组 $\boldsymbol{\alpha}_1,\boldsymbol{\alpha}_2,\boldsymbol{\alpha}_3$ 与向量组 $\boldsymbol{\beta}_1,\boldsymbol{\beta}_2,\boldsymbol{\beta}_3$ 的线性表示式.

$$\begin{cases}\boldsymbol{\beta}_1=2\boldsymbol{\alpha}_1+3\boldsymbol{\alpha}_2+4\boldsymbol{\alpha}_3,\\\boldsymbol{\beta}_2=\boldsymbol{\alpha}_1+5\boldsymbol{\alpha}_2+7\boldsymbol{\alpha}_3,\\\boldsymbol{\beta}_3=\boldsymbol{\alpha}_1-2\boldsymbol{\alpha}_2+4\boldsymbol{\alpha}_3.\end{cases}$$

4.3 向量组的线性相关性

本节将学习向量组的一个非常重要的概念即向量组的线性相关性.

一、线性相(无)关的定义

由 4.2 节可知,零向量总可由任意同维向量组线性表示,其组合系数全为 0. 有时向量组线性表示零向量时,只有一种组合系数全为 0 的表示方式,但有时向量组线性表示零向量的表示方式不唯一. 例如,向量组 $A:\boldsymbol{\alpha}_1=\begin{pmatrix}1\\1\end{pmatrix},\boldsymbol{\alpha}_2=\begin{pmatrix}2\\2\end{pmatrix}$ 除了 $\mathbf{0}=0\boldsymbol{\alpha}_1+0\boldsymbol{\alpha}_2$ 以外,还有关系式 $\mathbf{0}=-2\boldsymbol{\alpha}_1+1\boldsymbol{\alpha}_2$,但对于向量组 $B:\boldsymbol{\beta}_1=\begin{pmatrix}1\\1\end{pmatrix},\boldsymbol{\beta}_2=\begin{pmatrix}2\\3\end{pmatrix}$ 却只有 $\mathbf{0}=0\boldsymbol{\beta}_1+0\boldsymbol{\beta}_2$ 这一种表示方式,此时称向量组 A 线性相关,向量组 B 线性无关.

一般地有如下定义.

定义 4.4 设 n 维向量组 $A:\boldsymbol{\alpha}_1,\boldsymbol{\alpha}_2,\cdots,\boldsymbol{\alpha}_m$,若存在一组不全为零的数 $k_1,k_2,\cdots,k_m$ 使

$$k_1\boldsymbol{\alpha}_1+k_2\boldsymbol{\alpha}_2+\cdots+k_m\boldsymbol{\alpha}_m=\mathbf{0}, \tag{4.3}$$

则称向量组 $A:\boldsymbol{\alpha}_1,\boldsymbol{\alpha}_2,\cdots,\boldsymbol{\alpha}_m$ 线性相关;否则称它线性无关,即式(4.3)成立当且仅当 $k_1=k_2=\cdots=k_m=0$.

通过定义 4.4 可知,判定一个向量组线性相关(无关)的关键是看式(4.3)的组合系数. 若组合系数只能为零,则该向量组线性无关,若组合系数除了全为零之外,还存在其他不全为零的情况,则该向量组线性相关.

思考题 1 下列说法是否正确?

(1)若当 $k_1=k_2=\cdots=k_m=0$ 时,使 $k_1\boldsymbol{\alpha}_1+k_2\boldsymbol{\alpha}_2+\cdots+k_m\boldsymbol{\alpha}_m=\mathbf{0}$ 成立,则向量组 $\boldsymbol{\alpha}_1,\boldsymbol{\alpha}_2,\cdots,\boldsymbol{\alpha}_m$ 线性无关;

(2)若存在一组不全为零的数 $k_1,k_2,\cdots,k_m$,使 $k_1\boldsymbol{\alpha}_1+k_2\boldsymbol{\alpha}_2+\cdots+k_m\boldsymbol{\alpha}_m\neq\mathbf{0}$ 成立,则向量组 $\boldsymbol{\alpha}_1,\boldsymbol{\alpha}_2,\cdots,\boldsymbol{\alpha}_m$ 线性无关.

例 1 判定向量组 $\boldsymbol{\alpha}_1=\begin{pmatrix}1\\2\\3\end{pmatrix},\boldsymbol{\alpha}_2=\begin{pmatrix}0\\3\\-1\end{pmatrix},\boldsymbol{\alpha}_3=\begin{pmatrix}-1\\4\\2\end{pmatrix}$ 的线性相关性.

解 判定向量组的线性相关性,关键是考察 $k_1\boldsymbol{\alpha}_1+k_2\boldsymbol{\alpha}_2+k_3\boldsymbol{\alpha}_3=\mathbf{0}$ 的组合系数是否唯一,将已知向量代入有

$$k_1\begin{pmatrix}1\\2\\3\end{pmatrix}+k_2\begin{pmatrix}0\\3\\-1\end{pmatrix}+k_3\begin{pmatrix}-1\\4\\2\end{pmatrix}=\mathbf{0},$$

得齐次线性方程组 $\begin{pmatrix}1 & 0 & -1\\ 2 & 3 & 4\\ 3 & -1 & 2\end{pmatrix}\begin{pmatrix}k_1\\ k_2\\ k_3\end{pmatrix}=\mathbf{0}$，将其系数矩阵化为行阶梯形矩阵，

$$\begin{pmatrix}1 & 0 & -1\\ 2 & 3 & 4\\ 3 & -1 & 2\end{pmatrix}\to\begin{pmatrix}1 & 0 & -1\\ 0 & 1 & 2\\ 0 & 0 & 7\end{pmatrix}.$$

因为 $R(\boldsymbol{A})=3=$ 未知量的个数 3，所以该齐次线性方程组只有零解，即组合系数只有全为 0 一种情况，从而向量组 $\boldsymbol{\alpha}_1,\boldsymbol{\alpha}_2,\boldsymbol{\alpha}_3$ 是线性无关的.

二、线性相关(无关)的判定定理及相关结论

由例 1 的解答过程可知，判断向量组 $A:\boldsymbol{\alpha}_1,\boldsymbol{\alpha}_2,\cdots,\boldsymbol{\alpha}_m$ 是否线性相关可归结为判定齐次线性方程组 $\boldsymbol{Ax}=\mathbf{0}$ 是否有非零解，其中矩阵 $\boldsymbol{A}=(\boldsymbol{\alpha}_1,\boldsymbol{\alpha}_2,\cdots,\boldsymbol{\alpha}_m)$，$\boldsymbol{x}=(x_1,x_2,\cdots,x_m)^{\mathrm{T}}$.

一般地，有如下定理.

定理 4.5　n 维向量组 $A:\boldsymbol{\alpha}_1,\boldsymbol{\alpha}_2,\cdots,\boldsymbol{\alpha}_m$ 线性相关(无关)的充要条件为齐次线性方程组 $\boldsymbol{Ax}=\mathbf{0}$ 有非零解(只有零解)，其中系数矩阵 $\boldsymbol{A}=(\boldsymbol{\alpha}_1,\boldsymbol{\alpha}_2,\cdots,\boldsymbol{\alpha}_m)$，$\boldsymbol{x}=(x_1,x_2,\cdots,x_m)^{\mathrm{T}}$.

结合定理 4.5 与定理 3.9 有如下定理.

定理 4.6　n 维向量组 $A:\boldsymbol{\alpha}_1,\boldsymbol{\alpha}_2,\cdots,\boldsymbol{\alpha}_m$ 线性相关(无关)的充要条件为 $R(\boldsymbol{A})<m$ $(R(\boldsymbol{A})=m)$，其中矩阵 $\boldsymbol{A}=(\boldsymbol{\alpha}_1,\boldsymbol{\alpha}_2,\cdots,\boldsymbol{\alpha}_m)$.

由定理 4.6 可知，判定向量组 $A:\boldsymbol{\alpha}_1,\boldsymbol{\alpha}_2,\cdots,\boldsymbol{\alpha}_m$ 的线性相关性归结为判定矩阵 $\boldsymbol{A}=(\boldsymbol{\alpha}_1,\boldsymbol{\alpha}_2,\cdots,\boldsymbol{\alpha}_m)$ 的秩与向量组所含向量的个数 m 之间的大小关系.

例 2　已知 $\boldsymbol{\alpha}_1=\begin{pmatrix}1\\1\\1\end{pmatrix}$，$\boldsymbol{\alpha}_2=\begin{pmatrix}0\\2\\-1\end{pmatrix}$，$\boldsymbol{\alpha}_3=\begin{pmatrix}2\\4\\1\end{pmatrix}$，讨论向量组 $\boldsymbol{\alpha}_1,\boldsymbol{\alpha}_2,\boldsymbol{\alpha}_3$ 及向量组 $\boldsymbol{\alpha}_1,\boldsymbol{\alpha}_2$ 的线性相关性.

解　令矩阵 $\boldsymbol{A}=(\boldsymbol{\alpha}_1,\boldsymbol{\alpha}_2,\boldsymbol{\alpha}_3)$，矩阵 $\boldsymbol{B}=(\boldsymbol{\alpha}_1,\boldsymbol{\alpha}_2)$，将矩阵 $\boldsymbol{A}$ 化为行阶梯形矩阵，

$$\begin{pmatrix}1 & 0 & 2\\ 1 & 2 & 4\\ 1 & -1 & 1\end{pmatrix}\to\begin{pmatrix}1 & 0 & 2\\ 0 & 1 & 1\\ 0 & 0 & 0\end{pmatrix},$$

由此可知 $R(\boldsymbol{A})=2$，$R(\boldsymbol{B})=2$，因为 $R(\boldsymbol{A})=2<3$（向量组 $\boldsymbol{\alpha}_1,\boldsymbol{\alpha}_2,\boldsymbol{\alpha}_3$ 所含向量的个数)，所以向量组 $\boldsymbol{\alpha}_1,\boldsymbol{\alpha}_2,\boldsymbol{\alpha}_3$ 线性相关；而 $R(\boldsymbol{B})=2=$ 向量组 $\boldsymbol{\alpha}_1,\boldsymbol{\alpha}_2$ 所含向量的个数，所以向量组 $\boldsymbol{\alpha}_1,\boldsymbol{\alpha}_2$ 线性无关.

定理 4.6 对于向量个数 m 与向量维数 n 在满足 $m=n$ 和 $m>n$ 这两种特殊情

况下,可得如下推论.

推论 1 设 n 维向量组 $A:\boldsymbol{\alpha}_1,\boldsymbol{\alpha}_2,\cdots,\boldsymbol{\alpha}_m$,矩阵 $\boldsymbol{A}=(\boldsymbol{\alpha}_1,\boldsymbol{\alpha}_2,\cdots,\boldsymbol{\alpha}_m)$,

(1)当 $m=n$ 时,向量组 A 线性相关(无关)的充要条件为 $|\boldsymbol{A}|=0(|\boldsymbol{A}|\neq 0)$;

(2)当 $m>n$ 时,向量组 A 必定线性相关. 特别地任意 $n+1$ 个 n 维向量必定线性相关.

证明 (1)因为当 $m=n$ 时,$R(\boldsymbol{A})<m(R(\boldsymbol{A})=m)$ 的充要条件为 $|\boldsymbol{A}|=0(|\boldsymbol{A}|\neq 0)$,从而结论成立;

(2)因为 $R(\boldsymbol{A})<\min\{m,n\}$,且 $m>n$,所以必有 $R(\boldsymbol{A})<m$,从而向量组 A 必定线性相关. 证毕

例 3 已知向量组 $\boldsymbol{\alpha}_1,\boldsymbol{\alpha}_2,\boldsymbol{\alpha}_3$ 线性无关,$\boldsymbol{\beta}_1=\boldsymbol{\alpha}_1+2\boldsymbol{\alpha}_2,\boldsymbol{\beta}_2=\boldsymbol{\alpha}_2+\boldsymbol{\alpha}_3,\boldsymbol{\beta}_3=2\boldsymbol{\alpha}_1+\boldsymbol{\alpha}_3$,证明向量组 $\boldsymbol{\beta}_1,\boldsymbol{\beta}_2,\boldsymbol{\beta}_3$ 也线性无关.

证明 **方法一** 利用定义证明. 设 $k_1\boldsymbol{\beta}_1+k_2\boldsymbol{\beta}_2+k_3\boldsymbol{\beta}_3=\mathbf{0}$. 由条件代入可得

$$k_1(\boldsymbol{\alpha}_1+2\boldsymbol{\alpha}_2)+k_2(\boldsymbol{\alpha}_2+\boldsymbol{\alpha}_3)+k_3(2\boldsymbol{\alpha}_1+\boldsymbol{\alpha}_3)=\mathbf{0},$$

变形有

$$(k_1+2k_3)\boldsymbol{\alpha}_1+(2k_1+k_2)\boldsymbol{\alpha}_2+(k_2+k_3)\boldsymbol{\alpha}_3=\mathbf{0},$$

由于向量组 $\boldsymbol{\alpha}_1,\boldsymbol{\alpha}_2,\boldsymbol{\alpha}_3$ 线性无关,则必有

$$\begin{cases}k_1+2k_3=0,\\2k_1+k_2=0,\\k_2+k_3=0,\end{cases}$$

解之得唯一解 $k_1=k_2=k_3=0$,从而向量组 $\boldsymbol{\beta}_1,\boldsymbol{\beta}_2,\boldsymbol{\beta}_3$ 线性无关.

方法二 利用定理 4.6 证明. 令矩阵 $\boldsymbol{A}=(\boldsymbol{\alpha}_1,\boldsymbol{\alpha}_2,\boldsymbol{\alpha}_3)$,$\boldsymbol{B}=(\boldsymbol{\beta}_1,\boldsymbol{\beta}_2,\boldsymbol{\beta}_3)$,由条件可得 $R(\boldsymbol{A})=3$. 将向量等式 $\begin{cases}\boldsymbol{\beta}_1=\boldsymbol{\alpha}_1+2\boldsymbol{\alpha}_2,\\\boldsymbol{\beta}_2=\boldsymbol{\alpha}_2+\boldsymbol{\alpha}_3,\\\boldsymbol{\beta}_3=2\boldsymbol{\alpha}_1+\boldsymbol{\alpha}_3\end{cases}$ 表示为矩阵等式,即为

$$(\boldsymbol{\beta}_1,\boldsymbol{\beta}_2,\boldsymbol{\beta}_3)=(\boldsymbol{\alpha}_1,\boldsymbol{\alpha}_2,\boldsymbol{\alpha}_3)\begin{pmatrix}1&0&2\\2&1&0\\0&1&1\end{pmatrix},$$

此式简记为 $\boldsymbol{B}=\boldsymbol{AK}$,其中 $\boldsymbol{K}=\begin{pmatrix}1&0&2\\2&1&0\\0&1&1\end{pmatrix}$,因为 $|\boldsymbol{K}|=5\neq 0$,所以 $\boldsymbol{K}$ 可逆,由此可知 $R(\boldsymbol{B})=R(\boldsymbol{A})=3$,从而向量组 $\boldsymbol{\beta}_1,\boldsymbol{\beta}_2,\boldsymbol{\beta}_3$ 也线性无关. 证毕

判定向量组的线性相关性还有如下常用结论.

(1)若向量组 A 只含一个向量 $\boldsymbol{\alpha}$,则向量组 A 线性相关(无关)的充要条件为

$$\boldsymbol{\alpha}=\mathbf{0}\quad(\boldsymbol{\alpha}\neq\mathbf{0}).$$

(2)若向量组 A 含有两个向量 $\boldsymbol{\alpha}_1,\boldsymbol{\alpha}_2$，则向量组 A 线性相关(无关)的充要条件为 $\boldsymbol{\alpha}_1,\boldsymbol{\alpha}_2$ 成比例(不成比例).

例如,向量组 $\boldsymbol{\alpha}_1=\begin{pmatrix}1\\1\end{pmatrix},\boldsymbol{\alpha}_2=\begin{pmatrix}2\\2\end{pmatrix}$ 线性相关,向量组 $\boldsymbol{\alpha}_1=\begin{pmatrix}1\\1\end{pmatrix},\boldsymbol{\alpha}_2=\begin{pmatrix}2\\3\end{pmatrix}$ 线性无关.

(3) n 维单位坐标向量组 $\boldsymbol{e}_1,\boldsymbol{e}_2,\cdots,\boldsymbol{e}_n$ 必线性无关.

(4)含有零向量的向量组必线性相关.

(5)若向量组 $\boldsymbol{\alpha}_1,\boldsymbol{\alpha}_2,\cdots,\boldsymbol{\alpha}_s$ 线性相关,则向量组 $\boldsymbol{\alpha}_1,\boldsymbol{\alpha}_2,\cdots,\boldsymbol{\alpha}_s,\boldsymbol{\alpha}_{s+1},\cdots,\boldsymbol{\alpha}_m$ 也线性相关(简称为部分组相关则全组相关).等价地,若向量组 $\boldsymbol{\alpha}_1,\boldsymbol{\alpha}_2,\cdots,\boldsymbol{\alpha}_s,\boldsymbol{\alpha}_{s+1},\cdots,\boldsymbol{\alpha}_m$ 线性无关,则向量组 $\boldsymbol{\alpha}_1,\boldsymbol{\alpha}_2,\cdots,\boldsymbol{\alpha}_s$ 也线性无关(简称为全组无关则任意部分组无关).

(6)设有向量组 $A:\boldsymbol{\alpha}_1=\begin{pmatrix}a_{11}\\a_{21}\\\vdots\\a_{r1}\end{pmatrix},\boldsymbol{\alpha}_2=\begin{pmatrix}a_{12}\\a_{22}\\\vdots\\a_{r2}\end{pmatrix},\cdots,\boldsymbol{\alpha}_m=\begin{pmatrix}a_{1m}\\a_{2m}\\\vdots\\a_{rm}\end{pmatrix}$，向量组 $B:\boldsymbol{\beta}_1=\begin{pmatrix}a_{11}\\\vdots\\a_{r1}\\a_{r+1,1}\end{pmatrix},\boldsymbol{\beta}_2=\begin{pmatrix}a_{12}\\\vdots\\a_{r2}\\a_{r+1,2}\end{pmatrix},\cdots,\boldsymbol{\beta}_m=\begin{pmatrix}a_{1m}\\\vdots\\a_{rm}\\a_{r+1,m}\end{pmatrix}$(称向量组 B 为向量组 A 的加长向量组).

若向量组 A 线性无关,则向量组 B 也线性无关(简记为向量组无关则加长向量组无关).等价地,若向量组 B 线性相关,则向量组 A 必线性相关.

结论(1)～(4)利用定义 4.4 或定理 4.6 读者可自行尝试证明,在此只证明(5)和(6).

证明　(5)因为向量组 $\boldsymbol{\alpha}_1,\boldsymbol{\alpha}_2,\cdots,\boldsymbol{\alpha}_s$ 线性相关,所以存在一组不全为零的数 $k_1,k_2,\cdots,k_s$ 使 $k_1\boldsymbol{\alpha}_1+k_2\boldsymbol{\alpha}_2+\cdots+k_s\boldsymbol{\alpha}_s=\mathbf{0}$，即 $k_1\boldsymbol{\alpha}_1+k_2\boldsymbol{\alpha}_2+\cdots+k_s\boldsymbol{\alpha}_s+0\boldsymbol{\alpha}_{s+1}+\cdots+0\boldsymbol{\alpha}_m=\mathbf{0}$，对于向量组 $\boldsymbol{\alpha}_1,\boldsymbol{\alpha}_2,\cdots,\boldsymbol{\alpha}_s,\boldsymbol{\alpha}_{s+1},\cdots,\boldsymbol{\alpha}_m$ 而言,上式的组合系数 $k_1,k_2,\cdots,k_s,0,\cdots,0$ 也不全为 0,从而向量组 $\boldsymbol{\alpha}_1,\boldsymbol{\alpha}_2,\cdots,\boldsymbol{\alpha}_s,\boldsymbol{\alpha}_{s+1},\cdots,\boldsymbol{\alpha}_m$ 也线性相关;

(6)令矩阵 $\boldsymbol{A}=(\boldsymbol{\alpha}_1,\boldsymbol{\alpha}_2,\cdots,\boldsymbol{\alpha}_m)$，矩阵 $\boldsymbol{B}=(\boldsymbol{\beta}_1,\boldsymbol{\beta}_2,\cdots,\boldsymbol{\beta}_m)$，由条件可知 $R(\boldsymbol{A})=m$，因为矩阵 $\boldsymbol{A}$ 是矩阵 $\boldsymbol{B}$ 的局部,所以 $R(\boldsymbol{B})\geqslant R(\boldsymbol{A})$，即有 $R(\boldsymbol{B})\geqslant m$；又因为矩阵的秩不可能超过它的列数,则有 $R(\boldsymbol{B})\leqslant m$，综合可知 $R(\boldsymbol{B})=m=$ 向量组 B 所含向量的个数,从而向量组 $\boldsymbol{B}$ 线性无关.

例如,向量组 $\boldsymbol{\alpha}_1=(1,2,3)^{\mathrm{T}},\boldsymbol{\alpha}_2=(2,4,6)^{\mathrm{T}},\boldsymbol{\alpha}_3=(7,8,19)^{\mathrm{T}}$ 线性相关;向量组 $\boldsymbol{e}_1=(1,0,0,0)^{\mathrm{T}},\boldsymbol{e}_2=(0,1,0,0)^{\mathrm{T}},\boldsymbol{e}_4=(0,0,0,1)^{\mathrm{T}}$ 线性无关;向量组 $\boldsymbol{\alpha}_1=(1,0,0,2)^{\mathrm{T}},\boldsymbol{\alpha}_2=(0,1,0,8)^{\mathrm{T}},\boldsymbol{\alpha}_3=(0,0,1,15)^{\mathrm{T}}$ 线性无关.

三、线性组合与线性相关性的关系

定理 4.7　设有 n 维向量组 $A:\boldsymbol{\alpha}_1,\boldsymbol{\alpha}_2,\cdots,\boldsymbol{\alpha}_m$ 线性无关，而 n 维向量组 $B:\boldsymbol{\alpha}_1,\boldsymbol{\alpha}_2,\cdots,\boldsymbol{\alpha}_m,\boldsymbol{b}$ 线性相关，则向量 $\boldsymbol{b}$ 可由向量组 $\boldsymbol{A}$ 线性表示，且表示式唯一.

证明　令矩阵 $\boldsymbol{A}=(\boldsymbol{\alpha}_1,\boldsymbol{\alpha}_2,\cdots,\boldsymbol{\alpha}_m)$，$\boldsymbol{x}=(x_1,x_2,\cdots,x_m)^{\mathrm{T}}$，由向量组 $A:\boldsymbol{\alpha}_1,\boldsymbol{\alpha}_2,\cdots,\boldsymbol{\alpha}_m$ 线性无关可知 $R(\boldsymbol{A})=m$. 由向量组 $B:\boldsymbol{\alpha}_1,\boldsymbol{\alpha}_2,\cdots,\boldsymbol{\alpha}_m,\boldsymbol{b}$ 线性相关可知 $R(\boldsymbol{A}\mid\boldsymbol{b})<m$，又因为 $R(\boldsymbol{A}\mid\boldsymbol{b})\geqslant R(\boldsymbol{A})$，则有 $m\leqslant R(\boldsymbol{A}\mid\boldsymbol{b})<m$，从而 $R(\boldsymbol{A}\mid\boldsymbol{b})=R(\boldsymbol{A})=m$，故线性方程组 $\boldsymbol{Ax}=\boldsymbol{b}$ 有解且解唯一，于是向量 $\boldsymbol{b}$ 可由向量组 A 唯一的线性表示. 证毕

定理 4.8　向量组 $\boldsymbol{\alpha}_1,\boldsymbol{\alpha}_2,\cdots,\boldsymbol{\alpha}_m(m\geqslant 2)$ 线性相关的充要条件为该向量组中至少存在一个向量可由其余 $m-1$ 个向量线性表示. 等价地，向量组 $\boldsymbol{\alpha}_1,\boldsymbol{\alpha}_2,\cdots,\boldsymbol{\alpha}_m(m\geqslant 2)$ 线性无关的充要条件是该向量组中任意向量都不能由其余 $m-1$ 个向量线性表示.

证明　必要性　由于向量组 $\boldsymbol{\alpha}_1,\boldsymbol{\alpha}_2,\cdots,\boldsymbol{\alpha}_m$ 线性相关，则必存在一组不全为零的数 $k_1,k_2,\cdots,k_m$，使 $k_1\boldsymbol{\alpha}_1+k_2\boldsymbol{\alpha}_2+\cdots+k_m\boldsymbol{\alpha}_m=\boldsymbol{0}$，不妨假设 $k_i\neq 0$，上式可变形为

$$\boldsymbol{\alpha}_i=-\frac{k_1}{k_i}\boldsymbol{\alpha}_1-\cdots-\frac{k_{i-1}}{k_i}\boldsymbol{\alpha}_{i-1}-\frac{k_{i+1}}{k_i}\boldsymbol{\alpha}_{i+1}-\cdots-\frac{k_m}{k_i}\boldsymbol{\alpha}_m,$$

从而 $\boldsymbol{\alpha}_i$ 可由其余 $\boldsymbol{\alpha}_1,\boldsymbol{\alpha}_2,\cdots,\boldsymbol{\alpha}_{i-1},\boldsymbol{\alpha}_{i+1},\cdots,\boldsymbol{\alpha}_m$ 这 $m-1$ 个向量线性表示.

充分性　由条件不妨假设 $\boldsymbol{\alpha}_i$ 可由其余 $m-1$ 个向量线性表示，即

$$\boldsymbol{\alpha}_i=l_1\boldsymbol{\alpha}_1+\cdots+l_{i-1}\boldsymbol{\alpha}_{i-1}+l_{i+1}\boldsymbol{\alpha}_{i+1}+\cdots+l_m\boldsymbol{\alpha}_m,$$

将 $\boldsymbol{\alpha}_i$ 移项有

$$l_1\boldsymbol{\alpha}_1+\cdots+l_{i-1}\boldsymbol{\alpha}_{i-1}+(-1)\boldsymbol{\alpha}_i+l_{i+1}\boldsymbol{\alpha}_{i+1}+\cdots+l_m\boldsymbol{\alpha}_m=0,$$

此等式中系数 $l_1,\cdots,l_{i-1},-1,l_{i+1},\cdots,l_m$ 肯定不全为零，从而结论成立. 证毕

关于此定理必须注意两点：

(1)"至少"代表着有可能不只一个向量可由其余向量线性表示；

(2)"存在"代表着肯定有向量能由其余向量线性表示，但并未指定是哪一个向量.

例 4　设向量组 $\boldsymbol{\alpha}_1,\boldsymbol{\alpha}_2,\boldsymbol{\alpha}_3$ 线性相关，向量组 $\boldsymbol{\alpha}_2,\boldsymbol{\alpha}_3,\boldsymbol{\alpha}_4$ 线性无关，证明：

(1) $\boldsymbol{\alpha}_1$ 可由 $\boldsymbol{\alpha}_2,\boldsymbol{\alpha}_3$ 线性表示，且表示式唯一；

(2) $\boldsymbol{\alpha}_4$ 不可由 $\boldsymbol{\alpha}_1,\boldsymbol{\alpha}_2,\boldsymbol{\alpha}_3$ 线性表示.

证明　(1)向量组 $\boldsymbol{\alpha}_2,\boldsymbol{\alpha}_3,\boldsymbol{\alpha}_4$ 线性无关，由全组无关则任意部分组无关可得向量组 $\boldsymbol{\alpha}_2,\boldsymbol{\alpha}_3$ 线性无关，又由向量组 $\boldsymbol{\alpha}_1,\boldsymbol{\alpha}_2,\boldsymbol{\alpha}_3$ 线性相关可知，$\boldsymbol{\alpha}_1$ 可由 $\boldsymbol{\alpha}_2,\boldsymbol{\alpha}_3$ 线性表示，且表示式唯一.

(2)反证　假设 $\boldsymbol{\alpha}_4$ 可由 $\boldsymbol{\alpha}_1,\boldsymbol{\alpha}_2,\boldsymbol{\alpha}_3$ 线性表示，由(1)知 $\boldsymbol{\alpha}_1$ 可由 $\boldsymbol{\alpha}_2,\boldsymbol{\alpha}_3$ 线性表示，因此 $\boldsymbol{\alpha}_4$ 可由 $\boldsymbol{\alpha}_2,\boldsymbol{\alpha}_3$ 线性表示，从而必有向量组 $\boldsymbol{\alpha}_2,\boldsymbol{\alpha}_3,\boldsymbol{\alpha}_4$ 线性相关，与条件矛盾. 证毕

思考题 2　下列说法是否正确？

(1)若向量组 $\boldsymbol{\alpha}_1,\boldsymbol{\alpha}_2,\cdots,\boldsymbol{\alpha}_m$ 线性相关，则必有 $\boldsymbol{\alpha}_1$ 可由 $\boldsymbol{\alpha}_2,\cdots,\boldsymbol{\alpha}_m$ 线性表示；

(2)若向量组 $\boldsymbol{\alpha}_1,\boldsymbol{\alpha}_2,\cdots,\boldsymbol{\alpha}_m$ 线性相关，则其中每一个向量都可由其余向量线性表示；

(3)若向量 $\boldsymbol{\alpha}_1$ 不能由向量组 $\boldsymbol{\alpha}_2,\cdots,\boldsymbol{\alpha}_m$ 线性表示，则 $\boldsymbol{\alpha}_1,\boldsymbol{\alpha}_2,\cdots,\boldsymbol{\alpha}_m$ 必线性无关.

习　题　4.3

1. 判定下列向量组的线性相关性.

(1) $\boldsymbol{\alpha}_1=\begin{pmatrix}1\\0\\3\end{pmatrix}$；

(2) $\boldsymbol{\alpha}_1=\begin{pmatrix}1\\2\\3\end{pmatrix},\boldsymbol{\alpha}_2=\begin{pmatrix}2\\4\\6\end{pmatrix}$；

(3) $\boldsymbol{\alpha}_1=\begin{pmatrix}1\\-1\\2\end{pmatrix},\boldsymbol{\alpha}_2=\begin{pmatrix}2\\-2\\4\end{pmatrix},\boldsymbol{\alpha}_3=\begin{pmatrix}7\\8\\9\end{pmatrix}$；

(4) $\boldsymbol{\alpha}_1=\begin{pmatrix}1\\2\\3\end{pmatrix},\boldsymbol{\alpha}_2=\begin{pmatrix}2\\3\\-1\end{pmatrix},\boldsymbol{\alpha}_3=\begin{pmatrix}-1\\4\\2\end{pmatrix},\boldsymbol{\alpha}_4=\begin{pmatrix}5\\8\\6\end{pmatrix}$；

(5) $\boldsymbol{\alpha}_1=\begin{pmatrix}1\\3\\0\\0\end{pmatrix},\boldsymbol{\alpha}_2=\begin{pmatrix}0\\4\\1\\0\end{pmatrix},\boldsymbol{\alpha}_3=\begin{pmatrix}0\\8\\0\\1\end{pmatrix}$；

(6) $\boldsymbol{\alpha}_1=\begin{pmatrix}1\\2\\3\end{pmatrix},\boldsymbol{\alpha}_2=\begin{pmatrix}4\\5\\6\end{pmatrix},\boldsymbol{\alpha}_3=\begin{pmatrix}7\\8\\9\end{pmatrix}$；

(7) $\boldsymbol{\alpha}_1=\begin{pmatrix}1\\1\\3\\1\end{pmatrix},\boldsymbol{\alpha}_2=\begin{pmatrix}4\\1\\-3\\2\end{pmatrix},\boldsymbol{\alpha}_3=\begin{pmatrix}1\\0\\-1\\2\end{pmatrix}$.

2. 当 k 为何值时，向量组 $\boldsymbol{\alpha}_1=\begin{pmatrix}1\\1\\k\end{pmatrix},\boldsymbol{\alpha}_2=\begin{pmatrix}1\\k\\1\end{pmatrix},\boldsymbol{\alpha}_3=\begin{pmatrix}k\\1\\1\end{pmatrix}$ 线性相关.

3. 已知向量组 $\boldsymbol{\alpha}_1,\boldsymbol{\alpha}_2,\boldsymbol{\alpha}_3$ 线性无关，$\boldsymbol{\beta}_1=2\boldsymbol{\alpha}_1+\boldsymbol{\alpha}_2,\boldsymbol{\beta}_2=\boldsymbol{\alpha}_1+\boldsymbol{\alpha}_3,\boldsymbol{\beta}_3=\boldsymbol{\alpha}_1+\boldsymbol{\alpha}_2+\boldsymbol{\alpha}_3$，试证明向量组 $\boldsymbol{\beta}_1,\boldsymbol{\beta}_2,\boldsymbol{\beta}_3$ 也线性无关.

4. 若 $\boldsymbol{\alpha}_1=(1,-1,2,4)^{\mathrm{T}},\boldsymbol{\alpha}_2=(0,3,1,2)^{\mathrm{T}},\boldsymbol{\alpha}_3=(3,0,7,a)^{\mathrm{T}},\boldsymbol{\alpha}_4=(1,-2,2,0)^{\mathrm{T}}$ 线性无关，求 a 的取值范围.

5. 设 $\boldsymbol{\beta}_1=\boldsymbol{\alpha}_1+\boldsymbol{\alpha}_2,\boldsymbol{\beta}_2=\boldsymbol{\alpha}_2+\boldsymbol{\alpha}_3,\boldsymbol{\beta}_3=\boldsymbol{\alpha}_3-\boldsymbol{\alpha}_1$，证明向量组 $\boldsymbol{\beta}_1,\boldsymbol{\beta}_2,\boldsymbol{\beta}_3$ 线性相关.

6. 设 $\boldsymbol{\alpha}_1,\boldsymbol{\alpha}_2,\cdots,\boldsymbol{\alpha}_n$ 是一组 n 维向量，已知 n 维单位坐标向量组 $\boldsymbol{e}_1,\boldsymbol{e}_2,\cdots,\boldsymbol{e}_n$ 能由它们线性表示，证明 $\boldsymbol{\alpha}_1,\boldsymbol{\alpha}_2,\cdots,\boldsymbol{\alpha}_n$ 线性无关.

7. 设 $\boldsymbol{\alpha}_1,\boldsymbol{\alpha}_2,\cdots,\boldsymbol{\alpha}_n$ 是一组 n 维向量，证明它们线性无关的充要条件是任一 n 维向量都可由它们线性表示.

4.4 向量组的最大线性无关向量组

一、最大线性无关组与向量组的秩

定义 4.5 设有 n 维向量组 $A:\boldsymbol{\alpha}_1,\boldsymbol{\alpha}_2,\cdots,\boldsymbol{\alpha}_m$，若在 A 中能选出 r 个向量 $(r\leqslant m)$ 构成的部分组 A_0 满足：

(1)向量组 A_0 线性无关；

(2)向量组 A 中任意 $r+1$ 个向量(若有的话)组成的向量组线性相关，则称向量组 A_0 为向量组 A 的一个最大线性无关向量组(简称最大无关组)，同时称最大无关组所含向量个数 r 为向量组 A 的秩.

规定只含零向量的向量组的秩为 0.

注意最大无关组包含两大性质：无关性和最大性，定义 4.5 中的条件(1)保证了向量组 A_0 的无关性；定义 4.5 中的条件(2)保证了向量组 A 的无关向量组中所含向量个数的最大性，这是因为根据部分组相关则全组相关，只要满足条件(2)就意味着向量组 A 的任意一个部分组只要所含向量个数大于 r，这个部分组必定线性相关.

例 1 已知向量组 $A:\boldsymbol{\alpha}_1=\begin{pmatrix}1\\0\end{pmatrix},\boldsymbol{\alpha}_2=\begin{pmatrix}0\\1\end{pmatrix},\boldsymbol{\alpha}_3=\begin{pmatrix}5\\6\end{pmatrix}$，求向量组 A 的一个最大无关组和秩.

解 先考虑向量组 A 自身的线性相关性，因为向量组 A 所含向量的个数 3 大于它的维数 2，所以向量组 A 线性相关，显然向量组 A 的部分组 $A_0:\boldsymbol{\alpha}_1,\boldsymbol{\alpha}_2$ 线性无关，由定义 4.5 可知，向量组 $\boldsymbol{\alpha}_1,\boldsymbol{\alpha}_2$ 为 A 的一个最大无关组，从而向量组 A 的秩为 2. 当然部分组 $\boldsymbol{\alpha}_2,\boldsymbol{\alpha}_3$ 和部分组 $\boldsymbol{\alpha}_1,\boldsymbol{\alpha}_3$ 也可构成向量组 A 的最大无关组.

关于最大无关组有如下结论：

(1)向量组 A 的最大无关组不一定唯一；

(2)若向量组 A 自身是线性无关的，则向量组 A 的最大无关组唯一且为其本身；

(3)若向量组 A 的秩为 r，则向量组 A 的所含向量个数大于 r 的任意部分组必定线性相关；

(4)若向量组 A 的秩为 r，则向量组 A 的任意 r 个线性无关的向量必构成 A 的一个最大无关组；

(5)向量组 A 的任意一个最大无关组 A_0 与 A 等价；

(6) A 的任意两个最大无关组等价.

以上 6 个结论只证明(5)和(6).

证明　设部分组 A_0 为向量组 A:$\boldsymbol{\alpha}_1,\boldsymbol{\alpha}_2,\cdots,\boldsymbol{\alpha}_m$ 的一个最大无关组.

一方面，因为 A_0 是 A 的部分组，所以 A_0 可由 A 线性表示.

另一方面，在向量组 A 中任取向量 $\boldsymbol{\alpha}$，若 $\boldsymbol{\alpha}\in A_0$，显然 $\boldsymbol{\alpha}$ 可由 A_0 线性表示；若 $\boldsymbol{\alpha}\notin A_0$，记向量组 A_0 和向量 $\boldsymbol{\alpha}$ 构成向量组 B，因为向量组 B 含有 $r+1$ 个向量，所以向量组 B 必定线性相关，而向量组 A_0 线性无关，由定理 4.7 可知 $\boldsymbol{\alpha}$ 可由 A_0 线性表示，从而向量组 A 可由 A_0 线性表示，综合以上两个方面可知 A 与 A_0 等价，再由向量组等价的传递性，可知 A 的任意两个最大无关组等价. 证毕

下面介绍最大无关组的等价定义.

定义 4.5′(最大无关组的等价定义)　设有 n 维向量组 A:$\boldsymbol{\alpha}_1,\boldsymbol{\alpha}_2,\cdots,\boldsymbol{\alpha}_m$ 若 A 中存在 r 个向量 $(r\leqslant m)$ 构成的部分组 A_0 满足：

(1)向量组 A_0 线性无关；

(2) A 中任意向量都可由向量组 A_0 线性表示.

则称向量组 A_0 为 A 的一个最大无关组.

定义 4.5′中的条件(1)保证了 A_0 的无关性；条件(2)保证了 A_0 为 A 的所有无关组中所含向量个数的最大性，这是因为，设 $\boldsymbol{\alpha}_{i_1},\boldsymbol{\alpha}_{i_2},\cdots,\boldsymbol{\alpha}_{i_{r+1}}$ 为 A 中任意 $r+1$ 个向量，由条件(2)可知 $\boldsymbol{\alpha}_{i_1},\boldsymbol{\alpha}_{i_2},\cdots,\boldsymbol{\alpha}_{i_{r+1}}$ 可由 A_0 线性表示，根据定理 4.4 的推论 2 可知 $R(\boldsymbol{\alpha}_{i_1},\boldsymbol{\alpha}_{i_2},\cdots,\boldsymbol{\alpha}_{i_{r+1}})\leqslant R(A_0)=r<r+1$，由此可知 A 中任意 $r+1$ 个向量构成的向量组线性相关，从而保证 A_0 为 A 的所有无关组中所含向量个数的最大性.

二、向量组的秩的计算

下面介绍求向量组的最大无关组和秩常用的方法，

定理 4.9　若矩阵 $\boldsymbol{A}$ 通过初等行变换化为矩阵 $\boldsymbol{B}$，则 $\boldsymbol{A}$ 与 $\boldsymbol{B}$ 的列向量之间有相同的线性关系.

证明　因为矩阵 $\boldsymbol{A}$ 经过初等行变换化为矩阵 $\boldsymbol{B}$，相当于齐次线性方程组 $\boldsymbol{Ax}=\boldsymbol{0}$ 用初等行变换化为同解的齐次线性方程组 $\boldsymbol{Bx}=\boldsymbol{0}$，由 $\boldsymbol{Ax}=\boldsymbol{0}$ 与 $\boldsymbol{Bx}=\boldsymbol{0}$ 同解可知，$\boldsymbol{A}$ 与 $\boldsymbol{B}$ 的列向量组有着相同的线性关系. 证毕

定理 4.10　矩阵 $\boldsymbol{A}_{m\times n}$ 的秩等于其列向量组的秩(简称列秩)，也等于其行向量

组的秩(简称行秩).

证明 设矩阵 $\boldsymbol{A}=(\boldsymbol{\alpha}_1,\boldsymbol{\alpha}_2,\cdots,\boldsymbol{\alpha}_n)$，且矩阵 $\boldsymbol{A}_{m\times n}$ 的秩为 r，现证明列向量组 $A:\boldsymbol{\alpha}_1,\boldsymbol{\alpha}_2,\cdots,\boldsymbol{\alpha}_n$ 的秩也为 r.

一方面，由矩阵 $\boldsymbol{A}_{m\times n}$ 的秩为 r 可知，矩阵 $\boldsymbol{A}_{m\times n}$ 一定有一个 r 阶子式 D_r 不等于 0，由定理 4.6 的推论可知，D_r 的 r 个列向量所构成的向量组 B 必定线性无关，对应地在列向量组 $A:\boldsymbol{\alpha}_1,\boldsymbol{\alpha}_2,\cdots,\boldsymbol{\alpha}_n$ 中必能找到 r 个向量为向量组 B 的加长向量组，设为 B'，可知向量组 B'（含 r 个列向量）必定线性无关；

另一方面，由矩阵 $\boldsymbol{A}_{m\times n}$ 的秩为 r 可知，矩阵 $\boldsymbol{A}_{m\times n}$ 的任意 $r+1$ 阶子式全为 0，可得出列向量组 $A:\boldsymbol{\alpha}_1,\boldsymbol{\alpha}_2,\cdots,\boldsymbol{\alpha}_n$ 的任意 $r+1$ 个列向量所构成的向量组必定线性相关. 用反证法，假设列向量组 $A:\boldsymbol{\alpha}_1,\boldsymbol{\alpha}_2,\cdots,\boldsymbol{\alpha}_n$ 中存在 $r+1$ 个列向量所构成的向量组线性无关，将这 $r+1$ 个向量构成矩阵 $\boldsymbol{C}$，则矩阵 $\boldsymbol{C}$ 的秩 $R(\boldsymbol{C})=r+1$，而矩阵 $\boldsymbol{C}$ 为矩阵 $\boldsymbol{A}$ 的局部，必有 $R(\boldsymbol{A})\geqslant R(\boldsymbol{C})$，即有 $R(\boldsymbol{A})\geqslant r+1$，这与条件 $R(\boldsymbol{A})=r$ 矛盾，从而可得出列向量组 $A:\boldsymbol{\alpha}_1,\boldsymbol{\alpha}_2,\cdots,\boldsymbol{\alpha}_n$ 的任意 $r+1$ 个列向量所构成的向量组必定线性相关.

综合以上两个方面可知，列向量组 $A:\boldsymbol{\alpha}_1,\boldsymbol{\alpha}_2,\cdots,\boldsymbol{\alpha}_n$ 的秩为 r. 同理可证矩阵 $\boldsymbol{A}_{m\times n}$ 的秩等于其行秩. 证毕

为求列向量组 $A:\boldsymbol{\alpha}_1,\boldsymbol{\alpha}_2,\cdots,\boldsymbol{\alpha}_m$ 的秩，根据定理 4.10，即以 $\boldsymbol{\alpha}_1,\boldsymbol{\alpha}_2,\cdots,\boldsymbol{\alpha}_m$ 为列构成矩阵 $\boldsymbol{A}$，将 $\boldsymbol{A}$ 经行的初等变换化为阶梯形矩阵 $\boldsymbol{B}$，则列向量组 A 的秩就等于矩阵 $\boldsymbol{A}$ 的秩，也就是阶梯形矩阵 $\boldsymbol{B}$ 的秩. 为以后表述方便，$R(\boldsymbol{\alpha}_1,\boldsymbol{\alpha}_2,\cdots,\boldsymbol{\alpha}_m)$ 即表示矩阵 $\boldsymbol{A}=(\boldsymbol{\alpha}_1,\boldsymbol{\alpha}_2,\cdots,\boldsymbol{\alpha}_m)$ 的秩，也表示列向量组 $A:\boldsymbol{\alpha}_1,\boldsymbol{\alpha}_2,\cdots,\boldsymbol{\alpha}_m$ 的秩.

例 2 设向量组 $A:\boldsymbol{\alpha}_1=\begin{pmatrix}1\\2\\1\\0\end{pmatrix},\boldsymbol{\alpha}_2=\begin{pmatrix}4\\5\\0\\5\end{pmatrix},\boldsymbol{\alpha}_3=\begin{pmatrix}1\\-1\\-3\\5\end{pmatrix},\boldsymbol{\alpha}_4=\begin{pmatrix}0\\3\\1\\1\end{pmatrix}$.

(1)求向量组 A 的秩，并判定向量组 A 的线性相关性；

(2)求向量组 A 的一个最大无关组；

(3)将向量组 A 中不属于最大无关组的向量用所求的最大无关组线性表示.

解 以 $\boldsymbol{\alpha}_1,\boldsymbol{\alpha}_2,\boldsymbol{\alpha}_3,\boldsymbol{\alpha}_4$ 为列构成矩阵 $\boldsymbol{A}=(\boldsymbol{\alpha}_1,\boldsymbol{\alpha}_2,\boldsymbol{\alpha}_3,\boldsymbol{\alpha}_4)$，并对 $\boldsymbol{A}$ 施行初等行变换化为行最简形矩阵，

$$\boldsymbol{A}=\begin{pmatrix}1&4&1&0\\2&5&-1&3\\1&0&-3&1\\0&5&5&1\end{pmatrix}\to\begin{pmatrix}1&4&1&0\\0&1&1&-1\\0&0&0&1\\0&0&0&0\end{pmatrix}\to\begin{pmatrix}1&0&-3&0\\0&1&1&0\\0&0&0&1\\0&0&0&0\end{pmatrix}=\boldsymbol{B}$$

$$\quad\ \boldsymbol{\alpha}_1\ \ \boldsymbol{\alpha}_2\ \ \boldsymbol{\alpha}_3\ \ \boldsymbol{\alpha}_4 \qquad\qquad\qquad\qquad\qquad \boldsymbol{\beta}_1\ \ \boldsymbol{\beta}_2\ \ \boldsymbol{\beta}_3\ \ \boldsymbol{\beta}_4$$

(1)向量组 A 的秩为 3，从而向量组 A 线性相关.

(2)因为向量组 A 的秩为 3,所以只需在向量组 A 中任取 3 个线性无关的向量,即可构成向量组 A 的一个最大无关组,由矩阵 $\boldsymbol{B}$ 易看出 $\boldsymbol{\beta}_1,\boldsymbol{\beta}_2,\boldsymbol{\beta}_4$ 线性无关,从而对应地 $\boldsymbol{\alpha}_1,\boldsymbol{\alpha}_2,\boldsymbol{\alpha}_4$ 也线性无关,于是向量组 $\boldsymbol{\alpha}_1,\boldsymbol{\alpha}_2,\boldsymbol{\alpha}_4$ 为向量组 A 的最大无关组.

(3)因为 $\boldsymbol{\beta}_3=-3\boldsymbol{\beta}_1+\boldsymbol{\beta}_2+0\boldsymbol{\beta}_4$,所以对应地有 $\boldsymbol{\alpha}_3=-3\boldsymbol{\alpha}_1+\boldsymbol{\alpha}_2+0\boldsymbol{\alpha}_4$.

例 3　设有齐次线性方程组 $\boldsymbol{Ax}=\boldsymbol{0}$,其中

$$\boldsymbol{A}=\begin{pmatrix}1&1&1&1&1\\3&2&1&0&-3\\0&1&2&3&6\\5&4&3&2&-1\end{pmatrix},$$

求该齐次线性方程组的所有解向量所构成的向量组 S 的秩和一个最大无关组.

解　先求出该齐次线性方程组的所有解,将其系数矩阵化为行阶梯形矩阵,

$$\begin{pmatrix}1&1&1&1&1\\3&2&1&0&-3\\0&1&2&3&6\\5&4&3&2&11\end{pmatrix}\to\begin{pmatrix}1&1&1&1&1\\0&1&2&3&6\\0&0&0&0&0\\0&0&0&0&0\end{pmatrix},$$

因为 $R(\boldsymbol{A})=2<5$,所以该齐次线性方程组有无穷解.该方程组的同解阶梯形方程组为 $\begin{cases}x_1+x_2+x_3+x_4+x_5=0,\\x_2+2x_3+3x_4+6x_5=0,\end{cases}$ 即 $\begin{cases}x_1=x_3+2x_4+5x_5,\\x_2=-2x_3-3x_4-6x_5,\end{cases}$ 其中 x_3,x_4,x_5 为自由未知量.

取 $x_3=c_1,x_4=c_2,x_5=c_3$,该齐次方程组的一般解为

$$\begin{cases}x_1=c_1+2c_2+5c_3,\\x_2=-2c_1-3c_2-6c_3,\\x_3=c_1,\\x_4=c_2,\\x_5=c_3,\end{cases}$$

其中 c_1,c_2,c_3 为任意常数.将一般解写成解向量形式

$$\begin{pmatrix}x_1\\x_2\\x_3\\x_4\\x_5\end{pmatrix}=c_1\underbrace{\begin{pmatrix}1\\-2\\1\\0\\0\end{pmatrix}}_{\boldsymbol{\xi}_1}+c_2\underbrace{\begin{pmatrix}2\\-3\\0\\1\\0\end{pmatrix}}_{\boldsymbol{\xi}_2}+c_3\underbrace{\begin{pmatrix}5\\-6\\0\\0\\1\end{pmatrix}}_{\boldsymbol{\xi}_3}\quad(c_1,c_2,c_3\text{ 取任意常数}).$$

因为向量组 $\boldsymbol{\xi}_1,\boldsymbol{\xi}_2,\boldsymbol{\xi}_3$ 满足:

(1) $\boldsymbol{\xi}_1,\boldsymbol{\xi}_2,\boldsymbol{\xi}_3\in S$ 且 $\boldsymbol{\xi}_1,\boldsymbol{\xi}_2,\boldsymbol{\xi}_3$ 线性无关;

(2) S 中任一解向量都可由 $\boldsymbol{\xi}_1,\boldsymbol{\xi}_2,\boldsymbol{\xi}_3$ 线性表示.

由最大无关组的等价定义 4.5′可知 $\boldsymbol{\xi}_1,\boldsymbol{\xi}_2,\boldsymbol{\xi}_3$ 为 S 的一个最大无关组，S 的秩为 3.

习 题 4.4

1. 利用初等行变换求下列向量组的一个最大无关组，并把向量组中不属于最大无关组的向量用该最大无关组线性表示.

(1) $\boldsymbol{\alpha}_1=(1,0,2,1)^{\mathrm{T}},\boldsymbol{\alpha}_2=(1,2,0,1)^{\mathrm{T}},\boldsymbol{\alpha}_3=(2,1,3,0)^{\mathrm{T}},\boldsymbol{\alpha}_4=(2,5,-1,4)^{\mathrm{T}},\boldsymbol{\alpha}_5=(1,-1,3,-1)^{\mathrm{T}}$；

(2) $\boldsymbol{\alpha}_1=(1,0,2,1)^{\mathrm{T}},\boldsymbol{\alpha}_2=(3,1,0,-1)^{\mathrm{T}},\boldsymbol{\alpha}_3=(1,1,4,-3)^{\mathrm{T}},\boldsymbol{\alpha}_4=(3,0,10,3)^{\mathrm{T}}$.

2. 设向量组 $\boldsymbol{\alpha}_1=\begin{pmatrix}a\\3\\1\end{pmatrix},\boldsymbol{\alpha}_2=\begin{pmatrix}2\\b\\3\end{pmatrix},\boldsymbol{\alpha}_3=\begin{pmatrix}1\\2\\1\end{pmatrix},\boldsymbol{\alpha}_4=\begin{pmatrix}2\\3\\1\end{pmatrix}$ 的秩为 2，求 a,b.

3. 已知齐次线性方程组

$$\begin{cases}x_1-8x_2+10x_3+2x_4=0,\\2x_1+4x_2+5x_3-x_4=0,\\3x_1+8x_2+6x_3-2x_4=0.\end{cases}$$

求其所有解向量所构成的向量组 S 的秩和一个最大无关组.

4. 求矩阵

$$\boldsymbol{A}=\begin{pmatrix}1&2&1&3\\-1&1&-1&0\\0&5&-2&7\\4&6&0&14\end{pmatrix}$$

的列向量组的秩和一个最大无关组.

4.5 线性方程组解的结构

前面利用矩阵的秩讨论了线性方程组有解的充要条件，并且对任意一个线性方程组，在有解的情况下，都能用初等行变换求出它的全部解. 本节利用向量组的线性相关性的有关理论，探讨在线性方程组有无穷多解的情况下，解的结构.

一、齐次线性方程组解的结构

齐次线性方程组

$$\begin{cases}a_{11}x_1+a_{12}x_2+\cdots+a_{1n}x_n=0,\\a_{21}x_1+a_{22}x_2+\cdots+a_{2n}x_n=0,\\\quad\cdots\cdots\\a_{m1}x_1+a_{m2}x_2+\cdots+a_{mn}x_n=0.\end{cases}\tag{4.4}$$

它的矩阵形式为

$$\boldsymbol{Ax}=\boldsymbol{0}, \tag{4.5}$$

其中

$$\boldsymbol{A}=\begin{pmatrix} a_{11} & a_{12} & \cdots & a_{1n} \\ a_{21} & a_{22} & \cdots & a_{2n} \\ \vdots & \vdots & & \vdots \\ a_{m1} & a_{m2} & \cdots & a_{mn} \end{pmatrix},\quad \boldsymbol{x}=\begin{pmatrix} x_1 \\ x_2 \\ \vdots \\ x_n \end{pmatrix}.$$

关于齐次线性方程组的解向量有如下性质.

性质 1　若 $\boldsymbol{\xi}_1,\boldsymbol{\xi}_2$ 为齐次线性方程组(4.4)的解向量,则 $\boldsymbol{\xi}_1+\boldsymbol{\xi}_2$ 也为齐次线性方程组(4.4)的解向量.

性质 2　若 $\boldsymbol{\xi}_1$ 为齐次线性方程组(4.4)的解向量,k 为任意实数,则 $k\boldsymbol{\xi}_1$ 也为齐次线性方程组(4.4)的解向量.

推广　若 $\boldsymbol{\xi}_1,\boldsymbol{\xi}_2,\cdots,\boldsymbol{\xi}_s$ 为齐次线性方程组(4.4)的解向量,$k_i(i=1,\cdots,s)$ 为任意实数,则 $k_1\boldsymbol{\xi}_1+k_2\boldsymbol{\xi}_2+\cdots+k_s\boldsymbol{\xi}_s$ 也为齐次线性方程组(4.4)的解向量.

令齐次线性方程组(4.4)的解向量所构成的向量组为 S,一方面若能求出 S 的一个最大无关组 $S_0:\boldsymbol{\xi}_1,\boldsymbol{\xi}_2,\cdots,\boldsymbol{\xi}_s$,由最大无关组的等价定义 4.5′可知该齐次线性方程组(4.4)的任一解向量都可由 S_0 线性表示;另一方面由上述推广可知最大无关组 S_0 的任意线性组合 $k_1\boldsymbol{\xi}_1+k_2\boldsymbol{\xi}_2+\cdots+k_s\boldsymbol{\xi}_s$ 都是该齐次线性方程组(4.4)的解向量,从而 $k_1\boldsymbol{\xi}_1+k_2\boldsymbol{\xi}_2+\cdots+k_s\boldsymbol{\xi}_s$ 表示齐次线性方程组(4.4)的所有解向量. $k_1\boldsymbol{\xi}_1+k_2\boldsymbol{\xi}_2+\cdots+k_s\boldsymbol{\xi}_s$ 这种解向量的形式称为齐次线性方程组(4.4)的通解. 因此要求出齐次线性方程组(4.4)的通解关键是求出解向量组 S 的最大无关组.

定义 4.6　齐次线性方程组(4.4)的解向量组 S 的一个最大无关组,称为该齐次线性方程组的一个基础解系.

由定义 4.6 可知,要求出齐次线性方程组(4.4)的通解,关键是求出该齐次线性方程组的基础解系. 结合 4.4 节例 3 的解答过程,下面一般性地给出求解齐次线性方程组(4.4)的基础解系的方法.

设齐次线性方程组(4.4)的系数矩阵 $\boldsymbol{A}$ 的秩 $R(\boldsymbol{A})=r$,为讨论方便不妨假设 $\boldsymbol{A}$ 的行最简形矩阵为

$$\boldsymbol{B}=\begin{pmatrix} 1 & 0 & \cdots & 0 & b_{11} & b_{12} & \cdots & b_{1,n-1} \\ 0 & 1 & \cdots & 0 & b_{21} & b_{22} & \cdots & b_{2,n-2} \\ \vdots & \vdots & & \vdots & \vdots & \vdots & & \vdots \\ 0 & 0 & \cdots & 1 & b_{r1} & b_{r2} & \cdots & b_{r,n-r} \\ 0 & 0 & \cdots & 0 & 0 & 0 & \cdots & 0 \\ \vdots & \vdots & & \vdots & \vdots & \vdots & & \vdots \\ 0 & 0 & \cdots & 0 & 0 & 0 & 0 & 0 \end{pmatrix},$$

从而齐次线性方程组(4.4)的同解方程组为

$$\begin{cases} x_1 = -b_{11}x_{r+1} - b_{12}x_{r+2} - \cdots - b_{1,n-r}x_n, \\ x_2 = -b_{21}x_{r+1} - b_{22}x_{r+2} - \cdots - b_{2,n-r}x_n, \\ \qquad \cdots\cdots \\ x_r = -b_{r1}x_{r+1} - b_{r2}x_{r+2} - \cdots - b_{r,n-r}x_n, \end{cases}$$

其中 $x_{r+1}, x_{r+2}, \cdots, x_n$ 为自由未知量. 取 $x_{r+1} = c_1, x_{r+2} = c_2, \cdots, x_n = c_{n-r}$，齐次线性方程组(4.4)的一般解为

$$\begin{cases} x_1 = -b_{11}c_1 - b_{12}c_2 - \cdots - b_{1,n-r}c_{n-r}, \\ x_2 = -b_{21}c_1 - b_{22}c_2 - \cdots - b_{2,n-r}c_{n-r}, \\ \qquad \cdots\cdots \\ x_r = -b_{r1}c_1 - b_{r2}c_2 - \cdots - b_{r,n-r}c_{n-r}, \\ x_{r+1} = c_1, \\ \cdots\cdots \\ x_n = c_{n-r}, \end{cases}$$

写成解向量的形式为

$$\boldsymbol{x} = c_1 \begin{pmatrix} -b_{11} \\ -b_{21} \\ \vdots \\ -b_{r1} \\ 1 \\ 0 \\ \vdots \\ 0 \end{pmatrix} + c_2 \begin{pmatrix} -b_{12} \\ -b_{22} \\ \vdots \\ -b_{r2} \\ 0 \\ 1 \\ \vdots \\ 0 \end{pmatrix} + \cdots + c_{n-r} \begin{pmatrix} -b_{1,n-r} \\ -b_{2,n-r} \\ \vdots \\ -b_{r,n-r} \\ 0 \\ 0 \\ \vdots \\ 1 \end{pmatrix} \xlongequal{\text{记为}} c_1\boldsymbol{\xi}_1 + c_2\boldsymbol{\xi}_2 + \cdots + c_{n-r}\boldsymbol{\xi}_{n-r},$$

其中 $c_1, c_2, \cdots, c_{n-r}$ 为任意常数.

向量组 $\boldsymbol{\xi}_1, \boldsymbol{\xi}_2, \cdots, \boldsymbol{\xi}_{n-r}$ 满足：

(1) $\boldsymbol{\xi}_1, \boldsymbol{\xi}_2, \cdots, \boldsymbol{\xi}_{n-r} \in S$ 且 $\boldsymbol{\xi}_1, \boldsymbol{\xi}_2, \cdots, \boldsymbol{\xi}_{n-r}$ 线性无关($\boldsymbol{\xi}_1, \boldsymbol{\xi}_2, \cdots, \boldsymbol{\xi}_{n-r}$ 可看成 $n-r$ 维单位坐标向量组的加长向量组)；

(2) $\forall x \in S$，由解向量的形式可知，x 可由 $\boldsymbol{\xi}_1, \boldsymbol{\xi}_2, \cdots, \boldsymbol{\xi}_{n-r}$ 线性表示.

结合最大无关组的等价定义 4.5′可知，向量组 $\boldsymbol{\xi}_1, \boldsymbol{\xi}_2, \cdots, \boldsymbol{\xi}_{n-r}$ 为解向量组 S 的一个最大无关组，从而向量组 $\boldsymbol{\xi}_1, \boldsymbol{\xi}_2, \cdots, \boldsymbol{\xi}_{n-r}$ 为齐次线性方程组(4.4)的一个基础解系，且该齐次方程组的通解为 $c_1\boldsymbol{\xi}_1 + c_2\boldsymbol{\xi}_2 + \cdots + c_{n-r}\boldsymbol{\xi}_{n-r}$，$c_1, c_2, \cdots, c_{n-r}$ 为任意常数.

例 1　求齐次线性方程组 $\begin{cases} x_1+x_2-3x_3-x_4=0, \\ 3x_1-x_2-3x_3+4x_4=0, \\ x_1+5x_2-9x_3-8x_4=0 \end{cases}$ 的一个基础解系和通解.

解　对系数矩阵 $\boldsymbol{A}$ 施行初等行变换，化为行最简形矩阵，

$$\begin{pmatrix} 1 & 1 & -3 & -1 \\ 3 & -1 & -3 & 4 \\ 1 & 5 & -9 & -8 \end{pmatrix} \to \begin{pmatrix} 1 & 1 & -3 & -1 \\ 0 & -4 & 6 & 7 \\ 0 & 4 & -6 & -7 \end{pmatrix}$$

$$\to \begin{pmatrix} 1 & 1 & -3 & -1 \\ 0 & 4 & -6 & -7 \\ 0 & 0 & 0 & 0 \end{pmatrix} \to \begin{pmatrix} 1 & 0 & -\dfrac{3}{2} & \dfrac{3}{4} \\ 0 & 1 & -\dfrac{3}{2} & -\dfrac{7}{4} \\ 0 & 0 & 0 & 0 \end{pmatrix}.$$

该方程组的同解方程组为 $\begin{cases} x_1=\dfrac{3}{2}x_3-\dfrac{3}{4}x_4, \\ x_2=\dfrac{3}{2}x_3+\dfrac{7}{4}x_4, \end{cases}$ 其中 x_3,x_4 为自由未知量. 取 $x_3=c_1,x_4=c_2$，得方程组的一般解为

$$\begin{cases} x_1=\dfrac{3}{2}c_1-\dfrac{3}{4}c_2, \\ x_2=\dfrac{3}{2}c_1+\dfrac{7}{4}c_2, \\ x_3=c_1, \\ x_4=c_2, \end{cases}$$

从而该方程组的通解为 $\boldsymbol{x}=c_1\left(\dfrac{3}{2},\dfrac{3}{2},1,0\right)^{\mathrm{T}}+c_2\left(-\dfrac{3}{4},\dfrac{7}{4},0,1\right)^{\mathrm{T}}$，其中 c_1,c_2 为任意常数，且该方程组的一个基础解系为 $\left(\dfrac{3}{2},\dfrac{3}{2},1,0\right)^{\mathrm{T}},\left(-\dfrac{3}{4},\dfrac{7}{4},0,1\right)^{\mathrm{T}}$.

通过以上讨论，有如下定理.

定理 4.11　对于 n 元齐次线性方程组 $\boldsymbol{Ax}=\boldsymbol{0}$，若系数矩阵 $\boldsymbol{A}$ 的秩 $R(\boldsymbol{A})=r$，则 $\boldsymbol{Ax}=\boldsymbol{0}$ 的基础解系所含解向量的个数为 $n-r$，其中 n 为 $\boldsymbol{Ax}=\boldsymbol{0}$ 的未知量的个数.

由最大无关组的有关结论有如下定理.

定理 4.12　若 n 元齐次线性方程组 $\boldsymbol{Ax}=\boldsymbol{0}$ 的系数矩阵 $\boldsymbol{A}$ 的秩 $R(\boldsymbol{A})=r$，则该齐次线性方程组的任意 $n-r$ 个线性无关的解向量都可构成它的基础解系.

前面讨论中，我们是先求出齐次线性方程组的通解，再从通解求出基础解系.

由定理 4.12 可知要求出 $\boldsymbol{Ax}=\boldsymbol{0}$ 的一个基础解系，只需求其 $n-r$ 个线性无关的解向量即可. 由此，例 1 的基础解系也可按以下方式求得.

先对自由未知量 x_3, x_4 特殊取值，取 $\begin{pmatrix} x_3 \\ x_4 \end{pmatrix}=\begin{pmatrix} 1 \\ 0 \end{pmatrix}$ 和 $\begin{pmatrix} x_3 \\ x_4 \end{pmatrix}=\begin{pmatrix} 0 \\ 1 \end{pmatrix}$，这一组线性无关的取值可对应地得到该齐次方程组的两个线性无关的解向量

$$\boldsymbol{\xi}_1=\begin{pmatrix} \frac{3}{2} \\ \frac{3}{2} \\ 1 \\ 0 \end{pmatrix}, \quad \boldsymbol{\xi}_2=\begin{pmatrix} -\frac{3}{4} \\ \frac{7}{4} \\ 0 \\ 1 \end{pmatrix}.$$

由定理 4.12 可知 $\boldsymbol{\xi}_1, \boldsymbol{\xi}_2$ 便为该齐次方程组的一个基础解系，从而方程组的通解为 $c_1\boldsymbol{\xi}_1+c_2\boldsymbol{\xi}_2$ (c_1, c_2 为任意常数).

当然也可取 $\begin{pmatrix} x_3 \\ x_4 \end{pmatrix}=\begin{pmatrix} 4 \\ 0 \end{pmatrix}$ 和 $\begin{pmatrix} x_3 \\ x_4 \end{pmatrix}=\begin{pmatrix} 0 \\ 4 \end{pmatrix}$，这也是一组线性无关的取值，可对应地得到方程组的另外两个线性无关的解向量

$$\boldsymbol{\xi}_1'=\begin{pmatrix} 6 \\ 6 \\ 4 \\ 0 \end{pmatrix}, \quad \boldsymbol{\xi}_2'=\begin{pmatrix} -3 \\ 7 \\ 0 \\ 4 \end{pmatrix}.$$

由定理 4.12 可知，$\boldsymbol{\xi}_1', \boldsymbol{\xi}_2'$ 也为方程组的一个基础解系. 从而方程组的通解又可表示为 $c_1\boldsymbol{\xi}_1'+c_2\boldsymbol{\xi}_2'$ (c_1, c_2 为任意常数).

由此一般性地总结出：**当 n 元齐次线性方程组 $\boldsymbol{Ax}=\boldsymbol{0}$ 的系数矩阵 $\boldsymbol{A}$ 的秩 $R(\boldsymbol{A})=r$，则其一般解中有 $n-r$ 个自由未知量，只需保证这 $n-r$ 个自由未知量的 $n-r$ 组取值所构成的向量组线性无关，对应所得的 $n-r$ 个解向量 $\boldsymbol{\xi}_1, \boldsymbol{\xi}_2, \cdots, \boldsymbol{\xi}_{n-r}$ 一定为该齐次线性方程组的一个基础解系.**

二、非齐次线性方程组解的结构

设非齐次线性方程组

$$\begin{cases} a_{11}x_1+a_{12}x_2+\cdots+a_{1n}x_n=b_1, \\ a_{21}x_1+a_{22}x_2+\cdots+a_{2n}x_n=b_2, \\ \quad\cdots\cdots \\ a_{m1}x_1+a_{m2}x_2+\cdots+a_{mn}x_n=b_m \end{cases} \tag{4.6}$$

的矩阵形式为

$$\boldsymbol{Ax}=\boldsymbol{b}, \tag{4.7}$$

其中

$$\boldsymbol{A}=\begin{pmatrix} a_{11} & a_{12} & \cdots & a_{1n} \\ a_{21} & a_{22} & \cdots & a_{2n} \\ \vdots & \vdots & & \vdots \\ a_{m1} & a_{m2} & \cdots & a_{mn} \end{pmatrix},\boldsymbol{x}=\begin{pmatrix} x_1 \\ x_2 \\ \vdots \\ x_n \end{pmatrix},\boldsymbol{b}=\begin{pmatrix} b_1 \\ b_2 \\ \vdots \\ b_m \end{pmatrix},$$

将方程组(4.6)中的常数 $b_1,b_2,\cdots,b_m$ 全换为 0 可得到非齐次线性方程组(4.6)所对应的齐次线性方程组 $\boldsymbol{Ax}=\boldsymbol{0}$，称其为非齐次线性方程组(4.6)的导出方程组.

非齐次线性方程组的解向量有如下性质.

性质 3　若 $\boldsymbol{\eta}_1,\boldsymbol{\eta}_2$ 为非齐次线性方程组(4.6)的解向量，则 $\boldsymbol{\eta}_1-\boldsymbol{\eta}_2$ 为其导出方程组 $\boldsymbol{Ax}=\boldsymbol{0}$ 的解向量.

性质 4　若 $\boldsymbol{\eta}$ 为非齐次线性方程组(4.6)的解向量，$\boldsymbol{\xi}$ 为其导出方程组 $\boldsymbol{Ax}=\boldsymbol{0}$ 的解向量，则 $\boldsymbol{\eta}+\boldsymbol{\xi}$ 为非齐次线性方程组(4.6)的解向量.

定理 4.13　设 $\boldsymbol{\eta}_0$ 为非齐次线性方程组 $\boldsymbol{Ax}=\boldsymbol{b}$ 的一个取定的解(通常称为特解)，$\boldsymbol{\xi}_1,\boldsymbol{\xi}_2,\cdots,\boldsymbol{\xi}_{n-r}$ 为其导出方程组 $\boldsymbol{Ax}=\boldsymbol{0}$ 的一个基础解系，则非齐次线性方程组 $\boldsymbol{Ax}=\boldsymbol{b}$ 的通解为 $\boldsymbol{x}=\boldsymbol{\eta}_0+k_1\boldsymbol{\xi}_1+k_2\boldsymbol{\xi}_2+\cdots+k_{n-r}\boldsymbol{\xi}_{n-r}$，其中 $k_1,k_2,\cdots,k_{n-r}$ 为任意常数.

证明　设 $\boldsymbol{x}$ 为 $\boldsymbol{Ax}=\boldsymbol{b}$ 的任意一个解，因为 $\boldsymbol{\eta}_0$ 也为 $\boldsymbol{Ax}=\boldsymbol{b}$ 的解，由性质 3 可知 $\boldsymbol{x}-\boldsymbol{\eta}_0$ 为 $\boldsymbol{Ax}=\boldsymbol{0}$ 的解，而 $\boldsymbol{\xi}_1,\boldsymbol{\xi}_2,\cdots,\boldsymbol{\xi}_{n-r}$ 为其导出方程组 $\boldsymbol{Ax}=\boldsymbol{0}$ 的基础解系，故 $\boldsymbol{x}-\boldsymbol{\eta}_0=k_1\boldsymbol{\xi}_1+k_2\boldsymbol{\xi}_2+\cdots+k_{n-r}\boldsymbol{\xi}_{n-r}$，即 $\boldsymbol{x}=\boldsymbol{\eta}_0+k_1\boldsymbol{\xi}_1+k_2\boldsymbol{\xi}_2+\cdots+k_{n-r}\boldsymbol{\xi}_{n-r}$，其中 $k_1,k_2,\cdots,k_{n-r}$ 为任意常数.

由定理 4.13 可知非齐次线性方程组 $\boldsymbol{Ax}=\boldsymbol{b}$ 的通解由它的一个特解以及其导出方程组 $\boldsymbol{Ax}=\boldsymbol{0}$ 的通解两部分之和构成.

例 2　求非齐次线性方程组 $\begin{cases} x_1+x_2-3x_3-x_4=1, \\ 3x_1-x_2-3x_3+4x_4=4, \\ x_1+5x_2-9x_3-8x_4=0 \end{cases}$ 的通解以及其导出方程组的一个基础解系.

解　对增广矩阵施以初等行变换，化为行最简形矩阵，

$$\left(\begin{array}{cccc:c} 1 & 1 & -3 & -1 & 1 \\ 3 & -1 & -3 & 4 & 4 \\ 1 & 5 & -9 & -8 & 0 \end{array}\right)\rightarrow\left(\begin{array}{cccc:c} 1 & 1 & -3 & -1 & 1 \\ 0 & -4 & 6 & 7 & 1 \\ 0 & 0 & 0 & 0 & 0 \end{array}\right)\rightarrow\left(\begin{array}{cccc:c} 1 & 0 & -\frac{3}{2} & \frac{3}{4} & \frac{5}{4} \\ 0 & 1 & -\frac{3}{2} & -\frac{7}{4} & -\frac{1}{4} \\ 0 & 0 & 0 & 0 & 0 \end{array}\right).$$

该方程组的同解方程组为 $\begin{cases} x_1=\dfrac{3}{2}x_3-\dfrac{3}{4}x_4+\dfrac{5}{4}, \\ x_2=\dfrac{3}{2}x_3+\dfrac{7}{4}x_4-\dfrac{1}{4}, \end{cases}$ 其中 x_3,x_4 为自由未知量.

解 方法一 取 $x_3=c_1, x_4=c_2$ 得方程组的一般解为

$$\begin{cases} x_1=\frac{3}{2}c_1-\frac{3}{4}c_2+\frac{5}{4}, \\ x_2=\frac{3}{2}c_1+\frac{7}{4}c_2-\frac{1}{4}, \\ x_3=c_1, \\ x_4=c_2, \end{cases}$$

从而通解为

$$\begin{pmatrix} x_1 \\ x_2 \\ x_3 \\ x_4 \end{pmatrix}=c_1\begin{pmatrix} \frac{3}{2} \\ \frac{3}{2} \\ 1 \\ 0 \end{pmatrix}+c_2\begin{pmatrix} -\frac{3}{4} \\ \frac{7}{4} \\ 0 \\ 1 \end{pmatrix}+\begin{pmatrix} \frac{5}{4} \\ -\frac{1}{4} \\ 0 \\ 0 \end{pmatrix},$$

于是由通解结构可得其导出方程组的基础解系为

$$\begin{pmatrix} \frac{3}{2} \\ \frac{3}{2} \\ 1 \\ 0 \end{pmatrix}, \quad \begin{pmatrix} -\frac{3}{4} \\ \frac{7}{4} \\ 0 \\ 1 \end{pmatrix}.$$

方法二 先求其一个特解以及导出方程组的一个基础解系.

先求特解 $\boldsymbol{\eta}_0$，令 $x_3=0, x_4=0$ 得特解

$$\boldsymbol{\eta}_0=\begin{pmatrix} \frac{5}{4} \\ -\frac{1}{4} \\ 0 \\ 0 \end{pmatrix};$$

再求其导出方程组的一个基础解系，由上面的化简过程可知齐次线性方程组的同解方程组为 $\begin{cases} x_1=\frac{3}{2}x_3-\frac{3}{4}x_4, \\ x_2=\frac{3}{2}x_3+\frac{7}{4}x_4, \end{cases}$ 取 $\begin{pmatrix} x_3 \\ x_4 \end{pmatrix}=\begin{pmatrix} 1 \\ 0 \end{pmatrix},\begin{pmatrix} 0 \\ 1 \end{pmatrix}$，可得基础解系

$$\boldsymbol{\xi}_1=\begin{pmatrix}\frac{3}{2}\\ \frac{3}{2}\\ 1\\ 0\end{pmatrix},\quad \boldsymbol{\xi}_2=\begin{pmatrix}-\frac{3}{4}\\ \frac{7}{4}\\ 0\\ 1\end{pmatrix},$$

由非齐次线性方程组解的结构可得通解

$$x=\begin{pmatrix}\frac{5}{4}\\ -\frac{1}{4}\\ 0\\ 0\end{pmatrix}+c_1\begin{pmatrix}\frac{3}{2}\\ \frac{3}{2}\\ 1\\ 0\end{pmatrix}+c_2\begin{pmatrix}-\frac{3}{4}\\ \frac{7}{4}\\ 0\\ 1\end{pmatrix}\quad (c_1,c_2\text{ 为任意实数}).$$

习　题　4.5

1. 求下列齐次线性方程组的通解及一个基础解系.

(1) $\begin{cases}x_1-x_2+5x_3-x_4=0,\\ x_1+x_2-2x_3+3x_4=0,\\ 3x_1-x_2+8x_3+x_4=0,\\ x_1+3x_2-9x_3+7x_4=0;\end{cases}$　(2) $\begin{cases}x_1+x_2+x_3+x_4+x_5=0,\\ 2x_1+3x_2+x_3+x_4-3x_5=0,\\ x_1+2x_3+2x_4+6x_5=0,\\ 4x_1+5x_2+3x_3+4x_4-x_5=0.\end{cases}$

2. 求下列非齐次线性方程组的通解以及对应的齐次线性方程组的一个基础解系.

(1) $\begin{cases}2x_1+7x_2+3x_3+x_4=6,\\ 3x_1+5x_2+2x_3+2x_4=4,\\ 9x_1+4x_2+x_3+7x_4=2;\end{cases}$　(2) $\begin{cases}x_1+x_2-x_3-x_4=0,\\ x_1+x_3-x_4=-1,\\ 2x_1+2x_2+x_3-3x_4=2.\end{cases}$

3. 求一个齐次线性方程组使它的基础解系为 $\xi_1=(0,1,-1,4)^{\mathrm{T}},\xi_2=(1,2,1,3)^{\mathrm{T}}$.

4. 设 4 元齐次线性方程组(Ⅰ) $\begin{cases}x_1+x_2=0,\\ x_2-x_4=0\end{cases}$ 和(Ⅱ) $\begin{cases}x_1-x_2+x_3=0,\\ x_2-x_3+x_4=0.\end{cases}$

(1)分别求方程组(Ⅰ)与(Ⅱ)的基础解系；

(2)求方程组(Ⅰ)与(Ⅱ)的公共解.

5. 设 $\boldsymbol{\alpha}_1,\boldsymbol{\alpha}_2,\boldsymbol{\alpha}_3$ 是齐次线性方程组 $\boldsymbol{Ax}=\boldsymbol{0}$ 的一个基础解系,证明 $\boldsymbol{\beta}_1=\boldsymbol{\alpha}_1+\boldsymbol{\alpha}_2,\boldsymbol{\beta}_2=\boldsymbol{\alpha}_2+\boldsymbol{\alpha}_3$, $\boldsymbol{\beta}_3=3\boldsymbol{\alpha}_1+2\boldsymbol{\alpha}_3$ 也为 $\boldsymbol{Ax}=\boldsymbol{0}$ 的一个基础解系.

例 题 选 讲

例 1　已知 $\boldsymbol{A},\boldsymbol{B}$ 分别为 $m\times n,n\times l$ 的矩阵,且满足 $\boldsymbol{AB}=\boldsymbol{O}$, 证明 $R(\boldsymbol{A})+R(\boldsymbol{B})\leqslant n$.

证明　记 $\boldsymbol{B}=(\boldsymbol{b}_1,\boldsymbol{b}_2,\cdots,\boldsymbol{b}_l)$, 由 $\boldsymbol{AB}=\boldsymbol{O}$ 可得 $A(\boldsymbol{b}_1,\boldsymbol{b}_2,\cdots,\boldsymbol{b}_l)=(\boldsymbol{0},\boldsymbol{0},\cdots,\boldsymbol{0})$, 即

$Ab_i = \mathbf{0}(i=1,2,\cdots,l)$，这表明矩阵 B 的每个列向量都是齐次线性方程组 $Ax=\mathbf{0}$ 的解向量. 记齐次线性方程组 $Ax=\mathbf{0}$ 的解向量组为 S，由 $b_i \in S(i=1,2,\cdots,l)$ 可知 $R(b_1,b_2,\cdots,b_l) \leqslant R(S)$，即 $R(B) \leqslant R(S)$，而 $R(S)=n-R(A)$，故 $R(A)+R(B) \leqslant n$.

总结 由条件 $AB=O$ 可知 B 的列向量是齐次线性方程组 $Ax=\mathbf{0}$ 的解向量且有 $R(A)+R(B)\leqslant n$，其中 n 为 A 的列数，B 的行数.

例 2 设 $A=\begin{pmatrix}2 & 1 & -2\\ 5 & 2 & 0\\ 3 & a & 4\end{pmatrix}$，$B$ 是一个 3 阶非零矩阵，且满足 $AB=O$，求 a 的值.

解 由条件 $AB=O$ 可知，$R(A)+R(B)\leqslant 3$. 又因为 B 是一个三阶非零矩阵，则有 $R(B)\geqslant 1$，由此可知 $R(A)<3$，从而 $|A|=-2(5a-4)=0$，即 $a=\dfrac{4}{5}$.

例 3 设 A 是 n 阶方阵，证明 $R(A^*)=\begin{cases}n, & R(A)=n,\\ 1, & R(A)=n-1,\\ 0, & R(A)\leqslant n-2.\end{cases}$

证明 当 $R(A)=n$ 时，则 $|A|\neq 0$，A 可逆，于是 $|A^*|=|A|^{n-1}\neq 0$，从而 $R(A^*)=n$；

当 $R(A)\leqslant n-2$ 时，由矩阵秩的定义，$|A|$ 中所有 $n-1$ 阶子式全为 0，于是 $A^*=O$，从而 $R(A^*)=0$；

当 $R(A)=n-1$ 时，一方面由矩阵秩的定义有 $|A|=0$ 且至少存在一个 $n-1$ 阶子式不为 0，因此 $A^*\neq O$，即有 $R(A^*)\geqslant 1$，另一方面又因为 $AA^*=|A|I=O$，由例 1 可知 $R(A)+R(A^*)\leqslant n$，于是 $R(A^*)\leqslant n-R(A)=1$，综合可知 $R(A^*)=1$.

例 4 设 A,B 都是 $m\times n$ 矩阵，证明 $R(A+B)\leqslant R(A)+R(B)$.

证明 记 $R(A)=r$，且 $\alpha_{i_1},\alpha_{i_2},\cdots,\alpha_{i_r}$ 为 A 的列向量组的一个最大无关组，并记 $R(B)=t$，且 $\beta_{j_1},\beta_{j_2},\cdots,\beta_{j_t}$ 是 B 的列向量组的一个极大无关组，那么 A 的每一个列向量都可由 $\alpha_{i_1},\alpha_{i_2},\cdots,\alpha_{i_r}$ 线性表示，B 的每一个列向量都可由 $\beta_{j_1},\beta_{j_2},\cdots,\beta_{j_t}$ 线性表示，从而 $A+B$ 的每一个列向量都可由 $\alpha_{i_1},\alpha_{i_2},\cdots,\alpha_{i_r},\beta_{j_1},\beta_{j_2},\cdots,\beta_{j_t}$ 线性表示，于是 $R(A+B)\leqslant R(\alpha_{i_1},\alpha_{i_2},\cdots,\alpha_{i_r},\beta_{j_1},\beta_{j_2},\cdots,\beta_{j_t})\leqslant r+t$，因此 $R(A+B)\leqslant R(A)+R(B)$.

例 5 设 A 为 n 阶方阵且满足 $A^2=I$，证明 $R(A+I)+R(A-I)=n$.

证明 一方面，由例 4 可知，$R(A+I)+R(A-I)=R(A+I)+R(I-A)\geqslant R(2I)=n$.

另一方面，由 $A^2=I$ 变形为 $(A+I)(A-I)=O$，由例 1 可知，$R(A+I)+R(A-I)\leqslant n$，所以 $R(A+I)+R(A-I)=n$.

例 6　已知 4 阶方阵 $\boldsymbol{A}=(\boldsymbol{\alpha}_1,\boldsymbol{\alpha}_2,\boldsymbol{\alpha}_3,\boldsymbol{\alpha}_4)$，$\boldsymbol{\alpha}_1,\boldsymbol{\alpha}_2,\boldsymbol{\alpha}_3,\boldsymbol{\alpha}_4$ 均为 4 维列向量，其中 $\boldsymbol{\alpha}_2,\boldsymbol{\alpha}_3,\boldsymbol{\alpha}_4$ 线性无关，$\boldsymbol{\alpha}_1=2\boldsymbol{\alpha}_2-\boldsymbol{\alpha}_3$，如果 $\boldsymbol{b}=\boldsymbol{\alpha}_1+\boldsymbol{\alpha}_2+\boldsymbol{\alpha}_3+\boldsymbol{\alpha}_4$，求非齐次线性方程组 $\boldsymbol{Ax}=\boldsymbol{b}$ 的通解.

分析　要求方程组的通解，则必须从非齐次线性方程组的解的结构入手，即求其一个特解以及对应的齐次方程组的基础解系.

解　因为 $\boldsymbol{b}=\boldsymbol{\alpha}_1+\boldsymbol{\alpha}_2+\boldsymbol{\alpha}_3+\boldsymbol{\alpha}_4=(\boldsymbol{\alpha}_1,\boldsymbol{\alpha}_2,\boldsymbol{\alpha}_3,\boldsymbol{\alpha}_4)\begin{pmatrix}1\\1\\1\\1\end{pmatrix}=\boldsymbol{A}\begin{pmatrix}1\\1\\1\\1\end{pmatrix}$，所以 $\begin{pmatrix}1\\1\\1\\1\end{pmatrix}$ 为 $\boldsymbol{Ax}=\boldsymbol{b}$ 的一个特解；又由 $\boldsymbol{\alpha}_2,\boldsymbol{\alpha}_3,\boldsymbol{\alpha}_4$ 线性无关及 $\boldsymbol{\alpha}_1=2\boldsymbol{\alpha}_2-\boldsymbol{\alpha}_3$ 可知，向量组的秩 $R(\boldsymbol{\alpha}_1,\boldsymbol{\alpha}_2,\boldsymbol{\alpha}_3,\boldsymbol{\alpha}_4)=3$，即 $R(\boldsymbol{A})=3$，因此齐次线性方程组 $\boldsymbol{Ax}=\boldsymbol{0}$ 的基础解系只含 $n-R(\boldsymbol{A})=4-3=1$ 个解向量，又因为 $\boldsymbol{\alpha}_1=2\boldsymbol{\alpha}_2-\boldsymbol{\alpha}_3$，将其变形有 $\boldsymbol{\alpha}_1-2\boldsymbol{\alpha}_2+\boldsymbol{\alpha}_3+0\boldsymbol{\alpha}_4=(\boldsymbol{\alpha}_1,\boldsymbol{\alpha}_2,\boldsymbol{\alpha}_3,\boldsymbol{\alpha}_4)\begin{pmatrix}1\\-2\\1\\0\end{pmatrix}=0$，所以 $\begin{pmatrix}1\\-2\\1\\0\end{pmatrix}$ 为 $\boldsymbol{Ax}=\boldsymbol{0}$ 的基础解系. 综上可知 $\boldsymbol{Ax}=\boldsymbol{b}$ 的通解为 $k\begin{pmatrix}1\\-2\\1\\0\end{pmatrix}+\begin{pmatrix}1\\1\\1\\1\end{pmatrix}$，其中 k 为任意常数.

总结　例 6 属于求解方程组的通解的类型，此类题目应当从解的理论及解的结构入手，要熟悉两个知识点：

(1)若 $R(\boldsymbol{A})=r$，则 n 元齐次线性方程组 $\boldsymbol{Ax}=\boldsymbol{0}$ 的基础解系含有 $n-r$ 个解向量且任意 $n-r$ 个线性无关解向量都可构成 $\boldsymbol{Ax}=\boldsymbol{0}$ 的一个基础解系；

(2)非齐次线性方程组 $\boldsymbol{Ax}=\boldsymbol{b}$ 的通解由其一个特解及对应的齐次线性方程组的通解两部分之和构成.

例 7　设齐次线性方程组(Ⅰ)$\begin{cases}x_1+x_2+x_3=0,\\x_1+2x_2+ax_3=0,\\x_1+4x_2+a^2x_3=0\end{cases}$ 与线性方程组(Ⅱ) $x_1+2x_2+x_3=a-1$ 有公共解，求 a 的值及所有公共解.

解　联立线性方程组(Ⅰ)与(Ⅱ)得线性方程组(Ⅲ)$\begin{cases}x_1+x_2+x_3=0,\\x_1+2x_2+ax_3=0,\\x_1+4x_2+a^2x_3=0,\\x_1+2x_2+x_3=a-1.\end{cases}$ 由条件可知该方程组(Ⅲ)有解，现将其增广矩阵作初等行变换，化为如下形式，

$$(\boldsymbol{A} \mid \boldsymbol{b}) = \left(\begin{array}{ccc|c} 1 & 1 & 1 & 0 \\ 1 & 2 & a & 0 \\ 1 & 4 & a^2 & 0 \\ 1 & 2 & 1 & a-1 \end{array}\right) \to \left(\begin{array}{ccc|c} 1 & 1 & 1 & 0 \\ 0 & 1 & a-1 & 0 \\ 0 & 3 & a^2-1 & 0 \\ 0 & 1 & 0 & a-1 \end{array}\right)$$

$$\to \left(\begin{array}{ccc|c} 1 & 1 & 1 & 0 \\ 0 & 1 & a-1 & 0 \\ 0 & 0 & (a-1)(a-2) & 0 \\ 0 & 0 & 1-a & a-1 \end{array}\right).$$

要使得方程组有解，则必须 $a=1$ 或 $a=2$.

当 $a=1$ 时，增广矩阵 $(\boldsymbol{A} \mid \boldsymbol{b})$ 化为行最简形矩阵 $\left(\begin{array}{ccc|c} 1 & 1 & 1 & 0 \\ 0 & 1 & 0 & 0 \\ 0 & 0 & 0 & 0 \\ 0 & 0 & 0 & 0 \end{array}\right)$，从而该方程组的同解方程组为 $\begin{cases} x_1+x_2+x_3=0, \\ x_2=0, \end{cases}$ 于是方程组(Ⅲ)的通解为 $c\,(1,0,-1)^{\mathrm{T}}$ (其中 c 为任意常数)，从而(Ⅰ)与(Ⅱ)的公共解为 $c\,(1,0,-1)^{\mathrm{T}}$ (其中 c 为任意常数).

当 $a=2$ 时，增广矩阵 $(\boldsymbol{A} \mid \boldsymbol{b})$ 化为行最简形矩阵 $\left(\begin{array}{ccc|c} 1 & 1 & 1 & 0 \\ 0 & 1 & 1 & 0 \\ 0 & 0 & -1 & 1 \\ 0 & 0 & 0 & 0 \end{array}\right)$，从而该方程组的同解方程组为 $\begin{cases} x_1+x_2+x_3=0, \\ x_2+x_3=0, \\ -x_3=1, \end{cases}$ 于是方程组有唯一解 $(0,1,-1)^{\mathrm{T}}$，即(Ⅰ)与(Ⅱ)有公共解 $(0,1,-1)^{\mathrm{T}}$.

总结　例 7 是求解两个方程组的公共解的例题，所谓公共解是指它既是方程组(Ⅰ)的解也是方程组(Ⅱ)的解.

例 8　已知 $\boldsymbol{\alpha}_1,\boldsymbol{\alpha}_2,\boldsymbol{\alpha}_3$ 是齐次线性方程组 $\boldsymbol{Ax}=\boldsymbol{0}$ 的一个基础解系，证明 $\boldsymbol{\alpha}_1+\boldsymbol{\alpha}_2,\boldsymbol{\alpha}_2+\boldsymbol{\alpha}_3,\boldsymbol{\alpha}_3+\boldsymbol{\alpha}_1$ 也是该方程组的一个基础解系.

证明　由于 $\boldsymbol{\alpha}_1,\boldsymbol{\alpha}_2,\boldsymbol{\alpha}_3$ 是齐次线性方程组 $\boldsymbol{Ax}=\boldsymbol{0}$ 的解，由齐次线性方程组解的性质，显然有 $\boldsymbol{\alpha}_1+\boldsymbol{\alpha}_2,\boldsymbol{\alpha}_2+\boldsymbol{\alpha}_3,\boldsymbol{\alpha}_3+\boldsymbol{\alpha}_1$ 都为齐次线性方程组 $\boldsymbol{Ax}=\boldsymbol{0}$ 的解；

设 $k_1(\boldsymbol{\alpha}_1+\boldsymbol{\alpha}_2)+k_2(\boldsymbol{\alpha}_2+\boldsymbol{\alpha}_3)+k_3(\boldsymbol{\alpha}_3+\boldsymbol{\alpha}_1)=\boldsymbol{0}$，变形有

$$(k_1+k_3)\boldsymbol{\alpha}_1+(k_1+k_2)\boldsymbol{\alpha}_2+(k_2+k_3)\boldsymbol{\alpha}_3=\boldsymbol{0},$$

因为 $\boldsymbol{\alpha}_1,\boldsymbol{\alpha}_2,\boldsymbol{\alpha}_3$ 为齐次线性方程组 $\boldsymbol{Ax}=\boldsymbol{0}$ 的基础解系，所以它们线性无关，于是有

$$\begin{cases} k_1 + k_3 = 0, \\ k_1 + k_2 = 0, \\ k_2 + k_3 = 0. \end{cases}$$

解此齐次线性方程组必有 $k_1 = k_2 = k_3 = 0$，所以 $\boldsymbol{\alpha}_1 + \boldsymbol{\alpha}_2, \boldsymbol{\alpha}_2 + \boldsymbol{\alpha}_3, \boldsymbol{\alpha}_3 + \boldsymbol{\alpha}_1$ 也线性无关. 根据已知条件可知 $\boldsymbol{Ax} = \boldsymbol{0}$ 的基础解系含有 3 个线性无关的向量，所以 $\boldsymbol{\alpha}_1 + \boldsymbol{\alpha}_2, \boldsymbol{\alpha}_2 + \boldsymbol{\alpha}_3, \boldsymbol{\alpha}_3 + \boldsymbol{\alpha}_1$ 为齐次线性方程组 $\boldsymbol{Ax} = \boldsymbol{0}$ 的基础解系.

总结　要证明某一向量组 $\boldsymbol{\alpha}_1, \boldsymbol{\alpha}_2, \cdots, \boldsymbol{\alpha}_s$ 为齐次线性方程组 $\boldsymbol{Ax} = \boldsymbol{0}$ 的基础解系，需证明三个方面(1)向量 $\boldsymbol{\alpha}_1, \boldsymbol{\alpha}_2, \cdots, \boldsymbol{\alpha}_s$ 都为 $\boldsymbol{Ax} = \boldsymbol{0}$ 的解向量；(2)向量组 $\boldsymbol{\alpha}_1, \boldsymbol{\alpha}_2, \cdots, \boldsymbol{\alpha}_s$ 线性无关；(3)向量组 $\boldsymbol{\alpha}_1, \boldsymbol{\alpha}_2, \cdots, \boldsymbol{\alpha}_s$ 所含向量个数 $s = n - R(\boldsymbol{A})$ 或齐次线性方程组的任意解向量都能由 $\boldsymbol{\alpha}_1, \boldsymbol{\alpha}_2, \cdots, \boldsymbol{\alpha}_s$ 线性表示.

例 9　设 $\boldsymbol{A}$ 是 $m \times n$ 实矩阵，证明

(1)齐次线性方程组 $\boldsymbol{Ax} = \boldsymbol{0}$ 与齐次线性方程组 $\boldsymbol{A}^{\mathrm{T}}\boldsymbol{Ax} = \boldsymbol{0}$ 是同解方程组；

(2) $R(\boldsymbol{A}) = R(\boldsymbol{A}^{\mathrm{T}}\boldsymbol{A})$.

证明　(1)一方面，设 $\boldsymbol{\alpha}$ 是 $\boldsymbol{Ax} = \boldsymbol{0}$ 的任一解，则 $\boldsymbol{A\alpha} = \boldsymbol{0}$，在此等式两边同时左乘 $\boldsymbol{A}^{\mathrm{T}}$，有 $\boldsymbol{A}^{\mathrm{T}}\boldsymbol{Ax} = \boldsymbol{0}$，可见 $\boldsymbol{\alpha}$ 也是 $\boldsymbol{A}^{\mathrm{T}}\boldsymbol{Ax} = \boldsymbol{0}$ 的解；另一方面，若 $\boldsymbol{\alpha}$ 是 $\boldsymbol{A}^{\mathrm{T}}\boldsymbol{Ax} = \boldsymbol{0}$ 的任一解，则 $\boldsymbol{A}^{\mathrm{T}}\boldsymbol{A\alpha} = \boldsymbol{0}$，从而 $\boldsymbol{\alpha}^{\mathrm{T}}\boldsymbol{A}^{\mathrm{T}}\boldsymbol{A\alpha} = \boldsymbol{0}$，即 $(\boldsymbol{A\alpha})^{\mathrm{T}}\boldsymbol{A\alpha} = \boldsymbol{0}$，不妨设 $\boldsymbol{A\alpha} = (a_1, a_2, \cdots, a_m)^{\mathrm{T}}$，则 $(\boldsymbol{A\alpha})^{\mathrm{T}}\boldsymbol{A\alpha} = a_1^2 + a_2^2 + \cdots + a_m^2 = 0$，从而有 $a_1 = a_2 = \cdots = a_m = 0$，由此可知 $\boldsymbol{A\alpha} = \boldsymbol{0}$，即 $\boldsymbol{\alpha}$ 也为 $\boldsymbol{Ax} = \boldsymbol{0}$ 的解. 由此可知 $\boldsymbol{Ax} = \boldsymbol{0}$ 与 $\boldsymbol{A}^{\mathrm{T}}\boldsymbol{Ax} = \boldsymbol{0}$ 是同解方程组.

(2)因为 $\boldsymbol{Ax} = \boldsymbol{0}$ 与 $\boldsymbol{A}^{\mathrm{T}}\boldsymbol{Ax} = \boldsymbol{0}$ 是同解方程组，所以 $n - R(\boldsymbol{A}) = n - R(\boldsymbol{A}^{\mathrm{T}}\boldsymbol{A})$，从而 $R(\boldsymbol{A}) = R(\boldsymbol{A}^{\mathrm{T}}\boldsymbol{A})$.

总结　两个方程组(Ⅰ)与(Ⅱ)同解表明(Ⅰ)的解是(Ⅱ)的解，(Ⅱ)的解也是(Ⅰ)的解，由方程组同解可知两个方程组的系数矩阵的秩相等.

总 习 题 4

一、填空题

1. 已知向量组：$\boldsymbol{\alpha}_1 = \begin{pmatrix} 1 \\ 2 \\ b \end{pmatrix}$，$\boldsymbol{\alpha}_2 = \begin{pmatrix} a \\ 4 \\ 10 \end{pmatrix}$ 线性相关，则 $a =$__________，$b =$__________.

2. 已知向量组：$\boldsymbol{\alpha}_1 = \begin{pmatrix} a \\ 1 \\ 1 \end{pmatrix}$，$\boldsymbol{\alpha}_2 = \begin{pmatrix} 1 \\ a \\ 1 \end{pmatrix}$，$\boldsymbol{\alpha}_3 = \begin{pmatrix} 1 \\ 1 \\ a \end{pmatrix}$ 线性相关，则 $a =$__________.

3. 已知向量组：$\boldsymbol{\alpha}_1 = \begin{pmatrix} 1 \\ 2 \\ -1 \\ 1 \end{pmatrix}$，$\boldsymbol{\alpha}_2 = \begin{pmatrix} 2 \\ 0 \\ a \\ 0 \end{pmatrix}$，$\boldsymbol{\alpha}_3 = \begin{pmatrix} 0 \\ -4 \\ 5 \\ -2 \end{pmatrix}$ 的秩为 2，则 $a =$__________.

4.设$\boldsymbol{A}$为6×5矩阵,齐次线性方程组$\boldsymbol{Ax}=\boldsymbol{0}$的基础解系含有两个向量,则$R(\boldsymbol{A})=$________.

5.设$\boldsymbol{\eta}^*$为非齐次线性方程组$\boldsymbol{Ax}=\boldsymbol{b}$的一个特解,$\boldsymbol{\xi}_1,\boldsymbol{\xi}_2,\cdots,\boldsymbol{\xi}_{n-r}$为$\boldsymbol{Ax}=\boldsymbol{b}$所对应的齐次线性方程组$\boldsymbol{Ax}=\boldsymbol{0}$的一个基础解系,则$\boldsymbol{Ax}=\boldsymbol{b}$的通解=________.

6.设m个列向量$\boldsymbol{\alpha}_1,\boldsymbol{\alpha}_2,\cdots,\boldsymbol{\alpha}_m$都是非齐次线性方程组$\boldsymbol{Ax}=\boldsymbol{b}$的解向量,若$k_1\boldsymbol{\alpha}_1+k_2\boldsymbol{\alpha}_2+\cdots+k_m\boldsymbol{\alpha}_m$也是$\boldsymbol{Ax}=\boldsymbol{b}$的一个解,则常数$k_1+k_2+\cdots+k_m=$________.

二、选择题

1.下列说法正确的是(　　).

(A)若向量组$\boldsymbol{\alpha}_1,\boldsymbol{\alpha}_2,\cdots,\boldsymbol{\alpha}_m$线性相关,则$\boldsymbol{\alpha}_1$一定可由$\boldsymbol{\alpha}_2,\cdots,\boldsymbol{\alpha}_m$线性表示

(B)若对于任意一组不全为零的数$k_1,k_2,\cdots,k_m$,使得$k_1\boldsymbol{\alpha}_1+k_2\boldsymbol{\alpha}_2+\cdots+k_m\boldsymbol{\alpha}_m\neq\boldsymbol{0}$,则向量组$\boldsymbol{\alpha}_1,\boldsymbol{\alpha}_2,\cdots,\boldsymbol{\alpha}_m$线性无关

(C)若向量$\boldsymbol{\beta}$可由向量组$\boldsymbol{\alpha}_1,\boldsymbol{\alpha}_2,\boldsymbol{\alpha}_3$线性表示,即存在一组数$k_1,k_2,k_3$使得$\boldsymbol{\beta}=k_1\boldsymbol{\alpha}_1+k_2\boldsymbol{\alpha}_2+k_3\boldsymbol{\alpha}_3$,则$k_1,k_2,k_3$一定不全为零

(D)若存在一组不全为零的数$k_1,k_2,\cdots,k_m$,使得$k_1\boldsymbol{\alpha}_1+k_2\boldsymbol{\alpha}_2+\cdots+k_m\boldsymbol{\alpha}_m\neq\boldsymbol{0}$,则向量组$\boldsymbol{\alpha}_1,\boldsymbol{\alpha}_2,\cdots,\boldsymbol{\alpha}_m$线性无关

2.设向量组$A:\boldsymbol{\alpha}_1,\boldsymbol{\alpha}_2,\cdots,\boldsymbol{\alpha}_m$,则下列说法正确的是(　　).

(A)若当$k_1=k_2=\cdots=k_m=0$时,有$k_1\boldsymbol{\alpha}_1+k_2\boldsymbol{\alpha}_2+\cdots+k_m\boldsymbol{\alpha}_m=\boldsymbol{0}$,故向量组$\boldsymbol{\alpha}_1,\boldsymbol{\alpha}_2,\cdots,\boldsymbol{\alpha}_m$线性无关

(B)若向量组$A:\boldsymbol{\alpha}_1,\boldsymbol{\alpha}_2,\cdots,\boldsymbol{\alpha}_m$线性相关,则向量组$A$中每一个向量都可由其余向量线性表示

(C)若向量组$A:\boldsymbol{\alpha}_1,\boldsymbol{\alpha}_2,\cdots,\boldsymbol{\alpha}_m$线性相关,则向量组$A$中至少存在一个向量可由其余向量线性表示

(D)向量组$A:\boldsymbol{\alpha}_1,\boldsymbol{\alpha}_2,\cdots,\boldsymbol{\alpha}_m$线性无关的充要条件是$\boldsymbol{\alpha}_1$不能由其余向量线性表示

3.设$\boldsymbol{A}$为$m\times n$矩阵,$\boldsymbol{Ax}=\boldsymbol{0}$是非齐次线性方程组$\boldsymbol{Ax}=\boldsymbol{b}$的导出方程组,则下列结论中正确的是(　　).

(A)若$\boldsymbol{Ax}=\boldsymbol{0}$只有零解,则$\boldsymbol{Ax}=\boldsymbol{b}$有唯一解

(B)若$\boldsymbol{Ax}=\boldsymbol{0}$有非零解,则$\boldsymbol{Ax}=\boldsymbol{b}$有无穷多个解

(C)若$\boldsymbol{Ax}=\boldsymbol{b}$有无穷多个解,则$\boldsymbol{Ax}=\boldsymbol{0}$有非零解

(D)若$\boldsymbol{Ax}=\boldsymbol{b}$有无穷多个解,则$\boldsymbol{Ax}=\boldsymbol{0}$只有零解

4.若$R(\boldsymbol{\alpha}_1,\boldsymbol{\alpha}_2,\cdots,\boldsymbol{\alpha}_s)=4$,则下列说法正确的是(　　).

(A)如果向量组$\boldsymbol{\alpha}_1,\boldsymbol{\alpha}_2,\cdots,\boldsymbol{\alpha}_s$的一个部分组包含向量个数不超过4,则它一定线性无关

(B)部分组$\boldsymbol{\alpha}_1,\boldsymbol{\alpha}_2,\boldsymbol{\alpha}_3,\boldsymbol{\alpha}_4$一定是向量组$\boldsymbol{\alpha}_1,\boldsymbol{\alpha}_2,\cdots,\boldsymbol{\alpha}_s$的一个最大无关组

(C)若向量组$\boldsymbol{\alpha}_1,\boldsymbol{\alpha}_2,\cdots,\boldsymbol{\alpha}_s$的一个部分组线性无关,则它所含的向量个数一定不超过4

(D)向量组$\boldsymbol{\alpha}_1,\boldsymbol{\alpha}_2,\cdots,\boldsymbol{\alpha}_s$的线性相关的部分组所含向量一定多于4个

5.设$m\times n$矩阵$\boldsymbol{A}$的秩$R(\boldsymbol{A})=n-1$,且$\boldsymbol{\xi}_1,\boldsymbol{\xi}_2$是齐次线性方程组$\boldsymbol{Ax}=\boldsymbol{0}$的两个不同的解向量,则$\boldsymbol{Ax}=\boldsymbol{0}$的通解为(　　).

(A) $k\boldsymbol{\xi}_1,k\in\mathbf{R}$　　(B) $k\boldsymbol{\xi}_2,k\in\mathbf{R}$　　(C) $k(\boldsymbol{\xi}_1+\boldsymbol{\xi}_2),k\in\mathbf{R}$　　(D) $k(\boldsymbol{\xi}_1-\boldsymbol{\xi}_2),k\in\mathbf{R}$

6.已知$\boldsymbol{\beta}_1,\boldsymbol{\beta}_2$是非齐次线性方程组$\boldsymbol{Ax}=\boldsymbol{b}$的两个不同的解,$\boldsymbol{\alpha}_1,\boldsymbol{\alpha}_2$是$\boldsymbol{Ax}=\boldsymbol{b}$的导出方程组

$\boldsymbol{Ax}=\mathbf{0}$ 的基础解系，k_1,k_2 为任意常数，则 $\boldsymbol{Ax}=\boldsymbol{b}$ 的通解为(　　).

(A) $k_1\boldsymbol{\alpha}_1+k_2(\boldsymbol{\alpha}_1+\boldsymbol{\alpha}_2)+\dfrac{\boldsymbol{\beta}_1-\boldsymbol{\beta}_2}{2}$　　(B) $k_1\boldsymbol{\alpha}_1+k_2(\boldsymbol{\alpha}_1-\boldsymbol{\alpha}_2)+\dfrac{\boldsymbol{\beta}_1+\boldsymbol{\beta}_2}{2}$

(C) $k_1\boldsymbol{\alpha}_1+k_2(\boldsymbol{\beta}_1+\boldsymbol{\beta}_2)+\dfrac{\boldsymbol{\beta}_1-\boldsymbol{\beta}_2}{2}$　　(D) $k_1\boldsymbol{\alpha}_1+k_2(\boldsymbol{\beta}_1-\boldsymbol{\beta}_2)+\dfrac{\boldsymbol{\beta}_1+\boldsymbol{\beta}_2}{2}$

7. 要使 $\boldsymbol{\xi}_1=(1,0,2)^{\mathrm{T}},\boldsymbol{\xi}_2=(0,1,-1)^{\mathrm{T}}$ 都是齐次线性方程组 $\boldsymbol{Ax}=\mathbf{0}$ 的解，则系数矩阵 $\boldsymbol{A}$ 为(　　).

(A)$(-2,1,1)$　　(B)$\begin{pmatrix}2&0&-1\\0&1&1\end{pmatrix}$　(C)$\begin{pmatrix}1&0&2\\0&1&-1\end{pmatrix}$　　(D)$\begin{pmatrix}0&1&-1\\4&-2&-2\\0&1&1\end{pmatrix}$

8. 设有齐次线性方程组 $\boldsymbol{Ax}=\mathbf{0}$ 和 $\boldsymbol{Bx}=\mathbf{0}$，其中 $\boldsymbol{A},\boldsymbol{B}$ 均为 $m\times n$ 矩阵，现有四个命题：

① 若 $\boldsymbol{Ax}=\mathbf{0}$ 的解均是 $\boldsymbol{Bx}=\mathbf{0}$ 的解，则 $R(\boldsymbol{A})\geqslant R(\boldsymbol{B})$.

② 若 $R(\boldsymbol{A})\geqslant R(\boldsymbol{B})$，则 $\boldsymbol{Ax}=\mathbf{0}$ 的解均是 $\boldsymbol{Bx}=\mathbf{0}$ 的解.

③ 若 $\boldsymbol{Ax}=\mathbf{0}$ 与 $\boldsymbol{Bx}=\mathbf{0}$ 同解，则 $R(\boldsymbol{A})=R(\boldsymbol{B})$.

④ 若 $R(\boldsymbol{A})=R(\boldsymbol{B})$，则 $\boldsymbol{Ax}=\mathbf{0}$ 与 $\boldsymbol{Bx}=\mathbf{0}$ 同解.

以上命题正确的是(　　).

(A)①②　　(B)①③　　(C)②④　　(D)③④

9. 设 $\boldsymbol{\alpha}_1,\boldsymbol{\alpha}_2,\cdots,\boldsymbol{\alpha}_s$ 是 n 维向量组，则下列命题中正确的是(　　).

(A)如果向量 $\boldsymbol{\alpha}_s$ 不能用 $\boldsymbol{\alpha}_1,\boldsymbol{\alpha}_2,\cdots,\boldsymbol{\alpha}_{s-1}$ 线性表示，则向量组 $\boldsymbol{\alpha}_1,\boldsymbol{\alpha}_2,\cdots,\boldsymbol{\alpha}_s$ 线性无关.

(B)如果向量组 $\boldsymbol{\alpha}_1,\boldsymbol{\alpha}_2,\cdots,\boldsymbol{\alpha}_s$ 线性相关，且 $\boldsymbol{\alpha}_s$ 不能由 $\boldsymbol{\alpha}_1,\boldsymbol{\alpha}_2,\cdots,\boldsymbol{\alpha}_{s-1}$ 线性表示，则向量组 $\boldsymbol{\alpha}_1,\boldsymbol{\alpha}_2,\cdots,\boldsymbol{\alpha}_{s-1}$ 线性相关.

(C)如果向量组 $\boldsymbol{\alpha}_1,\boldsymbol{\alpha}_2,\cdots,\boldsymbol{\alpha}_s$ 中的任意 $s-1$ 个向量都线性无关，则向量组 $\boldsymbol{\alpha}_1,\boldsymbol{\alpha}_2,\cdots,\boldsymbol{\alpha}_s$ 线性无关.

(D)零向量不能由向量组 $\boldsymbol{\alpha}_1,\boldsymbol{\alpha}_2,\cdots,\boldsymbol{\alpha}_s$ 线性表示.

10. 设 $\boldsymbol{A},\boldsymbol{B}$ 为满足 $\boldsymbol{AB}=\boldsymbol{O}$ 的任意两个非零矩阵，则必有(　　).

(A) $\boldsymbol{A}$ 的列向量组线性相关，$\boldsymbol{B}$ 的行向量组线性相关

(B) $\boldsymbol{A}$ 的列向量组线性无关，$\boldsymbol{B}$ 的行向量组线性无关

(C) $\boldsymbol{A}$ 的行向量组线性相关，$\boldsymbol{B}$ 的行向量组线性相关

(D) $\boldsymbol{A}$ 的行向量组线性无关，$\boldsymbol{B}$ 的列向量组线性无关

三、计算题

1. 设向量 $\boldsymbol{\alpha}_1=(1,2,1,3)^{\mathrm{T}},\boldsymbol{\alpha}_2=(2,3,1,5)^{\mathrm{T}},\boldsymbol{\alpha}_3=(3,2,p,5)^{\mathrm{T}},\boldsymbol{\beta}=(4,-1,-5,q)^{\mathrm{T}}$，求参数 p,q 的值，使

(1) $\boldsymbol{\beta}$ 不能由 $\boldsymbol{\alpha}_1,\boldsymbol{\alpha}_2,\boldsymbol{\alpha}_3$ 线性表示；

(2) $\boldsymbol{\beta}$ 可唯一地被 $\boldsymbol{\alpha}_1,\boldsymbol{\alpha}_2,\boldsymbol{\alpha}_3$ 线性表示；

(3) $\boldsymbol{\beta}$ 可以被 $\boldsymbol{\alpha}_1,\boldsymbol{\alpha}_2,\boldsymbol{\alpha}_3$ 线性表示，但表示法不唯一.

2. 设 3 阶非零矩阵 $\boldsymbol{B}$ 的 3 个列向量是齐次线性方程组 $\begin{cases}x_1+2x_2-2x_3=0,\\4x_1+tx_2+3x_3=0,\\3x_1-x_2+x_3=0\end{cases}$ 的解，求参数 t 及 $|\boldsymbol{B}|$.

3. 设4元非齐次线性方程组的系数矩阵的秩为3，已知 $\boldsymbol{\eta}_1, \boldsymbol{\eta}_2, \boldsymbol{\eta}_3$ 是它的3个解向量，且 $\boldsymbol{\eta}_1 = \begin{pmatrix} 2 \\ 3 \\ 4 \\ 5 \end{pmatrix}, \boldsymbol{\eta}_2 + \boldsymbol{\eta}_3 = \begin{pmatrix} 1 \\ 2 \\ 3 \\ 4 \end{pmatrix}$，求该方程组的通解.

4. 设 $\boldsymbol{A}$ 是秩为3的 5×4 矩阵，$\boldsymbol{\alpha}_1, \boldsymbol{\alpha}_2, \boldsymbol{\alpha}_3$ 是非齐次线性方程组 $\boldsymbol{Ax} = \boldsymbol{b}$ 的3个不同的解向量，若 $\boldsymbol{\alpha}_1 + \boldsymbol{\alpha}_2 + 2\boldsymbol{\alpha}_3 = (2,0,0,0)^{\mathrm{T}}, 3\boldsymbol{\alpha}_1 + \boldsymbol{\alpha}_2 = (2,4,6,8)^{\mathrm{T}}$，求方程组 $\boldsymbol{Ax} = \boldsymbol{b}$ 的通解.

5. 设4元齐次线性方程组(Ⅰ) $\begin{cases} x_1 + x_2 = 0, \\ x_2 - x_4 = 0 \end{cases}$ 和(Ⅱ) $\begin{cases} x_1 - x_2 + x_3 = 0, \\ x_2 - x_3 + x_4 = 0. \end{cases}$

(1)求方程组(Ⅰ)与(Ⅱ)的基础解系；(2)求方程组(Ⅰ)与(Ⅱ)的公共解.

6. 设 $\boldsymbol{A} = \begin{pmatrix} 2 & -2 & 1 & 3 \\ 9 & -5 & 2 & 8 \end{pmatrix}$，求一个 4×2 矩阵 $\boldsymbol{B}$，使 $\boldsymbol{AB} = \boldsymbol{O}$，且 $R(\boldsymbol{B}) = 2$.

7. 求一个齐次线性方程组，使它的基础解系为 $\boldsymbol{\xi}_1 = (0,1,2,3)^{\mathrm{T}}, \boldsymbol{\xi}_2 = (3,2,1,0)^{\mathrm{T}}$.

8. 已知3阶方阵 $\boldsymbol{A}$ 与3维列向量 $\boldsymbol{x}$ 满足 $\boldsymbol{A}^3\boldsymbol{x} = 3\boldsymbol{Ax} - \boldsymbol{A}^2\boldsymbol{x}$，且向量组 $\boldsymbol{x}, \boldsymbol{Ax}, \boldsymbol{A}^2\boldsymbol{x}$ 线性无关.

(1)记 $\boldsymbol{y} = \boldsymbol{Ax}, \boldsymbol{z} = \boldsymbol{Ay}, \boldsymbol{P} = (\boldsymbol{x}, \boldsymbol{y}, \boldsymbol{z})$，求3阶方阵 $\boldsymbol{B}$，使 $\boldsymbol{AP} = \boldsymbol{PB}$；

(2)求 $|\boldsymbol{A}|$.

9. 设线性方程组

$$\begin{cases} x_1 + \lambda x_2 + \mu x_3 + x_4 = 2, \\ x_1 + (1+\lambda)x_2 + 2\mu x_3 + 4x_4 = 1. \end{cases}$$

已知 $(1,1,-1,-1)^{\mathrm{T}}$ 是该方程组的一个解，求 λ, μ 以及该方程组的通解.

四、证明题

1. 设 $\boldsymbol{\eta}^*$ 是非齐次线性方程组 $\boldsymbol{Ax} = \boldsymbol{b}$ 的一个解，$\boldsymbol{\xi}_1, \boldsymbol{\xi}_2, \cdots, \boldsymbol{\xi}_{n-r}$ 是对应的齐次线性方程组的一个基础解系，证明

(1) $\boldsymbol{\eta}^*, \boldsymbol{\xi}_1, \boldsymbol{\xi}_2, \cdots, \boldsymbol{\xi}_{n-r}$ 线性无关；

(2) $\boldsymbol{\eta}^*, \boldsymbol{\eta}^* + \boldsymbol{\xi}_1, \cdots, \boldsymbol{\eta}^* + \boldsymbol{\xi}_{n-r}$ 线性无关.

2. 设 $\boldsymbol{A}$ 是 n 阶矩阵，$\boldsymbol{x}$ 是 n 维列向量，若对某一自然数 m，有 $\boldsymbol{A}^{m-1}\boldsymbol{x} \neq \boldsymbol{0}, \boldsymbol{A}^m\boldsymbol{x} = \boldsymbol{0}$，证明向量组 $\boldsymbol{x}, \boldsymbol{Ax}, \cdots, \boldsymbol{A}^{m-1}\boldsymbol{x}$ 线性无关.

3. 设 $\boldsymbol{A}$ 是 $m \times n$ 矩阵，$\boldsymbol{B}$ 是 $n \times p$ 矩阵，$R(\boldsymbol{B}) = n, \boldsymbol{AB} = \boldsymbol{O}$，证明 $\boldsymbol{A} = \boldsymbol{O}$.

4. 设 $\boldsymbol{A}$ 为 n 阶方阵满足 $\boldsymbol{A}^2 = \boldsymbol{A}$，证明 $R(\boldsymbol{A}) + R(\boldsymbol{A} - \boldsymbol{I}) = n$.

5. 设 $\boldsymbol{A}, \boldsymbol{B}$ 为 n 阶方阵，且 $\boldsymbol{AB} = \boldsymbol{O}, \boldsymbol{A} + \boldsymbol{B} = \boldsymbol{I}$，证明 $R(\boldsymbol{A}) + R(\boldsymbol{B}) = n$.

6. 设 $\boldsymbol{A}$ 为 n 阶方阵，证明存在非零的 n 阶方阵 $\boldsymbol{B}$，使得 $\boldsymbol{AB} = \boldsymbol{O}$ 的充要条件是 $|\boldsymbol{A}| = 0$.

考研题选

1. 设 $\boldsymbol{\alpha}_1, \boldsymbol{\alpha}_2, \boldsymbol{\alpha}_3$ 为3维列向量，则对任意的常数 k, l，向量组 $\boldsymbol{\alpha}_1 + k\boldsymbol{\alpha}_3, \boldsymbol{\alpha}_2 + l\boldsymbol{\alpha}_3$ 线性无关是向量组 $\boldsymbol{\alpha}_1, \boldsymbol{\alpha}_2, \boldsymbol{\alpha}_3$ 线性无关的(　　). (2014年)

(A)必要而非充分条件　　(B)充分而非必要条件

(C)充要条件　　(D)非充分也非必要条件

2. 设向量组 $\boldsymbol{\alpha}_1,\boldsymbol{\alpha}_2,\boldsymbol{\alpha}_3$ 线性无关，则下列向量组线性相关的是(　　).　(2007 年)

(A) $\boldsymbol{\alpha}_1-\boldsymbol{\alpha}_2,\boldsymbol{\alpha}_2-\boldsymbol{\alpha}_3,\boldsymbol{\alpha}_3-\boldsymbol{\alpha}_1$　(B) $\boldsymbol{\alpha}_1+\boldsymbol{\alpha}_2,\boldsymbol{\alpha}_2+\boldsymbol{\alpha}_3,\boldsymbol{\alpha}_3+\boldsymbol{\alpha}_1$

(C) $\boldsymbol{\alpha}_1-2\boldsymbol{\alpha}_2,\boldsymbol{\alpha}_2-2\boldsymbol{\alpha}_3,\boldsymbol{\alpha}_3-2\boldsymbol{\alpha}_1$　(D) $\boldsymbol{\alpha}_1+2\boldsymbol{\alpha}_2,\boldsymbol{\alpha}_2+2\boldsymbol{\alpha}_3,\boldsymbol{\alpha}_3+2\boldsymbol{\alpha}_1$

3. 设 $\boldsymbol{A}=(\boldsymbol{\alpha}_1,\boldsymbol{\alpha}_2,\boldsymbol{\alpha}_3,\boldsymbol{\alpha}_4)$ 是 4 阶方阵，$\boldsymbol{A}^*$ 为 $\boldsymbol{A}$ 的伴随矩阵，若 $(1,0,1,0)^{\mathrm{T}}$ 是方程组 $\boldsymbol{A}\boldsymbol{x}=\boldsymbol{0}$ 的一个基础解系，则 $\boldsymbol{A}^*\boldsymbol{x}=\boldsymbol{0}$ 的基础解系可为(　　).　(2011 年)

(A) $\boldsymbol{\alpha}_1,\boldsymbol{\alpha}_3$　(B) $\boldsymbol{\alpha}_1,\boldsymbol{\alpha}_2$　(C) $\boldsymbol{\alpha}_1,\boldsymbol{\alpha}_2,\boldsymbol{\alpha}_3$　(D) $\boldsymbol{\alpha}_2,\boldsymbol{\alpha}_3,\boldsymbol{\alpha}_4$

4. 设 $\boldsymbol{A},\boldsymbol{B},\boldsymbol{C}$ 均为 n 阶方阵，若 $\boldsymbol{AB}=\boldsymbol{C}$，且 $\boldsymbol{B}$ 可逆，则(　　)。　(2013 年)

(A)矩阵 $\boldsymbol{C}$ 的行向量组与 $\boldsymbol{A}$ 的行向量组等价

(B)矩阵 $\boldsymbol{C}$ 的列向量组与 $\boldsymbol{A}$ 的列向量组等价

(C)矩阵 $\boldsymbol{C}$ 的行向量组与 $\boldsymbol{B}$ 的行向量组等价

(D)矩阵 $\boldsymbol{C}$ 的列向量组与 $\boldsymbol{B}$ 的列向量组等价

5. 设 $\boldsymbol{A}$ 为 $m\times n$ 矩阵，$\boldsymbol{B}$ 为 $n\times m$ 矩阵，$\boldsymbol{I}$ 为 m 阶单位矩阵，若 $\boldsymbol{AB}=\boldsymbol{I}$，则(　　).

(2010 年)

(A)秩 $R(\boldsymbol{A})=m,R(\boldsymbol{B})=m$　(B)秩 $R(\boldsymbol{A})=m,R(\boldsymbol{B})=n$

(C)秩 $R(\boldsymbol{A})=n,R(\boldsymbol{B})=m$　(D)秩 $R(\boldsymbol{A})=n,R(\boldsymbol{B})=n$

6. 设 $\boldsymbol{\alpha}$ 为 3 维单位列向量，$\boldsymbol{I}$ 为 3 阶单位矩阵，则矩阵 $\boldsymbol{I}-\boldsymbol{\alpha}\boldsymbol{\alpha}^{\mathrm{T}}$ 的秩=__________.

(2012 年)

7. 设向量组 $\boldsymbol{\alpha}_1=(1,0,1)^{\mathrm{T}},\boldsymbol{\alpha}_2=(0,1,1)^{\mathrm{T}},\boldsymbol{\alpha}_3=(1,3,5)^{\mathrm{T}}$ 不能由向量 $\boldsymbol{\beta}_1=(1,1,1)^{\mathrm{T}}$，$\boldsymbol{\beta}_2=(1,2,3)^{\mathrm{T}}$，$\boldsymbol{\beta}_3=(3,4,a)^{\mathrm{T}}$ 线性表示，

(1)求 a 的值；

(2)将 $\boldsymbol{\beta}_1,\boldsymbol{\beta}_2,\boldsymbol{\beta}_3$ 用 $\boldsymbol{\alpha}_1,\boldsymbol{\alpha}_2,\boldsymbol{\alpha}_3$ 线性表示.　(2011 年)

8. 已知非齐次线性方程组

$$\begin{cases}x_1+x_2+x_3+x_4=-1,\\4x_1+3x_2+5x_3-x_4=-1,\\ax_1+x_2+3x_3+bx_4=1.\end{cases}$$

有 3 个线性无关的解，

(1)证明方程组系数矩阵的秩 $R(\boldsymbol{A})=2$；

(2)求 a,b 的值及方程组的通解.　(2006 年)

9. 设 $\boldsymbol{\alpha},\boldsymbol{\beta}$ 为 3 维列向量，矩阵 $\boldsymbol{A}=\boldsymbol{\alpha}\boldsymbol{\alpha}^{\mathrm{T}}+\boldsymbol{\beta}\boldsymbol{\beta}^{\mathrm{T}}$，其中 $\boldsymbol{\alpha}^{\mathrm{T}},\boldsymbol{\beta}^{\mathrm{T}}$ 分别是 $\boldsymbol{\alpha},\boldsymbol{\beta}$ 的转置，证明

(1)秩 $R(\boldsymbol{A})\leqslant 2$；

(2)若 $\boldsymbol{\alpha},\boldsymbol{\beta}$ 线性相关，则秩 $R(\boldsymbol{A})<2$.　(2008 年)

第 5 章　方阵的对角化

本章先介绍特征值和特征向量的概念,再利用这些概念讨论一般的 n 阶方阵与特殊的对角矩阵相似的问题.

5.1　预 备 知 识

在几何空间中,定义过向量的长度,夹角及数量积,现在将这些概念推广到一般的 n 维向量.

一、向量的内积

定义 5.1　设有 n 维实向量

$$\boldsymbol{\alpha}=\begin{pmatrix}a_1\\a_2\\\vdots\\a_n\end{pmatrix},\quad \boldsymbol{\beta}=\begin{pmatrix}b_1\\b_2\\\vdots\\b_n\end{pmatrix},$$

令

$$(\boldsymbol{\alpha},\boldsymbol{\beta})=a_1b_1+a_2b_2+\cdots+a_nb_n=\boldsymbol{\alpha}^{\mathrm{T}}\boldsymbol{\beta},$$

称 $(\boldsymbol{\alpha},\boldsymbol{\beta})$ 为向量 $\boldsymbol{\alpha}$ 与 $\boldsymbol{\beta}$ 的内积.

由定义 5.1 可知,内积是向量之间的一种运算,其结果是一个实数,它是几何空间中数量积的推广.

内积具有以下性质:设 $\boldsymbol{\alpha},\boldsymbol{\beta},\boldsymbol{\gamma}$ 为 n 维向量, k 为实数,

(1)**交换性**　$(\boldsymbol{\alpha},\boldsymbol{\beta})=(\boldsymbol{\beta},\boldsymbol{\alpha})$;

(2)**分配性**　$(\boldsymbol{\alpha}+\boldsymbol{\beta},\boldsymbol{\gamma})=(\boldsymbol{\alpha},\boldsymbol{\gamma})+(\boldsymbol{\beta},\boldsymbol{\gamma})$;

(3)**提因性**　$(k\boldsymbol{\alpha},\boldsymbol{\beta})=k(\boldsymbol{\alpha},\boldsymbol{\beta})$;

(4)**非负性**　$(\boldsymbol{\alpha},\boldsymbol{\alpha})\geqslant 0$, 且 $(\boldsymbol{\alpha},\boldsymbol{\alpha})=0$ 当且仅当 $\boldsymbol{\alpha}=\mathbf{0}$.

由上述性质易得 $(\mathbf{0},\boldsymbol{\alpha})=0$, 即零向量与任意同维向量的内积为零.

以上性质利用定义 5.1 很容易证明,请读者自行尝试.

二、向量的长度与夹角

n 维向量没有 3 维向量那样有直观的长度与夹角的概念,只能形式的按照数量积的直角坐标计算公式来推广.

定义 5.2　设 $\boldsymbol{\alpha}=(a_1,a_2,\cdots,a_n)^{\mathrm{T}}$，令 $|\boldsymbol{\alpha}|=\sqrt{(\boldsymbol{\alpha},\boldsymbol{\alpha})}=\sqrt{a_1^2+a_2^2+\cdots+a_n^2}$，称 $|\boldsymbol{\alpha}|$ 为向量 $\boldsymbol{\alpha}$ 的长度(或范数).

当 $|\boldsymbol{\alpha}|=1$ 时，称 $\boldsymbol{\alpha}$ 为单位向量；当 $\boldsymbol{\alpha}\neq\mathbf{0}$ 时，$\boldsymbol{\alpha}_0=\dfrac{1}{|\boldsymbol{\alpha}|}\boldsymbol{\alpha}$ 为向量 $\boldsymbol{\alpha}$ 对应的单位向量. 通过 $\boldsymbol{\alpha}$ 求单位向量 $\boldsymbol{\alpha}_0$ 的过程，称将 $\boldsymbol{\alpha}$ 单位化.

向量的长度有如下性质.

设 $\boldsymbol{\alpha},\boldsymbol{\beta}$ 为 n 维向量，k 为实数，则

(1)**非负性**　$|\boldsymbol{\alpha}|\geqslant 0$，且 $|\boldsymbol{\alpha}|=0$ 当且仅当 $\boldsymbol{\alpha}=\mathbf{0}$；

(2)**齐次性**　$|k\boldsymbol{\alpha}|=|k|\,|\boldsymbol{\alpha}|$；

(3)**施瓦茨不等式**　$|(\boldsymbol{\alpha},\boldsymbol{\beta})|\leqslant|\boldsymbol{\alpha}|\,|\boldsymbol{\beta}|$；

(4)**三角不等式**　$|\boldsymbol{\alpha}+\boldsymbol{\beta}|\leqslant|\boldsymbol{\alpha}|+|\boldsymbol{\beta}|$.

只证明(2)(3)(4).

证明　(2) $|k\boldsymbol{\alpha}|=\sqrt{(k\boldsymbol{\alpha},k\boldsymbol{\alpha})}=\sqrt{k^2(\boldsymbol{\alpha},\boldsymbol{\alpha})}=|\mathrm{k}|\,|\boldsymbol{\alpha}|$；

(3)当 $\boldsymbol{\beta}=\mathbf{0}$ 时，不等式成立；

当 $\boldsymbol{\beta}\neq\mathbf{0}$ 时，令 $\boldsymbol{\gamma}=\boldsymbol{\alpha}+t\boldsymbol{\beta}$，$t$ 为实数，$(\boldsymbol{\gamma},\boldsymbol{\gamma})=(\boldsymbol{\alpha}+t\boldsymbol{\beta},\boldsymbol{\alpha}+t\boldsymbol{\beta})=(\boldsymbol{\alpha},\boldsymbol{\alpha})+2t(\boldsymbol{\alpha},\boldsymbol{\beta})+t^2(\boldsymbol{\beta},\boldsymbol{\beta})\geqslant 0$，将 $(\boldsymbol{\alpha},\boldsymbol{\alpha})+2t(\boldsymbol{\alpha},\boldsymbol{\beta})+t^2(\boldsymbol{\beta},\boldsymbol{\beta})$ 看成以 t 为变量的一元二次函数，无论 t 取何值时，此式都要大于等于 0，则必有 $\Delta=(2(\boldsymbol{\alpha},\boldsymbol{\beta}))^2-4(\boldsymbol{\alpha},\boldsymbol{\alpha})(\boldsymbol{\beta},\boldsymbol{\beta})\leqslant 0$，整理可得 $(\boldsymbol{\alpha},\boldsymbol{\beta})^2\leqslant|\boldsymbol{\alpha}|^2|\boldsymbol{\beta}|^2$，开平方即有 $|(\boldsymbol{\alpha},\boldsymbol{\beta})|\leqslant|\boldsymbol{\alpha}|\,|\boldsymbol{\beta}|$.

(4) $|\boldsymbol{\alpha}+\boldsymbol{\beta}|^2=(\boldsymbol{\alpha}+\boldsymbol{\beta},\boldsymbol{\alpha}+\boldsymbol{\beta})=(\boldsymbol{\alpha},\boldsymbol{\alpha})+2(\boldsymbol{\alpha},\boldsymbol{\beta})+(\boldsymbol{\beta},\boldsymbol{\beta})$，由施瓦茨不等式则有 $|\boldsymbol{\alpha}+\boldsymbol{\beta}|^2\leqslant(\boldsymbol{\alpha},\boldsymbol{\alpha})+2|\boldsymbol{\alpha}|\,|\boldsymbol{\beta}|+(\boldsymbol{\beta},\boldsymbol{\beta})$，从而 $|\boldsymbol{\alpha}+\boldsymbol{\beta}|^2\leqslant(|\boldsymbol{\alpha}|+|\boldsymbol{\beta}|)^2$，开平方则有 $|\boldsymbol{\alpha}+\boldsymbol{\beta}|\leqslant|\boldsymbol{\alpha}|+|\boldsymbol{\beta}|$.

由施瓦茨不等式易得 $\left|\dfrac{(\boldsymbol{\alpha},\boldsymbol{\beta})}{|\boldsymbol{\alpha}|\,|\boldsymbol{\beta}|}\right|\leqslant 1$（当 $|\boldsymbol{\alpha}|\,|\boldsymbol{\beta}|\neq 0$ 时），于是仿照几何空间数量积 $\boldsymbol{\alpha}\cdot\boldsymbol{\beta}=|\boldsymbol{\alpha}|\cdot|\boldsymbol{\beta}|\cos\theta$ 中向量 $\boldsymbol{\alpha},\boldsymbol{\beta}$ 的夹角 θ 的定义，有如下定义：当 $\boldsymbol{\alpha}\neq\mathbf{0}$ 且 $\boldsymbol{\beta}\neq\mathbf{0}$ 时，$\theta=\arccos\dfrac{(\boldsymbol{\alpha},\boldsymbol{\beta})}{|\boldsymbol{\alpha}|\,|\boldsymbol{\beta}|}$ 称为两个 n 维向量 $\boldsymbol{\alpha}$ 与 $\boldsymbol{\beta}$ 的夹角.

三、正交及正交向量组

定义 5.3　若 n 维向量 $\boldsymbol{\alpha}$ 与 $\boldsymbol{\beta}$ 的内积 $(\boldsymbol{\alpha},\boldsymbol{\beta})=0$，则称向量 $\boldsymbol{\alpha}$ 与 $\boldsymbol{\beta}$ 正交，记为 $\boldsymbol{\alpha}\perp\boldsymbol{\beta}$.

因为零向量与任意同维向量的内积都为 0，所以零向量与任意同维向量正交.

定义 5.4　若 n 维向量组 $\boldsymbol{\alpha}_1,\boldsymbol{\alpha}_2,\cdots,\boldsymbol{\alpha}_m$ 全为非零向量且两两正交，则称该向量组为正交向量组. 特别地，若 $\boldsymbol{\alpha}_1,\boldsymbol{\alpha}_2,\cdots,\boldsymbol{\alpha}_m$ 还全为单位向量，则称此正交向量组为标准正交向量组. 即标准正交向量组 $\boldsymbol{\alpha}_1,\boldsymbol{\alpha}_2,\cdots,\boldsymbol{\alpha}_m$ 满足 $(\boldsymbol{\alpha}_i,\boldsymbol{\alpha}_j)=\begin{cases}1, & i=j,\\ 0, & i\neq j.\end{cases}$

关于正交向量组有如下结论.

定理 5.1 若 n 维向量组 $\boldsymbol{\alpha}_1,\boldsymbol{\alpha}_2,\cdots,\boldsymbol{\alpha}_m$ 为正交向量组，则向量组 $\boldsymbol{\alpha}_1,\boldsymbol{\alpha}_2,\cdots,\boldsymbol{\alpha}_m$ 必定线性无关.

证明 设有一组数 $k_1,k_2,\cdots,k_m$ 使得 $k_1\boldsymbol{\alpha}_1+k_2\boldsymbol{\alpha}_2+\cdots+k_m\boldsymbol{\alpha}_m=\mathbf{0}$，用 $\boldsymbol{\alpha}_i$ 作内积有

$$(\boldsymbol{\alpha}_i,k_1\boldsymbol{\alpha}_1+k_2\boldsymbol{\alpha}_2+\cdots+k_m\boldsymbol{\alpha}_m)=(\boldsymbol{\alpha}_i,\mathbf{0})=0,$$

利用内积的分配性和提因性上式可变形为

$$k_1(\boldsymbol{\alpha}_i,\boldsymbol{\alpha}_1)+\cdots+k_{i-1}(\boldsymbol{\alpha}_i,\boldsymbol{\alpha}_{i-1})+k_i(\boldsymbol{\alpha}_i,\boldsymbol{\alpha}_i)+k_{i+1}(\boldsymbol{\alpha}_i,\boldsymbol{\alpha}_{i+1})+\cdots+k_m(\boldsymbol{\alpha}_i,\boldsymbol{\alpha}_m)=0,$$

从而 $k_i(\boldsymbol{\alpha}_i,\boldsymbol{\alpha}_i)=0$，由于 $(\boldsymbol{\alpha}_i,\boldsymbol{\alpha}_i)\neq 0$，所以 $k_i=0(i=1,2,\cdots,m)$，于是向量组 $\boldsymbol{\alpha}_1,\boldsymbol{\alpha}_2,\cdots,\boldsymbol{\alpha}_m$ 必定线性无关.

思考题 1 定理 5.1 的逆命题是否成立，即线性无关的向量组是否一定为正交向量组？

四、施密特正交化方法

线性无关的向量组 $\boldsymbol{\alpha}_1,\boldsymbol{\alpha}_2,\cdots,\boldsymbol{\alpha}_m$ 不一定为正交向量组，但是可以通过以下变化，将线性无关的向量组 $\boldsymbol{\alpha}_1,\boldsymbol{\alpha}_2,\cdots,\boldsymbol{\alpha}_m$ 得到一个与之等价的正交向量组 $\boldsymbol{\beta}_1,\boldsymbol{\beta}_2,\cdots,\boldsymbol{\beta}_m$，这种通过线性无关向量组 $\boldsymbol{\alpha}_1,\boldsymbol{\alpha}_2,\cdots,\boldsymbol{\alpha}_m$ 导出正交向量组 $\boldsymbol{\beta}_1,\boldsymbol{\beta}_2,\cdots,\boldsymbol{\beta}_m$ 的方法，称为施密特正交化方法，过程如下：

第一步 取 $\boldsymbol{\beta}_1=\boldsymbol{\alpha}_1$；

第二步 求 $\boldsymbol{\beta}_2$，使得 $\boldsymbol{\beta}_1$ 与 $\boldsymbol{\beta}_2$ 正交即满足 $(\boldsymbol{\beta}_2,\boldsymbol{\beta}_1)=0$. 令 $\boldsymbol{\beta}_2=\boldsymbol{\alpha}_2+k\boldsymbol{\beta}_1$，等式两边同时与 $\boldsymbol{\beta}_1$ 作内积，$(\boldsymbol{\alpha}_2+k\boldsymbol{\beta}_1,\boldsymbol{\beta}_1)=(\boldsymbol{\beta}_2,\boldsymbol{\beta}_1)=0$，整理可得 $k=-\dfrac{(\boldsymbol{\alpha}_2,\boldsymbol{\beta}_1)}{(\boldsymbol{\beta}_1,\boldsymbol{\beta}_1)}$，于是

$$\boldsymbol{\beta}_2=\boldsymbol{\alpha}_2-\frac{(\boldsymbol{\alpha}_2,\boldsymbol{\beta}_1)}{(\boldsymbol{\beta}_1,\boldsymbol{\beta}_1)}\boldsymbol{\beta}_1;$$

第三步 求 $\boldsymbol{\beta}_3$，使得 $\boldsymbol{\beta}_3$ 同时与 $\boldsymbol{\beta}_1,\boldsymbol{\beta}_2$ 正交，即满足 $(\boldsymbol{\beta}_3,\boldsymbol{\beta}_1)=0$ 且 $(\boldsymbol{\beta}_3,\boldsymbol{\beta}_2)=0$. 令 $\boldsymbol{\beta}_3=\boldsymbol{\alpha}_3+k_1\boldsymbol{\beta}_1+k_2\boldsymbol{\beta}_2$，等式两边分别同时与 $\boldsymbol{\beta}_1,\boldsymbol{\beta}_2$ 作内积，有

$$(\boldsymbol{\alpha}_3+k_1\boldsymbol{\beta}_1+k_2\boldsymbol{\beta}_2,\boldsymbol{\beta}_1)=(\boldsymbol{\beta}_3,\boldsymbol{\beta}_1)=0,\quad (\boldsymbol{\alpha}_3+k_1\boldsymbol{\beta}_1+k_2\boldsymbol{\beta}_2,\boldsymbol{\beta}_2)=(\boldsymbol{\beta}_3,\boldsymbol{\beta}_2)=0,$$

整理可得 $(\boldsymbol{\alpha}_3,\boldsymbol{\beta}_1)+k_1(\boldsymbol{\beta}_1,\boldsymbol{\beta}_1)=0,(\boldsymbol{\alpha}_3,\boldsymbol{\beta}_2)+k_2(\boldsymbol{\beta}_2,\boldsymbol{\beta}_2)=0$，从而

$$k_1=-\frac{(\boldsymbol{\alpha}_3,\boldsymbol{\beta}_1)}{(\boldsymbol{\beta}_1,\boldsymbol{\beta}_1)},\quad k_2=-\frac{(\boldsymbol{\alpha}_3,\boldsymbol{\beta}_2)}{(\boldsymbol{\beta}_2,\boldsymbol{\beta}_2)}.$$

于是 $\boldsymbol{\beta}_3=\boldsymbol{\alpha}_3-\dfrac{(\boldsymbol{\alpha}_3,\boldsymbol{\beta}_1)}{(\boldsymbol{\beta}_1,\boldsymbol{\beta}_1)}\boldsymbol{\beta}_1-\dfrac{(\boldsymbol{\alpha}_3,\boldsymbol{\beta}_2)}{(\boldsymbol{\beta}_2,\boldsymbol{\beta}_2)}\boldsymbol{\beta}_2$.

按以上方式不断求解，可求得 $\boldsymbol{\beta}_4,\boldsymbol{\beta}_5,\cdots,\boldsymbol{\beta}_m$.

综上便有正交向量组 $\boldsymbol{\beta}_1,\boldsymbol{\beta}_2,\cdots,\boldsymbol{\beta}_m$ 的求解公式：

$$\boldsymbol{\beta}_1=\boldsymbol{\alpha}_1;$$

$$\boldsymbol{\beta}_2=\boldsymbol{\alpha}_2-\frac{(\boldsymbol{\alpha}_2,\boldsymbol{\beta}_1)}{(\boldsymbol{\beta}_1,\boldsymbol{\beta}_1)}\boldsymbol{\beta}_1;$$

$$\boldsymbol{\beta}_3=\boldsymbol{\alpha}_3-\frac{(\boldsymbol{\alpha}_3,\boldsymbol{\beta}_1)}{(\boldsymbol{\beta}_1,\boldsymbol{\beta}_1)}\boldsymbol{\beta}_1-\frac{(\boldsymbol{\alpha}_3,\boldsymbol{\beta}_2)}{(\boldsymbol{\beta}_2,\boldsymbol{\beta}_2)}\boldsymbol{\beta}_2;$$

……

$$\boldsymbol{\beta}_m=\boldsymbol{\alpha}_m-\frac{(\boldsymbol{\alpha}_m,\boldsymbol{\beta}_1)}{(\boldsymbol{\beta}_1,\boldsymbol{\beta}_1)}\boldsymbol{\beta}_1-\frac{(\boldsymbol{\alpha}_m,\boldsymbol{\beta}_2)}{(\boldsymbol{\beta}_2,\boldsymbol{\beta}_2)}\boldsymbol{\beta}_2-\cdots-\frac{(\boldsymbol{\alpha}_m,\boldsymbol{\beta}_{m-1})}{(\boldsymbol{\beta}_{m-1},\boldsymbol{\beta}_{m-1})}\boldsymbol{\beta}_{m-1}.$$

例 1　设线性无关的向量组 $\boldsymbol{\alpha}_1=\begin{pmatrix}1\\0\\1\end{pmatrix},\boldsymbol{\alpha}_2=\begin{pmatrix}1\\0\\0\end{pmatrix},\boldsymbol{\alpha}_3=\begin{pmatrix}1\\1\\0\end{pmatrix}$ 用施密特正交化方法将 $\boldsymbol{\alpha}_1,\boldsymbol{\alpha}_2,\boldsymbol{\alpha}_3$ 正交化再单位化.

解　正交化:取

$$\boldsymbol{\beta}_1=\boldsymbol{\alpha}_1=\begin{pmatrix}1\\0\\1\end{pmatrix},$$

$$\boldsymbol{\beta}_2=\boldsymbol{\alpha}_2-\frac{(\boldsymbol{\alpha}_2,\boldsymbol{\beta}_1)}{(\boldsymbol{\beta}_1,\boldsymbol{\beta}_1)}\boldsymbol{\beta}_1=\begin{pmatrix}1\\0\\0\end{pmatrix}-\frac{1}{2}\begin{pmatrix}1\\0\\1\end{pmatrix}=\frac{1}{2}\begin{pmatrix}1\\0\\-1\end{pmatrix},$$

$$\boldsymbol{\beta}_3=\boldsymbol{\alpha}_3-\frac{(\boldsymbol{\alpha}_3,\boldsymbol{\beta}_1)}{(\boldsymbol{\beta}_1,\boldsymbol{\beta}_1)}\boldsymbol{\beta}_1-\frac{(\boldsymbol{\alpha}_3,\boldsymbol{\beta}_2)}{(\boldsymbol{\beta}_2,\boldsymbol{\beta}_2)}\boldsymbol{\beta}_2=\begin{pmatrix}1\\1\\0\end{pmatrix}-\frac{1}{2}\begin{pmatrix}1\\0\\1\end{pmatrix}-\frac{\frac{1}{2}}{\frac{1}{2}}\cdot\frac{1}{2}\begin{pmatrix}1\\0\\-1\end{pmatrix}=\begin{pmatrix}0\\1\\0\end{pmatrix}$$

单位化:

$$\boldsymbol{\varepsilon}_1=\frac{1}{|\boldsymbol{\beta}_1|}\boldsymbol{\beta}_1=\frac{1}{\sqrt{2}}\begin{pmatrix}1\\0\\1\end{pmatrix},\quad \boldsymbol{\varepsilon}_2=\frac{1}{|\boldsymbol{\beta}_2|}\boldsymbol{\beta}_2=\frac{1}{\sqrt{2}}\begin{pmatrix}1\\0\\-1\end{pmatrix},\quad \boldsymbol{\varepsilon}_3=\frac{1}{|\boldsymbol{\beta}_3|}\boldsymbol{\beta}_3=\begin{pmatrix}0\\1\\0\end{pmatrix}.$$

例 2　已知向量 $\boldsymbol{\alpha}_1=\begin{pmatrix}1\\2\\1\end{pmatrix}$,求一组非零向量 $\boldsymbol{\alpha}_2,\boldsymbol{\alpha}_3$ 使 $\boldsymbol{\alpha}_1,\boldsymbol{\alpha}_2,\boldsymbol{\alpha}_3$ 两两正交.

解　由于 $\boldsymbol{\alpha}_2,\boldsymbol{\alpha}_3$ 与 $\boldsymbol{\alpha}_1$ 正交,即 $(\boldsymbol{\alpha}_1,\boldsymbol{\alpha}_2)=\boldsymbol{\alpha}_1^{\mathrm{T}}\boldsymbol{\alpha}_2=0$, $(\boldsymbol{\alpha}_1,\boldsymbol{\alpha}_3)=\boldsymbol{\alpha}_1^{\mathrm{T}}\boldsymbol{\alpha}_3=0$, 由此可知 $\boldsymbol{\alpha}_2,\boldsymbol{\alpha}_3$ 应满足方程 $\boldsymbol{\alpha}_1^{\mathrm{T}}\boldsymbol{x}=0$, 即 $\boldsymbol{\alpha}_2,\boldsymbol{\alpha}_3$ 应为齐次方程组 $x_1+2x_2+x_3=0$ 的解,容易看出方程组 $x_1+2x_2+x_3=0$ 有无穷多解,求该方程组的一个基础解系为 $\boldsymbol{\xi}_1=\begin{pmatrix}-2\\1\\0\end{pmatrix},\boldsymbol{\xi}_2=\begin{pmatrix}-1\\0\\1\end{pmatrix}$,此时 $\boldsymbol{\xi}_1,\boldsymbol{\xi}_2$ 与 $\boldsymbol{\alpha}_1$ 正交,但 $\boldsymbol{\xi}_1$ 与 $\boldsymbol{\xi}_2$ 并不正交,于是将 $\boldsymbol{\xi}_1,\boldsymbol{\xi}_2$ 正交化便是所求的 $\boldsymbol{\alpha}_2,\boldsymbol{\alpha}_3$, 即

$$\boldsymbol{\alpha}_2=\boldsymbol{\xi}_1=\begin{pmatrix}-2\\1\\0\end{pmatrix},\quad \boldsymbol{\alpha}_3=\boldsymbol{\xi}_2-\frac{(\boldsymbol{\xi}_1,\boldsymbol{\xi}_2)}{(\boldsymbol{\xi}_1,\boldsymbol{\xi}_1)}\boldsymbol{\xi}_1=\begin{pmatrix}-1\\0\\1\end{pmatrix}-\frac{2}{5}\begin{pmatrix}-2\\1\\0\end{pmatrix}=\begin{pmatrix}-\frac{1}{5}\\-\frac{2}{5}\\1\end{pmatrix}.$$

五、正交矩阵和正交变换

定义 5.5 若 n 阶方阵 $\boldsymbol{A}$ 满足 $\boldsymbol{A}^{\mathrm{T}}\boldsymbol{A}=\boldsymbol{A}\boldsymbol{A}^{\mathrm{T}}=\boldsymbol{I}$，则称 $\boldsymbol{A}$ 为正交矩阵，简称正交阵.

例如，$\boldsymbol{A}=\begin{pmatrix}\frac{1}{\sqrt{2}} & \frac{1}{\sqrt{2}} & 0\\ -\frac{1}{\sqrt{2}} & \frac{1}{\sqrt{2}} & 0\\ 0 & 0 & 1\end{pmatrix}$ 为正交阵，它满足 $\boldsymbol{A}^{\mathrm{T}}\boldsymbol{A}=\boldsymbol{A}\boldsymbol{A}^{\mathrm{T}}=\boldsymbol{I}$.

关于正交阵，有如下结论：

(1)若 $\boldsymbol{A}$ 为正交阵，则 $\boldsymbol{A}$ 一定可逆且 $\boldsymbol{A}^{-1}=\boldsymbol{A}^{\mathrm{T}}$；

(2)若 $\boldsymbol{A}$ 为正交阵，则 $\boldsymbol{A}^{-1}$，$\boldsymbol{A}^{\mathrm{T}}$ 也为正交阵；

(3)若 $\boldsymbol{A}$ 满足 $\boldsymbol{A}^{\mathrm{T}}\boldsymbol{A}=\boldsymbol{I}$（或 $\boldsymbol{A}\boldsymbol{A}^{\mathrm{T}}=\boldsymbol{I}$），则 $\boldsymbol{A}$ 为正交阵；

(4)若 $\boldsymbol{A}$ 为正交阵，则 $\boldsymbol{A}$ 的行列式 $|\boldsymbol{A}|=\pm 1$；

(5)若 $\boldsymbol{A}$，$\boldsymbol{B}$ 为同阶正交阵，则 $\boldsymbol{A}$ 与 $\boldsymbol{B}$ 的乘积 $\boldsymbol{AB}$ 也为正交阵；

(6) n 阶方阵 $\boldsymbol{A}$ 为正交阵的充要条件为 $\boldsymbol{A}$ 的列（行）向量组是标准正交向量组.

只证(5)与(6).

证明 (5)因为 $(\boldsymbol{AB})^{\mathrm{T}}\boldsymbol{AB}=\boldsymbol{B}^{\mathrm{T}}\boldsymbol{A}^{\mathrm{T}}\boldsymbol{AB}=\boldsymbol{B}^{\mathrm{T}}\boldsymbol{B}=\boldsymbol{I}$，所以 $\boldsymbol{AB}$ 也为正交阵；

(6)对 n 阶方阵 $\boldsymbol{A}$ 按列分块 $\boldsymbol{A}=(\boldsymbol{\alpha}_1,\boldsymbol{\alpha}_2,\cdots,\boldsymbol{\alpha}_n)$，则

$$\boldsymbol{A}^{\mathrm{T}}\boldsymbol{A}=\begin{pmatrix}\boldsymbol{\alpha}_1^{\mathrm{T}}\\ \boldsymbol{\alpha}_2^{\mathrm{T}}\\ \vdots\\ \boldsymbol{\alpha}_n^{\mathrm{T}}\end{pmatrix}(\boldsymbol{\alpha}_1,\boldsymbol{\alpha}_2,\cdots,\boldsymbol{\alpha}_n)=\begin{pmatrix}\boldsymbol{\alpha}_1^{\mathrm{T}}\boldsymbol{\alpha}_1 & \boldsymbol{\alpha}_1^{\mathrm{T}}\boldsymbol{\alpha}_2 & \cdots & \boldsymbol{\alpha}_1^{\mathrm{T}}\boldsymbol{\alpha}_n\\ \boldsymbol{\alpha}_2^{\mathrm{T}}\boldsymbol{\alpha}_1 & \boldsymbol{\alpha}_2^{\mathrm{T}}\boldsymbol{\alpha}_2 & \cdots & \boldsymbol{\alpha}_2^{\mathrm{T}}\boldsymbol{\alpha}_n\\ \vdots & \vdots & & \vdots\\ \boldsymbol{\alpha}_n^{\mathrm{T}}\boldsymbol{\alpha}_1 & \boldsymbol{\alpha}_n^{\mathrm{T}}\boldsymbol{\alpha}_n & \cdots & \boldsymbol{\alpha}_n^{\mathrm{T}}\boldsymbol{\alpha}_n\end{pmatrix},$$

由此可知 $\boldsymbol{A}^{\mathrm{T}}\boldsymbol{A}=\boldsymbol{I}$ 的充要条件为 $\boldsymbol{\alpha}_i^{\mathrm{T}}\boldsymbol{\alpha}_j=\begin{cases}1, & i=j,\\ 0, & i\neq j,\end{cases}$ 结论成立.

例 3 已知 $\boldsymbol{A}=\begin{pmatrix}\frac{1}{\sqrt{2}} & \frac{1}{\sqrt{2}}\\ a & b\end{pmatrix}$ 为正交阵，求 a，b.

解　利用性质(6)有 $\begin{cases}\dfrac{1}{2}+a^2=1,\\ \dfrac{1}{2}+b^2=1,\\ \dfrac{1}{2}+ab=0,\end{cases}$ 解之 $\begin{cases}a=\dfrac{1}{\sqrt{2}},\\ b=-\dfrac{1}{\sqrt{2}}\end{cases}$ 或 $\begin{cases}a=-\dfrac{1}{\sqrt{2}},\\ b=\dfrac{1}{\sqrt{2}}.\end{cases}$

定义 5.6　若 $\boldsymbol{A}$ 为正交阵，$\boldsymbol{X}$ 和 $\boldsymbol{Y}$ 是 n 维列向量，则称线性变换 $\boldsymbol{Y}=\boldsymbol{AX}$ 为正交变换.

正交变换有如下性质：

(1) 正交变换保持向量的长度不变，即若 $\boldsymbol{Y}=\boldsymbol{AX}$ 为正交变换，则 $|\boldsymbol{X}|=|\boldsymbol{Y}|$；

(2) 正交变换保持向量的内积不变，即若 $\boldsymbol{Y}=\boldsymbol{AX}$ 为正交变换，且 $\boldsymbol{Y}_1=\boldsymbol{AX}_1$，$\boldsymbol{Y}_2=\boldsymbol{AX}_2$，则 $(\boldsymbol{X}_1,\boldsymbol{X}_2)=(\boldsymbol{Y}_1,\boldsymbol{Y}_2)$.

由于正交变换保持向量长度和内积不变，因而保持两向量之间的夹角和正交性不变，这就使得在第 6 章使用正交变换法化二次型为标准形时，保持曲线或曲面的图形的几何形状不变.

习　题　5.1

1. 已知向量 $\boldsymbol{\alpha}=(1,1,-1,2)^{\mathrm{T}}$，$\boldsymbol{\beta}=(2,4,0,-1)^{\mathrm{T}}$，求(1)长度 $|\boldsymbol{\alpha}|$，$|\boldsymbol{\beta}|$；(2) $\boldsymbol{\alpha}$ 与 $\boldsymbol{\beta}$ 的内积 $(\boldsymbol{\alpha},\boldsymbol{\beta})$；(3)向量 $\boldsymbol{\alpha}$ 与 $\boldsymbol{\beta}$ 的夹角的余弦；(4) $(2\boldsymbol{\alpha}-\boldsymbol{\beta},3\boldsymbol{\alpha}+\boldsymbol{\beta})$.

2. 已知向量 $\boldsymbol{\alpha}=(1,0,-2)^{\mathrm{T}}$，$\boldsymbol{\beta}=(-4,2,3)^{\mathrm{T}}$，求数 λ 和向量 $\boldsymbol{\gamma}$，使得向量 $\boldsymbol{\gamma}$ 与向量 $\boldsymbol{\alpha}$ 正交，且 $\boldsymbol{\beta}=\lambda\boldsymbol{\alpha}+\boldsymbol{\gamma}$.

3. 判定下列向量组是否为标准正交向量组.

(1) $\boldsymbol{\alpha}_1=\left(\dfrac{1}{9},-\dfrac{8}{9},-\dfrac{4}{9}\right)^{\mathrm{T}}$，$\boldsymbol{\alpha}_2=\left(-\dfrac{8}{9},\dfrac{1}{9},-\dfrac{4}{9}\right)^{\mathrm{T}}$，$\boldsymbol{\alpha}_3=\left(-\dfrac{4}{9},-\dfrac{4}{9},\dfrac{7}{9}\right)^{\mathrm{T}}$；

(2) $\boldsymbol{\alpha}_1=\left(1,-\dfrac{1}{2},\dfrac{1}{3}\right)^{\mathrm{T}}$，$\boldsymbol{\alpha}_2=\left(-\dfrac{1}{2},1,\dfrac{1}{2}\right)^{\mathrm{T}}$，$\boldsymbol{\alpha}_3=\left(\dfrac{1}{3},\dfrac{1}{2},-1\right)^{\mathrm{T}}$.

4. 用施密特正交化方法将下列向量组正交化，再单位化.

(1) $\boldsymbol{\alpha}_1=(-1,1,1)^{\mathrm{T}}$，$\boldsymbol{\alpha}_2=(1,-1,1)^{\mathrm{T}}$，$\boldsymbol{\alpha}_3=(1,1,-1)^{\mathrm{T}}$；

(2) $\boldsymbol{\alpha}_1=(1,0,-1,1)^{\mathrm{T}}$，$\boldsymbol{\alpha}_2=(1,-1,0,1)^{\mathrm{T}}$，$\boldsymbol{\alpha}_3=(-1,1,1,0)^{\mathrm{T}}$；

(3) $\boldsymbol{\alpha}_1=(1,2,-1)^{\mathrm{T}}$，$\boldsymbol{\alpha}_2=(-1,3,1)^{\mathrm{T}}$，$\boldsymbol{\alpha}_3=(4,-1,0)^{\mathrm{T}}$.

5. 已知 $\boldsymbol{\alpha}_1=(1,-3,2)^{\mathrm{T}}$，求一组非零向量 $\boldsymbol{\alpha}_2,\boldsymbol{\alpha}_3$，使得 $\boldsymbol{\alpha}_1,\boldsymbol{\alpha}_2,\boldsymbol{\alpha}_3$ 两两正交.

6. 判定线性变换 $\begin{cases}x_1=\dfrac{1}{\sqrt{3}}y_1+\dfrac{-2}{\sqrt{6}}y_3,\\ x_2=\dfrac{1}{\sqrt{3}}y_1-\dfrac{1}{\sqrt{2}}y_2+\dfrac{1}{\sqrt{6}}y_3,\\ x_3=\dfrac{1}{\sqrt{3}}y_1+\dfrac{1}{\sqrt{2}}y_2+\dfrac{1}{\sqrt{6}}y_3\end{cases}$ 是否为正交变换.

7. 已知矩阵 $\boldsymbol{A}=\begin{pmatrix} a & -\frac{3}{7} & \frac{2}{7} \\ \frac{2}{7} & b & -\frac{3}{7} \\ -\frac{3}{7} & \frac{2}{7} & c \end{pmatrix}$ 为正交矩阵，求 a,b,c.

8. 设 $\boldsymbol{x}$ 为 n 维列向量满足 $\boldsymbol{x}^{\mathrm{T}}\boldsymbol{x}=1$，令 $\boldsymbol{H}=\boldsymbol{I}-2\boldsymbol{x}\boldsymbol{x}^{\mathrm{T}}$，证明 $\boldsymbol{H}$ 是对称的正交矩阵.

5.2 方阵的特征值与特征向量

方阵的特征值与特征向量是研究一些工程技术和经济管理问题所必须涉及的概念.

一、特征值与特征向量的定义

定义 5.7 设 $\boldsymbol{A}$ 为 n 阶方阵，若存在数 λ 和 n 维非零列向量 $\boldsymbol{x}$ 使得

$$\boldsymbol{A}\boldsymbol{x}=\lambda\boldsymbol{x}, \tag{5.1}$$

则称数 λ 为 $\boldsymbol{A}$ 的特征值，非零列向量 $\boldsymbol{x}$ 为 $\boldsymbol{A}$ 的属于特征值 λ 的特征向量.

例如，对于 2 阶方阵 $\boldsymbol{A}=\begin{pmatrix} 3 & -1 \\ -1 & 3 \end{pmatrix}$，有

$$\boldsymbol{A}\begin{pmatrix} 1 \\ 1 \end{pmatrix}=2\begin{pmatrix} 1 \\ 1 \end{pmatrix},\quad \boldsymbol{A}\begin{pmatrix} 2 \\ 2 \end{pmatrix}=2\begin{pmatrix} 2 \\ 2 \end{pmatrix},\quad \boldsymbol{A}\begin{pmatrix} 1 \\ -1 \end{pmatrix}=4\begin{pmatrix} 1 \\ -1 \end{pmatrix}.$$

由定义 5.7 可知 2，4 都为 $\boldsymbol{A}$ 的特征值，$\begin{pmatrix} 2 \\ 2 \end{pmatrix}$，$\begin{pmatrix} 1 \\ 1 \end{pmatrix}$ 都为 $\boldsymbol{A}$ 的属于特征值 2 的特征向量，$\begin{pmatrix} 1 \\ -1 \end{pmatrix}$ 是属于特征值 4 的特征向量. 由此例可以看出，对于 n 阶方阵 $\boldsymbol{A}$，特征值不唯一，属于同一个特征值的特征向量也不唯一.

关于定义 5.7 要特别注意特征向量 $\boldsymbol{x}$ 是非零的.

二、特征值与特征向量的计算

将式(5.1) $\boldsymbol{A}\boldsymbol{x}=\lambda\boldsymbol{x}$ 变形可得 $(\lambda\boldsymbol{I}-\boldsymbol{A})\boldsymbol{x}=\boldsymbol{0}$，这表明特征向量 $\boldsymbol{x}$ 是以 $\lambda\boldsymbol{I}-\boldsymbol{A}$ 为系数矩阵的 n 元齐次线性方程组的非零解，而它有非零解的充要条件为其系数行列式等于零，即 $|\lambda\boldsymbol{I}-\boldsymbol{A}|=0$. 因为

$$|\lambda\boldsymbol{I}-\boldsymbol{A}|=\begin{vmatrix} \lambda-a_{11} & -a_{12} & \cdots & -a_{1n} \\ -a_{21} & \lambda-a_{22} & \cdots & -a_{2n} \\ \vdots & \vdots & & \vdots \\ -a_{n1} & -a_{n2} & \cdots & \lambda-a_{nn} \end{vmatrix}$$

展开是一个关于λ的n次多项式，记为$f(\lambda)$，显然$f(\lambda)=0$在复数域范围内必有n个根，它们就是$\boldsymbol{A}$的全部特征值，于是n阶方阵$\boldsymbol{A}$在复数范围内应有n个特征值(重根按重数计算).

定义 5.8　称n次多项式$|\lambda\boldsymbol{I}-\boldsymbol{A}|$为$n$阶方阵$\boldsymbol{A}$的特征多项式；称方程$|\lambda\boldsymbol{I}-\boldsymbol{A}|=0$为$n$阶方阵$\boldsymbol{A}$的特征方程.

由以上分析可得以下结论：

(1)特征方程$|\lambda\boldsymbol{I}-\boldsymbol{A}|=0$的$n$个根即为$n$阶方阵$\boldsymbol{A}$的$n$个特征值，记为$\lambda_i\ (i=1,2,\cdots,n)$；

(2)齐次线性方程组$(\lambda_i\boldsymbol{I}-\boldsymbol{A})x=\boldsymbol{0}$的所有非零解，即为属于特征值$\lambda_i$的全部特征向量.

例 1　求3阶方阵$\boldsymbol{A}=\begin{pmatrix}-1&1&0\\-4&3&0\\1&0&2\end{pmatrix}$的特征值与特征向量.

解　方阵$\boldsymbol{A}$的特征多项式

$$|\lambda\boldsymbol{I}-\boldsymbol{A}|=\begin{vmatrix}\lambda+1&-1&0\\4&\lambda-3&0\\-1&0&\lambda-2\end{vmatrix}=(\lambda-2)\begin{vmatrix}\lambda+1&-1\\4&\lambda-3\end{vmatrix}$$

$$=(\lambda-2)(\lambda-1)^2,$$

则$\boldsymbol{A}$的3个特征值为$\lambda_1=2$，$\lambda_2=\lambda_3=1$(二重根).

当$\lambda_1=2$时，解齐次线性方程组$(2\boldsymbol{I}-\boldsymbol{A})\boldsymbol{x}=\boldsymbol{0}$，

$$(2\boldsymbol{I}-\boldsymbol{A})=\begin{pmatrix}3&-1&0\\4&-1&0\\-1&0&0\end{pmatrix}\to\begin{pmatrix}1&0&0\\0&1&0\\0&0&0\end{pmatrix},$$

得该方程组的基础解系$\boldsymbol{\xi}_1=\begin{pmatrix}0\\0\\1\end{pmatrix}$，则属于特征值2的全部特征向量是$c_1\boldsymbol{\xi}_1\ (c_1\neq0)$，

其中$\boldsymbol{\xi}_1=\begin{pmatrix}0\\0\\1\end{pmatrix}$为特征值2的线性无关的特征向量；

当$\lambda_2=\lambda_3=1$时，解齐次线性方程组$(\boldsymbol{I}-\boldsymbol{A})\boldsymbol{x}=\boldsymbol{0}$，

$$\boldsymbol{I}-\boldsymbol{A}=\begin{pmatrix}2&-1&0\\4&-2&0\\-1&0&-1\end{pmatrix}\to\begin{pmatrix}1&0&1\\0&1&2\\0&0&0\end{pmatrix},$$

得该方程组的基础解系 $\boldsymbol{\xi}_2=\begin{pmatrix}-1\\-2\\1\end{pmatrix}$，则属于特征值 1 的全部特征向量是 $c_2\boldsymbol{\xi}_2(c_2\neq 0)$，

其中 $\boldsymbol{\xi}_2=\begin{pmatrix}-1\\-2\\1\end{pmatrix}$ 为特征值 1 的线性无关的特征向量.

例 2 求 3 阶方阵 $\boldsymbol{A}=\begin{pmatrix}1&2&2\\2&1&2\\2&2&1\end{pmatrix}$ 的特征值与特征向量.

解 $\boldsymbol{A}$ 的特征多项式

$$|\lambda\boldsymbol{I}-\boldsymbol{A}|\xlongequal[r_1+r_3]{r_1+r_2}\begin{vmatrix}\lambda-5&\lambda-5&\lambda-5\\-2&\lambda-1&-2\\-2&-2&\lambda-1\end{vmatrix}=(\lambda-5)\begin{vmatrix}1&1&1\\-2&\lambda-1&-2\\-2&-2&\lambda-1\end{vmatrix}$$

$$=(\lambda-5)\begin{vmatrix}1&1&1\\0&\lambda+1&0\\0&0&\lambda+1\end{vmatrix}=(\lambda-5)(\lambda+1)^2,$$

则 $\boldsymbol{A}$ 的 3 个特征值为 $\lambda_1=5,\lambda_2=\lambda_3=-1$.

当 $\lambda_1=5$ 时，解齐次线性方程组 $(5\boldsymbol{I}-\boldsymbol{A})\boldsymbol{x}=\boldsymbol{0}$，

$$5\boldsymbol{I}-\boldsymbol{A}=\begin{pmatrix}4&-2&-2\\-2&4&-2\\-2&-2&4\end{pmatrix}\to\begin{pmatrix}1&0&-1\\0&1&-1\\0&0&0\end{pmatrix},$$

得该方程组的基础解系 $\boldsymbol{\xi}_1=\begin{pmatrix}1\\1\\1\end{pmatrix}$，则属于特征值 5 的全部特征向量是 $c_1\boldsymbol{\xi}_1(c_1\neq 0)$，

其中 $\boldsymbol{\xi}_1=\begin{pmatrix}1\\1\\1\end{pmatrix}$ 为特征值 5 的线性无关的特征向量；

当 $\lambda_2=\lambda_3=-1$ 时，解齐次线性方程组 $(-\boldsymbol{I}-\boldsymbol{A})\boldsymbol{x}=\boldsymbol{0}$，

$$-\boldsymbol{I}-\boldsymbol{A}=\begin{pmatrix}-2&-2&-2\\-2&-2&-2\\-2&-2&-2\end{pmatrix}\to\begin{pmatrix}1&1&1\\0&0&0\\0&0&0\end{pmatrix},$$

得该方程组的基础解系 $\boldsymbol{\xi}_2=\begin{pmatrix}-1\\1\\0\end{pmatrix},\boldsymbol{\xi}_3=\begin{pmatrix}-1\\0\\1\end{pmatrix}$，则属于特征值 -1 的全部特征向

量是 $c_2\boldsymbol{\xi}_2+c_3\boldsymbol{\xi}_3$（$c_2,c_3$ 不同时为零），其中 $\boldsymbol{\xi}_2=\begin{pmatrix}-1\\1\\0\end{pmatrix}$，$\boldsymbol{\xi}_3=\begin{pmatrix}-1\\0\\1\end{pmatrix}$ 是特征值 -1 的线性无关的特征向量.

三、特征值与特征向量的性质

性质 1　设 λ_0 为 n 阶方阵 $\boldsymbol{A}$ 的特征值，$\boldsymbol{x}$ 为 $\boldsymbol{A}$ 的属于特征值 λ_0 的特征向量，则

(1) λ_0^2 为 $\boldsymbol{A}^2$ 的特征值，x 为 $\boldsymbol{A}^2$ 的属于特征值 λ_0^2 的特征向量，进而 λ_0^m 为 $\boldsymbol{A}^m$ 的特征值，$\boldsymbol{x}$ 为 $\boldsymbol{A}^m$ 的属于特征值 λ_0^m 的特征向量(其中 m 为正整数)；

(2)若 $\boldsymbol{A}$ 可逆，则 $\lambda_0\neq 0$，且 $\dfrac{1}{\lambda_0}$ 为 $\boldsymbol{A}^{-1}$ 的特征值，$\boldsymbol{x}$ 为 $\boldsymbol{A}^{-1}$ 的属于特征值 $\dfrac{1}{\lambda_0}$ 的特征向量；

(3)设多项式 $f(x)=a_mx^m+a_{m-1}x^{m-1}+\cdots+a_1x+a_0$，称 $f(\boldsymbol{A})=a_m\boldsymbol{A}^m+a_{m-1}\boldsymbol{A}^{m-1}+\cdots+a_1\boldsymbol{A}+a_0\boldsymbol{I}$ 为方阵 $\boldsymbol{A}$ 的多项式，则 $f(\lambda_0)$ 为 $f(\boldsymbol{A})$ 的特征值，$\boldsymbol{x}$ 为 $f(\boldsymbol{A})$ 的属于特征值 $f(\lambda_0)$ 的特征向量.

证明　(1)因为 $\boldsymbol{A}^2\boldsymbol{x}=\boldsymbol{A}(\boldsymbol{A}\boldsymbol{x})=\boldsymbol{A}(\lambda_0\boldsymbol{x})=\lambda_0\boldsymbol{A}\boldsymbol{x}=\lambda_0^2\boldsymbol{x}$，所以 λ_0^2 为 $\boldsymbol{A}^2$ 的特征值，$\boldsymbol{x}$ 为 $\boldsymbol{A}^2$ 的属于特征值 λ_0^2 的特征向量，以此类推，不难证明 λ_0^m 为 $\boldsymbol{A}^m$ 的特征值，x 为 $\boldsymbol{A}^m$ 的属于特征值 λ_0^m 的特征向量；

(2)当 $\boldsymbol{A}$ 可逆时，在等式 $\boldsymbol{A}\boldsymbol{x}=\lambda_0\boldsymbol{x}$ 两边同时左乘 $\boldsymbol{A}^{-1}$ 有 $\boldsymbol{x}=\lambda_0\boldsymbol{A}^{-1}\boldsymbol{x}$，假如 $\lambda_0=0$，则 $\boldsymbol{x}=\boldsymbol{0}$，这与特征向量为非零向量矛盾，所以 $\lambda_0\neq 0$，且有 $\boldsymbol{A}^{-1}\boldsymbol{x}=\dfrac{1}{\lambda_0}\boldsymbol{x}$，由此可知 $\dfrac{1}{\lambda_0}$ 为 $\boldsymbol{A}^{-1}$ 的特征值，$\boldsymbol{x}$ 为 $\boldsymbol{A}^{-1}$ 的属于特征值 $\dfrac{1}{\lambda_0}$ 的特征向量；

(3)因为

$$\begin{aligned}f(\boldsymbol{A})\boldsymbol{x}&=(a_m\boldsymbol{A}^m+a_{m-1}\boldsymbol{A}^{m-1}+\cdots+a_1\boldsymbol{A}+a_0\boldsymbol{I})\boldsymbol{x}\\&=a_m\boldsymbol{A}^m\boldsymbol{x}+a_{m-1}\boldsymbol{A}^{m-1}\boldsymbol{x}+\cdots+a_1\boldsymbol{A}\boldsymbol{x}+a_0\boldsymbol{x}\\&=a_m\lambda_0^m\boldsymbol{x}+a_{m-1}\lambda_0^{m-1}\boldsymbol{x}+\cdots+a_1\lambda_0\boldsymbol{x}+a_0\boldsymbol{x}\\&=(a_m\lambda_0^m+a_{m-1}\lambda_0^{m-1}+\cdots+a_1\lambda_0+a_0)\boldsymbol{x}\\&=f(\lambda_0)\boldsymbol{x},\end{aligned}$$

所以 $f(\lambda_0)$ 为 $f(\boldsymbol{A})$ 的特征值，$\boldsymbol{x}$ 为 $f(\boldsymbol{A})$ 的属于特征值 $f(\lambda_0)$ 的特征向量. 证毕

例 3　设 n 阶方阵 $\boldsymbol{A}$ 满足 $\boldsymbol{A}^2=\boldsymbol{I}$，证明 $\boldsymbol{A}$ 的特征值只能为 1 或 -1.

证明　设 λ_0 为 $\boldsymbol{A}$ 的特征值，$\boldsymbol{x}$ 为 $\boldsymbol{A}$ 的属于特征值 λ_0 的特征向量，于是

$$(\boldsymbol{A}^2-\boldsymbol{I})\boldsymbol{x}=\boldsymbol{A}^2\boldsymbol{x}-\boldsymbol{I}\boldsymbol{x}=\lambda_0^2\boldsymbol{x}-1\boldsymbol{x}=(\lambda_0^2-1)\boldsymbol{x},$$

因为 $A^2-I=O$，所以 $(\lambda_0^2-1)x=0$，又因为 $x\neq 0$，所以 $\lambda_0^2-1=0$，即 $\lambda_0=1$ 或 -1.

性质 2 设 $\lambda_1,\lambda_2,\cdots,\lambda_n$ 为 n 阶方阵 $A=(a_{ij})$ 的 n 个特征值，则

(1) $\lambda_1\lambda_2\cdots\lambda_n=|A|$；

(2) $\lambda_1+\lambda_2+\cdots+\lambda_n=a_{11}+a_{22}+\cdots+a_{nn}=\sum\limits_{i=1}^{n}a_{ii}\left(\sum\limits_{i=1}^{n}a_{ii}\right.$ 为 A 的主对角线上元素之和，称为 A 的迹，记为 $\left.\mathrm{Tr}(A)\right)$.

证明 一方面，由 $|\lambda I-A|=\begin{vmatrix}\lambda-a_{11} & -a_{12} & \cdots & -a_{1n}\\ -a_{21} & \lambda-a_{22} & \cdots & -a_{2n}\\ \vdots & \vdots & & \vdots\\ -a_{n1} & -a_{n2} & \cdots & \lambda-a_{nn}\end{vmatrix}=0$，根据 n 阶行列式的定义，等式左边的 n 阶行列式展开应有 $n!$ 项，在这 $n!$ 项中有一项为 $(\lambda-a_{11})(\lambda-a_{22})\cdots(\lambda-a_{nn})$，其余 $n!-1$ 项最多只能出现 λ 的 $n-2$ 次方，从而

$$|\lambda I-A|=\lambda^n-(a_{11}+a_{22}+\cdots+a_{nn})\lambda^{n-1}+\cdots+(-1)^n|A|. \quad (5.2)$$

另一方面，因为 $\lambda_1,\lambda_2,\cdots,\lambda_n$ 为 $|\lambda I-A|=0$ 的 n 个根，所以

$$\begin{aligned}|\lambda I-A|&=(\lambda-\lambda_1)(\lambda-\lambda_2)\cdots(\lambda-\lambda_n)\\&=\lambda^n-(\lambda_1+\lambda_2+\cdots+\lambda_n)\lambda^{n-1}+\cdots+(-1)^n\lambda_1\lambda_2\cdots\lambda_n.\end{aligned} \quad (5.3)$$

比较式(5.2)与式(5.3)便有 $\lambda_1\lambda_2\cdots\lambda_n=|A|$，$\lambda_1+\lambda_2+\cdots+\lambda_n=a_{11}+a_{22}+\cdots+a_{nn}$，结论成立.

由性质 2 中的(1)可得如下推论.

推论 A 可逆的充要条件为 A 的 n 个特征值都不为 0.

例 4 设 3 阶方阵 A 的特征值为 $-1,1,2$，求

(1) $f(A)=A^3-5A^2+A$ 的全部特征值，并求 $|f(A)|$；

(2) $\varphi(A)=A^*+3A-2I$ 的全部特征值，并求 $|\varphi(A)|$.

解 设 λ_0 为 A 的特征值，

(1)由性质 1 的(3)可得 $f(A)=A^3-5A^2+A$ 的特征值的一般形式为 $f(\lambda_0)=\lambda_0^3-5\lambda_0^2+\lambda_0$，从而 $f(A)$ 的全部特征值为 $f(-1)=-7$，$f(1)=-3$，$f(2)=-10$，再由性质 2 的(1)，有 $|f(A)|=-7\times(-3)\times(-10)=-210$.

(2)因为 A 的特征值为 $-1,1,2$，所以 $|A|=-1\times1\times2=-2\neq0$，于是 A 可逆且 $A^*=-2A^{-1}$，于是 $\varphi(A)=A^*+3A-2I=-2A^{-1}+3A-2I$ 的特征值的一般形式为 $\varphi(\lambda_0)=-2\dfrac{1}{\lambda_0}+3\lambda_0-2$，从而 $\varphi(A)$ 的全部特征值为 $\varphi(-1)=-3$，$\varphi(1)=-1$，$\varphi(2)=3$，则有 $|\varphi(A)|=-3\times(-1)\times3=9$.

性质 3　若 $\boldsymbol{x}_1,\boldsymbol{x}_2,\cdots,\boldsymbol{x}_m$ 为 $\boldsymbol{A}$ 的属于特征值 λ_0 的特征向量，$k_1,k_2,\cdots,k_m$ 为任意非零常数，则当 $k_1\boldsymbol{x}_1+k_2\boldsymbol{x}_2+\cdots+k_m\boldsymbol{x}_m\neq\boldsymbol{0}$，$k_1\boldsymbol{x}_1+k_2\boldsymbol{x}_2+\cdots+k_m\boldsymbol{x}_m$ 也为 $\boldsymbol{A}$ 的属于特征值 λ_0 的特征向量.

这是因为

$$\begin{aligned}\boldsymbol{A}(k_1\boldsymbol{x}_1+k_2\boldsymbol{x}_2+\cdots+k_m\boldsymbol{x}_m)&=k_1\boldsymbol{A}\boldsymbol{x}_1+k_2\boldsymbol{A}\boldsymbol{x}_2+\cdots+k_m\boldsymbol{A}\boldsymbol{x}_m\\&=k_1\lambda_0\boldsymbol{x}_1+k_2\lambda_0\boldsymbol{x}_2+\cdots+k_m\lambda_0\boldsymbol{x}_m\\&=\lambda_0(k_1\boldsymbol{x}_1+k_2\boldsymbol{x}_2+\cdots+k_m\boldsymbol{x}_m).\end{aligned}$$

性质 4　设 $\lambda_1,\lambda_2,\cdots,\lambda_m$ 为 n 阶方阵 $\boldsymbol{A}$ 的 m 个互不相等的特征值，$\boldsymbol{x}_1,\boldsymbol{x}_2,\cdots,\boldsymbol{x}_m$ 分别是属于特征值 $\lambda_1,\lambda_2,\cdots,\lambda_m$ 的特征向量，则 $\boldsymbol{x}_1,\boldsymbol{x}_2,\cdots,\boldsymbol{x}_m$ 线性无关，即不同特征值的特征向量所构成的向量组线性无关.

证明　设

$$k_1\boldsymbol{x}_1+k_2\boldsymbol{x}_2+\cdots+k_m\boldsymbol{x}_m=\boldsymbol{0}\quad(k_1,k_2,\cdots,k_m\text{ 为常数}),\tag{5.4}$$

式(5.4)两边同时左乘 $\boldsymbol{A}$ 得，$k_1\boldsymbol{A}\boldsymbol{x}_1+k_2\boldsymbol{A}\boldsymbol{x}_2+\cdots+k_m\boldsymbol{A}\boldsymbol{x}_m=\boldsymbol{0}$，即有

$$k_1\lambda_1\boldsymbol{x}_1+k_2\lambda_2\boldsymbol{x}_2+\cdots+k_m\lambda_m\boldsymbol{x}_m=\boldsymbol{0},\tag{5.5}$$

在式(5.5)两边同时左乘 $\boldsymbol{A}$ 化简，即得

$$k_1\lambda_1^2\boldsymbol{x}_1+k_2\lambda_2^2\boldsymbol{x}_2+\cdots+k_m\lambda_m^2\boldsymbol{x}_m=\boldsymbol{0},\tag{5.6}$$

同理可得

$$k_1\lambda_1^l\boldsymbol{x}_1+k_2\lambda_2^l\boldsymbol{x}_2+\cdots+k_m\lambda_m^l\boldsymbol{x}_m=\boldsymbol{0}\quad(l=0,1,2,\cdots,m-1).$$

将这 m 个等式联立，得

$$\begin{cases}k_1\boldsymbol{x}_1+k_2\boldsymbol{x}_2+\cdots+k_m\boldsymbol{x}_m=\boldsymbol{0},\\k_1\lambda_1\boldsymbol{x}_1+k_2\lambda_2\boldsymbol{x}_2+\cdots+k_m\lambda_m\boldsymbol{x}_m=\boldsymbol{0},\\\quad\cdots\cdots\\k_1\lambda_1^{m-1}\boldsymbol{x}_1+k_2\lambda_2^{m-1}\boldsymbol{x}_2+\cdots+k_m\lambda_m^{m-1}\boldsymbol{x}_m=\boldsymbol{0}.\end{cases}$$

用矩阵形式表示得

$$\begin{pmatrix}1&1&\cdots&1\\\lambda_1&\lambda_2&\cdots&\lambda_m\\\vdots&\vdots&&\vdots\\\lambda_1^{m-1}&\lambda_2^{m-1}&\cdots&\lambda_m^{m-1}\end{pmatrix}\begin{pmatrix}k_1\boldsymbol{x}_1\\k_2\boldsymbol{x}_2\\\vdots\\k_m\boldsymbol{x}_m\end{pmatrix}=\boldsymbol{0}.$$

由 $\lambda_1,\lambda_2,\cdots,\lambda_m$ 互不相同可知

$$\begin{vmatrix}1&1&\cdots&1\\\lambda_1&\lambda_2&\cdots&\lambda_m\\\vdots&\vdots&&\vdots\\\lambda_1^{m-1}&\lambda_2^{m-1}&\cdots&\lambda_m^{m-1}\end{vmatrix}\neq\boldsymbol{0},$$

从而矩阵 $\begin{pmatrix} 1 & 1 & \cdots & 1 \\ \lambda_1 & \lambda_2 & \cdots & \lambda_m \\ \vdots & \vdots & & \vdots \\ \lambda_1^{m-1} & \lambda_2^{m-1} & \cdots & \lambda_m^{m-1} \end{pmatrix}$ 可逆，于是有 $\begin{pmatrix} k_1\boldsymbol{x}_1 \\ k_2\boldsymbol{x}_2 \\ \vdots \\ k_m\boldsymbol{x}_m \end{pmatrix} = \mathbf{0}$，即 $k_i\boldsymbol{x}_i = \mathbf{0}$，因为 $\boldsymbol{x}_i \neq \mathbf{0}(i=1,2,\cdots,m)$，所以只能有 $k_i = 0(i=1,2,\cdots,m)$，因此向量组 $\boldsymbol{x}_1,\boldsymbol{x}_2,\cdots,\boldsymbol{x}_m$ 线性无关.

关于性质 4 有如下推论.

推论 设 $\lambda_1,\lambda_2,\cdots,\lambda_m$ 为 n 阶方阵 $\boldsymbol{A}$ 的 m 个互不相等的特征值，若 $\boldsymbol{x}_{i1},\boldsymbol{x}_{i2},\cdots,\boldsymbol{x}_{ir_i}$ 是属于特征值 $\lambda_i(i=1,2,\cdots,m)$ 的线性无关的特征向量组，则向量组 $\boldsymbol{x}_{11},\boldsymbol{x}_{12},\cdots,\boldsymbol{x}_{1r_1},\cdots,\boldsymbol{x}_{m1},\boldsymbol{x}_{m2},\cdots,\boldsymbol{x}_{mr_m}$ 也线性无关.（证明略）

例 5 设 λ_1,λ_2 为 $\boldsymbol{A}$ 的两个不同的特征值，对应的特征向量依次为 $\boldsymbol{x}_1,\boldsymbol{x}_2$，证明 $\boldsymbol{x}_1+\boldsymbol{x}_2$ 不是 $\boldsymbol{A}$ 的特征向量.

证明 反证 假设 $\boldsymbol{x}_1+\boldsymbol{x}_2$ 是 $\boldsymbol{A}$ 的特征向量，则存在数 λ，使 $\boldsymbol{A}(\boldsymbol{x}_1+\boldsymbol{x}_2)=\lambda(\boldsymbol{x}_1+\boldsymbol{x}_2)$ 由条件有 $\lambda_1\boldsymbol{x}_1+\lambda_2\boldsymbol{x}_2=\lambda\boldsymbol{x}_1+\lambda\boldsymbol{x}_2$，变形可得 $(\lambda-\lambda_1)\boldsymbol{x}_1+(\lambda-\lambda_2)\boldsymbol{x}_2=\mathbf{0}$，因为 $\boldsymbol{x}_1,\boldsymbol{x}_2$ 线性无关，所以 $\lambda-\lambda_1=0$ 且 $\lambda-\lambda_2=0$，即 $\lambda=\lambda_1=\lambda_2$，与已知条件 λ_1,λ_2 为互不相同的特征值矛盾，从而 $\boldsymbol{x}_1+\boldsymbol{x}_2$ 不是 $\boldsymbol{A}$ 的特征向量.

习 题 5.2

1. 求下列矩阵的特征值和特征向量.

(1) $\begin{pmatrix} -2 & 1 & 1 \\ 0 & 2 & 0 \\ -4 & 1 & 3 \end{pmatrix}$；　　(2) $\begin{pmatrix} -3 & 1 & -1 \\ -7 & 5 & -1 \\ -6 & 6 & -2 \end{pmatrix}$.

2. 设 n 阶方阵 $\boldsymbol{A}$ 满足 $\boldsymbol{A}^2-2\boldsymbol{A}-8\boldsymbol{I}=\mathbf{0}$，证明 -2 或 4 是 $\boldsymbol{A}$ 的特征值.

3. 已知 3 阶方阵 $\boldsymbol{A}$ 的特征值为 1,2,3，求

(1) $|\boldsymbol{A}|$；

(2) $\boldsymbol{A}^{-1}$ 的特征值；

(3) $\boldsymbol{A}^*+3\boldsymbol{A}+2\boldsymbol{I}$ 的特征值以及 $|\boldsymbol{A}^*+3\boldsymbol{A}+2\boldsymbol{I}|$；

(4) $\boldsymbol{A}^2-2\boldsymbol{A}+\boldsymbol{I}$ 的特征值以及 $|\boldsymbol{A}^2-2\boldsymbol{A}+\boldsymbol{I}|$.

4. 已知 $\boldsymbol{\xi}=(1,1,-1)^{\mathrm{T}}$ 是方阵 $\boldsymbol{A}=\begin{pmatrix} 2 & -1 & 2 \\ 5 & a & 3 \\ -1 & b & -2 \end{pmatrix}$ 的一个特征向量，求 a,b 以及特征向量 $\boldsymbol{\xi}$ 所对应的特征值.

5. 已知 3 阶方阵 $\boldsymbol{A}=\begin{pmatrix} a & 1 & b \\ 2 & 3 & 4 \\ -1 & 1 & -1 \end{pmatrix}$ 的特征值之和为 3，特征值之积为 -24，求 a,b.

6. 设 $\boldsymbol{A}$ 是 3 阶方阵，且 $\boldsymbol{A}-\boldsymbol{I},\boldsymbol{A}-2\boldsymbol{I},2\boldsymbol{A}+\boldsymbol{I}$ 均不可逆，求 $|\boldsymbol{A}|$.

5.3　相似对角化

矩阵的相似化简在矩阵的计算及理论推导上起着极为重要的作用.

一、矩阵相似的概念与性质

定义 5.9　设 $\boldsymbol{A},\boldsymbol{B}$ 为 n 阶方阵,若存在 n 阶可逆矩阵 $\boldsymbol{P}$,使

$$\boldsymbol{P}^{-1}\boldsymbol{A}\boldsymbol{P}=\boldsymbol{B} \tag{5.7}$$

则称 $\boldsymbol{A}$ 与 $\boldsymbol{B}$ 相似,记为 $\boldsymbol{A}\simeq\boldsymbol{B}$. 可逆矩阵 $\boldsymbol{P}$ 称为把 $\boldsymbol{A}$ 变成 $\boldsymbol{B}$ 的相似变换矩阵.

相似是矩阵之间的一种重要关系,它满足以下三个性质:

(1)**反身性**　即 $\boldsymbol{A}\simeq\boldsymbol{A}$.

(2)**对称性**　即若 $\boldsymbol{A}\simeq\boldsymbol{B}$, 则 $\boldsymbol{B}\simeq\boldsymbol{A}$.

(3)**传递性**　即若 $\boldsymbol{A}\simeq\boldsymbol{B},\boldsymbol{B}\simeq\boldsymbol{C}$, 则 $\boldsymbol{A}\simeq\boldsymbol{C}$.

相似矩阵还具有以下性质,

性质 1　相似的矩阵行列式相等,即若 $\boldsymbol{A}\simeq\boldsymbol{B}$, 则 $|\boldsymbol{A}|=|\boldsymbol{B}|$.

性质 2　相似的矩阵秩相等,即若 $\boldsymbol{A}\simeq\boldsymbol{B}$, 则 $R(\boldsymbol{A})=R(\boldsymbol{B})$.

性质 3　相似的矩阵具有相同的特征多项式,从而具有相同的特征值,即若 $\boldsymbol{A}\simeq\boldsymbol{B}$, 则 $|\lambda\boldsymbol{I}-\boldsymbol{A}|=|\lambda\boldsymbol{I}-\boldsymbol{B}|$.

只证明性质 3.

证明　因为 $|\lambda\boldsymbol{I}-\boldsymbol{B}|=|\lambda\boldsymbol{I}-\boldsymbol{P}^{-1}\boldsymbol{A}\boldsymbol{P}|=|\lambda\boldsymbol{P}^{-1}\boldsymbol{P}-\boldsymbol{P}^{-1}\boldsymbol{A}\boldsymbol{P}|=|\boldsymbol{P}^{-1}(\lambda\boldsymbol{I}-\boldsymbol{A})P|=|\lambda\boldsymbol{I}-\boldsymbol{A}|$, 所以 $\boldsymbol{A}$ 与 $\boldsymbol{B}$ 有相同的特征多项式,从而有相同的特征值.

思考题 2　若 $\boldsymbol{A}$ 与 $\boldsymbol{B}$ 有相同的特征多项式或有相同的特征值,则 $\boldsymbol{A}$ 与 $\boldsymbol{B}$ 相似吗?

思考题 3　若 $\boldsymbol{A}\simeq\boldsymbol{B}$, 且数 λ 同为 $\boldsymbol{A},\boldsymbol{B}$ 的特征值,非零列向量 $\boldsymbol{x}$ 为 $\boldsymbol{A}$ 的属于特征值 λ 的特征向量,则 $\boldsymbol{x}$ 是否也为 $\boldsymbol{B}$ 的属于特征值 λ 的特征向量? 若不是,请求出 $\boldsymbol{B}$ 的属于特征值 λ 的特征向量.

显然,对角阵 $\begin{pmatrix}\lambda_1 & & \\ & \ddots & \\ & & \lambda_n\end{pmatrix}$ 的 n 个特征值即为对角线上的 n 个元素 λ_1, $\lambda_2,\cdots,\lambda_n$, 于是,若 $\boldsymbol{A}_n$ 与对角阵 $\begin{pmatrix}\lambda_1 & & \\ & \ddots & \\ & & \lambda_n\end{pmatrix}$ 相似,则 $\lambda_1,\lambda_2,\cdots,\lambda_n$ 为 $\boldsymbol{A}$ 的 n 个特征值.

例 1 已知 3 阶方阵 $\boldsymbol{A}=\begin{pmatrix}1 & -2 & -4\\ -2 & x & -2\\ -4 & -2 & 1\end{pmatrix}$ 与对角阵 $\boldsymbol{\Lambda}=\begin{pmatrix}5 & & \\ & -4 & \\ & & y\end{pmatrix}$ 相似，求(1) x,y；(2) $\boldsymbol{A}$ 的行列式 $|\boldsymbol{A}|$ 和秩 $R(\boldsymbol{A})$.

解 (1)因为 $\boldsymbol{A}$ 与 $\boldsymbol{\Lambda}$ 相似，所以 $5,-4,y$ 为 A 的特征值，于是有 $5-4+y=1+x+1$ 和 $|\boldsymbol{A}|=-20y$，解之 $x=4,y=5$；

(2) $|\boldsymbol{A}|=|\boldsymbol{\Lambda}|=5\times(-4)\times 5=-100, R(\boldsymbol{A})=R(\boldsymbol{\Lambda})=3.$

二、矩阵的相似对角化

矩阵运算中常常需要将矩阵和一个较简单的对角阵联系起来，从而简化矩阵的运算，使研究的问题易于解决.

定义 5.10 若 n 阶方阵 $\boldsymbol{A}$ 与对角阵相似，即存在可逆阵 $\boldsymbol{P}$ 和对角阵 $\boldsymbol{\Lambda}$，使 $\boldsymbol{P}^{-1}\boldsymbol{A}\boldsymbol{P}=\boldsymbol{\Lambda}$，则称方阵 $\boldsymbol{A}$ 可以对角化.

关于方阵 $\boldsymbol{A}$ 可对角化有以下三个问题需要解决：

(1)是否每一个 n 阶方阵都可以对角化，若不是，方阵 $\boldsymbol{A}$ 必须具备怎样的条件？

(2)当 $\boldsymbol{A}$ 可以对角化时，定义 5.10 中的可逆阵 $\boldsymbol{P}$ 和对角阵 $\boldsymbol{\Lambda}$ 如何求得？

(3)定义 5.10 中的可逆矩阵 $\boldsymbol{P}$ 和对角阵 $\boldsymbol{\Lambda}$ 唯一吗？

定理 5.2 n 阶方阵 $\boldsymbol{A}$ 可对角化的充要条件是 $\boldsymbol{A}$ 有 n 个线性无关的特征向量.

证明 **充分性** 设 n 阶方阵 $\boldsymbol{A}$ 的 n 个线性无关的特征向量是 $\boldsymbol{x}_1,\boldsymbol{x}_2,\cdots,\boldsymbol{x}_n$，且它们所对应的特征值分别为 $\lambda_1,\lambda_2,\cdots,\lambda_n$，则有 $\boldsymbol{A}\boldsymbol{x}_1=\lambda_1\boldsymbol{x}_1,\boldsymbol{A}\boldsymbol{x}_2=\lambda_2\boldsymbol{x}_2,\cdots,\boldsymbol{A}\boldsymbol{x}_n=\lambda_n\boldsymbol{x}_n$，将这 n 个等式表示为矩阵形式 $(\boldsymbol{A}\boldsymbol{x}_1,\boldsymbol{A}\boldsymbol{x}_2,\cdots,\boldsymbol{A}\boldsymbol{x}_n)=(\lambda_1\boldsymbol{x}_1,\lambda_2\boldsymbol{x}_2,\cdots,\lambda_n\boldsymbol{x}_n)$，即为

$$\boldsymbol{A}(\boldsymbol{x}_1,\boldsymbol{x}_2,\cdots,\boldsymbol{x}_n)=(\boldsymbol{x}_1,\boldsymbol{x}_2,\cdots,\boldsymbol{x}_n)\begin{pmatrix}\lambda_1 & & & \\ & \lambda_2 & & \\ & & \ddots & \\ & & & \lambda_n\end{pmatrix},$$

令 $\boldsymbol{P}=(\boldsymbol{x}_1,\boldsymbol{x}_2,\cdots,\boldsymbol{x}_n)$，因为特征向量 $\boldsymbol{x}_1,\boldsymbol{x}_2,\cdots,\boldsymbol{x}_n$ 线性无关，所以 $\boldsymbol{P}$ 为可逆矩阵，于是有 $\boldsymbol{P}^{-1}\boldsymbol{A}\boldsymbol{P}=\begin{pmatrix}\lambda_1 & & & \\ & \lambda_2 & & \\ & & \ddots & \\ & & & \lambda_n\end{pmatrix}$，由此说明了存在可逆矩阵 $\boldsymbol{P}$，使得 $\boldsymbol{P}^{-1}\boldsymbol{A}\boldsymbol{P}=\boldsymbol{\Lambda}$，故 $\boldsymbol{A}$ 可以对角化.

必要性 $\boldsymbol{A}$ 可对角化说明一定存在 n 阶可逆矩阵 $\boldsymbol{P}$，使得

$$\boldsymbol{P}^{-1}\boldsymbol{A}\boldsymbol{P}=\boldsymbol{\Lambda}=\begin{pmatrix}\lambda_1 & & & \\ & \lambda_2 & & \\ & & \ddots & \\ & & & \lambda_n\end{pmatrix},\text{即 }\boldsymbol{A}\boldsymbol{P}=\boldsymbol{P}\begin{pmatrix}\lambda_1 & & & \\ & \lambda_2 & & \\ & & \ddots & \\ & & & \lambda_n\end{pmatrix}.$$

对可逆矩阵 $\boldsymbol{P}$ 按列分块有 $\boldsymbol{P}=(\boldsymbol{x}_1,\boldsymbol{x}_2,\cdots,\boldsymbol{x}_n)$，于是

$$\boldsymbol{A}(\boldsymbol{x}_1,\boldsymbol{x}_2,\cdots,\boldsymbol{x}_n)=(\boldsymbol{x}_1,\boldsymbol{x}_2,\cdots,\boldsymbol{x}_n)\begin{pmatrix}\lambda_1 & & & \\ & \lambda_2 & & \\ & & \ddots & \\ & & & \lambda_n\end{pmatrix},$$

从而 $(\boldsymbol{A}\boldsymbol{x}_1,\boldsymbol{A}\boldsymbol{x}_2,\cdots,\boldsymbol{A}\boldsymbol{x}_n)=(\lambda_1\boldsymbol{x}_1,\lambda_2\boldsymbol{x}_2,\cdots,\lambda_n\boldsymbol{x}_n)$，即 $\boldsymbol{A}\boldsymbol{x}_i=\lambda_i\boldsymbol{x}_i,i=1,2,\cdots,n$，又因为 $\boldsymbol{P}$ 为可逆矩阵，所以 $\boldsymbol{P}$ 的列向量组 $\boldsymbol{x}_1,\boldsymbol{x}_2,\cdots,\boldsymbol{x}_n$ 必定线性无关，由此说明 $\boldsymbol{A}$ 有 n 个线性无关的特征向量 $\boldsymbol{x}_1,\boldsymbol{x}_2,\cdots,\boldsymbol{x}_n$.

关于此定理，特别注意证明过程中用“聚”的方式将向量关系转化为矩阵关系，以及用“分”的方式将矩阵关系转化为向量关系的处理方式.

由定理5.2可知，要使 n 阶方阵 $\boldsymbol{A}$ 可对角化，$\boldsymbol{A}$ 必须要有 n 个线性无关的特征向量，那么是否每一个 n 阶方阵 $\boldsymbol{A}$ 都能找到 n 个线性无关的特征向量呢？例如，5.2节例1的3阶方阵 $\boldsymbol{A}$ 只有2个线性无关的特征向量 $\boldsymbol{\xi}_1,\boldsymbol{\xi}_2$，所以 $\boldsymbol{A}$ 不可以对角化；而例2的3阶方阵 $\boldsymbol{A}$ 却有3个线性无关的特征向量 $\boldsymbol{\xi}_1,\boldsymbol{\xi}_2,\boldsymbol{\xi}_3$，所以 $\boldsymbol{A}$ 能对角化.

由以上分析可得以下结论：

(1)并非每一个 n 阶方阵 $\boldsymbol{A}$ 都可以对角化，只有当 n 阶方阵 $\boldsymbol{A}$ 有 n 个线性无关的特征向量时 n 才可以对角化；

(2)由充分性的证明过程可知，当 $\boldsymbol{A}$ 可对角化时，将 $\boldsymbol{A}$ 的 n 个线性无关的特征向量 $\boldsymbol{x}_1,\boldsymbol{x}_2,\cdots,\boldsymbol{x}_n$ 为列便可构成可逆矩阵 $\boldsymbol{P}$，并有 $\boldsymbol{P}^{-1}\boldsymbol{A}\boldsymbol{P}=\begin{pmatrix}\lambda_1 & & & \\ & \lambda_2 & & \\ & & \ddots & \\ & & & \lambda_n\end{pmatrix}=\boldsymbol{\Lambda}$，其中 $\boldsymbol{\Lambda}$ 的对角线上的元素 $\lambda_1,\lambda_2,\cdots,\lambda_n$ 依次为 $\boldsymbol{x}_1,\boldsymbol{x}_2,\cdots,\boldsymbol{x}_n$ 对应的特征值，此时要注意 $\boldsymbol{\Lambda}$ 与 $\boldsymbol{P}$ 的对应关系；

(3)可逆矩阵 $\boldsymbol{P}$ 和对角阵 $\boldsymbol{\Lambda}$ 是不唯一的，如还可令 $\boldsymbol{P}=(\boldsymbol{x}_2,\boldsymbol{x}_1,\boldsymbol{x}_3,\cdots,\boldsymbol{x}_n)$，使得

$$\boldsymbol{P}^{-1}\boldsymbol{A}\boldsymbol{P}=\begin{pmatrix}\lambda_2 & & & & \\ & \lambda_1 & & & \\ & & \lambda_3 & & \\ & & & \ddots & \\ & & & & \lambda_n\end{pmatrix}.$$

例 2 问 3 阶方阵 $\boldsymbol{A}=\begin{pmatrix}1&2&2\\2&1&2\\2&2&1\end{pmatrix}$ 是否可以对角化？若可以，求出可逆矩阵 $\boldsymbol{P}$ 和 $\boldsymbol{\Lambda}$，使 $\boldsymbol{P}^{-1}\boldsymbol{AP}=\boldsymbol{\Lambda}$.

解 由 5.2 节例 2 的计算过程可知，$\boldsymbol{A}$ 有 3 个线性无关的特征向量，

$$\boldsymbol{\xi}_1=\begin{pmatrix}1\\1\\1\end{pmatrix},\quad \boldsymbol{\xi}_2=\begin{pmatrix}-1\\1\\0\end{pmatrix},\quad \boldsymbol{\xi}_3=\begin{pmatrix}-1\\0\\1\end{pmatrix},$$

所以 $\boldsymbol{A}$ 可以对角化. 于是令 $\boldsymbol{P}=(\boldsymbol{\xi}_1,\boldsymbol{\xi}_2,\boldsymbol{\xi}_3)=\begin{pmatrix}1&-1&-1\\1&1&0\\1&0&1\end{pmatrix}$，则有

$$\boldsymbol{P}^{-1}\boldsymbol{AP}=\begin{pmatrix}5&&\\&-1&\\&&-1\end{pmatrix}.$$

当然若令 $\boldsymbol{P}=(\boldsymbol{\xi}_2,\boldsymbol{\xi}_1,\boldsymbol{\xi}_3)=\begin{pmatrix}-1&1&-1\\1&1&0\\0&1&1\end{pmatrix}$，则有 $\boldsymbol{P}^{-1}\boldsymbol{AP}=\begin{pmatrix}-1&&\\&5&\\&&-1\end{pmatrix}$.

结合定理 5.2 和 5.2 节的性质 5 可得以下推论.

推论 1 若 n 阶方阵 $\boldsymbol{A}$ 有 n 个不同的特征值，则 $\boldsymbol{A}$ 一定可以对角化.

思考题 4 若 n 阶方阵 $\boldsymbol{A}$ 可以对角化，则 $\boldsymbol{A}$ 一定有 n 个不同的特征值吗？

推论 2 若 n 阶方阵 $\boldsymbol{A}$ 的每一个 k_i 重特征值 λ_i 恰有 k_i 个线性无关的特征向量（即齐次线性方程组 $(\lambda_i\boldsymbol{I}-\boldsymbol{A})\boldsymbol{x}=\boldsymbol{0}$ 的基础解系恰好有 k_i 个解向量），则 $\boldsymbol{A}$ 一定可以对角化.

例 3 已知 3 阶方阵 $\boldsymbol{A}=\begin{pmatrix}2&2&0\\8&2&a\\0&0&6\end{pmatrix}$，问 a 取何值时，$\boldsymbol{A}$ 可对角化？

解 特征多项式

$$|\lambda\boldsymbol{I}-\boldsymbol{A}|=\begin{vmatrix}\lambda-2&-2&0\\-8&\lambda-2&-a\\0&0&\lambda-6\end{vmatrix}=(\lambda-6)^2(\lambda+2),$$

从而 $\boldsymbol{A}$ 的特征值为 $\lambda_1=\lambda_2=6,\lambda_3=-2$.

$\lambda=6$ 是 $\boldsymbol{A}$ 的二重特征值，由推论 2 可知要使 $\boldsymbol{A}$ 可对角化，$\lambda=6$ 应有两个线性无关的特征向量，齐次线性方程组的基础解系应含有 2 个解向量，从而 $R(6\boldsymbol{I}-\boldsymbol{A})=1$，因此 $a=0$.

例 4　已知 3 阶方阵 $\boldsymbol{A}$ 的特征值为 $\lambda_1=-2,\lambda_2=\lambda_3=1$，$\boldsymbol{\alpha}_1=(-1,-1,1)^{\mathrm{T}}$ 是 -2 的特征向量，$\boldsymbol{\alpha}_2=(-1,1,0)^{\mathrm{T}}$，$\boldsymbol{\alpha}_3=(1,0,1)^{\mathrm{T}}$ 是 1 的特征向量，求 3 阶方阵 $\boldsymbol{A}$.

解　因为一重特征值 -2 有 1 个线性无关的特征向量，二重特征值 1 有 2 个线性无关的特征向量 $\boldsymbol{\alpha}_2,\boldsymbol{\alpha}_3$，所以 $\boldsymbol{A}$ 可以对角化.

令 $\boldsymbol{P}=(\boldsymbol{\alpha}_1,\boldsymbol{\alpha}_2,\boldsymbol{\alpha}_3)$，则有 $\boldsymbol{P}^{-1}\boldsymbol{A}\boldsymbol{P}=\begin{pmatrix}-2&&\\&1&\\&&1\end{pmatrix}$，从而

$$\begin{aligned}\boldsymbol{A}&=\boldsymbol{P}\begin{pmatrix}-2&&\\&1&\\&&1\end{pmatrix}\boldsymbol{P}^{-1}\\&=\frac{1}{3}\begin{pmatrix}-1&-1&1\\-1&1&0\\1&0&1\end{pmatrix}\begin{pmatrix}-2&&\\&1&\\&&1\end{pmatrix}\begin{pmatrix}-1&-1&1\\-1&2&1\\1&1&2\end{pmatrix}\\&=\begin{pmatrix}0&-1&1\\-1&0&1\\1&1&0\end{pmatrix}.\end{aligned}$$

习　题　5.3

1. 设 $\boldsymbol{A}=\begin{pmatrix}1&0&1\\0&1&0\\1&0&1\end{pmatrix}$，问 $\boldsymbol{A}$ 是否可以对角化？若可以，求可逆矩阵 $\boldsymbol{P}$ 和对角阵 $\boldsymbol{\Lambda}$，使

$$\boldsymbol{P}^{-1}\boldsymbol{A}\boldsymbol{P}=\boldsymbol{\Lambda}.$$

2. 若 $\boldsymbol{P}^{-1}\boldsymbol{A}\boldsymbol{P}=\begin{pmatrix}-1&&\\&2&\\&&2\end{pmatrix}$，其中 $\boldsymbol{P}=\begin{pmatrix}1&0&1\\0&1&0\\1&-1&4\end{pmatrix}$，求 $\boldsymbol{A}$ 的特征值与特征向量.

3. 设 $\boldsymbol{A}=\begin{pmatrix}2&0&1\\3&1&a\\4&0&5\end{pmatrix}$，问 a 取何值时，$\boldsymbol{A}$ 可以对角化？

4. 设 3 阶方阵 $\boldsymbol{A}$ 的特征值 $\lambda_1=2,\lambda_2=-2,\lambda_3=1$，且对应的特征向量依次为 $\boldsymbol{x}_1=\begin{pmatrix}0\\1\\1\end{pmatrix}$，$\boldsymbol{x}_2=\begin{pmatrix}1\\1\\1\end{pmatrix}$，$\boldsymbol{x}_3=\begin{pmatrix}1\\1\\0\end{pmatrix}$，求 3 阶方阵 $\boldsymbol{A}$.

5. 设已知矩阵 $\boldsymbol{A}=\begin{pmatrix}1 & -1 & 1\\ 2 & 4 & 2\\ -3 & -3 & a\end{pmatrix}$，$\boldsymbol{B}=\begin{pmatrix}2 & 0 & 0\\ 0 & 2 & 0\\ 0 & 0 & b\end{pmatrix}$，且矩阵 $\boldsymbol{A}$ 的特征值为 $2,2,b$.

(1)求 a,b；(2)问 $\boldsymbol{A}$ 是否可以对角化？若可以，求可逆矩阵 $\boldsymbol{P}$，使得 $\boldsymbol{P}^{-1}\boldsymbol{AP}=\boldsymbol{B}$.

5.4 实对称矩阵的对角化

由 5.3 节可知 n 阶方阵 $\boldsymbol{A}$ 要有 n 个线性无关的特征向量才可以对角化，但对于特殊的 n 阶实对称矩阵 $\boldsymbol{A}$，$\boldsymbol{A}$ 是一定可以对角化的. 本节所讨论的对称矩阵全为实对称矩阵.

关于实对称矩阵有如下定理.

定理 5.3　实对称矩阵的特征值全为实数.

要证明定理 5.3 需涉及共轭矩阵的相关知识，

定义 5.11　设 $\boldsymbol{A}=(a_{ij})_{m\times n}$ 为复矩阵，$\bar{a}_{ij}$ 为 a_{ij} 的共轭复数，则称矩阵 $\bar{\boldsymbol{A}}=(\bar{a}_{ij})_{m\times n}$ 为 $\boldsymbol{A}$ 的共轭矩阵. $\bar{\boldsymbol{A}}$ 即是由 $\boldsymbol{A}$ 的每一个元素取共轭复数所得. 显然若 $\boldsymbol{A}$ 为实矩阵，则有 $\bar{\boldsymbol{A}}=\boldsymbol{A}$，关于共轭矩阵有如下性质.

性质 1　$\overline{\boldsymbol{AB}}=\bar{\boldsymbol{A}}\bar{\boldsymbol{B}}$，$\overline{k\boldsymbol{A}}=\bar{k}\bar{\boldsymbol{A}}$；

性质 2　$\overline{\boldsymbol{A}+\boldsymbol{B}}=\bar{\boldsymbol{A}}+\bar{\boldsymbol{B}}$，$(\overline{\boldsymbol{AB}})^{\mathrm{T}}=\bar{\boldsymbol{B}}^{\mathrm{T}}\bar{\boldsymbol{A}}^{\mathrm{T}}$；

性质 3　$\bar{\boldsymbol{A}}^{\mathrm{T}}=\overline{\boldsymbol{A}^{\mathrm{T}}}$.

所有性质的证明都略去，读者自行证明.

现在利用共轭矩阵的知识证明定理 5.3.

证明　设复数 λ 为实对称矩阵 $\boldsymbol{A}$ 的特征值，复向量 $\boldsymbol{x}$ 为对应的特征向量，即有 $\boldsymbol{Ax}=\lambda\boldsymbol{x}$.

因为

$$\begin{aligned}\lambda(\bar{\boldsymbol{x}}^{\mathrm{T}}\boldsymbol{x})&=\bar{\boldsymbol{x}}^{\mathrm{T}}(\lambda\boldsymbol{x})=\bar{\boldsymbol{x}}^{\mathrm{T}}(\boldsymbol{Ax})=\bar{\boldsymbol{x}}^{\mathrm{T}}(\bar{\boldsymbol{A}}^{\mathrm{T}}\boldsymbol{x})=(\bar{\boldsymbol{A}}\bar{\boldsymbol{x}})^{\mathrm{T}}\boldsymbol{x}\\&=(\overline{\boldsymbol{Ax}})^{\mathrm{T}}\boldsymbol{x}=(\overline{\lambda\boldsymbol{x}})^{\mathrm{T}}\boldsymbol{x}=\bar{\lambda}(\bar{\boldsymbol{x}}^{\mathrm{T}}\boldsymbol{x}),\end{aligned}$$

所以

$$(\lambda-\bar{\lambda})\,\bar{\boldsymbol{x}}^{\mathrm{T}}\boldsymbol{x}=\boldsymbol{0}.$$

现令 $\boldsymbol{x}=(\boldsymbol{x}_1,\boldsymbol{x}_2,\cdots,\boldsymbol{x}_n)^{\mathrm{T}}$，由于 $\boldsymbol{x}_i$ 不全为零（$i=1,2,\cdots,n$），则 $\bar{\boldsymbol{x}}^{\mathrm{T}}\boldsymbol{x}=\bar{\boldsymbol{x}}_1\boldsymbol{x}_1+\bar{\boldsymbol{x}}_2\boldsymbol{x}_2+\cdots+\bar{\boldsymbol{x}}_n\boldsymbol{x}_n>0$，从而 $\lambda-\bar{\lambda}=0$，即 $\lambda=\bar{\lambda}$，λ 为实数.

显然，当特征值 λ_i 为实数时，齐次线性方程组 $(\lambda_i\boldsymbol{I}-\boldsymbol{A})\boldsymbol{x}=\boldsymbol{0}$ 是实系数方程组，从而必有实的基础解系，所以对应的特征向量是实向量.

定理 5.4　实对称矩阵 $\boldsymbol{A}$ 的属于不同特征值的特征向量是正交的.

证明　设 λ_1,λ_2 为实对称矩阵 $\boldsymbol{A}$ 的两个不同的特征值，$\boldsymbol{x}_1,\boldsymbol{x}_2$ 是对应的特征向量，即有 $\boldsymbol{A}\boldsymbol{x}_1=\lambda_1\boldsymbol{x}_1,\boldsymbol{A}\boldsymbol{x}_2=\lambda_2\boldsymbol{x}_2$. 因为

$$\lambda_1(\boldsymbol{x}_1^{\mathrm{T}}\boldsymbol{x}_2)=(\lambda_1\boldsymbol{x}_1)^{\mathrm{T}}\boldsymbol{x}_2=(\boldsymbol{A}\boldsymbol{x}_1)^{\mathrm{T}}\boldsymbol{x}_2=\boldsymbol{x}_1^{\mathrm{T}}\boldsymbol{A}^{\mathrm{T}}\boldsymbol{x}_2=\boldsymbol{x}_1^{\mathrm{T}}\boldsymbol{A}\boldsymbol{x}_2=\boldsymbol{x}_1^{\mathrm{T}}\lambda_2\boldsymbol{x}_2=\lambda_2\boldsymbol{x}_1^{\mathrm{T}}\boldsymbol{x}_2,$$

所以 $(\lambda_1-\lambda_2)\boldsymbol{x}_1^{\mathrm{T}}\boldsymbol{x}_2=\boldsymbol{0}$，但因为 $\lambda_1\neq\lambda_2$，所以只有 $\boldsymbol{x}_1^{\mathrm{T}}\boldsymbol{x}_2=0$，即 $\boldsymbol{x}_1$ 与 $\boldsymbol{x}_2$ 正交. 证毕

定理 5.5　设 $\boldsymbol{A}$ 为 n 阶实对称矩阵，则一定存在 n 阶正交阵 $\boldsymbol{P}$，使

$$\boldsymbol{P}^{-1}\boldsymbol{A}\boldsymbol{P}=\boldsymbol{P}^{\mathrm{T}}\boldsymbol{A}\boldsymbol{P}=\begin{pmatrix}\lambda_1&&&\\&\lambda_2&&\\&&\ddots&\\&&&\lambda_n\end{pmatrix},$$

其中 $\lambda_1,\lambda_2,\cdots,\lambda_n$ 为 $\boldsymbol{A}$ 的 n 个特征值.

推论　n 阶实对称矩阵的每一个 k_i 重特征值 λ_i 恰有 k_i 个线性无关的特征向量.

由定理 5.4 以及 5.1 节的施密特正交化方法，可得出求解定理 5.5 中的正交矩阵 $\boldsymbol{P}$ 和对角阵 $\boldsymbol{\Lambda}$ 的方法.

例 1　已知 3 阶实对称阵 $\boldsymbol{A}=\begin{pmatrix}4&2&2\\2&4&2\\2&2&4\end{pmatrix}$，求(1)正交矩阵 $\boldsymbol{P}$ 和对角阵 $\boldsymbol{\Lambda}$，使 $\boldsymbol{P}^{-1}\boldsymbol{A}\boldsymbol{P}=\boldsymbol{P}^{\mathrm{T}}\boldsymbol{A}\boldsymbol{P}=\boldsymbol{\Lambda}$；(2) $\boldsymbol{A}^k$(k 为正整数).

分析　要求出正交矩阵 $\boldsymbol{P}$ 和对角阵 $\boldsymbol{\Lambda}$，只需求出 $\boldsymbol{A}$ 的每一特征值及对应的正交单位特征向量即可.

解　(1)因为

$$|\lambda\boldsymbol{I}-\boldsymbol{A}|=\begin{vmatrix}\lambda-4&-2&-2\\-2&\lambda-4&-2\\-2&-2&\lambda-4\end{vmatrix}\xlongequal[r_1+r_3]{r_1+r_2}\begin{vmatrix}\lambda-8&\lambda-8&\lambda-8\\-2&\lambda-4&-2\\-2&-2&\lambda-4\end{vmatrix}$$

$$=(\lambda-8)\begin{vmatrix}1&1&1\\-2&\lambda-4&-2\\-2&-2&\lambda-4\end{vmatrix}=(\lambda-8)(\lambda-2)^2,$$

所以 $\boldsymbol{A}$ 的特征值为 $\lambda_1=8,\lambda_2=\lambda_3=2$.

当 $\lambda_1=8$ 时，求齐次线性方程组 $(8\boldsymbol{I}-\boldsymbol{A})\boldsymbol{x}=\boldsymbol{0}$ 基础解系 $\boldsymbol{\xi}_1=\begin{pmatrix}1\\1\\1\end{pmatrix}$，即 $\boldsymbol{\xi}_1$ 为属于特征值 8 的线性无关的特征向量.

当 $\lambda_2=\lambda_3=2$ 时,求齐次线性方程组 $(2\boldsymbol{I}-\boldsymbol{A})\boldsymbol{x}=\boldsymbol{0}$ 的基础解系 $\boldsymbol{\xi}_2=\begin{pmatrix}-1\\1\\0\end{pmatrix}$,$\boldsymbol{\xi}_3=\begin{pmatrix}-1\\0\\1\end{pmatrix}$,即 $\boldsymbol{\xi}_2,\boldsymbol{\xi}_3$ 为属于特征值 2 的线性无关的特征向量. 利用施密特正交化方法将 $\boldsymbol{\xi}_2,\boldsymbol{\xi}_3$ 正交化得 $\boldsymbol{\beta}_2,\boldsymbol{\beta}_3$,则有

$$\boldsymbol{\beta}_2=\boldsymbol{\xi}_2=\begin{pmatrix}-1\\1\\0\end{pmatrix},\quad \boldsymbol{\beta}_3=\boldsymbol{\xi}_3-\frac{(\boldsymbol{\xi}_2,\boldsymbol{\xi}_3)}{(\boldsymbol{\xi}_2,\boldsymbol{\xi}_2)}\boldsymbol{\xi}_2=\frac{1}{2}\begin{pmatrix}-1\\-1\\2\end{pmatrix},$$

此时 $\boldsymbol{\xi}_1,\boldsymbol{\beta}_2,\boldsymbol{\beta}_3$ 是 $\boldsymbol{A}$ 的两两正交的特征向量,现将 $\boldsymbol{\xi}_1,\boldsymbol{\beta}_2,\boldsymbol{\beta}_3$ 单化得 $\boldsymbol{\varepsilon}_1,\boldsymbol{\varepsilon}_2,\boldsymbol{\varepsilon}_3$,则

$$\boldsymbol{\varepsilon}_1=\frac{1}{|\boldsymbol{\xi}_1|}\boldsymbol{\xi}_1=\frac{1}{\sqrt{3}}\begin{pmatrix}1\\1\\1\end{pmatrix},\quad \boldsymbol{\varepsilon}_2=\frac{1}{|\boldsymbol{\beta}_2|}\boldsymbol{\beta}_2=\frac{1}{\sqrt{2}}\begin{pmatrix}-1\\1\\0\end{pmatrix},\quad \boldsymbol{\varepsilon}_3=\frac{1}{|\boldsymbol{\beta}_3|}\boldsymbol{\beta}_3=\frac{1}{\sqrt{6}}\begin{pmatrix}-1\\-1\\2\end{pmatrix}.$$

令 $\boldsymbol{P}=(\boldsymbol{\varepsilon}_1,\boldsymbol{\varepsilon}_2,\boldsymbol{\varepsilon}_3)$,则 $\boldsymbol{P}$ 为正交矩阵且使得

$$\boldsymbol{P}^{-1}\boldsymbol{A}\boldsymbol{P}=\boldsymbol{P}^{\mathrm{T}}\boldsymbol{A}\boldsymbol{P}=\begin{pmatrix}8&&\\&2&\\&&2\end{pmatrix}.$$

(1)因为 $\boldsymbol{P}^{-1}\boldsymbol{A}\boldsymbol{P}=\boldsymbol{P}^{\mathrm{T}}\boldsymbol{A}\boldsymbol{P}=\begin{pmatrix}8&&\\&2&\\&&2\end{pmatrix}$,所以 $\boldsymbol{A}=\boldsymbol{P}\begin{pmatrix}8&&\\&2&\\&&2\end{pmatrix}\boldsymbol{P}^{-1}$,于是

$$\begin{aligned}\boldsymbol{A}^k&=\boldsymbol{P}\begin{pmatrix}8&&\\&2&\\&&2\end{pmatrix}^k\boldsymbol{P}^{-1}=\boldsymbol{P}\begin{pmatrix}8^k&&\\&2^k&\\&&2^k\end{pmatrix}\boldsymbol{P}^{\mathrm{T}}\\&=\frac{1}{6}\begin{pmatrix}2^{3k+1}+2^{k+2}&2^{3k+1}-2^{k+1}&2^{3k+1}-2^{k+1}\\2^{3k+1}-2^{k+1}&2^{3k+1}+2^{k+2}&2^{3k+1}-2^{k+1}\\2^{3k+1}-2^{k+1}&2^{3k+1}-2^{k+1}&2^{3k+1}+2^{k+2}\end{pmatrix}.\end{aligned}$$

习　题　5.4

1. 已知 3 阶实对称矩阵 $\boldsymbol{A}=\begin{pmatrix}2&-2&0\\-2&1&-2\\0&-2&0\end{pmatrix}$,求正交矩阵 $\boldsymbol{P}$ 和对角阵 $\boldsymbol{\Lambda}$,使 $\boldsymbol{P}^{-1}\boldsymbol{A}\boldsymbol{P}=\boldsymbol{P}^{\mathrm{T}}\boldsymbol{A}\boldsymbol{P}=\boldsymbol{\Lambda}$.

2. 设3阶实对称矩阵 $\boldsymbol{A}$ 的特征值为 $\lambda_1=1,\lambda_2=-1,\lambda_3=0$，且 λ_1,λ_2 所对应的特征向量依次为 $\boldsymbol{\xi}_1=(1,2,1)^{\mathrm{T}},\boldsymbol{\xi}_2=(a,a+1,1)^{\mathrm{T}}$，求

(1)参数 a 以及特征值 $\lambda_3=0$ 所对应的特征向量；

(2) 3阶实对称矩阵 $\boldsymbol{A}$.

3. 已知3阶方阵 $\boldsymbol{A}=\begin{pmatrix}2&0&0\\0&3&a\\0&a&3\end{pmatrix}$ 有特征值 $\lambda=5$，

(1)求参数 a；

(2)当 $a>0$ 时，求正交矩阵 $\boldsymbol{P}$ 和对角阵 $\boldsymbol{\Lambda}$，使 $\boldsymbol{P}^{-1}\boldsymbol{AP}=\boldsymbol{P}^{\mathrm{T}}\boldsymbol{AP}=\boldsymbol{\Lambda}$.

例题选讲

例1　设 $\boldsymbol{A}$ 是3阶方阵，$\boldsymbol{\alpha}_1,\boldsymbol{\alpha}_2,\boldsymbol{\alpha}_3$ 是线性无关的3维列向量，且 $\boldsymbol{A\alpha}_1=4\boldsymbol{\alpha}_2-4\boldsymbol{\alpha}_2+3\boldsymbol{\alpha}_3,\boldsymbol{A\alpha}_2=-6\boldsymbol{\alpha}_1-\boldsymbol{\alpha}_2+\boldsymbol{\alpha}_3,\boldsymbol{A\alpha}_3=\boldsymbol{0}$，求3阶方阵 $\boldsymbol{A}$ 的特征值.

解　已知

$$\boldsymbol{A\alpha}_1=(\boldsymbol{\alpha}_1,\boldsymbol{\alpha}_2,\boldsymbol{\alpha}_3)\begin{pmatrix}4\\-4\\3\end{pmatrix},\quad \boldsymbol{A\alpha}_2=(\boldsymbol{\alpha}_1,\boldsymbol{\alpha}_2,\boldsymbol{\alpha}_3)\begin{pmatrix}-6\\-1\\1\end{pmatrix},\quad \boldsymbol{A\alpha}_3=(\boldsymbol{\alpha}_1,\boldsymbol{\alpha}_2,\boldsymbol{\alpha}_3)\begin{pmatrix}0\\0\\0\end{pmatrix},$$

用矩阵表示为

$$(\boldsymbol{A\alpha}_1,\boldsymbol{A\alpha}_2,\boldsymbol{A\alpha}_3)=(\boldsymbol{\alpha}_1,\boldsymbol{\alpha}_2,\boldsymbol{\alpha}_3)\begin{pmatrix}4&-6&0\\-4&-1&0\\3&1&0\end{pmatrix},$$

即

$$\boldsymbol{A}(\boldsymbol{\alpha}_1,\boldsymbol{\alpha}_2,\boldsymbol{\alpha}_3)=(\boldsymbol{\alpha}_1,\boldsymbol{\alpha}_2,\boldsymbol{\alpha}_3)\begin{pmatrix}4&-6&0\\-4&-1&0\\3&1&0\end{pmatrix}.$$

令 $\boldsymbol{P}=(\boldsymbol{\alpha}_1,\boldsymbol{\alpha}_2,\boldsymbol{\alpha}_3)$，因为 $\boldsymbol{\alpha}_1,\boldsymbol{\alpha}_2,\boldsymbol{\alpha}_3$ 线性无关，所以 $\boldsymbol{P}$ 可逆，且使得 $\boldsymbol{P}^{-1}\boldsymbol{AP}=\boldsymbol{B}$，其中 $\boldsymbol{B}=\begin{pmatrix}4&-6&0\\-4&-1&0\\3&1&0\end{pmatrix}$，从而 $\boldsymbol{A}$ 与 $\boldsymbol{B}$ 相似. 又因为相似矩阵有相同的特征值，而矩阵 $\boldsymbol{B}$ 的特征多项式 $|\lambda\boldsymbol{I}-\boldsymbol{B}|=\begin{vmatrix}\lambda-4&6&0\\4&\lambda+1&0\\-3&-1&\lambda\end{vmatrix}=\lambda(\lambda-7)(\lambda+4)$，所以 $\boldsymbol{A}$ 的特征值为 $7,-4,0$.

例 2 已知 3 阶方阵 $\boldsymbol{A}$ 与 3 维列向量 $\boldsymbol{x}$，使得向量组 $\boldsymbol{x},\boldsymbol{Ax},\boldsymbol{A}^2\boldsymbol{x}$ 线性无关，且满足 $\boldsymbol{A}^3\boldsymbol{x}=3\boldsymbol{Ax}-2\boldsymbol{A}^2\boldsymbol{x}$，

(1)记 $\boldsymbol{P}=(\boldsymbol{x},\boldsymbol{Ax},\boldsymbol{A}^2\boldsymbol{x})$，求 3 阶方阵 $\boldsymbol{B}$，使 $\boldsymbol{A}=\boldsymbol{PBP}^{-1}$；

(2)计算行列式 $|\boldsymbol{A}+\boldsymbol{I}|$.

解 (1)由条件可知

$$\boldsymbol{AP}=\boldsymbol{A}(\boldsymbol{x},\boldsymbol{Ax},\boldsymbol{A}^2\boldsymbol{x})=(\boldsymbol{Ax},\boldsymbol{A}^2\boldsymbol{x},\boldsymbol{A}^3\boldsymbol{x})=(\boldsymbol{Ax},\boldsymbol{A}^2\boldsymbol{x},3\boldsymbol{Ax}-2\boldsymbol{A}^2\boldsymbol{x})$$

$$=(\boldsymbol{x},\boldsymbol{Ax},\boldsymbol{A}^2\boldsymbol{x})\begin{pmatrix}0&0&0\\1&0&3\\0&1&-2\end{pmatrix}=\boldsymbol{P}\begin{pmatrix}0&0&0\\1&0&3\\0&1&-2\end{pmatrix},$$

所以

$$\boldsymbol{B}=\begin{pmatrix}0&0&0\\1&0&3\\0&1&-2\end{pmatrix}.$$

(2)由(1)可知 $\boldsymbol{A}$ 与 $\boldsymbol{B}$ 相似，因为相似矩阵有相同的特征值，且 $\boldsymbol{B}$ 的特征多项式

$$|\lambda\boldsymbol{I}-\boldsymbol{B}|=\begin{vmatrix}\lambda&0&0\\-1&\lambda&-3\\0&-1&\lambda+2\end{vmatrix}=\lambda\begin{vmatrix}\lambda&-3\\-1&\lambda+2\end{vmatrix}$$

$$=\lambda(\lambda^2+2\lambda-3)=\lambda(\lambda+3)(\lambda-1),$$

所以 $\boldsymbol{A}$ 的特征值为 $0,1,-3$，从而 $\boldsymbol{A}+\boldsymbol{I}$ 的特征值为 $1,2,-2$，进而 $|\boldsymbol{A}+\boldsymbol{I}|=-4$.

例 3 已知 $\boldsymbol{A}=\begin{pmatrix}2&a&2\\5&b&3\\-1&1&-1\end{pmatrix}$ 有特征值 ±1，

(1)求 a,b；

(2)问 $\boldsymbol{A}$ 能否对角化？请说明理由.

解 (1)由于 ±1 是 $\boldsymbol{A}$ 的特征值，则 $|\boldsymbol{I}-\boldsymbol{A}|=0$ 和 $|-\boldsymbol{I}-\boldsymbol{A}|=0$，即有

$$\begin{vmatrix}-1&-a&-2\\-5&1-b&-3\\1&-1&2\end{vmatrix}=0,\quad\begin{vmatrix}-3&-a&-2\\-5&-1-b&-3\\1&-1&0\end{vmatrix}=0,$$

化简可得 $-7(a+1)=0,3a-2b-3=0$，解得 $a=-1,b=-3$.

(2)因为 $2+b-1=-1+1+\lambda$，其中 λ 为 $\boldsymbol{A}$ 的另外一个特征值，所以 $\lambda=-2$，由此可知，$\boldsymbol{A}$ 有 3 个不同的特征值，$\boldsymbol{A}$ 可以对角化.

例 4 已知 $\lambda=0$ 是 $\boldsymbol{A}=\begin{pmatrix}3&2&-2\\-k&1&k\\4&k&-3\end{pmatrix}$ 的特征值，

(1)求 k；

(2)问 $\boldsymbol{A}$ 能否对角化？请说明理由.

解　(1) 由条件可知 $|\boldsymbol{A}|=0$，而 $|\boldsymbol{A}|=\begin{vmatrix}3 & 2 & -2\\ -k & 1 & k\\ 4 & k & -3\end{vmatrix}=-(k-1)^2$，从而 $k=1$；

(2)由特征多项式 $|\lambda\boldsymbol{I}-\boldsymbol{A}|=\begin{vmatrix}\lambda-3 & -2 & 2\\ 1 & \lambda-1 & -1\\ -4 & -1 & \lambda+3\end{vmatrix}=\lambda^2(\lambda-1)$ 可知，$\boldsymbol{A}$ 的特征值为 $\lambda_1=\lambda_2=0,\lambda_3=1$，其中 0 是 $\boldsymbol{A}$ 的二重特征值，又因为 $R(0\boldsymbol{I}-\boldsymbol{A})=2$，所以二重特征值 0 的线性无关的特征向量只有一个，故 $\boldsymbol{A}$ 不可以对角化.

例 5　设矩阵 $\boldsymbol{A}=\begin{pmatrix}1 & 2 & -3\\ -1 & 4 & -3\\ 1 & a & 5\end{pmatrix}$ 的特征值有一个是二重的，

(1)求 a；

(2) $\boldsymbol{A}$ 是否可以对角化？请说明理由.

解　(1) $|\lambda\boldsymbol{I}-\boldsymbol{A}|=\begin{vmatrix}\lambda-1 & -2 & 3\\ 1 & \lambda-4 & 3\\ -1 & -a & \lambda-5\end{vmatrix}=(\lambda-2)(\lambda^2-8\lambda+18+3a)$.

若 $\lambda=2$ 是单根，则 $\lambda^2-8\lambda+18+3a$ 一定是个完全平方，即有 $(18+3a)=16$，则 $a=-\dfrac{2}{3}$；

若 $\lambda=2$ 是二重根，则 $\lambda^2-8\lambda+18+3a=(\lambda-2)(\lambda-6)$，即有 $18+3a=12$，则 $a=-2$.

(2)当 $a=-\dfrac{2}{3}$ 时，$\boldsymbol{A}$ 的特征值是 $\lambda_1=2,\lambda_2=\lambda_3=4$，此时 $\lambda=4$ 是 $\boldsymbol{A}$ 的二重特征值，因为 $R(4\boldsymbol{I}-\boldsymbol{A})=2$，由此可知，$\lambda=4$ 的线性无关的特征向量只有 1 个，$\boldsymbol{A}$ 不可以对角化；

当 $a=-2$ 时，$\boldsymbol{A}$ 的特征值为 $\lambda_1=\lambda_2=2,\lambda_3=6$，此时 $\lambda=2$ 是 $\boldsymbol{A}$ 的二重特征值，因为 $R(2\boldsymbol{I}-\boldsymbol{A})=1$，由此可知 $\lambda=2$ 有 2 个线性无关的特征向量，$\boldsymbol{A}$ 可以对角化.

总结　n 阶方阵 $\boldsymbol{A}$ 能否相似对角化，首先看 $\boldsymbol{A}$ 是否为实对称矩阵？若 $\boldsymbol{A}$ 是实对称矩阵，则 $\boldsymbol{A}$ 一定可以对角化；若 $\boldsymbol{A}$ 不是实对称矩阵，则先求 $\boldsymbol{A}$ 的特征值，检查 $\boldsymbol{A}$ 是否有 n 个不同的特征值，若有，则 $\boldsymbol{A}$ 可以对角化；若没有，则考察 $\boldsymbol{A}$ 的 k_i 重特征值 λ_i 是否有 k_i 个线性无关的特征向量，即若 $R(\lambda_i\boldsymbol{I}-\boldsymbol{A})=n-k_i$，则 $\boldsymbol{A}$ 可以对角

化，否则$\boldsymbol{A}$不可以对角化.

例 6 已知$\boldsymbol{A}=\begin{pmatrix}0&3&3\\a&b&c\\2&-\frac{1}{4}&-10\end{pmatrix}$，$\boldsymbol{B}=\begin{pmatrix}0&0&0\\0&-1&1\\0&0&-1\end{pmatrix}$，且$\boldsymbol{A}$与$\boldsymbol{B}$相似，求$a,b,c$.

解 因为$\boldsymbol{A}$与$\boldsymbol{B}$相似，所以$\boldsymbol{A}$与$\boldsymbol{B}$有相同的特征值，而矩阵$\boldsymbol{B}$的特征值易求出为$0,-1,-1$，从而$\boldsymbol{A}$的特征值为$0,-1,-1$，再由特征值的定义及性质有

$$\begin{cases}0+b+(-10)=0+(-1)+(-1),\\|\boldsymbol{A}|=-12a-6b+6c=0,\\|-\boldsymbol{I}-\boldsymbol{A}|=15a+15b-20c+15=0,\end{cases}$$

解之有$a=-1,b=8,c=6$.

例 7 若λ_0为n阶方阵$\boldsymbol{A}$的特征值，$\boldsymbol{x}$为$\boldsymbol{A}$的属于特征值λ_0的特征向量，证明当$\boldsymbol{A}$可逆时，$\dfrac{|\boldsymbol{A}|}{\lambda_0}$为$\boldsymbol{A}^*$的特征值，$\boldsymbol{x}$为$\boldsymbol{A}^*$的属于特征值$\dfrac{|\boldsymbol{A}|}{\lambda_0}$的特征向量.

证明 由条件可知$\boldsymbol{A}\boldsymbol{x}=\lambda_0\boldsymbol{x}$，将等式两边同时左乘$\boldsymbol{A}^*$有$\boldsymbol{A}^*\boldsymbol{A}\boldsymbol{x}=\lambda_0\boldsymbol{A}^*\boldsymbol{x}$，即$|\boldsymbol{A}|\boldsymbol{x}=\lambda_0\boldsymbol{A}^*\boldsymbol{x}$，于是当$\boldsymbol{A}$可逆时，有$\boldsymbol{A}^*\boldsymbol{x}=\dfrac{|\boldsymbol{A}|}{\lambda_0}\boldsymbol{x}$，结论成立.

例 8 设矩阵$\boldsymbol{A}=\begin{pmatrix}a&-1&c\\5&b&3\\-c&0&-a\end{pmatrix}$，行列式$|\boldsymbol{A}|=-1$，又$\boldsymbol{A}^*$有一特征值$\lambda_0$，属于$\lambda_0$的特征向量为$\boldsymbol{\alpha}=(-1,-1,1)^{\mathrm{T}}$，求$a,b,c,\lambda_0$.

解 由$|\boldsymbol{A}|=-1$有

$$\begin{vmatrix}a&-1&c\\5&b&3\\-c&0&-a\end{vmatrix}=bc^2-a^2b-5a+3c=-1,\tag{5.8}$$

又因为$\boldsymbol{A}^*\boldsymbol{\alpha}=\lambda_0\boldsymbol{\alpha}$，等式两边同时左乘$\boldsymbol{A}$，有$\boldsymbol{A}\boldsymbol{A}^*\boldsymbol{\alpha}=\lambda_0\boldsymbol{A}\boldsymbol{\alpha}$，根据$\boldsymbol{A}\boldsymbol{A}^*=|\boldsymbol{A}|\boldsymbol{I}=-\boldsymbol{I}$，则有$-\boldsymbol{\alpha}=\lambda_0\boldsymbol{A}\boldsymbol{\alpha}$，即$\lambda_0\begin{pmatrix}a&-1&c\\5&b&3\\-c&0&-a\end{pmatrix}\begin{pmatrix}-1\\-1\\1\end{pmatrix}=\begin{pmatrix}1\\1\\-1\end{pmatrix}$，由此可得

$$\begin{cases}\lambda_0(-a+1+c)=1,\\\lambda_0(-5-b+3)=1,\\\lambda_0(c-a)=-1.\end{cases}\tag{5.9}$$

将方程组(5.9)的第1个方程与第2个方程相减，第1个方程与第3个方程相加，消去λ_0化简可得如下等式关系：

$$\begin{cases} c-a+b=-3, \\ 2a-2c=1, \end{cases} \tag{5.10}$$

联立式(5.8)与式(5.10),解之 $a=-\dfrac{15}{4}, b=-\dfrac{5}{2}, c=-\dfrac{17}{4}, \lambda_0=2$.

例 9　已知线性方程组

$$\begin{cases} \boldsymbol{x}_1+2\boldsymbol{x}_2+\boldsymbol{x}_3=3, \\ 2\boldsymbol{x}_1+(a+4)\boldsymbol{x}_2-5\boldsymbol{x}_3=6, \\ -\boldsymbol{x}_1-2\boldsymbol{x}_2+a\boldsymbol{x}_3=-3 \end{cases}$$

有无穷多解,且 $\begin{pmatrix} 1 \\ 2a \\ -1 \end{pmatrix}, \begin{pmatrix} a \\ a+3 \\ a+2 \end{pmatrix}, \begin{pmatrix} a-2 \\ -1 \\ a+1 \end{pmatrix}$ 分别是 3 阶方阵 $\boldsymbol{A}$ 的关于特征值 $1,-1,0$ 的 3 个特征向量,求方阵 $\boldsymbol{A}$.

解　因为方程组有无穷多解,所以

$$\begin{vmatrix} 1 & 2 & 1 \\ 2 & a+4 & -5 \\ -1 & -2 & a \end{vmatrix} = a(a+1)=0,$$

于是 $a=-1$ 或 $a=0$.

由题设可知,$\boldsymbol{A}$ 是可以对角化的. 当 $a=-1$ 时,3 个特征向量 $\begin{pmatrix} 1 \\ -2 \\ -1 \end{pmatrix}, \begin{pmatrix} -1 \\ 2 \\ 1 \end{pmatrix}, \begin{pmatrix} -3 \\ -1 \\ 0 \end{pmatrix}$ 线性相关,不合题意,舍去.

当 $a=0$ 时,3 个特征向量 $\begin{pmatrix} 1 \\ 0 \\ -1 \end{pmatrix}, \begin{pmatrix} 0 \\ 3 \\ 2 \end{pmatrix}, \begin{pmatrix} -2 \\ -1 \\ 1 \end{pmatrix}$ 线性无关,符合题意.

令 $\boldsymbol{P}=\begin{pmatrix} 1 & 0 & -2 \\ 0 & 3 & -1 \\ -1 & 2 & 1 \end{pmatrix}$,且有 $\boldsymbol{P}^{-1}\boldsymbol{A}\boldsymbol{P}=\begin{pmatrix} 1 & & \\ & -1 & \\ & & 0 \end{pmatrix}$,则

$$\boldsymbol{A}=\boldsymbol{P}\begin{pmatrix} 1 & & \\ & -1 & \\ & & 0 \end{pmatrix}\boldsymbol{P}^{-1}=\begin{pmatrix} -5 & 4 & -6 \\ 3 & -3 & 3 \\ 7 & -6 & 8 \end{pmatrix}.$$

例 10　设 $\boldsymbol{A}$ 是 3 阶实对称矩阵,$\boldsymbol{A}$ 的特征值是 $6,-6,0$,其中 $\lambda=6$ 与 $\lambda=0$ 的特征向量分别是 $\boldsymbol{p}_1=(1,a,1)^{\mathrm{T}}$ 及 $\boldsymbol{p}_2=(a,a+1,1)^{\mathrm{T}}$,求方阵 $\boldsymbol{A}$.

解 因为 $\boldsymbol{A}$ 是实对称矩阵,所以 $\lambda=6$ 与 $\lambda=0$ 的特征向量 $\boldsymbol{p}_1,\boldsymbol{p}_2$ 正交,则有 $(\boldsymbol{p}_1,\boldsymbol{p}_2)=a+a^2+a+1=0$,解之 $a=-1$. 设 $\boldsymbol{p}_3=(x_1,x_2,x_3)^{\mathrm{T}}$ 是 $\lambda=-6$ 的特征向量,它与 $\lambda=6,\lambda=0$ 的特征向量均正交,于是 $\begin{cases}x_1-x_2+x_3=0,\\-x_1+x_3=0,\end{cases}$ 解此方程组可知 $(1,2,1)^{\mathrm{T}}$ 是 $\lambda=-6$ 的一个特征向量,

令 $\boldsymbol{P}=\begin{pmatrix}1&-1&1\\-1&0&2\\1&1&1\end{pmatrix}$, 则 $\boldsymbol{P}^{-1}\boldsymbol{AP}=\begin{pmatrix}6&&\\&0&\\&&-6\end{pmatrix}$, 从而

$$\boldsymbol{A}=\boldsymbol{P}\begin{pmatrix}6&&\\&0&\\&&-6\end{pmatrix}\boldsymbol{P}^{-1}=\begin{pmatrix}1&-4&1\\-4&-2&-4\\1&-4&1\end{pmatrix}.$$

总结 例 9 和例 10 都是利用已知条件先求出矩阵 $\boldsymbol{A}$ 的特征值与特征向量,再根据所求的特征值与特征向量构造出可逆矩阵 $\boldsymbol{P}$ 和对角阵 $\boldsymbol{\Lambda}$, 从而反解出矩阵 $\boldsymbol{A}$ 的题型.

例 11 证明 n 阶方阵 $\boldsymbol{A}$ 与其转置矩阵 $\boldsymbol{A}^{\mathrm{T}}$ 有相同的特征值.

证明 因为 $|\lambda\boldsymbol{I}-\boldsymbol{A}|=|(\lambda\boldsymbol{I}-\boldsymbol{A})^{\mathrm{T}}|=|\lambda\boldsymbol{I}-\boldsymbol{A}^{\mathrm{T}}|$, 所以 $\boldsymbol{A}$ 与 $\boldsymbol{A}^{\mathrm{T}}$ 有相同的特征值.

例 12 设 $\boldsymbol{A},\boldsymbol{B}$ 均是 n 阶方阵,证明 $\boldsymbol{AB}$ 与 $\boldsymbol{BA}$ 有相同的非零特征值.

证明 设 λ_0 是 $\boldsymbol{AB}$ 的非零特征值, $\boldsymbol{\alpha}_0$ 是相应的特征向量,则有 $\boldsymbol{AB\alpha}_0=\lambda_0\boldsymbol{\alpha}_0$, 等式两边同时左乘 $\boldsymbol{B}$, 有 $\boldsymbol{BA}(\boldsymbol{B\alpha}_0)=\lambda_0\boldsymbol{B\alpha}_0$. 要说明 λ_0 为 $\boldsymbol{BA}$ 的特征值,必须说明 $\boldsymbol{B\alpha}_0\neq\boldsymbol{0}$. 假设 $\boldsymbol{B\alpha}_0=\boldsymbol{0}$, 由 $\boldsymbol{AB\alpha}_0=\lambda_0\boldsymbol{\alpha}_0$ 有 $\lambda_0\boldsymbol{\alpha}_0=\boldsymbol{0}$, 又因为 $\boldsymbol{\alpha}_0\neq\boldsymbol{0}$, 所以 $\lambda_0=0$, 这与 $\lambda_0\neq0$ 相矛盾,所以 $\boldsymbol{B\alpha}_0\neq\boldsymbol{0}$, 即说明 λ_0 为 $\boldsymbol{BA}$ 的特征值. 由此证明 $\boldsymbol{AB}$ 的非零特征值一定为 $\boldsymbol{BA}$ 的非零特征值;同理可证 $\boldsymbol{BA}$ 的非零特征值必是 $\boldsymbol{AB}$ 的非零特征值. 则 $\boldsymbol{AB}$ 与 $\boldsymbol{BA}$ 有相同的非零特征值.

总习题 5

一、填空题

1. 已知 $\boldsymbol{\alpha}=(-1,0,2)^{\mathrm{T}},\boldsymbol{\beta}=(2,-1,0)^{\mathrm{T}}$, 则内积 $(2\boldsymbol{\alpha}+3\boldsymbol{\beta},\boldsymbol{\alpha}-2\boldsymbol{\beta})=$____________, $|\boldsymbol{\alpha}|=$____________.

2. 若 n 维向量 $\boldsymbol{\alpha}$ 与任意 n 维向量都正交,则 $\boldsymbol{\alpha}=$____________.

3. 已知 3 阶矩阵 $\boldsymbol{A}$ 的特征值为 1,2,3, $f(x)=x^2+2x+3$, 则 $f(\boldsymbol{A})$ 的特征值=____________.

4. 已知 2 阶方阵 $\boldsymbol{A}$ 的主对角线元素之和为 3，且 $|\boldsymbol{A}|=2$，则 $\boldsymbol{A}$ 的特征值=__________.

5. 设向量 $\boldsymbol{\alpha}=\begin{pmatrix}1\\-1\\a\end{pmatrix}$ 是矩阵 $\boldsymbol{A}=\begin{pmatrix}2&1&1\\1&2&1\\1&1&2\end{pmatrix}$ 的特征向量，则 $a=$__________，特征向量 $\boldsymbol{\alpha}$ 对应的特征值 $\lambda=$__________.

6. 设 $\boldsymbol{A}$ 为 5 阶实对称矩阵，2 是 $\boldsymbol{A}$ 的三重特征值，则 $\boldsymbol{A}$ 的属于特征值 2 的线性无关的特征向量的个数=__________，且 $R(2\boldsymbol{I}-\boldsymbol{A})=$__________.

7. 齐次线性方程组 $x_1+x_2+x_3=0$ 的单位正交基础解系为__________.

8. 设 $\boldsymbol{A}$ 为 n 阶方阵，$\boldsymbol{P}$ 是 n 阶可逆矩阵，已知 n 维列向量 $\boldsymbol{\alpha}$ 是矩阵 $\boldsymbol{P}^{-1}\boldsymbol{A}\boldsymbol{P}$ 的属于特征值 λ 的特征向量，则方阵 $\boldsymbol{A}$ 属于特征值 λ 的特征向量为__________.

9. 设 λ 是 n 阶可逆矩阵 $\boldsymbol{A}$ 的一个特征值，则 $\boldsymbol{A}$ 的伴随矩阵 $\boldsymbol{A}^*$ 的一个特征值为__________.

10. 设 $\boldsymbol{A}$ 是 n 阶方阵，且 $R(\boldsymbol{A})<n$，则 $\boldsymbol{A}$ 必有特征值__________.

11. 设 $\boldsymbol{A}$ 是 3 阶方阵，且各行元素之和都是 3，则 $\boldsymbol{A}$ 必有特征值__________.

12. 已知 $\boldsymbol{A}=\begin{pmatrix}2&0&0\\0&0&1\\0&1&x\end{pmatrix}$ 和 $\boldsymbol{B}=\begin{pmatrix}2&0&0\\0&y&0\\0&0&-1\end{pmatrix}$ 相似，则 $x=$__________，$y=$__________.

13. 设 $\boldsymbol{A}$ 是秩为 2 的 3 阶实对称矩阵，且 $\boldsymbol{A}^2+5\boldsymbol{A}=\boldsymbol{O}$，则 $\boldsymbol{A}$ 的 3 个特征值分别为__________.

二、判断题

1. n 维向量组中不存在含有 $n+1$ 个向量的正交向量组.　(　　)

2. 设 $\boldsymbol{A}$ 为 n 阶方阵，且 $|\boldsymbol{A}|=1$ 或 -1，则 $\boldsymbol{A}$ 必为正交矩阵.　(　　)

3. 满足 $\boldsymbol{A}\boldsymbol{\xi}=\lambda\boldsymbol{\xi}$ 的数 λ 和 n 维列向量 $\boldsymbol{\xi}$ 一定为矩阵 $\boldsymbol{A}$ 的特征值和特征向量.　(　　)

4. 设 $\boldsymbol{\xi}$ 是 $\boldsymbol{A}$ 的属于特征值 λ_0 的特征向量，则 $k\boldsymbol{\xi}$ 也是 $\boldsymbol{A}$ 的属于特征值 λ_0 的特征向量，其中 k 为任意非零常数.　(　　)

5. 设 λ_0 为方阵 $\boldsymbol{A}$ 的特征值，则 $k\lambda_0$ 也为方阵 $\boldsymbol{A}$ 的特征值，其中 k 为任意非零常数.　(　　)

6. 若 n 阶方阵 $\boldsymbol{A}$ 与 $\boldsymbol{B}$ 相似，则 $\boldsymbol{A}$ 与 $\boldsymbol{B}$ 一定有相同的特征值.　(　　)

7. 若 n 阶方阵 $\boldsymbol{A}$ 与 $\boldsymbol{B}$ 有相同的特征值，则 $\boldsymbol{A}$ 与 $\boldsymbol{B}$ 一定相似.　(　　)

8. 若 n 阶方阵 $\boldsymbol{A}$ 与 $\boldsymbol{B}$ 相似，则 $\boldsymbol{A}$ 与 $\boldsymbol{B}$ 一定有相同的特征值与特征向量.　(　　)

9. 若 n 阶方阵 $\boldsymbol{A}$ 与 $\boldsymbol{B}$ 相似，且 $\boldsymbol{A}$ 与 $\boldsymbol{B}$ 可逆，则 $\boldsymbol{A}^{-1}$ 与 $\boldsymbol{B}^{-1}$ 也相似.　(　　)

10. 若 n 阶方阵 $\boldsymbol{A}$ 与 $\boldsymbol{B}$ 相似，且 $\boldsymbol{B}=\boldsymbol{P}^{-1}\boldsymbol{A}\boldsymbol{P}$，则可逆矩阵 $\boldsymbol{P}$ 唯一.　(　　)

三、计算题

1. 求一个 4 维单位向量，使其与向量组 $\boldsymbol{\alpha}_1=(1,1,-1,1)^{\mathrm{T}}$，$\boldsymbol{\alpha}_2=(1,-1,-1,1)^{\mathrm{T}}$，$\boldsymbol{\alpha}_3=(2,1,1,3)^{\mathrm{T}}$ 正交.

2. 设 $\boldsymbol{A}$ 为 2 阶方阵，$\boldsymbol{\alpha}_1,\boldsymbol{\alpha}_2$ 为线性无关的 2 维列向量，$\boldsymbol{A}\boldsymbol{\alpha}_1=\boldsymbol{0}$，$\boldsymbol{A}\boldsymbol{\alpha}_2=2\boldsymbol{\alpha}_1+\boldsymbol{\alpha}_2$，求 $\boldsymbol{A}$ 的全部特征值.

3. 设方阵 $\boldsymbol{A}$ 与 $\boldsymbol{B}$ 相似，且 $\boldsymbol{A}=\begin{pmatrix}1&-1&1\\2&4&-2\\-3&-3&a\end{pmatrix}$，$\boldsymbol{B}=\begin{pmatrix}2&0&0\\0&2&0\\0&0&b\end{pmatrix}$，求可逆矩阵 $\boldsymbol{P}$，使 $\boldsymbol{P}^{-1}\boldsymbol{AP}=\boldsymbol{B}$.

4. 设 $\boldsymbol{A}$ 为 3 阶方阵，$\boldsymbol{\alpha}_1,\boldsymbol{\alpha}_2,\boldsymbol{\alpha}_3$ 是线性无关的 3 维列向量，且满足 $\boldsymbol{A\alpha}_1=\boldsymbol{\alpha}_1+\boldsymbol{\alpha}_2+\boldsymbol{\alpha}_3$，$\boldsymbol{A\alpha}_2=2\boldsymbol{\alpha}_2+\boldsymbol{\alpha}_3$，$\boldsymbol{A\alpha}_3=2\boldsymbol{\alpha}_2+3\boldsymbol{\alpha}_3$，

(1)求方阵 $\boldsymbol{A}$ 的特征值；

(2)求可逆矩阵 $\boldsymbol{P}$ 和对角阵 $\boldsymbol{\Lambda}$，使 $\boldsymbol{P}^{-1}\boldsymbol{AP}=\boldsymbol{\Lambda}$.

5. 设 3 阶实对称矩阵的秩为 2，$\lambda_1=\lambda_2=6$ 是 $\boldsymbol{A}$ 的二重特征值，若 $\boldsymbol{\alpha}_1=(1,1,0)^{\mathrm{T}}$，$\boldsymbol{\alpha}_2=(2,1,1)^{\mathrm{T}}$ 都是 $\boldsymbol{A}$ 的属于特征值 6 的线性无关的特征向量，求方阵 $\boldsymbol{A}$.

6. 已知方阵 $\boldsymbol{A}=\begin{pmatrix}2&a&2\\5&b&3\\-1&1&-1\end{pmatrix}$ 有特征值 ±1，求 a,b 的值，并说明 $\boldsymbol{A}$ 能否对角化.

7. 设 3 阶实对称阵 $\boldsymbol{A}$ 的特征值为 $\lambda_1=6$，$\lambda_2=\lambda_3=3$，且特征值 $\lambda_1=6$ 对应的特征向量为 $\boldsymbol{\xi}_1=(1,1,1)^{\mathrm{T}}$，求 3 阶实对称阵 $\boldsymbol{A}$.

四、证明题

1. 设 $\boldsymbol{A},\boldsymbol{B}$ 均为 n 阶方阵，且 $\boldsymbol{A}$ 可逆，证明 $\boldsymbol{AB}$ 与 $\boldsymbol{BA}$ 相似.

2. 设 $\boldsymbol{A}$ 为正交阵，且 $|\boldsymbol{A}|=-1$，证明 $\lambda=-1$ 是 $\boldsymbol{A}$ 的特征值.

3. 已知 n 阶方阵 $\boldsymbol{A}$ 与 $\boldsymbol{B}$ 相似，且 $\boldsymbol{A}^2=\boldsymbol{A}$，证明 $\boldsymbol{B}^2=\boldsymbol{B}$.

4. 已知数 $\lambda_1,\lambda_2,\lambda_3$ 是 3 阶方阵 $\boldsymbol{A}$ 的特征值，向量 $\boldsymbol{\alpha}_1,\boldsymbol{\alpha}_2,\boldsymbol{\alpha}_3$ 分别为 $\lambda_1,\lambda_2,\lambda_3$ 所对应的特征向量且 $\boldsymbol{\alpha}_1,\boldsymbol{\alpha}_2,\boldsymbol{\alpha}_3$ 线性无关，若 $\boldsymbol{\alpha}_1+\boldsymbol{\alpha}_2+\boldsymbol{\alpha}_3$ 仍是 $\boldsymbol{A}$ 的特征向量，证明 $\lambda_1=\lambda_2=\lambda_3$.

5. 设 n 阶方阵 $\boldsymbol{A}=(a_{ij})$ 的各行元素之和都为常数 a，证明

(1) a 为 $\boldsymbol{A}$ 的一个特征值，$\boldsymbol{\alpha}=(1,1,\cdots,1)^{\mathrm{T}}$ 为对应的特征向量；

(2) $\boldsymbol{A}^m$ 的每行元素之和为 a^m，其中 m 为正整数；

(3)若 $\boldsymbol{A}$ 可逆，则 $\boldsymbol{A}^{-1}$ 的每行元素之和为 $\dfrac{1}{a}$.

6. 已知 $\boldsymbol{A},\boldsymbol{B}$ 均为 3 阶非零矩阵，且 $\boldsymbol{A}^2=\boldsymbol{A}$，$\boldsymbol{B}^2=\boldsymbol{B}$，$\boldsymbol{BA}=\boldsymbol{O}$，证明

(1) 0 和 1 必是 $\boldsymbol{A}$ 与 $\boldsymbol{B}$ 的特征值；

(2)若 $\boldsymbol{\alpha}$ 是方阵 $\boldsymbol{A}$ 的关于特征值 $\lambda=1$ 的特征向量，则 $\boldsymbol{\alpha}$ 必是 $\boldsymbol{B}$ 的关于特征值 $\lambda=0$ 的特征向量.

考研题选

1. 若 3 维列向量 $\boldsymbol{\alpha},\boldsymbol{\beta}$ 满足 $\boldsymbol{\alpha}^{\mathrm{T}}\boldsymbol{\beta}=2$，其中 $\boldsymbol{\alpha}^{\mathrm{T}}$ 为 $\boldsymbol{\alpha}$ 的转置，则矩阵 $\boldsymbol{\beta\alpha}^{\mathrm{T}}$ 的非零特征值为__________.（2009 年）

2. 设 $\boldsymbol{A}$ 为 4 阶实对称矩阵，且 $\boldsymbol{A}^2+\boldsymbol{A}=\boldsymbol{O}$，若 $\boldsymbol{A}$ 的秩为 3，则 $\boldsymbol{A}$ 相似于（　　）.（2010 年）

(A) $\begin{pmatrix}1&&&\\&1&&\\&&1&\\&&&0\end{pmatrix}$　　(B) $\begin{pmatrix}1&&&\\&1&&\\&&-1&\\&&&0\end{pmatrix}$

(C) $\begin{pmatrix} 1 & & & \\ & -1 & & \\ & & -1 & \\ & & & 0 \end{pmatrix}$　　(D) $\begin{pmatrix} -1 & & & \\ & -1 & & \\ & & -1 & \\ & & & 0 \end{pmatrix}$

3. 矩阵 $\begin{pmatrix} 1 & a & 1 \\ a & b & a \\ 1 & a & 1 \end{pmatrix}$ 与 $\begin{pmatrix} 2 & 0 & 0 \\ 0 & b & 0 \\ 0 & 0 & 0 \end{pmatrix}$ 相似的充要条件为(　　).　(2013 年)

(A) $a = 0, b = 0$　　(B) $a = 0$, b 为任意常数

(C) $a = 2, b = 0$　　(D) $a = 2$, b 为任意常数

4. 设方阵 $\boldsymbol{A} = \begin{pmatrix} 2 & 1 & 1 \\ 1 & 2 & 1 \\ 1 & 1 & a \end{pmatrix}$ 可逆，向量 $\boldsymbol{\alpha} = \begin{pmatrix} 1 \\ b \\ 1 \end{pmatrix}$ 是 $\boldsymbol{A}$ 的伴随矩阵 $\boldsymbol{A}^*$ 的一个特征向量，λ 是 $\boldsymbol{\alpha}$ 对应的特征值，求 a, b 和 λ 的值.　(2003 年)

5. 设 3 阶实对陈矩阵 $\boldsymbol{A}$ 的各行元素之和均为 3，向量 $\boldsymbol{\alpha}_1 = (-1, 2, -1)^{\mathrm{T}}$, $\boldsymbol{\alpha}_2 = (0, -1, 1)^{\mathrm{T}}$ 是线性方程组 $\boldsymbol{Ax} = \boldsymbol{0}$ 的两个解向量，

(1) 求 $\boldsymbol{A}$ 的特征值与特征向量；

(2) 求正交矩阵 $\boldsymbol{Q}$ 和对角阵 $\boldsymbol{\Lambda}$，使 $\boldsymbol{Q}^{-1}\boldsymbol{AQ} = \boldsymbol{\Lambda}$.　(2006 年)

6. 设 3 阶实对称矩阵 $\boldsymbol{A}$ 的特征值 $\lambda_1 = 1, \lambda_2 = 2, \lambda_3 = -2$，且 $\boldsymbol{\alpha}_1 = (1, -1, 1)^{\mathrm{T}}$ 是 $\boldsymbol{A}$ 的属于特征值 λ_1 的一个特征向量，记 $\boldsymbol{B} = \boldsymbol{A}^5 - 4\boldsymbol{A}^3 + \boldsymbol{I}$，其中 $\boldsymbol{I}$ 为 3 阶单位矩阵，

(1) 验证 $\boldsymbol{\alpha}_1$ 是矩阵 $\boldsymbol{B}$ 的特征向量，并求 $\boldsymbol{B}$ 的全部特征值与特征向量；

(2) 求矩阵 $\boldsymbol{B}$.　(2007 年)

7. 设 $\boldsymbol{A} = \begin{pmatrix} 1 & -1 & -1 \\ -1 & 1 & 1 \\ 0 & -4 & -2 \end{pmatrix}$, $\boldsymbol{\xi}_1 = \begin{pmatrix} -1 \\ 1 \\ -2 \end{pmatrix}$,

(1) 求满足 $\boldsymbol{A\xi}_2 = \boldsymbol{\xi}_1$, $\boldsymbol{A}^2\boldsymbol{\xi}_3 = \boldsymbol{\xi}_1$ 的所有向量 $\boldsymbol{\xi}_2$, $\boldsymbol{\xi}_3$；

(2) 对(1)中的任意向量 $\boldsymbol{\xi}_2$, $\boldsymbol{\xi}_3$，证明 $\boldsymbol{\xi}_1$, $\boldsymbol{\xi}_2$, $\boldsymbol{\xi}_3$ 线性无关.　(2009 年)

8. 设矩阵 $\boldsymbol{A} = \begin{pmatrix} 3 & 2 & 2 \\ 2 & 3 & 2 \\ 2 & 2 & 3 \end{pmatrix}$, $\boldsymbol{P} = \begin{pmatrix} 0 & 1 & 0 \\ 1 & 0 & 1 \\ 0 & 0 & 1 \end{pmatrix}$, $\boldsymbol{B} = \boldsymbol{P}^{-1}\boldsymbol{A}^*\boldsymbol{P}$，求 $\boldsymbol{B} + 2\boldsymbol{I}$ 的特征值和特征向量，其中 $\boldsymbol{A}^*$ 是 $\boldsymbol{A}$ 的伴随矩阵，$\boldsymbol{I}$ 为 3 阶单位矩阵.　(2003 年)

9. 证明 n 阶方阵 $\begin{pmatrix} 1 & 1 & \cdots & 1 \\ 1 & 1 & \cdots & 1 \\ \vdots & \vdots & & \vdots \\ 1 & 1 & \cdots & 1 \end{pmatrix}$ 与 $\begin{pmatrix} 0 & 0 & \cdots & 1 \\ 0 & 0 & \cdots & 2 \\ \vdots & \vdots & & \vdots \\ 0 & 0 & \cdots & n \end{pmatrix}$ 相似.　(2014 年)

第6章　二　次　型

二次型的理论起源于解析几何中对有心二次曲线和二次曲面的研究，例如为了便于研究二次曲线

$$a_{11}x^2+2a_{12}xy+a_{22}y^2=a_0 \tag{6.1}$$

（其中 a_{11},a_{12},a_{22},a_0 为常数）的几何性质，我们可以选择适当的坐标旋转变换：

$$\begin{cases} x=x'\cos\theta-y'\sin\theta, \\ y=x'\sin\theta-y'\cos\theta, \end{cases}$$

将曲线化为在新坐标系 $OX'Y'$ 中的标准形式

$$a'_{11}x'^2+a'_{22}y'^2=a'_0 \quad (a'_0=a_0).$$

式(6.1)左边是一个二次齐次多项式，上述代换过程实质是通过适当的可逆线性变换将一个二次齐次多项式化为仅含新变量的平方项的多项式. 这样的问题在很多理论问题或是实际问题中常会遇到. 这类问题一般化，即是本章将要学习的 n 元二次齐次多项式的化简问题.

6.1　二次型及其矩阵

一、二次型的定义

定义 6.1　含有 n 个变量 $x_1,x_2,\cdots,x_n$ 的二次齐次多项式

$$\begin{aligned} f(x_1,x_2,\cdots,x_n)=&a_{11}x_1^2+2a_{12}x_1x_2+\cdots+2a_{1n}x_1x_n \\ &+a_{22}x_2^2+2a_{23}x_2x_3+\cdots+2a_{2n}x_2x_n+\cdots+a_{nn}x_n^2 \end{aligned}$$

称为一个 n 元二次型(简称二次型).

例如，$f(x_1,x_2,x_3)=x_1^2+3x_1x_2+x_2x_3+x_3^2$ 是一个 3 元二次型，而 $f(x_1,x_2,x_3)=x_1^2+3x_1x_2+x_2x_3+x_3^2+5$ 不是一个二次型.

当系数 $a_{ij}\,(i=1,\cdots,n;j=1,\cdots,n)$ 为实数时，称该二次型为实二次型；当系数 $a_{ij}\,(i=1,\cdots,n;j=1,\cdots,n)$ 为复数时，称该二次型为复二次型. 本章讨论的二次型都是实二次型.

二、二次型的矩阵形式

为了便于利用矩阵及其运算作为工具来研究二次型，将二次型用矩阵的乘积形式表示.

取 $a_{ij}=a_{ji}$，此时有 $2a_{ij}x_ix_j=a_{ij}x_ix_j+a_{ji}x_jx_i$，如 $2a_{12}x_1x_2=a_{12}x_1x_2+a_{21}x_2x_1$.

于是

$$
\begin{aligned}
f(x_1,x_2,\cdots,x_n) &= a_{11}x_1^2+2a_{12}x_1x_2+\cdots+2a_{1n}x_1x_n \\
&\quad +a_{22}x_2^2+2a_{23}x_2x_3+\cdots+2a_{2n}x_2x_n+\cdots+a_{nn}x_n^2 \\
&= a_{11}x_1^2+a_{12}x_1x_2+\cdots+a_{1n}x_1x_n \\
&\quad +a_{21}x_2x_1+a_{22}x_2^2+\cdots+a_{2n}x_2x_n \\
&\quad +\cdots \\
&\quad +a_{n1}x_nx_1+a_{n2}x_nx_2+\cdots+a_{nn}x_n^2 \\
&= x_1(a_{11}x_1+a_{12}x_2+\cdots+a_{1n}x_n) \\
&\quad +x_2(a_{21}x_1+a_{22}x_2+\cdots+a_{2n}x_n) \\
&\quad +\cdots \\
&\quad +x_n(a_{n1}x_1+a_{n2}x_2+\cdots+a_{nn}x_n) \\
&= (x_1,x_2,\cdots,x_n)\begin{pmatrix} a_{11}x_1+a_{12}x_2+\cdots+a_{1n}x_n \\ a_{21}x_1+a_{22}x_2+\cdots+a_{2n}x_n \\ \cdots\cdots \\ a_{n1}x_1+a_{n2}x_2+\cdots+a_{nn}x_n \end{pmatrix} \\
&= (x_1,x_2,\cdots,x_n)\begin{pmatrix} a_{11} & a_{12} & \cdots & a_{1n} \\ a_{21} & a_{22} & \cdots & a_{2n} \\ \vdots & \vdots & & \vdots \\ a_{n1} & a_{n2} & \cdots & a_{nn} \end{pmatrix}\begin{pmatrix} x_1 \\ x_2 \\ \vdots \\ x_n \end{pmatrix}.
\end{aligned}
$$

令 $\boldsymbol{X}=\begin{pmatrix} x_1 \\ x_2 \\ \vdots \\ x_n \end{pmatrix}$，$\boldsymbol{A}=\begin{pmatrix} a_{11} & a_{12} & \cdots & a_{1n} \\ a_{21} & a_{22} & \cdots & a_{2n} \\ \vdots & \vdots & & \vdots \\ a_{n1} & a_{n2} & \cdots & a_{nn} \end{pmatrix}$，则二次型 $f(x_1,x_2,\cdots,x_n)$ 记为

$$
f(x_1,x_2,\cdots,x_n)=\boldsymbol{X}^{\mathrm{T}}\boldsymbol{A}\boldsymbol{X},
$$

这即是二次型的矩阵形式.

关于二次型的矩阵形式，必须注意以下三点.

(1)矩阵 $\boldsymbol{A}$ 的元素的构成. $\boldsymbol{A}$ 的主对角线上的元素 $a_{11},a_{22},\cdots,a_{nn}$ 依次为二次型 $f(x_1,x_2,\cdots,x_n)$ 的平方项 $x_1^2,x_2^2,\cdots,x_n^2$ 的系数；非主对角线的元素 $a_{ij}=a_{ji}$ 为项 $x_ix_j(i\neq j)$ 的系数的一半.

(2)由于 $a_{ij}=a_{ji}$，故 $\boldsymbol{A}^{\mathrm{T}}=\boldsymbol{A}$，即二次型的矩阵形式中的矩阵 $\boldsymbol{A}$ 为对称矩阵.

(3)由矩阵 **A** 的元素的构成可知,二次型 $f(x_1,x_2,\cdots,x_n)$ 与对称矩阵 **A** 之间存在一一对应关系. 于是称 **A** 为二次型 $f(x_1,x_2,\cdots,x_n)$ 的矩阵,并称 **A** 的秩为二次型 $f(x_1,x_2,\cdots,x_n)$ 的秩,相应的二次型 $f(x_1,x_2,\cdots,x_n)$ 称为 **A** 所对应的二次型.

例 1 写出下列二次型的矩阵.

(1) $f(x_1,x_2,x_3)=2x_1^2+4x_1x_2+5x_1x_3+x_2^2+x_3^2$;

(2) $f(x_1,x_2,x_3)=2x_1^2+3x_2^2-x_3^2$;

(3) $f(x_1,x_2,x_3)=x_1x_2+x_2x_3$.

解 (1) $\begin{pmatrix} 2 & 2 & \frac{5}{2} \\ 2 & 1 & 0 \\ \frac{5}{2} & 0 & 1 \end{pmatrix}$;

(2) $\begin{pmatrix} 2 & 0 & 0 \\ 0 & 3 & 0 \\ 0 & 0 & -1 \end{pmatrix}$;

(3) $\begin{pmatrix} 0 & \frac{1}{2} & 0 \\ \frac{1}{2} & 0 & \frac{1}{2} \\ 0 & \frac{1}{2} & 0 \end{pmatrix}$.

通过例 1 不难得出结论:**只含平方项的二次型的矩阵为一个对角阵.**

思考题 1 判定 $f(x_1,x_2)=(x_1\quad x_2)\begin{pmatrix} 1 & 2 \\ 3 & 4 \end{pmatrix}\begin{pmatrix} x_1 \\ x_2 \end{pmatrix}$ 是否为一个二次型? 若是,写出该二次型的矩阵.

习 题 6.1

1. 写出下列二次型的矩阵,并求二次型的秩.

(1) $f(x,y,z)=2x^2+2xy+3y^2-4z^2$;

(2) $f(x_1,x_2,x_3)=x_1^2-2x_1x_2-4x_2x_3+x_2^2+8x_3^2$;

(3) $f(x_1,x_2,x_3,x_4)=x_1x_2+x_3x_4$.

2. 写出下列二次型的矩阵形式.

(1) $f(x_1,x_2)=(x_1,x_2)\begin{pmatrix} 2 & 1 \\ 3 & 1 \end{pmatrix}\begin{pmatrix} x_1 \\ x_2 \end{pmatrix}$;

(2) $f(x_1,x_2,x_3)=(x_1,x_2,x_3)\begin{pmatrix} 1 & 2 & 3 \\ 4 & 5 & 6 \\ 7 & 8 & 9 \end{pmatrix}\begin{pmatrix} x_1 \\ x_2 \\ x_3 \end{pmatrix}$.

6.2 二次型的标准形

一、二次型的标准形

形如 $d_1x_1^2+d_2x_2^2+\cdots+d_nx_n^2$ 这样的只含平方项的二次型称为二次型的标准形,其矩阵为一个对角矩阵 $\begin{pmatrix} d_1 & 0 & \cdots & 0 \\ 0 & d_2 & \cdots & 0 \\ \vdots & \vdots & & \vdots \\ 0 & 0 & \cdots & d_n \end{pmatrix}$. 若 d_i 只能为 $1,-1$, 或 0, 则称此标准形为二次型的规范形.

设 $x_1,x_2,\cdots,x_n$; $y_1,y_2,\cdots,y_n$ 为两组变量,关系式

$$\begin{cases} x_1=c_{11}y_1+c_{12}y_2+\cdots+c_{1n}y_n, \\ x_2=c_{21}y_1+c_{22}y_2+\cdots+c_{2n}y_n, \\ \cdots\cdots \\ x_n=c_{n1}y_1+c_{n2}y_2+\cdots+c_{nn}y_n \end{cases}$$

称为变量 $y_1,y_2,\cdots,y_n$ 到变量 $x_1,x_2,\cdots,x_n$ 的线性变换,其矩阵形式为 $\boldsymbol{X}=\boldsymbol{CY}$, 其中

$$\boldsymbol{X}=\begin{pmatrix} x_1 \\ x_2 \\ \vdots \\ x_n \end{pmatrix},\quad \boldsymbol{Y}=\begin{pmatrix} y_1 \\ y_2 \\ \vdots \\ y_n \end{pmatrix},\quad \boldsymbol{C}=\begin{pmatrix} c_{11} & c_{12} & \cdots & c_{1n} \\ c_{21} & c_{22} & \cdots & c_{2n} \\ \vdots & \vdots & & \vdots \\ c_{n1} & c_{n2} & \cdots & c_{nn} \end{pmatrix}.$$

若矩阵 $\boldsymbol{C}$ 为可逆矩阵,则称线性变换 $\boldsymbol{X}=\boldsymbol{CY}$ 为可逆线性变换. 更特殊地,若矩阵 $\boldsymbol{C}$ 为正交矩阵,则称线性变换 $\boldsymbol{X}=\boldsymbol{CY}$ 为正交线性变换.

下面要解决的问题是,如何寻求一个可逆线性变换 $\boldsymbol{X}=\boldsymbol{CY}$, 将二次型 $f=\boldsymbol{X}^{\mathrm{T}}\boldsymbol{AX}$ 化为标准形. 这里要注意线性变换 $\boldsymbol{X}=\boldsymbol{CY}$ 一定是 n 个变量变换为 n 个变量,且矩阵 $\boldsymbol{C}$ 可逆.

任意二次型 $f=\boldsymbol{X}^{\mathrm{T}}\boldsymbol{AX}(\boldsymbol{A}^{\mathrm{T}}=\boldsymbol{A})$ 经过可逆线性变换 $\boldsymbol{X}=\boldsymbol{CY}$ 后化为 $f=\boldsymbol{X}^{\mathrm{T}}\boldsymbol{AX}=\boldsymbol{Y}^{\mathrm{T}}\boldsymbol{C}^{\mathrm{T}}\boldsymbol{ACY}$, 因为 $(\boldsymbol{C}^{\mathrm{T}}\boldsymbol{AC})^{\mathrm{T}}=\boldsymbol{C}^{\mathrm{T}}\boldsymbol{A}^{\mathrm{T}}\boldsymbol{C}=\boldsymbol{C}^{\mathrm{T}}\boldsymbol{AC}$, 所以 $\boldsymbol{B}=\boldsymbol{C}^{\mathrm{T}}\boldsymbol{AC}$ 是对称矩阵,此等式 $\boldsymbol{B}=\boldsymbol{C}^{\mathrm{T}}\boldsymbol{AC}$ 体现了变换前后的二次型的矩阵的关系,与之相应,引入以下合同的定义.

定义 6.2 设 $\boldsymbol{A},\boldsymbol{B}$ 为 n 阶方阵,若存在 n 阶可逆矩阵 $\boldsymbol{C}$, 使 $\boldsymbol{B}=\boldsymbol{C}^{\mathrm{T}}\boldsymbol{AC}$, 则称 $\boldsymbol{A}$ 与 $\boldsymbol{B}$ 合同,记为 $\boldsymbol{A}\cong\boldsymbol{B}$.

合同满足以下三个性质.

(1)**反身性** 即 $\boldsymbol{A}\cong\boldsymbol{A}$.

(2)**对称性** 即若 $\boldsymbol{A}\cong\boldsymbol{B}$，则 $\boldsymbol{B}\cong\boldsymbol{A}$.

(3)**传递性** 即若 $\boldsymbol{A}\cong\boldsymbol{B},\boldsymbol{B}\cong\boldsymbol{C}$，则 $\boldsymbol{A}\cong\boldsymbol{C}$.

合同还有如下性质.

性质 1 合同的矩阵秩相等.

性质 2 合同保持矩阵的对称性.

将合同关系应用到二次型可得如下定理.

定理 6.1 二次型经过可逆线性变换得到一个新的二次型，则新二次型的矩阵与原来二次型的矩阵是合同的，且它们的秩相等.

二、化二次型为标准形的方法

化二次型为标准形，就是对对称矩阵 $\boldsymbol{A}$，寻求可逆矩阵 $\boldsymbol{C}$，使得 $\boldsymbol{C}^{\mathrm{T}}\boldsymbol{A}\boldsymbol{C}$ 为对角阵.

下面介绍三种化二次型为标准形的方法：正交线性变换法、拉格朗日配方法和合同变换法.

1. 正交线性变换法

用正交变换法化二次型为标准形，具有保持几何特性不变的优点.

由定理 5.5 可知：对于任意实对称矩阵 $\boldsymbol{A}$，必存在正交矩阵 $\boldsymbol{C}$，使

$$\boldsymbol{C}^{\mathrm{T}}\boldsymbol{A}\boldsymbol{C}=\boldsymbol{C}^{-1}\boldsymbol{A}\boldsymbol{C}=\boldsymbol{\Lambda}=\begin{pmatrix}\lambda_1 & & \\ & \ddots & \\ & & \lambda_n\end{pmatrix},$$

其中 $\lambda_1,\lambda_2,\cdots,\lambda_n$ 为 $\boldsymbol{A}$ 的 n 个特征值，因而用于二次型便可得如下定理.

定理 6.2 对于任意二次型 $f=\boldsymbol{X}^{\mathrm{T}}\boldsymbol{A}\boldsymbol{X}$，总存在一个正交线性变换 $\boldsymbol{X}=\boldsymbol{C}\boldsymbol{Y}$ 将其化为标准形 $\lambda_1y_1^2+\lambda_2y_2^2+\cdots+\lambda_ny_n^2$，其中 $\lambda_1,\lambda_2,\cdots,\lambda_n$ 为 $\boldsymbol{A}$ 的 n 个特征值.

例 1 用正交线性变换法化二次型

$$f(x_1,x_2,x_3)=4x_1^2+4x_1x_2+4x_1x_3+4x_2^2+4x_2x_3+4x_3^2$$

为标准形，并求所用的正交线性变换.

解 第一步 先写出二次型 f 的矩阵 $\boldsymbol{A}=\begin{pmatrix}4&2&2\\2&4&2\\2&2&4\end{pmatrix}$；

第二步 对于实对称矩阵 $\boldsymbol{A}$，求正交矩阵 $\boldsymbol{C}$，使 $\boldsymbol{C}^{\mathrm{T}}\boldsymbol{A}\boldsymbol{C}=\boldsymbol{C}^{-1}\boldsymbol{A}\boldsymbol{C}=\boldsymbol{\Lambda}=\begin{pmatrix}\lambda_1 & & \\ & \ddots & \\ & & \lambda_n\end{pmatrix}$，由 5.4 节的例 1 可知，取

$$C=\begin{pmatrix}-\frac{1}{\sqrt{2}} & -\frac{1}{\sqrt{6}} & \frac{1}{\sqrt{3}}\\ \frac{1}{\sqrt{2}} & -\frac{1}{\sqrt{6}} & \frac{1}{\sqrt{3}}\\ 0 & \frac{2}{\sqrt{6}} & \frac{1}{\sqrt{3}}\end{pmatrix},$$

且使得 $C^{T}AC=C^{-1}AC=\begin{pmatrix}2&0&0\\0&2&0\\0&0&8\end{pmatrix}$.

第三步　令正交线性变换 $X=CY$，则二次型 f 经过正交线性变换 $X=CY$ 化为标准形 $2y_1^2+2y_2^2+8y_3^2$.

由 5.4 节的讨论可知，满足条件 $C^{T}AC=C^{-1}AC=\Lambda=\begin{pmatrix}\lambda_1 & & \\ & \ddots & \\ & & \lambda_n\end{pmatrix}$ 的正交矩阵 C 和 Λ 不是唯一的，从而对于二次型 f 而言，化其为标准形的正交线性变换 $X=CY$ 也是不唯一的，标准形的形式也是不唯一的.

例 2　化简二次曲面 $4x^2+4xy+4xz+4y^2+4yz+4z^2=1$ 的方程，并由此判断方程表示什么曲面.

解　曲面方程的左边是二次型，记为 $f(x,y,z)=4x^2+4xy+4xz+4y^2+4yz+4z^2$，现用正交线性变换法化其为标准形，此二次型 $f(x,y,z)$ 与例 1 的二次型是同一个二次型，只是变量不同，参照例 1 的求解过程.

令

$$\begin{pmatrix}x\\y\\z\end{pmatrix}=\begin{pmatrix}-\frac{1}{\sqrt{2}} & -\frac{1}{\sqrt{6}} & \frac{1}{\sqrt{3}}\\ \frac{1}{\sqrt{2}} & -\frac{1}{\sqrt{6}} & \frac{1}{\sqrt{3}}\\ 0 & \frac{2}{\sqrt{6}} & \frac{1}{\sqrt{3}}\end{pmatrix}\begin{pmatrix}x'\\y'\\z'\end{pmatrix},$$

则二次型 $f(x,y,z)$ 的标准形 $2x'^2+2y'^2+8z'^2$，从而二次曲面方程化为

$$2x'^2+2y'^2+8z'^2=1,$$

因而该方程表示一个椭球面.

2. 拉格朗日配方法

用拉格朗日配方法化二次型为标准形，主要分为以下两种类型，现以例题讲解的形式进行介绍.

类型一　既含有变量 x_i 的平方项，又含有 $x_ix_j(i\neq j)$ 的乘积项的二次型.

例 3　用配方法化二次型 $f(x_1,x_2,x_3)=x_1^2+2x_1x_2-4x_1x_3-3x_2^2-6x_2x_3+x_3^2$ 为标准形，并求出所用的可逆线性变换.

解　此二次型既含有 x_1^2 项，又含有乘积项 $x_1x_i(i\neq 1)$，现将含 x_1 的项全部合在一起并配方如下，

$$\begin{aligned}f(x_1,x_2,x_3)&=x_1^2+2x_1x_2-4x_1x_3-3x_2^2-6x_2x_3+x_3^2\\&=[x_1^2+2x_1(x_2-2x_3)]-3x_2^2-6x_2x_3+x_3^2\\&=[x_1^2+2x_1(x_2-2x_3)+(x_2-2x_3)^2]\\&\quad-(x_2-2x_3)^2-3x_2^2-6x_2x_3+x_3^2\\&=(x_1+x_2-2x_3)^2-4x_2^2-2x_2x_3-3x_3^2.\end{aligned}$$

此时余下的 $-4x_2^2-2x_2x_3-3x_3^2$ 中不再含有变量 x_1，再按照刚才相同的方法，同样对变量 x_2 配方，如此这样下去，直至二次型不再含有乘积项，得

$$f(x_1,x_2,x_3)=(x_1+x_2-2x_3)^2-4\left(x_2+\frac{1}{4}x_3\right)^2-\frac{11}{4}x_3^2.$$

令

$$\begin{cases}y_1=x_1+x_2-2x_3,\\y_2=x_2+\dfrac{1}{4}x_3,\\y_3=x_3,\end{cases}$$

即 $\begin{cases}x_1=y_1-y_2+\dfrac{9}{4}y_3,\\x_2=y_2-\dfrac{1}{4}y_3,\\x_3=y_3,\end{cases}$　简记为 $\boldsymbol{X}=\boldsymbol{PY}$，其中

$$\boldsymbol{X}=\begin{pmatrix}x_1\\x_2\\x_3\end{pmatrix},\quad\boldsymbol{Y}=\begin{pmatrix}y_1\\y_2\\y_3\end{pmatrix},\quad\boldsymbol{P}=\begin{pmatrix}1&-1&\dfrac{9}{4}\\0&1&-\dfrac{1}{4}\\0&0&1\end{pmatrix}.$$

于是二次型 f 经过可逆线性变换 $\boldsymbol{X}=\boldsymbol{PY}$ 变为标准形 $y_1^2-4y_2^2-\dfrac{11}{4}y_3^2$.

当然也可令 $\begin{cases}y_1=x_1+x_2-2x_3,\\y_2=2x_2+\dfrac{1}{2}x_3,\\y_3=x_3,\end{cases}$　即 $\begin{cases}x_1=y_1-\dfrac{1}{2}y_2+\dfrac{9}{4}y_3,\\x_2=\dfrac{1}{2}y_2-\dfrac{1}{4}y_3,\\x_3=y_3\end{cases}$　简记为 $\boldsymbol{X}=$

$\boldsymbol{P'Y}$, 其中 $\boldsymbol{X}=\begin{pmatrix}x_1\\x_2\\x_3\end{pmatrix}$, $\boldsymbol{Y}=\begin{pmatrix}y_1\\y_2\\y_3\end{pmatrix}$, $\boldsymbol{P'}=\begin{pmatrix}1 & -\frac{1}{2} & \frac{9}{4}\\0 & \frac{1}{2} & -\frac{1}{4}\\0 & 0 & 1\end{pmatrix}$, 此时二次型 f 经过另一个可逆线性变换 $\boldsymbol{X}=\boldsymbol{P'Y}$ 变为标准形 $y_1^2-y_2^2-\frac{11}{4}y_3^2$.

由此可知,用配方法化二次型为标准形的可逆线性变换是不唯一的,所得的标准形也是不唯一的.

类型二 只含 $x_ix_j(i\neq j)$ 的乘积项的二次型.

例 4 用配方法化二次型 $f(x_1,x_2,x_3)=2x_1x_2+2x_1x_3-6x_2x_3$ 为标准形,并求出所用的可逆线性变换.

解 先作一个辅助的可逆线性变换,将类型二转化为类型一,令

$$\begin{cases}x_1=y_1+y_2,\\x_2=y_1-y_2,\\x_3=y_3,\end{cases}$$

即

$$\begin{pmatrix}x_1\\x_2\\x_3\end{pmatrix}=\begin{pmatrix}1 & 1 & 0\\1 & -1 & 0\\0 & 0 & 1\end{pmatrix}\begin{pmatrix}y_1\\y_2\\y_3\end{pmatrix},$$

简记为 $\boldsymbol{X}=\boldsymbol{P}_1\boldsymbol{Y}$, 其中 $\boldsymbol{X}=\begin{pmatrix}x_1\\x_2\\x_3\end{pmatrix}$, $\boldsymbol{Y}=\begin{pmatrix}y_1\\y_2\\y_3\end{pmatrix}$, $\boldsymbol{P}_1=\begin{pmatrix}1 & 1 & 0\\1 & -1 & 0\\0 & 0 & 1\end{pmatrix}$, 于是有

$$\begin{aligned}f(x_1,x_2,x_3)&=2x_1x_2+2x_1x_3-6x_2x_3\\&=2y_1^2-4y_1y_3-2y_2^2+8y_2y_3.\end{aligned}$$

再按照类型一的配方法配方如下:

$$\begin{aligned}f(x_1,x_2,x_3)&=2y_1^2-4y_1y_3-2y_2^2+8y_2y_3\\&=2(y_1-y_3)^2-2y_2^2+8y_2y_3-2y_3^2\\&=2(y_1-y_3)^2-2(y_2-2y_3)^2+6y_3^2\end{aligned}$$

令 $\begin{cases}z_1=y_1-y_3,\\z_2=y_2-2y_3,\\z_3=y_3,\end{cases}$ 反解有 $\begin{cases}y_1=z_1+z_3,\\y_2=z_2+2z_3,\\y_3=z_3,\end{cases}$ 即 $\begin{pmatrix}y_1\\y_2\\y_3\end{pmatrix}=\begin{pmatrix}1 & 0 & 1\\0 & 1 & 2\\0 & 0 & 1\end{pmatrix}\begin{pmatrix}z_1\\z_2\\z_3\end{pmatrix}$, 简记为 $\boldsymbol{Y}=\boldsymbol{P}_2\boldsymbol{Z}$, 其中 $\boldsymbol{Y}=\begin{pmatrix}y_1\\y_2\\y_3\end{pmatrix}$, $\boldsymbol{Z}=\begin{pmatrix}z_1\\z_2\\z_3\end{pmatrix}$, $\boldsymbol{P}_2=\begin{pmatrix}1 & 0 & 1\\0 & 1 & 2\\0 & 0 & 1\end{pmatrix}$.

于是二次型 f 经过可逆线性变换 $\boldsymbol{X}=\boldsymbol{PZ}$ 变为标准形 $2z_1^2-2z_2^2+6z_3^2$，其中

$$\boldsymbol{P}=\boldsymbol{P}_1\boldsymbol{P}_2=\begin{pmatrix}1&1&3\\1&-1&-1\\0&0&1\end{pmatrix}.$$

因为任意二次型 f 都可归结为以上两种类型之一，所以任意一个二次型都可利用上述配方法化为标准形，又由于可逆线性变换不改变二次型 f 的秩，从而有如下定理.

定理 6.3 任意一个二次型 $f(x_1,x_2,\cdots,x_n)=\boldsymbol{X}^{\mathrm{T}}\boldsymbol{AX}$ 都可经过可逆的线性变换 $\boldsymbol{X}=\boldsymbol{PY}$ 变为标准形 $d_1y_1^2+d_2y_2^2+\cdots+d_ry_r^2$，其中 $R(\boldsymbol{A})=r,d_i\neq 0(i=1,2,\cdots,r)$.

定理 6.3 用矩阵语言可描述为如下形式.

定理 6.3′ 任意 n 阶实对称矩阵 $\boldsymbol{A}$ 必合同于一个对角矩阵

$$\begin{pmatrix}d_1&&&&&\\&\ddots&&&&\\&&d_r&&&\\&&&0&&\\&&&&\ddots&\\&&&&&0\end{pmatrix},$$

其中 $R(\boldsymbol{A})=r,d_i\neq 0(i=1,2,\cdots,r)$.

思考题 2 用配方法化二次型 $f(x_1,x_2,\cdots,x_n)=\boldsymbol{X}^{\mathrm{T}}\boldsymbol{AX}$ 为标准形，其标准形的系数一定为 $\boldsymbol{A}$ 的特征值吗？

更一般地二次型还有如下结论.

定理 6.4 任意一个二次型 $f(x_1,x_2,\cdots,x_n)=\boldsymbol{X}^{\mathrm{T}}\boldsymbol{AX}$，其中 $R(\boldsymbol{A})=r$，若分别通过两个可逆的线性变换 $\boldsymbol{X}=\boldsymbol{P}_1\boldsymbol{Y}$ 和 $\boldsymbol{X}=\boldsymbol{P}_2\boldsymbol{Z}$ 将其化为标准形，

$$f=k_1y_1^2+k_2y_2^2+\cdots+k_py_p^2-k_{p+1}y_{p+1}^2-k_{p+2}y_{p+2}^2-\cdots-k_ry_r^2,$$

以及

$$f=l_1y_1^2+l_2y_2^2+\cdots+l_qy_q^2-l_{q+1}y_{q+1}^2-l_{q+2}y_{q+2}^2-\cdots-l_ry_r^2,$$

其中 $k_i>0,l_j>0(i=1,2,\cdots,r;j=1,2,\cdots,r)$，则 $p=q$，即二次型 f 的不同标准形中正的平方项个数是相同的，从而负的平方项个数也相同.

定义 6.3 称二次型 f 的标准形中正的平方项个数为正惯性指数，负的平方项个数为负惯性指数.

3. 合同变换法

定义 6.4 对一个对称矩阵成对地施行相同的初等行列变换，称为对对称矩阵施行合同初等变换(简称合同变换).

由定理 6.3′可知,对于任意 n 阶对称矩阵 $\boldsymbol{A}$, 总存在可逆矩阵 $\boldsymbol{C}$, 使得 $\boldsymbol{C}^{\mathrm{T}}\boldsymbol{A}\boldsymbol{C}=\boldsymbol{\Lambda}$, 由于可逆矩阵可表示为有限个初等矩阵的乘积,于是令 $\boldsymbol{C}=\boldsymbol{P}_1\boldsymbol{P}_2\cdots\boldsymbol{P}_s$, 其中 $\boldsymbol{P}_i(i=1,2,\cdots,s)$ 为初等矩阵,从而

$$\boldsymbol{P}_s^{\mathrm{T}}\cdots\boldsymbol{P}_2^{\mathrm{T}}\boldsymbol{P}_1^{\mathrm{T}}\boldsymbol{A}\boldsymbol{P}_1\boldsymbol{P}_2\cdots\boldsymbol{P}_s=\boldsymbol{\Lambda}, \tag{6.2}$$

其中 $\boldsymbol{\Lambda}=\begin{pmatrix} d_1 & & & & & \\ & \ddots & & & & \\ & & d_r & & & \\ & & & 0 & & \\ & & & & \ddots & \\ & & & & & 0 \end{pmatrix}$, $R(\boldsymbol{A})=r, d_i\neq 0(i=1,2,\cdots,r)$, 因为 $\boldsymbol{P}_i^{\mathrm{T}}\boldsymbol{A}\boldsymbol{P}_i$ 表明对 $\boldsymbol{A}$ 施行一次合同变换,于是可得如下结论.

定理 6.5 任意 n 阶实对称矩阵 $\boldsymbol{A}$ 都可经过一系列合同变换化为对角阵.

利用合同变换化二次型为标准形的方法称为合同变换法,于是定理 6.5 用二次型的语言可描述如下.

定理 6.5′ 任意二次型都可经过合同变换法化为标准形.

由式(6.3) $\boldsymbol{P}_s^{\mathrm{T}}\cdots\boldsymbol{P}_2^{\mathrm{T}}\boldsymbol{P}_1^{\mathrm{T}}\boldsymbol{A}\boldsymbol{P}_1\boldsymbol{P}_2\cdots\boldsymbol{P}_s=\boldsymbol{\Lambda}$ 和 $\boldsymbol{I}\boldsymbol{P}_1\boldsymbol{P}_2\cdots\boldsymbol{P}_s=\boldsymbol{C}$ 表明,对 n 阶实对称矩阵 $\boldsymbol{A}$ 作一系列初等行变换和相应的初等列变换化为对角阵 $\boldsymbol{\Lambda}$ 的同时,若对 n 阶单位矩阵 $\boldsymbol{I}$ 施行与 $\boldsymbol{A}$ 完全相同的初等列变换,则 $\boldsymbol{I}$ 变成可逆矩阵 $\boldsymbol{C}$. 因此可表示为如下形式

$$\begin{pmatrix}\boldsymbol{A}\\ \cdots \\ \boldsymbol{I}\end{pmatrix}\xrightarrow{\text{合同变换}}\begin{pmatrix}\boldsymbol{\Lambda}\\ \cdots \\ \boldsymbol{C}\end{pmatrix}$$

以本节例 3 为例,将二次型的矩阵 $\boldsymbol{A}=\begin{pmatrix}1 & 1 & -2\\ 1 & -3 & -3\\ -2 & -3 & 1\end{pmatrix}$ 与 3 阶单位矩阵 $\boldsymbol{I}$ 合成矩阵 $\begin{pmatrix}\boldsymbol{A}\\ \cdots \\ \boldsymbol{I}\end{pmatrix}$, 于是

$$\begin{pmatrix}1 & 1 & -2\\ 1 & -3 & -3\\ -2 & -3 & 1\\ 1 & 0 & 0\\ 0 & 1 & 0\\ 0 & 0 & 1\end{pmatrix}\xrightarrow[c_2-c_1]{r_2-r_1}\begin{pmatrix}1 & 0 & -2\\ 0 & -4 & -1\\ -2 & -1 & 1\\ 1 & -1 & 0\\ 0 & 1 & 0\\ 0 & 0 & 1\end{pmatrix}\xrightarrow[c_3+2c_1]{r_3+2r_1}\begin{pmatrix}1 & 0 & 0\\ 0 & -4 & -1\\ 0 & -1 & -3\\ 1 & -1 & 2\\ 0 & 1 & 0\\ 0 & 0 & 1\end{pmatrix}\xrightarrow[c_3-\frac{1}{4}c_2]{r_3-\frac{1}{4}r_2}\begin{pmatrix}1 & 0 & 0\\ 0 & -4 & 0\\ 0 & 0 & -\frac{11}{4}\\ 1 & -1 & \frac{9}{4}\\ 0 & 1 & -\frac{1}{4}\\ 0 & 0 & 1\end{pmatrix}$$

令 $C = \begin{pmatrix} 1 & -1 & \frac{9}{4} \\ 0 & 1 & -\frac{1}{4} \\ 0 & 0 & 1 \end{pmatrix}$，则有 $C^{T}AC = \begin{pmatrix} 1 & 0 & 0 \\ 0 & -4 & 0 \\ 0 & 0 & -\frac{11}{4} \end{pmatrix}$.

令可逆线性变换 $X = CY$，从而二次型 f 经过可逆线性变换 $X = CY$ 变为标准形

$$y_1^2 - 4y_2^2 - \frac{11}{4}y_3^2.$$

习　题　6.2

1. 用正交线性变换法化下列二次型为标准形，并求出所用的正交线性变换.

(1) $f(x_1, x_2, x_3) = 2x_1^2 + 3x_2^2 + 4x_2x_3 + 3x_3^2$；

(2) $f(x_1, x_2, x_3) = x_1^2 + 2x_1x_2 - 2x_2x_3 + x_3^2$.

2. 用配方法和合同变换法化下列二次型为标准型，并求出所用的可逆线性变换，同时写出其正、负惯性指数.

(1) $f(x_1, x_2, x_3) = x_1^2 + 2x_1x_2 + 2x_1x_3 + 3x_2^2 - 2x_2x_3 + 3x_3^2$；

(2) $f(x_1, x_2, x_3) = 2x_1x_2 + x_1x_3 - x_2x_3$.

6.3　正定二次型

在实际应用中，用的较多的是正惯性指数为 n 或负惯性指数为 n 的 n 元二次型，即是本节讨论的正定二次型和负定二次型.

一、正定(负定)二次型的定义

定义 6.5　设有二次型 $f(x_1, x_2, \cdots, x_n) = X^{T}AX$，若对于任意一组不全为零的实数 $x_1 = c_1, x_2 = c_2, \cdots, x_n = c_n$，都有 $f(c_1, c_2, \cdots, c_n) > 0 (< 0)$，则称二次型 f 为正定二次型(负定二次型)，相应的将它的矩阵 A 称为正定矩阵(负定矩阵).

例 1　判定下列二次型的正定性.

(1) $f(x_1, x_2, x_3) = 2x_1^2 + 3x_2^2 + 5x_3^2$；

(2) $f(x_1, x_2, x_3) = 2x_1^2 + 3x_2^2$；

(3) $f(x_1, x_2, x_3) = -2x_1^2 - 3x_2^2 - 5x_3^2$；

(4) $f(x_1, x_2, x_3) = -2x_1^2 - 3x_2^2$.

解　(1)正定二次型，因为对于任意一组不全为零的实数 $x_1 = c_1, x_2 = c_2, x_3 = c_3$，有 $f(x_1, x_2, x_3) > 0$；

(2)既不是正定二次型也不是负定二次型，因为存在一组不全为零的数 $x_1 = 0$，$x_2 = 0, x_3 = 1$，使 $f(x_1, x_2, x_3) = 0$；

(3)负定二次型,因为 $f(x_1,x_2,x_3)=-(2x_1^2+3x_2^2+5x_3^2)$,由(1)可知 $f(x_1,x_2,x_3)$ 为负定二次型;

(4) f 既不是正定二次型也不是负定二次型.

若 f 为负定二次型,则 $-f$ 一定为正定二次型,所以只需讨论正定二次型的相关判定及性质.

二、正定的判定定理及性质

定理 6.6 只含平方项的二次型 $f(x_1,x_2,\cdots,x_n)=d_1x_1^2+d_2x_2^2+\cdots+d_nx_n^2$ 为正定二次型的充要条件是 n 个平方项的系数 $d_i(i=1,2,\cdots,n)$ 全为正.

定理 6.6 只是给出了标准形是否为正定二次型的条件,而对于一般的二次型有如下定理.

定理 6.7 二次型 $f(x_1,x_2,\cdots,x_n)=\boldsymbol{X}^{\mathrm{T}}\boldsymbol{A}\boldsymbol{X}$ 为正定二次型的充要条件为它的标准形中 n 个平方项的系数全为正,即正惯性指数等于 n.

证明 设二次型 $f(x_1,x_2,\cdots,x_n)=\boldsymbol{X}^{\mathrm{T}}\boldsymbol{A}\boldsymbol{X}$ 经可逆线性变换 $\boldsymbol{X}=\boldsymbol{P}\boldsymbol{Y}$ 变为标准形 $d_1y_1^2+d_2y_2^2+\cdots+d_ny_n^2$,

充分性 由于 $d_i>0(i=1,2,\cdots,n)$,则任意 $\boldsymbol{X}\neq\boldsymbol{0}$,有 $\boldsymbol{Y}=\boldsymbol{P}^{-1}\boldsymbol{X}\neq\boldsymbol{0}$,故

$$f(x_1,x_2,\cdots,x_n)=\boldsymbol{X}^{\mathrm{T}}\boldsymbol{A}\boldsymbol{X}\xlongequal{\boldsymbol{X}=\boldsymbol{P}\boldsymbol{Y}}d_1y_1^2+d_2y_2^2+\cdots+d_ny_n^2>0,$$

二次型 f 为正定二次型.

必要性 反证. 假设标准形中存在某个系数 $d_i\leqslant 0$,则必存在一个非零的列向量 $\boldsymbol{X}=\boldsymbol{P}\boldsymbol{Y}$,其中 $\boldsymbol{Y}$ 的第 i 个分量为 1,其余分量全为 0,使 $f(x_1,x_2,\cdots,x_n)=d_i\leqslant 0$,这与 f 为正定相矛盾,从而标准形中 n 个平方项的系数全为正. 证毕

结合定理 6.7 与定理 6.2 可得如下推论.

推论 二次型 $f(x_1,x_2,\cdots,x_n)=\boldsymbol{X}^{\mathrm{T}}\boldsymbol{A}\boldsymbol{X}$ 为正定二次型的充要条件是它的矩阵 $\boldsymbol{A}$ 的 n 个特征值全为正.

利用合同的定义,定理 6.7 从矩阵的角度可叙述如下.

定理 6.8 对称矩阵 $\boldsymbol{A}$ 为正定矩阵的充要条件是存在可逆矩阵 $\boldsymbol{C}$,使得 $\boldsymbol{C}^{\mathrm{T}}\boldsymbol{A}\boldsymbol{C}=\boldsymbol{\Lambda}$,其中 $\boldsymbol{\Lambda}=\begin{pmatrix}d_1 & & & \\ & d_2 & & \\ & & \ddots & \\ & & & d_n\end{pmatrix}(d_i>0,i=1,2,\cdots,n)$.

例 2 讨论二次型 $f(x_1,x_2)=x_1^2+2x_1x_2+3x_2^2$ 的正定性.

解 方法一 利用配方法化二次型为标准型,配方有 $f=(x_1+x_2)^2+2x_2^2$,令 $\begin{cases}y_1=x_1+x_2,\\ y_2=x_2,\end{cases}$ 则 f 的标准形为 $y_1^2+2y_2^2$,两个平方项的系数都为正,故 f 为正定二次型.

方法二　因为二次型 f 的矩阵 $\boldsymbol{A}=\begin{pmatrix}1&1\\1&3\end{pmatrix}$，求其特征值为 $\lambda_1=2+\sqrt{2},\lambda_2=2-\sqrt{2}$，特征值全大于零，由定理 6.8 的推论可知该二次型为正定二次型.

下面再介绍一种利用行列式判定二次型为正定二次型的方法.

定义 6.6　设 $\boldsymbol{A}=(a_{ij})$ 为 n 阶方阵，称位于 $\boldsymbol{A}=(a_{ij})$ 的左上角的子式

$$\begin{vmatrix}a_{11}&a_{12}&\cdots&a_{1i}\\a_{21}&a_{22}&\cdots&a_{2i}\\\vdots&\vdots&&\vdots\\a_{i1}&a_{i2}&\cdots&a_{ii}\end{vmatrix}$$

为 $\boldsymbol{A}$ 的 i 阶顺序主子式 $(i=1,2,\cdots,n)$.

由定义 6.5 可知，n 阶方阵 $\boldsymbol{A}$ 应有 n 个顺序主子式.

定理 6.9(霍尔维兹定理)　二次型 $f=\boldsymbol{X}^{\mathrm{T}}\boldsymbol{A}\boldsymbol{X}$ 为正定二次型的充要条件是 $\boldsymbol{A}$ 的各阶顺序主子式全大于零；二次型 $f=\boldsymbol{X}^{\mathrm{T}}\boldsymbol{A}\boldsymbol{X}$ 为负定二次型的充要条件是 $\boldsymbol{A}$ 的奇数阶顺序主子式全小于零，而偶数阶顺序主子式全大于零.(证明略)

例 3　判定下列二次型是否为正定二次型：

(1) $f(x_1,x_2,x_3)=2x_1^2+2x_2^2+3x_3^2+2x_1x_2-4x_1x_3-2x_2x_3$；

(2) $f(x_1,x_2,x_3)=-5x_1^2-6x_2^2-4x_3^2+4x_1x_2+4x_1x_3$.

解　(1) f 的矩阵 $\boldsymbol{A}=\begin{pmatrix}2&1&-2\\1&2&-1\\-2&-1&3\end{pmatrix}$，$\boldsymbol{A}$ 的各阶顺序主子式分别为

$$|a_{11}|=2>0,\quad \begin{vmatrix}a_{11}&a_{12}\\a_{21}&a_{22}\end{vmatrix}=\begin{vmatrix}2&1\\1&2\end{vmatrix}=3>0,$$

$$|\boldsymbol{A}|=\begin{vmatrix}2&1&-2\\1&2&-1\\-2&-1&3\end{vmatrix}=3>0,$$

所以 f 为正定二次型；

(2) f 的矩阵 $\boldsymbol{A}=\begin{pmatrix}-5&2&2\\2&-6&0\\2&0&-4\end{pmatrix}$，$\boldsymbol{A}$ 的各阶顺序主子式分别为

$$|a_{11}|=-5<0,\quad \begin{vmatrix}a_{11}&a_{12}\\a_{21}&a_{22}\end{vmatrix}=\begin{vmatrix}-5&2\\2&-6\end{vmatrix}=26>0,$$

$$|\boldsymbol{A}|=\begin{vmatrix}-5&2&2\\2&-6&0\\2&0&-4\end{vmatrix}=-80<0,$$

所以 f 为负定二次型.

例4 已知二次型 $f(x_1,x_2,x_3)=x_1^2+x_2^2+5x_3^2+2\lambda x_1x_2-2x_1x_3+4x_2x_3$ 为正定二次型,求 λ 的取值范围.

解 f 的矩阵 $\boldsymbol{A}=\begin{pmatrix}1&\lambda&-1\\\lambda&1&2\\-1&2&5\end{pmatrix}$,由 $\boldsymbol{A}$ 正定可知 $\begin{vmatrix}1&\lambda\\\lambda&1\end{vmatrix}>0$,

$\begin{vmatrix}1&\lambda&-1\\\lambda&1&2\\-1&2&5\end{vmatrix}>0$,即 $\begin{cases}1-\lambda^2>0,\\-5\lambda^2-4\lambda>0,\end{cases}$ 解之得 $-\dfrac{4}{5}<\lambda<0$,即当 $-\dfrac{4}{5}<\lambda<0$ 时,该二次型为正定二次型.

习 题 6.3

1. 判定下列二次型的正定性.

(1) $f(x_1,x_2,x_3)=3x_1^2+4x_2^2+5x_3^2+4x_1x_2-4x_2x_3$;

(2) $f(x_1,x_2,x_3)=-2x_1^2-6x_2^2-4x_3^2+2x_1x_2+2x_1x_3$.

2. (1)当 λ 取何值时,二次型 $f(x_1,x_2,x_3)=x_1^2+2x_2^2+3x_3^2+2x_1x_2-2x_1x_3+2\lambda x_2x_3$ 是正定二次型?

(2)当 λ 取何值时,$\boldsymbol{A}=\begin{pmatrix}1&\lambda&1\\\lambda&2&0\\1&0&1-\lambda\end{pmatrix}$ 是正定矩阵?

例 题 选 讲

例1 证明实对称矩阵 $\boldsymbol{A}$ 为正定矩阵的充要条件是 $\boldsymbol{A}$ 与单位矩阵 $\boldsymbol{I}$ 合同.

证明 **必要性** 由实对称矩阵 $\boldsymbol{A}$ 为正定矩阵可知,存在可逆矩阵 $\boldsymbol{C}_1$ 使

$$\boldsymbol{A}=\boldsymbol{C}_1^{\mathrm{T}}\begin{pmatrix}d_1&&&\\&d_2&&\\&&\ddots&\\&&&d_n\end{pmatrix}\boldsymbol{C}_1,$$

其中 $d_i>0(i=1,2,\cdots,n)$,于是

$$\boldsymbol{A}=\boldsymbol{C}_1^{\mathrm{T}}\begin{pmatrix}\sqrt{d_1}&&&\\&\sqrt{d_2}&&\\&&\ddots&\\&&&\sqrt{d_n}\end{pmatrix}\begin{pmatrix}\sqrt{d_1}&&&\\&\sqrt{d_2}&&\\&&\ddots&\\&&&\sqrt{d_n}\end{pmatrix}\boldsymbol{C}_1,$$

令 $C=\begin{pmatrix}\sqrt{d_1} & & \\ & \ddots & \\ & & \sqrt{d_n}\end{pmatrix}C_1$，则 C 可逆，且使得 $A=C^{\mathrm{T}}C=C^{\mathrm{T}}IC$，结论成立.

充分性 由条件可知存在可逆矩阵 C 使得 $C^{\mathrm{T}}AC=I$，于是

$$f=X^{\mathrm{T}}AX\xlongequal{X=CY}Y^{\mathrm{T}}(C^{\mathrm{T}}AC)Y=Y^{\mathrm{T}}IY=y_1^2+y_2^2+\cdots+y_n^2,$$

由定理 6.7 可知，二次型 $f=X^{\mathrm{T}}AX$ 为正定二次型，从而 A 为正定矩阵.

由例 1 可知，实对称矩阵 A 为正定矩阵的充要条件为 $A=C^{\mathrm{T}}C$，其中 C 为可逆矩阵.

例 2 已知实对称矩阵 A 为正定矩阵，证明 $|A|>0$.

证明 利用例 1，若对称矩阵 A 为正定矩阵，则存在可逆矩阵 C 使得 $A=C^{\mathrm{T}}C$，等式两边同时取行列式便有 $|A|=|C|^2>0$.

例 3 设 n 阶实对称矩阵 A 为正定矩阵，证明 A 的主对角线上的元素 $a_{ii}(i=1,2,\cdots,n)$ 全大于零.

证明 **方法一** 因为 A 为正定矩阵，所以存在可逆矩阵 C 使得 $A=C^{\mathrm{T}}C$，将 C 按列分块，记为 $C=(\boldsymbol{\alpha}_1,\boldsymbol{\alpha}_2,\cdots,\boldsymbol{\alpha}_n)$，其中 $\boldsymbol{\alpha}_i\neq 0(i=1,2,\cdots,n)$，则有

$$A=C^{\mathrm{T}}C=\begin{pmatrix}\boldsymbol{\alpha}_1^{\mathrm{T}}\\ \vdots\\ \boldsymbol{\alpha}_n^{\mathrm{T}}\end{pmatrix}(\boldsymbol{\alpha}_1,\cdots,\boldsymbol{\alpha}_n)=\begin{pmatrix}\boldsymbol{\alpha}_1^{\mathrm{T}}\boldsymbol{\alpha}_1 & \cdots & \boldsymbol{\alpha}_1^{\mathrm{T}}\boldsymbol{\alpha}_n\\ \vdots & & \vdots\\ \boldsymbol{\alpha}_n^{\mathrm{T}}\boldsymbol{\alpha}_1 & \cdots & \boldsymbol{\alpha}_n^{\mathrm{T}}\boldsymbol{\alpha}_n\end{pmatrix},$$

因为其对角线上的元素 $\boldsymbol{\alpha}_i^{\mathrm{T}}\boldsymbol{\alpha}_i>0(i=1,2,\cdots,n)$，所以 A 的主对角线上的元素 $a_{ii}(i=1,2,\cdots,n)$ 全大于零.

方法二 因为 $f=X^{\mathrm{T}}AX=(x_1,x_2,\cdots,x_n)\begin{pmatrix}a_{11} & a_{12} & \cdots & a_{1n}\\ a_{21} & a_{22} & \cdots & a_{2n}\\ \vdots & \vdots & & \vdots\\ a_{n1} & a_{n2} & \cdots & a_{nn}\end{pmatrix}\begin{pmatrix}x_1\\ x_2\\ \vdots\\ x_n\end{pmatrix}$ 为正定二次型，由正定二次型定义可知，对任意 $X=(x_1,x_2,\cdots,x_n)^{\mathrm{T}}\neq\mathbf{0}$ 都有 $f=X^{\mathrm{T}}AX>0$，特别地取 $X=(0,\cdots,0,1,0,\cdots,0)^{\mathrm{T}}$（第 i 个分量为 1，其余分量为 0）代入二次型 f 可得 $a_{ii}>0(i=1,2,\cdots,n)$.

注意 例 2 和例 3 分别给出了判定实对称矩阵 A 为正定矩阵的必要条件 $|A|>0$ 和 A 的主对角线上元素 $a_{ii}>0(i=1,2,\cdots,n)$，但它们只是必要条件而非充分条件. 例如，二次型 $f(x_1,x_2,x_3)=x_1^2+2x_2^2+3x_3^2-6x_2x_3$ 的平方项的系数全大于 0，但存在 $x=(1,1,1)^{\mathrm{T}}\neq\mathbf{0}$，使 $f(1,1,1)=0$，该二次型不是正定二次型.

例 4 设 A,B 都为 n 阶正定矩阵，证明 $A+B$ 也为正定矩阵.

证明 因为 A,B 都为正定矩阵，故 A,B 都为对称矩阵，那么有 $(A+B)^{\mathrm{T}}=$

$A^T+B^T=A+B$, 即说明 $A+B$ 为对称矩阵,又因为 A,B 正定,所以对于任意 $X=(x_1,x_2,\cdots,x_n)^T\neq 0$, 有 $X^TAX>0, X^TBX>0$, 从而 $X^T(A+B)X=X^TAX+X^TBX>0$, 综上可知 $A+B$ 为正定矩阵.

例 5 已知 A 为 n 阶实可逆矩阵,证明 A^TA 是正定矩阵.

证明 因为 $(A^TA)^T=A^TA$, 所以 A^TA 是对称矩阵.

方法一 对于任意 $X=(x_1,x_2,\cdots,x_n)^T\neq 0$, 因为 A 可逆,所以必有 $AX\neq 0$, 则 $X^T(A^TA)X=(AX)^TAX=[AX,AX]>0$, 由正定二次型的定义可知, $X^T(A^TA)X$ 为正定二次型,从而 A^TA 为正定矩阵.

方法二 由于 $A^TA=A^TIA$, 且 A 是可逆矩阵,所以 A^TA 与 I 合同,由例 1 的结论可知 A^TA 为正定矩阵.

例 6 已知 A 为正定矩阵,证明 A^{-1} 也为正定矩阵.

证明 因为 A 为正定矩阵,所以 A 为对称矩阵,从而 $(A^{-1})^T=(A^T)^{-1}=A^{-1}$, 则 A^{-1} 也为对称矩阵.

方法一 设 λ 为 A 的任意特征值,由定理 6.7 的推论必有 $\lambda>0$, 又因为 $\frac{1}{\lambda}$ 为 A^{-1} 的特征值,从而 A^{-1} 的特征值也全大于 0,由此可知 A^{-1} 也为正定矩阵.

方法二 由例 1 可知,因为 A 为正定矩阵,则一定存在 n 阶可逆矩阵 C 使得 $A=C^TC$, 从而有 $A^{-1}=(C^TC)^{-1}=C^{-1}(C^{-1})^T$, 令 $(C^{-1})^T=D$, 则 D 可逆,且使 $A^{-1}=D^TD$, 即 A^{-1} 与单位矩阵 I 合同, A^{-1} 也为正定矩阵.

总结 证明 n 阶实对称矩阵 A 为正定矩阵的常用方法有:

(1)定义法,即证明对于任意 $X=(x_1,x_2,\cdots,x_n)^T\neq 0$, 有 $X^TAX>0$;

(2)特征值法,即证明 A 的特征值全部大于零;

(3)合同法,即证明 A 与单位矩阵 I 合同;

(4)顺序主子式法,即证明 A 的各阶顺序主子式全大于零.

例 7 设 A,B 都为 n 阶实对称矩阵,

(1)证明若 A 与 B 相似,则 A 与 B 合同;

(2)举例说明(1)的逆否命题不一定成立.

证明 (1)因为 A 与 B 相似,所以 A 与 B 有相同的特征值 $\lambda_1,\lambda_2,\cdots,\lambda_n$, 从而存在正交阵 C_1,C_2, 使得 $C_1^TAC_1=\begin{pmatrix}\lambda_1 & & \\ & \ddots & \\ & & \lambda_n\end{pmatrix}=C_2^TBC_2$, 由合同的传递性,可知 A 与 B 合同;

(2)设 $A=\begin{pmatrix}1 & 0\\0 & 2\end{pmatrix}, B=\begin{pmatrix}3 & 0\\0 & 4\end{pmatrix}$, 因为

$$A=\begin{pmatrix}1&0\\0&\sqrt{2}\end{pmatrix}^{\mathrm{T}}\begin{pmatrix}1&0\\0&1\end{pmatrix}\begin{pmatrix}1&0\\0&\sqrt{2}\end{pmatrix},\quad B=\begin{pmatrix}\sqrt{3}&0\\0&2\end{pmatrix}^{\mathrm{T}}\begin{pmatrix}1&0\\0&1\end{pmatrix}\begin{pmatrix}\sqrt{3}&0\\0&2\end{pmatrix},$$

所以$\boldsymbol{A},\boldsymbol{B}$都与$\begin{pmatrix}1&0\\0&1\end{pmatrix}$合同,从而$\boldsymbol{A}$与$\boldsymbol{B}$合同;但因为$\boldsymbol{A}$与$\boldsymbol{B}$的特征值不相等,所以$\boldsymbol{A}$与$\boldsymbol{B}$不相似,从而(1)的逆命题不一定成立.

总结 两个n阶方阵$\boldsymbol{A},\boldsymbol{B}$合同与相似没有必然的联系,合同不一定相似,相似也不一定合同.但当$\boldsymbol{A},\boldsymbol{B}$为$n$阶实对称矩阵时,若$\boldsymbol{A}$与$\boldsymbol{B}$相似,则必有$\boldsymbol{A}$与$\boldsymbol{B}$合同,反之不一定成立.

例 8 已知二次型$f(x_1,x_2,x_3)=(1-a)x_1^2+(1-a)x_2^2+2x_3^2+2(1+a)x_1x_2$的秩为 2,

(1)求a的值;

(2)求正交变换$\boldsymbol{X}=\boldsymbol{QY}$,将二次型$f(x_1,x_2,x_3)$化为标准形;

(3)求方程$f(x_1,x_2,x_3)=0$的解.

解 (1)二次型的矩阵$\boldsymbol{A}=\begin{pmatrix}1-a&1+a&0\\1+a&1-a&0\\0&0&2\end{pmatrix}$,因为二次型$f$的秩为2,所以

$|\boldsymbol{A}|=2\begin{vmatrix}1-a&1+a\\1+a&1-a\end{vmatrix}=-8a=0$,解之$a=0$;

(2)当$a=0$时,二次型$f(x_1,x_2,x_3)=x_1^2+x_2^2+2x_3^2+2x_1x_2$,其矩阵$\boldsymbol{A}=\begin{pmatrix}1&1&0\\1&1&0\\0&0&2\end{pmatrix}$.由特征多项式

$$|\lambda\boldsymbol{I}-\boldsymbol{A}|=\begin{vmatrix}\lambda-1&-1&0\\-1&\lambda-1&0\\0&0&\lambda-2\end{vmatrix}=(\lambda-2)[(\lambda-1)^2-1]=\lambda(\lambda-2)^2$$

得矩阵$\boldsymbol{A}$的特征值$\lambda_1=\lambda_2=2,\lambda_3=0$.

当$\lambda_1=\lambda_2=2$时,解齐次线性方程组$(2\boldsymbol{I}-\boldsymbol{A})\boldsymbol{x}=\boldsymbol{0}$,

$$2\boldsymbol{I}-\boldsymbol{A}=\begin{pmatrix}1&-1&0\\-1&1&0\\0&0&0\end{pmatrix}\to\begin{pmatrix}1&-1&0\\0&0&0\\0&0&0\end{pmatrix}$$

得基础解系$\boldsymbol{p}_1=\begin{pmatrix}1\\1\\0\end{pmatrix},\boldsymbol{p}_2=\begin{pmatrix}0\\0\\1\end{pmatrix}$,则$\boldsymbol{p}_1,\boldsymbol{p}_2$为特征值 2 的线性无关的特征向量;

当$\lambda_3=0$时,解齐次方程组$(0\boldsymbol{I}-\boldsymbol{A})\boldsymbol{x}=\boldsymbol{0}$,

$$-A=\begin{pmatrix}-1&-1&0\\-1&-1&0\\0&0&-2\end{pmatrix}\to\begin{pmatrix}1&1&0\\0&0&1\\0&0&0\end{pmatrix}$$

得基础解系 $p_3=\begin{pmatrix}1\\-1\\0\end{pmatrix}$，则 p_3 为特征值 0 的线性无关的特征向量，容易看出 p_1，p_2，p_3 已两两正交，将它们单位化：

$$e_1=\frac{1}{|p_1|}p_1=\frac{1}{\sqrt{2}}\begin{pmatrix}1\\1\\0\end{pmatrix},\quad e_2=\frac{1}{|p_2|}p_2=\begin{pmatrix}0\\0\\1\end{pmatrix},\quad e_3=\frac{1}{|p_3|}p_3=\frac{1}{\sqrt{2}}\begin{pmatrix}1\\-1\\0\end{pmatrix},$$

令 $Q=(e_1,e_2,e_3)$，则二次型 $f(x_1,x_2,x_3)$ 在正交变换 $X=QY$ 下的标准形为 $2y_1^2+2y_2^2$；

(3)**方法一** 由 $f(x_1,x_2,x_3)=x_1^2+x_2^2+2x_3^2+2x_1x_2=(x_1+x_2)^2+2x_3^2=0$ 得 $\begin{cases}x_1+x_2=0,\\x_3=0,\end{cases}$ 从而 $f(x_1,x_2,x_3)=0$ 的解为 $k(1,-1,0)^{\mathrm{T}}$，其中 k 为任意常数.

方法二 因为 $f(x_1,x_2,x_3)\xlongequal{X=QY}2y_1^2+2y_2^2$，由 $2y+2y_2^2=0$ 可得 $y_1=0$，$y_2=0$，y_3 为任意常数，从而

$$\begin{pmatrix}x_1\\x_2\\x_3\end{pmatrix}=Q\begin{pmatrix}0\\0\\y_3\end{pmatrix}=\begin{pmatrix}\frac{1}{\sqrt{2}}&0&\frac{1}{\sqrt{2}}\\\frac{1}{\sqrt{2}}&0&-\frac{1}{\sqrt{2}}\\0&1&0\end{pmatrix}\begin{pmatrix}0\\0\\y_3\end{pmatrix}=\begin{pmatrix}\frac{1}{\sqrt{2}}y_3\\-\frac{1}{\sqrt{2}}y_3\\0\end{pmatrix},$$

取 $y_3=\sqrt{2}k$，则方程 $f(x_1,x_2,x_3)=0$ 的解为 $k(1,-1,0)^{\mathrm{T}}$，其中 k 为任意常数.

例 9 设二次型 $f(x_1,x_2,x_3)=x_1^2+x_2^2+x_3^2-4x_1x_2-4x_1x_3+2ax_2x_3$ 经正交线性变换 $X=QY$ 化为标准形 $3y_1^2+3y_2^2+by_3^2$，求 a,b 的值以及所用的正交变换.

解 二次型 f 的矩阵 $A=\begin{pmatrix}1&-2&-2\\-2&1&a\\-2&a&1\end{pmatrix}$，因为二次型经正交变换所得的标准形的系数即为 A 的特征值，所以有 $|3I-A|=0$ 和 $|bI-A|=0$，解之 $\begin{cases}a=-2,\\b=-3.\end{cases}$

当 $\lambda_1=\lambda_2=3$ 时，解齐次线性方程组 $(3I-A)x=0$，得特征值 3 的线性无关

的特征向量 $\boldsymbol{p}_1=\begin{pmatrix}1\\-1\\0\end{pmatrix}$, $\boldsymbol{p}_2=\begin{pmatrix}1\\0\\-1\end{pmatrix}$;

当 $\lambda_3=-3$ 时,解齐次线性方程组 $(-3\boldsymbol{I}-\boldsymbol{A})\boldsymbol{x}=\boldsymbol{0}$ 得特征值 -3 的线性无关的特征向量 $\boldsymbol{p}_3=\begin{pmatrix}1\\1\\1\end{pmatrix}$.

现将 $\boldsymbol{p}_1,\boldsymbol{p}_2$ 正交化得 $\boldsymbol{\beta}_1,\boldsymbol{\beta}_2$,则

$$\boldsymbol{\beta}_1=\boldsymbol{p}_1=\begin{pmatrix}1\\-1\\0\end{pmatrix},\quad \boldsymbol{\beta}_2=p_2-\frac{[\boldsymbol{p}_1,\boldsymbol{p}_2]}{[\boldsymbol{p}_1,\boldsymbol{p}_1]}\boldsymbol{p}_1=\frac{1}{2}\begin{pmatrix}1\\1\\-2\end{pmatrix}.$$

再将 $\boldsymbol{\beta}_1,\boldsymbol{\beta}_2,\boldsymbol{\beta}_3$ 单位化得 $\boldsymbol{e}_1,\boldsymbol{e}_2,\boldsymbol{e}_3$,则 $\boldsymbol{e}_1=\frac{1}{\sqrt{2}}\begin{pmatrix}1\\-1\\0\end{pmatrix}$, $\boldsymbol{e}_2=\frac{1}{\sqrt{6}}\begin{pmatrix}1\\1\\-2\end{pmatrix}$, $\boldsymbol{e}_3=\frac{1}{\sqrt{3}}\begin{pmatrix}1\\1\\1\end{pmatrix}$,令 $\boldsymbol{Q}=(\boldsymbol{e}_1,\boldsymbol{e}_2,\boldsymbol{e}_3)$,则二次型 f 经正交变换 $\boldsymbol{X}=\boldsymbol{QY}$ 化为标准形 $3y_1^2+3y_2^2-3y_3^2$.

总习题 6

一、填空题

1. 二次型 $f(x_1,x_2)=(x_1,x_2)\begin{pmatrix}1&2\\6&3\end{pmatrix}\begin{pmatrix}x_1\\x_2\end{pmatrix}$ 的矩阵为____________.

2. 设 3 阶实对称矩阵 $\boldsymbol{A}$ 的特征值为 $5,2,-3$,则二次型 $f(x_1,x_2,x_3)=\boldsymbol{X}^{\mathrm{T}}\boldsymbol{AX}$ 的标准型为____________.

3. 二次型 $f(x_1,x_2,x_3)=x_1^2+2x_1x_2+x_2^2+2x_1x_3-4x_2x_3+x_3^2$ 经可逆线性变换 $\boldsymbol{X}=\boldsymbol{CY}$ 所确定的二次型为____________,其中 $\boldsymbol{C}=\begin{pmatrix}1&0&-1\\2&0&1\\0&1&0\end{pmatrix}$.

4. 设 $\boldsymbol{A}=\begin{pmatrix}-1&0&0\\0&2&0\\0&0&-3\end{pmatrix}$, $\boldsymbol{B}=\begin{pmatrix}-2&0&0\\0&-4&0\\0&0&2\end{pmatrix}$,问 $\boldsymbol{A}$ 与 $\boldsymbol{B}$ 是否合同____________.(填是或否)

5. 设 $\boldsymbol{A}$ 为 3 阶实对称矩阵,且 $\boldsymbol{A}$ 的特征值为 $-1,-2,-3$,则二次型 $f(x_1,x_2,x_3)=\boldsymbol{X}^{\mathrm{T}}\boldsymbol{AX}$ ____________.(填正定或负定)

6. 已知二次型 $f(x_1,x_2,x_3)=x_1^2+2x_2^2+8x_3^2+ax_1x_2+4x_2x_3$ 是正定的,则实数 a 取值范围为____________.

7. 实二次型 $f(x_1,x_2,x_3)=x_1^2+4x_1x_2+3x_2^2-2x_2x_3$ 的正惯性指数为____________.

8. n 元实二次型 $f=\boldsymbol{x}^{\mathrm{T}}\boldsymbol{A}\boldsymbol{x}$ 正定的充要条件是____________.(任填两个)

9. 设 $\boldsymbol{A}=\begin{pmatrix}1 & 2 & -3\\ 2 & 7 & 5\\ -3 & 5 & 0\end{pmatrix}$, $\boldsymbol{A}$ 是否正定:____________.(填是或否)

二、判断题

1. 矩阵 $\begin{pmatrix}1 & 3\\ 3 & 3\end{pmatrix}$ 对应的二次型是 $f(x_1,x_2)=x_1^2+6x_1x_2+3x_2^2$. ( ).

2. 若 $\boldsymbol{A}$ 与 $\boldsymbol{B}$ 相似,则 $\boldsymbol{A}$ 与 $\boldsymbol{B}$ 合同. ( ).

3. 若 $\boldsymbol{A}$ 与 $\boldsymbol{B}$ 合同,则 $\boldsymbol{A}$ 与 $\boldsymbol{B}$ 相似. ( ).

4. 设 $\boldsymbol{A},\boldsymbol{B}$ 都为实对称矩阵,且 $\boldsymbol{A}$ 与 $\boldsymbol{B}$ 相似,则 $\boldsymbol{A}$ 与 $\boldsymbol{B}$ 合同. ( ).

5. 设 $\boldsymbol{A},\boldsymbol{B}$ 都为实对称矩阵,且 $\boldsymbol{A}$ 与 $\boldsymbol{B}$ 合同,则 $\boldsymbol{A}$ 与 $\boldsymbol{B}$ 相似. ( ).

6. 实对称矩阵 $\boldsymbol{A}=\begin{pmatrix}2 & 0 & 0\\ 0 & -3 & 0\\ 0 & 0 & 4\end{pmatrix}$ 是正定矩阵. ( ).

7. 二次型 $f(x_1,x_2,x_3)=x_1^2+3x_2^2$ 为正定二次型. ( ).

三、计算题

1. 已知二次型 $f(x_1,x_2,x_3)=2x_1^2+3x_2^2+3x_3^2+2tx_2x_3\,(t>0)$,通过正交线性变换 $\boldsymbol{X}=\boldsymbol{C}\boldsymbol{Y}$ 化为标准形 $2y_1^2+y_2^2+5y_3^2$,求参数 t 和正交矩阵 $\boldsymbol{C}$.

2. 已知 3 元二次型 $f(x_1,x_2,x_3)=x_1^2+x_2^2+x_3^2+2ax_1x_2+2bx_2x_3+2x_1x_3$ 经过正交变换 $\boldsymbol{X}=\boldsymbol{C}\boldsymbol{Y}$ 化为标准形 $y_2^2+2y_3^2$,

(1)求常数 a,b,及正交矩阵 $\boldsymbol{C}$;

(2)求方程 $f(x_1,x_2,x_3)=0$ 的解.

3. 判定二次型 $f(x_1,x_2,\cdots,x_n)=2\sum\limits_{i=1}^{n}x_i^2+2\sum\limits_{1\leqslant i<j\leqslant n}x_ix_j$ 的正定性.

4. 设对称矩阵 $\boldsymbol{A}=\begin{pmatrix}0 & 1 & 0 & 0\\ 1 & 0 & 0 & 0\\ 0 & 0 & 2 & 1\\ 0 & 0 & 1 & 2\end{pmatrix}$,

(1)分别写出以 $\boldsymbol{A},\boldsymbol{A}^{-1}$ 为矩阵的二次型;

(2)求 $\boldsymbol{A},\boldsymbol{A}^{-1}$ 的特征值;

(3)判定 $\boldsymbol{A}$ 是否为正定矩阵;

(4)求一个正交矩阵 $\boldsymbol{P}$,使 $\boldsymbol{P}^{\mathrm{T}}\boldsymbol{A}\boldsymbol{P}$ 为对角矩阵.

5. 设矩阵 $\boldsymbol{A}=\begin{pmatrix}0 & 1 & 0 & 0\\ 1 & 0 & 0 & 0\\ 0 & 0 & y & 1\\ 0 & 0 & 1 & 2\end{pmatrix}$ 有一个特征值是 3,求(1) y;(2)可逆矩阵 $\boldsymbol{P}$,使 $(\boldsymbol{A}\boldsymbol{P})^{\mathrm{T}}\boldsymbol{A}\boldsymbol{P}$ 为对角矩阵.

6. 设二次型 $f(x_1,x_2,x_3)=5x_1^2+5x_2^2+cx_3^2-2x_1x_2-6x_2x_3+6x_1x_3$ 的秩为 2,求 c 及二

次型的标准形,并写出相应的可逆变换.

7. 已知二次型 $f(x_1,x_2,x_3)=(x_1+ax_2-2x_3)^2+(2x_2+3x_3)^2+(x_1+3x_2+ax_3)^2$ 正定,求 a 的取值.

四、证明题

1. 若实对称矩阵 $\boldsymbol{A}$ 正定,则 $k\boldsymbol{A}$ 也正定(其中 k 为大于零的实数).

2. 若实对称矩阵 $\boldsymbol{A}$ 正定,则 $\boldsymbol{A}^{\mathrm{T}},\boldsymbol{A}^*$ 也正定.

3. 设 $\boldsymbol{A},\boldsymbol{B}$ 均为 n 阶正定矩阵,证明 $\boldsymbol{BAB}$ 也是正定矩阵.

4. 设 $\boldsymbol{A}$ 是 $m\times n$ 矩阵, $\boldsymbol{B}=\lambda\boldsymbol{I}+\boldsymbol{A}^{\mathrm{T}}\boldsymbol{A}$, 证明当 $\lambda>0$ 时, $\boldsymbol{B}$ 是正定矩阵.

5. 已知 $\boldsymbol{A}=\begin{pmatrix}a_1&0&0\\0&a_2&0\\0&0&a_3\end{pmatrix},\boldsymbol{B}=\begin{pmatrix}a_3&0&0\\0&a_2&0\\0&0&a_1\end{pmatrix}$, 证明 $\boldsymbol{A}$ 与 $\boldsymbol{B}$ 合同.

6. 设 $\boldsymbol{A}$ 是 n 阶正定矩阵,证明 $|\boldsymbol{A}+2\boldsymbol{I}|>2^n$.

考研题选

1. 设二次型 $f(x_1,x_2,x_3)=x_1^2-x_2^2+2ax_1x_3+4x_2x_3$ 的负惯性指数为 1,则 a 的取值范围是____________.　　(2014 年)

2. 设二次型 $f(x_1,x_2,x_3)=ax_1^2+ax_2^2+(a-1)x_3^2+2x_1x_3-2x_2x_3$,

(1)求二次型 f 的矩阵的所有特征值.

(2)若二次型 f 的规范形为 $y_1^2+y_2^2$, 求 a 的值.　　(2009 年)

3. 已知二次型 $f(x_1,x_2,x_3)=\boldsymbol{X}^{\mathrm{T}}\boldsymbol{AX}$ 在正交变换 $\boldsymbol{X}=\boldsymbol{QY}$ 下的标准形为 $y_1^2+y_2^2$, 且 $\boldsymbol{Q}$ 的第 3 列为 $\left(\frac{\sqrt{2}}{2},0,\frac{\sqrt{2}}{2}\right)^{\mathrm{T}}$,

(1)求矩阵 $\boldsymbol{A}$;

(2)证明 $\boldsymbol{A}+\boldsymbol{I}$ 为正定矩阵,其中 $\boldsymbol{I}$ 为 3 阶单位矩阵.　　(2010 年)

4. 若二次曲面的方程 $x^2+3y^2+z^2+2axy+2xz+2yz=4$ 经正交变换化为 $y_1^2+4z_1^2=4$, 求 a.　　(2011 年)

5. 已知矩阵 $\boldsymbol{A}=\begin{pmatrix}1&0&1\\0&1&1\\-1&0&a\\0&a&-1\end{pmatrix}$, 二次型 $f(x_1,x_2,x_3)=\boldsymbol{X}^{\mathrm{T}}\boldsymbol{A}^{\mathrm{T}}\boldsymbol{AX}$ 的秩为 2.

(1)求实数 a 的值.

(2)求正交变换 $\boldsymbol{X}=\boldsymbol{QY}$ 化二次型 f 为标准形.　　(2012 年)

6. 设二次型 $f(x_1,x_2,x_3)=\boldsymbol{X}^{\mathrm{T}}\boldsymbol{AX}=ax_1^2+2x_2^2-2x_3^2+2bx_1x_3\,(b>0)$, 其中二次型的矩阵 $\boldsymbol{A}$ 的特征值之和为 1, 特征值之积为 -12,

(1)求 a,b 的值;

(2)利用正交变换化二次型 f 为标准形,并写出所用的正交变换.　　(2003 年)

7. 设 $D=\begin{pmatrix} A & C \\ C^{\mathrm{T}} & B \end{pmatrix}$ 为正定矩阵，其中 A,B 分别为 m 阶，n 阶对称矩阵，C 为 $m\times n$ 矩阵.

(1)计算 $P^{\mathrm{T}}DP$，其中 $P=\begin{pmatrix} I_m & -A^{-1}C \\ O & I_n \end{pmatrix}$；

(2)利用(1)的结果判断矩阵 $B-C^{\mathrm{T}}A^{-1}C$ 是否为正定矩阵，并证明你的结论.　(2005年)

8. 设二次型 $f(x_1,x_2,x_3)=2(a_1x_1+a_2x_2+a_3x_3)^2+(b_1x_1+b_2x_2+b_3x_3)^2$，记 $\boldsymbol{\alpha}=(a_1,a_2,a_3)^{\mathrm{T}}$，$\boldsymbol{\beta}=(b_1,b_2,b_3)^{\mathrm{T}}$，

(1)证明二次型 f 对应的矩阵为 $2\boldsymbol{\alpha}\boldsymbol{\alpha}^{\mathrm{T}}+\boldsymbol{\beta}\boldsymbol{\beta}^{\mathrm{T}}$；

(2)若 $\boldsymbol{\alpha},\boldsymbol{\beta}$ 正交且均为单位向量，证明 f 在正交变换下的标准形为 $2y_1^2+y_2^2$.　(2013年)

*第 7 章　线性空间与线性变换

第 4 章介绍了 n 维向量、向量组的线性相关性和向量组的最大无关组等概念，下面介绍向量空间的相关知识.

7.1　向量空间

一、向量空间的定义

定义 7.1　设 V 是 n 维向量的集合，如果集合 V 非空，且满足以下两个条件：

(1) $\forall \boldsymbol{\alpha},\boldsymbol{\beta} \in V$，有 $\boldsymbol{\alpha}+\boldsymbol{\beta} \in V$（对加法运算的封闭性）；

(2) $\forall \boldsymbol{\alpha} \in V, \forall k \in \mathbf{R}$，有 $k\boldsymbol{\alpha} \in V$（对数乘运算的封闭性），则称集合 V 是一个向量空间.

由定义 1 中的(2)可知：当 $k=0$ 时，有零向量 $\mathbf{0} \in V$；当 $k=-1$ 时，有 $\boldsymbol{\alpha}$ 的负向量 $-\boldsymbol{\alpha} \in V$，由此说明：若 V 是一个向量空间，则 V 中必含有零向量和 V 中任意向量的负向量. 反之若 V 中存在某一个向量 $\boldsymbol{\alpha}$，它的负向量 $-\boldsymbol{\alpha} \notin V$ 或 V 中不含有零向量，则集合 V 一定不是向量空间.

例 1　实数集 $\mathbf{R}$ 上全体 n 维向量的集合记为

$$\mathbf{R}^n = \{(x_1,x_2,\cdots,x_n)^{\mathrm{T}} \mid x_i \in \mathbf{R}, i=1,2,\cdots,n\}.$$

利用定义 1 容易验证 $\mathbf{R}^n$ 是一个向量空间.

例 2　若集合 V 只含有零向量，即 $V=\{\mathbf{0}\}$，则 V 是一个向量空间.

例 3　设集合 V_1,V_2 分别为

$$V_1 = \{(0,x_2,\cdots,x_n)^{\mathrm{T}} \mid x_i \in \mathbf{R}, i=2,3,\cdots,n\},$$
$$V_2 = \{(1,x_2,\cdots,x_n)^{\mathrm{T}} \mid x_i \in \mathbf{R}, i=2,3,\cdots,n\}.$$

问 V_1,V_2 能否构成向量空间？请说明理由.

解　集合 V_1 是指第 1 个分量为 0 的所有 n 维向量所构成的集合. 显然 V_1 非空，且 $\forall \boldsymbol{\alpha}=(0,a_2,\cdots,a_n)^{\mathrm{T}},\boldsymbol{\beta}=(0,b_2,\cdots,b_n)^{\mathrm{T}} \in V_1$，有 $\boldsymbol{\alpha}+\boldsymbol{\beta}=(0,a_2+b_2,\cdots,a_n+b_n) \in V_1$；$\forall \boldsymbol{\alpha}=(0,a_2,\cdots,a_n)^{\mathrm{T}} \in V_1, \forall k \in \mathbf{R}$，有 $k\boldsymbol{\alpha}=(0,ka_2,\cdots,ka_n)^{\mathrm{T}} \in V_1$. 所以 V_1 是一个向量空间.

集合 V_2 是指第 1 个分量为 1 的所有 n 维向量所构成的集合.

$\forall \boldsymbol{\alpha}=(1,a_2,\cdots,a_n)^{\mathrm{T}},\boldsymbol{\beta}=(1,b_2,\cdots,b_n)^{\mathrm{T}} \in V_2$，有 $\boldsymbol{\alpha}+\boldsymbol{\beta}=(2,a_2+b_2,\cdots,a_n+b_n) \notin V_2$，或者因为 V_2 不可能有零向量，所以 V_2 不是一个向量空间.

例 4　问 n 元线性方程组的解集 $S=\{\boldsymbol{x}\mid\boldsymbol{Ax}=\boldsymbol{b}\}$ 能否构成一个向量空间？请说明理由.

解　首先讨论 $\boldsymbol{b}=\boldsymbol{0}$ 的齐次线性方程组的解集 $S=\{\boldsymbol{x}\mid\boldsymbol{Ax}=\boldsymbol{0}\}$，显然 S 非空，且利用齐次线性方程组解的性质，可知 $\forall\boldsymbol{\alpha},\boldsymbol{\beta}\in S$，有 $\boldsymbol{\alpha}+\boldsymbol{\beta}\in S$；$\forall\boldsymbol{\alpha}\in S,k\in\mathbf{R}$，有 $k\boldsymbol{\alpha}\in S$，所以 S 是一个向量空间，且称其为齐次线性方程组 $\boldsymbol{Ax}=\boldsymbol{0}$ 的解空间.

讨论 $\boldsymbol{b}\neq\boldsymbol{0}$ 的非齐次线性方程组的解集 $S=\{\boldsymbol{x}\mid\boldsymbol{Ax}=\boldsymbol{b}\}$，易看出 $\boldsymbol{0}\notin S$，所以 S 不可以构成一个向量空间.

例 5　设 $\boldsymbol{\alpha}_1,\boldsymbol{\alpha}_2$ 是两个已知的 n 维向量，将 $\boldsymbol{\alpha}_1,\boldsymbol{\alpha}_2$ 的所有线性组合构成一个集合，记为 $L(\boldsymbol{\alpha}_1,\boldsymbol{\alpha}_2)=\{k_1\boldsymbol{\alpha}_1+k_2\boldsymbol{\alpha}_2\mid k_1,k_2\in\mathbf{R}\}$，证明集合 $L(\boldsymbol{\alpha}_1,\boldsymbol{\alpha}_2)$ 是一个向量空间.

证明　显然 $L(\boldsymbol{\alpha}_1,\boldsymbol{\alpha}_2)$ 非空，且满足

(1) $\forall\boldsymbol{\alpha},\boldsymbol{\beta}\in L(\boldsymbol{\alpha}_1,\boldsymbol{\alpha}_2)$，令 $\boldsymbol{\alpha}=l_1\boldsymbol{\alpha}_1+l_2\boldsymbol{\alpha}_2,\boldsymbol{\beta}=\lambda_1\boldsymbol{\alpha}_1+\lambda_2\boldsymbol{\alpha}_2(l_i,\lambda_i\in\mathbf{R},i=1,2)$，则有 $\boldsymbol{\alpha}+\boldsymbol{\beta}=(l_1+\lambda_1)\boldsymbol{\alpha}_1+(l_2+\lambda_2)\boldsymbol{\alpha}_2\in L(\boldsymbol{\alpha}_1,\boldsymbol{\alpha}_2)$；

(2) $\forall k\in\mathbf{R}$，有 $k\boldsymbol{\alpha}=(kl_1)\boldsymbol{\alpha}_1+(kl_2)\boldsymbol{\alpha}_2\in L(\boldsymbol{\alpha}_1,\boldsymbol{\alpha}_2)$，所以集合 $L(\boldsymbol{\alpha}_1,\boldsymbol{\alpha}_2)$ 可构成一个向量空间.

向量空间 $L(\boldsymbol{\alpha}_1,\boldsymbol{\alpha}_2)=\{k_1\boldsymbol{\alpha}_1+k_2\boldsymbol{\alpha}_2\mid k_1,k_2\in\mathbf{R}\}$ 称为由已知向量 $\boldsymbol{\alpha}_1,\boldsymbol{\alpha}_2$ 所生成的向量空间. 一般地，由向量组 $\boldsymbol{\alpha}_1,\boldsymbol{\alpha}_2,\cdots,\boldsymbol{\alpha}_s$ 所生成的向量空间记为

$$L(\boldsymbol{\alpha}_1,\boldsymbol{\alpha}_2,\cdots,\boldsymbol{\alpha}_s)=\{k_1\boldsymbol{\alpha}_1+k_2\boldsymbol{\alpha}_2+\cdots+k_s\boldsymbol{\alpha}_s\mid k_1,k_2,\cdots,k_s\in\mathbf{R}\},$$

其中向量组 $\boldsymbol{\alpha}_1,\boldsymbol{\alpha}_2,\cdots,\boldsymbol{\alpha}_s$ 称为向量空间 $L(\boldsymbol{\alpha}_1,\boldsymbol{\alpha}_2,\cdots,\boldsymbol{\alpha}_s)$ 的生成向量组.

定义 7.2　设 W 是向量空间 V 的一个非空子集，若 W 对于 V 的加法和数乘运算都封闭，则称 W 是 V 的子空间.

由上面的例 1 和例 3 可知 V_1 是 $\mathbf{R}^n$ 的一个子空间.

二、向量空间的基、维数与坐标

研究向量空间总希望用有限个向量作为代表，通过研究这有限个向量达到研究整个向量空间的目的.

定义 7.3　设 V 是一个向量空间，若 V 中可以找出 r 个向量 $\boldsymbol{\alpha}_1,\boldsymbol{\alpha}_2,\cdots,\boldsymbol{\alpha}_r$ 构成部分组 A_0 满足：

(1) 向量组 A_0：$\boldsymbol{\alpha}_1,\boldsymbol{\alpha}_2,\cdots,\boldsymbol{\alpha}_r$ 线性无关；

(2) V 中任意向量都可以由 A_0 线性表示，则称向量组 A_0 为向量空间 V 的一个基，基所含向量的个数 r 称为向量空间 V 的维数，记为 $\dim V=r$，并称 V 为 r 维向量空间.

只含零向量的向量空间没有基，规定维数为 0.

将定义 3 与定义 4.5′（最大无关组的等价定义）相比较，不难得出，若将向量空间 V 看成向量组 V，则向量空间 V 的基即为向量组 V 的一个最大无关组，向量

空间 V 的维数,即为向量组 V 的秩,于是有如下结论:

(1)若向量空间 V 有基,则向量空间 V 的基不唯一;

(2)若向量空间 V 的维数 $\dim V = r$,则 V 中任意 $r+1$ 个向量线性相关;

(3)若向量空间 V 的维数 $\dim V = r$,则 V 中任意 r 个线性无关的向量都可以构成 V 的一个基.

例 6 设 n 元齐次线性方程组 $\boldsymbol{Ax}=\mathbf{0}$,若 $R(\boldsymbol{A})=r$,则齐次线性方程组 $\boldsymbol{Ax}=\mathbf{0}$ 的一个基础解系即为它的解空间 $S=\{\boldsymbol{x}\mid \boldsymbol{Ax}=\mathbf{0}\}$ 的一个基,从而 $\dim S=n-r$.

例 7 n 维单位坐标向量组 $\boldsymbol{e}_1,\boldsymbol{e}_2,\cdots,\boldsymbol{e}_n$ 为 $\mathbf{R}^n$ 的一个基,$\dim\mathbf{R}^n=n$,特别地,$\dim\mathbf{R}^3=3$.

例 8 设向量空间 $V_1=\{(0,x_2,\cdots,x_n)^{\mathrm{T}}\mid x_i\in\mathbf{R},i=2,3,\cdots,n\}$,则 $\boldsymbol{e}_2,\cdots,\boldsymbol{e}_n$ 为 V_1 的一个基,$\dim V_1=n-1$.

例 9 设生成向量空间 $L(\boldsymbol{\alpha}_1,\boldsymbol{\alpha}_2,\cdots,\boldsymbol{\alpha}_s)=\{k_1\boldsymbol{\alpha}_1+k_2\boldsymbol{\alpha}_2+\cdots+k_s\boldsymbol{\alpha}_s\mid k_1,k_2,\cdots,k_s\in\mathbf{R}\}$,易得出 $L(\boldsymbol{\alpha}_1,\boldsymbol{\alpha}_2,\cdots,\boldsymbol{\alpha}_s)$ 与生成向量组 $\boldsymbol{\alpha}_1,\boldsymbol{\alpha}_2,\cdots,\boldsymbol{\alpha}_s$ 等价,所以生成向量组 $\boldsymbol{\alpha}_1,\boldsymbol{\alpha}_2,\cdots,\boldsymbol{\alpha}_s$ 的一个最大无关组为生成向量空间 $L(\boldsymbol{\alpha}_1,\boldsymbol{\alpha}_2,\cdots,\boldsymbol{\alpha}_s)$ 的一个基,而生成向量组 $\boldsymbol{\alpha}_1,\boldsymbol{\alpha}_2,\cdots,\boldsymbol{\alpha}_s$ 的秩为生成向量空间 $L(\boldsymbol{\alpha}_1,\boldsymbol{\alpha}_2,\cdots,\boldsymbol{\alpha}_s)$ 的维数.

若向量组 $\boldsymbol{\alpha}_1,\boldsymbol{\alpha}_2,\cdots,\boldsymbol{\alpha}_r$ 为向量空间 V 的一个基,则 V 可表示成由基所生成的向量空间,即 $V=\{k_1\boldsymbol{\alpha}_1+k_2\boldsymbol{\alpha}_2+\cdots+k_r\boldsymbol{\alpha}_r\mid k_i\in\mathbf{R},i=1,2,\cdots,r\}$.

定义 7.4 若向量空间 V 的基 $\boldsymbol{\alpha}_1,\boldsymbol{\alpha}_2,\cdots,\boldsymbol{\alpha}_r$ 中的向量为两两正交的单位向量,则称基 $\boldsymbol{\alpha}_1,\boldsymbol{\alpha}_2,\cdots,\boldsymbol{\alpha}_r$ 为向量空间 V 的标准(规范)正交基.

定义 7.5 设 $\boldsymbol{\alpha}_1,\boldsymbol{\alpha}_2,\cdots,\boldsymbol{\alpha}_r$ 是 r 维向量空间 V 的一组基,对于 V 中任意向量 $\boldsymbol{\alpha}$,那么存在唯一的一组数 $x_1,x_2,\cdots,x_r$,使得 $x_1\boldsymbol{\alpha}_1+x_2\boldsymbol{\alpha}_2+\cdots+x_r\boldsymbol{\alpha}_r=\boldsymbol{\alpha}$,称这组数 $x_1,x_2,\cdots,x_r$ 为向量 $\boldsymbol{\alpha}$ 在基 $\boldsymbol{\alpha}_1,\boldsymbol{\alpha}_2,\cdots,\boldsymbol{\alpha}_r$ 下的坐标,记为 $(x_1,x_2,\cdots,x_r)^{\mathrm{T}}$.

例 10 在 $\mathbf{R}^4$ 中,向量 $(1,2,3,4)^{\mathrm{T}}$ 在基 $\boldsymbol{e}_1,\boldsymbol{e}_2,\boldsymbol{e}_3,\boldsymbol{e}_4$ 下的坐标为 $(1,2,3,4)^{\mathrm{T}}$,而在基 $2\boldsymbol{e}_1,2\boldsymbol{e}_2,2\boldsymbol{e}_3,2\boldsymbol{e}_4$ 下的坐标为 $\left(\frac{1}{2},1,\frac{3}{2},2\right)^{\mathrm{T}}$,在基 $\boldsymbol{e}_2,\boldsymbol{e}_1,\boldsymbol{e}_3,\boldsymbol{e}_4$ 下的坐标为 $(2,1,3,4)^{\mathrm{T}}$.

由例 10 可以看出,在向量空间中有如下结论:

(1)同一向量在不同基下的坐标是不同的;

(2)若基中向量的顺序发生改变,则构成另一个基,并且向量在这两组基下的坐标也发生改变.

三、基变换

由前面的知识可知,向量空间 V 的基是不唯一的,现建立不同基之间的关系.

定义 7.6 设 $\boldsymbol{\alpha}_1,\boldsymbol{\alpha}_2,\cdots,\boldsymbol{\alpha}_r$;$\boldsymbol{\alpha}_1',\boldsymbol{\alpha}_2',\cdots,\boldsymbol{\alpha}_r'$ 为向量空间 V 的两个基,且有如下关系式:

$$\begin{cases}\boldsymbol{\alpha}_1'=p_{11}\boldsymbol{\alpha}_1+p_{21}\boldsymbol{\alpha}_2+\cdots+p_{r1}\boldsymbol{\alpha}_r,\\ \boldsymbol{\alpha}_2'=p_{12}\boldsymbol{\alpha}_1+p_{22}\boldsymbol{\alpha}_2+\cdots+p_{r2}\boldsymbol{\alpha}_r,\\ \qquad\cdots\cdots\\ \boldsymbol{\alpha}_r'=p_{1r}\boldsymbol{\alpha}_1+p_{2r}\boldsymbol{\alpha}_2+\cdots+p_{rr}\boldsymbol{\alpha}_r,\end{cases}\tag{7.1}$$

利用矩阵乘法有

$$\boldsymbol{\alpha}_i'=(\boldsymbol{\alpha}_1,\boldsymbol{\alpha}_2,\cdots,\boldsymbol{\alpha}_r)\begin{pmatrix}p_{1i}\\p_{2i}\\\vdots\\p_{ri}\end{pmatrix}\quad(i=1,2,\cdots,r),$$

将式(7.1)用矩阵形式表示为

$$\begin{aligned}(\boldsymbol{\alpha}_1',\boldsymbol{\alpha}_2',\cdots,\boldsymbol{\alpha}_r')&=(\boldsymbol{\alpha}_1,\boldsymbol{\alpha}_2,\cdots,\boldsymbol{\alpha}_r)\begin{pmatrix}p_{11}&p_{12}&\cdots&p_{1r}\\p_{21}&p_{22}&\cdots&p_{2r}\\\vdots&\vdots&&\vdots\\p_{r1}&p_{r2}&\cdots&p_{rr}\end{pmatrix}\\&=(\boldsymbol{\alpha}_1,\boldsymbol{\alpha}_2,\cdots,\boldsymbol{\alpha}_r)\boldsymbol{P},\end{aligned}\tag{7.2}$$

称矩阵 $\boldsymbol{P}=(p_{ij})_{r\times r}$ 为基 $\boldsymbol{\alpha}_1,\boldsymbol{\alpha}_2,\cdots,\boldsymbol{\alpha}_r$ 到基 $\boldsymbol{\alpha}_1',\boldsymbol{\alpha}_2',\cdots,\boldsymbol{\alpha}_r'$ 的过渡矩阵,相应地称式(7.1)或式(2)为基 $\boldsymbol{\alpha}_1,\boldsymbol{\alpha}_2,\cdots,\boldsymbol{\alpha}_r$ 到基 $\boldsymbol{\alpha}_1',\boldsymbol{\alpha}_2',\cdots,\boldsymbol{\alpha}_r'$ 的基变换公式.

关于过渡矩阵 $\boldsymbol{P}$ 要注意以下三点:

(1)过渡矩阵 $\boldsymbol{P}$ 的第 i 列是 $\boldsymbol{\alpha}_i'$ 在基 $\boldsymbol{\alpha}_1,\boldsymbol{\alpha}_2,\cdots,\boldsymbol{\alpha}_r$ 下的坐标,即过渡矩阵 $\boldsymbol{P}$ 是由基 $\boldsymbol{\alpha}_1',\boldsymbol{\alpha}_2',\cdots,\boldsymbol{\alpha}_r'$ 中向量在基 $\boldsymbol{\alpha}_1,\boldsymbol{\alpha}_2,\cdots,\boldsymbol{\alpha}_r$ 下的坐标为列构成的矩阵;

(2)当两个基 $\boldsymbol{\alpha}_1,\boldsymbol{\alpha}_2,\cdots,\boldsymbol{\alpha}_r$;$\boldsymbol{\alpha}_1',\boldsymbol{\alpha}_2',\cdots,\boldsymbol{\alpha}_r'$ 确定时,基 $\boldsymbol{\alpha}_1,\boldsymbol{\alpha}_2,\cdots,\boldsymbol{\alpha}_r$ 到基 $\boldsymbol{\alpha}_1',\boldsymbol{\alpha}_2',\cdots,\boldsymbol{\alpha}_r'$ 的过渡矩阵 $\boldsymbol{P}$ 唯一确定;

(3)过渡矩阵 $\boldsymbol{P}$ 是可逆的,且基 $\boldsymbol{\alpha}_1',\boldsymbol{\alpha}_2',\cdots,\boldsymbol{\alpha}_r'$ 到基 $\boldsymbol{\alpha}_1,\boldsymbol{\alpha}_2,\cdots,\boldsymbol{\alpha}_r$ 的过渡矩阵和基 $\boldsymbol{\alpha}_1,\boldsymbol{\alpha}_2,\cdots,\boldsymbol{\alpha}_r$ 到基 $\boldsymbol{\alpha}_1',\boldsymbol{\alpha}_2',\cdots,\boldsymbol{\alpha}_r'$ 的过渡矩阵互为逆矩阵.

例 11　设 $\boldsymbol{\alpha}_1,\boldsymbol{\alpha}_2,\boldsymbol{\alpha}_3$ 为 3 维向量空间 V 的一个基,

(1)求基 $\boldsymbol{\alpha}_1,\boldsymbol{\alpha}_2,\boldsymbol{\alpha}_3$ 到基 $\boldsymbol{\alpha}_2,\boldsymbol{\alpha}_3,\boldsymbol{\alpha}_1$ 的过渡矩阵;

(2)求基 $\boldsymbol{\alpha}_2,\boldsymbol{\alpha}_3,\boldsymbol{\alpha}_1$ 到基 $\boldsymbol{\alpha}_1,\boldsymbol{\alpha}_2,\boldsymbol{\alpha}_3$ 的过渡矩阵.

解　(1)因为 $\begin{cases}\boldsymbol{\alpha}_2=0\boldsymbol{\alpha}_1+1\boldsymbol{\alpha}_2+0\boldsymbol{\alpha}_3,\\ \boldsymbol{\alpha}_3=0\boldsymbol{\alpha}_1+0\boldsymbol{\alpha}_2+1\boldsymbol{\alpha}_3,\\ \boldsymbol{\alpha}_1=1\boldsymbol{\alpha}_1+0\boldsymbol{\alpha}_2+0\boldsymbol{\alpha}_3,\end{cases}$ 所以基 $\boldsymbol{\alpha}_1,\boldsymbol{\alpha}_2,\boldsymbol{\alpha}_3$ 到基 $\boldsymbol{\alpha}_2,\boldsymbol{\alpha}_3,\boldsymbol{\alpha}_1$ 的过渡矩阵为 $\begin{pmatrix}0&0&1\\1&0&0\\0&1&0\end{pmatrix}$;

(2)基 $\boldsymbol{\alpha}_2,\boldsymbol{\alpha}_3,\boldsymbol{\alpha}_1$ 到基 $\boldsymbol{\alpha}_1,\boldsymbol{\alpha}_2,\boldsymbol{\alpha}_3$ 的过渡矩阵为 $\begin{pmatrix}0&0&1\\1&0&0\\0&1&0\end{pmatrix}^{-1}=\begin{pmatrix}0&1&0\\0&0&1\\1&0&0\end{pmatrix}$.

例 12　已知 $\boldsymbol{\alpha}_1=(1,1,1)^{\mathrm{T}},\boldsymbol{\alpha}_2=(1,0,-1)^{\mathrm{T}},\boldsymbol{\alpha}_3=(1,0,1)^{\mathrm{T}}$ 是 $\mathbf{R}^3$ 的一组基,

(1)证明 $\boldsymbol{\beta}_1=(1,2,1)^{\mathrm{T}},\boldsymbol{\beta}_2=(2,3,4)^{\mathrm{T}},\boldsymbol{\beta}_3=(3,4,3)^{\mathrm{T}}$ 也是 $\mathbf{R}^3$ 的一组基;

(2)求由基 $\boldsymbol{\alpha}_1,\boldsymbol{\alpha}_2,\boldsymbol{\alpha}_3$ 到基 $\boldsymbol{\beta}_1,\boldsymbol{\beta}_2,\boldsymbol{\beta}_3$ 的过渡矩阵.

解　(1)因为 $|\boldsymbol{\beta}_1,\boldsymbol{\beta}_2,\boldsymbol{\beta}_3|=\begin{vmatrix}1&2&3\\2&3&4\\1&4&3\end{vmatrix}=4\neq 0$,所以 $\boldsymbol{\beta}_1,\boldsymbol{\beta}_2,\boldsymbol{\beta}_3$ 线性无关,从而它是 $\mathbf{R}^3$ 的一个基;

(2)设基 $\boldsymbol{\alpha}_1,\boldsymbol{\alpha}_2,\boldsymbol{\alpha}_3$ 到基 $\boldsymbol{\beta}_1,\boldsymbol{\beta}_2,\boldsymbol{\beta}_3$ 的过渡矩阵为 $\boldsymbol{P}$,则由基变换公式 $(\boldsymbol{\beta}_1,\boldsymbol{\beta}_2,\boldsymbol{\beta}_3)=(\boldsymbol{\alpha}_1,\boldsymbol{\alpha}_2,\boldsymbol{\alpha}_3)\boldsymbol{P}$ 可得

$$\boldsymbol{P}=(\boldsymbol{\alpha}_1,\boldsymbol{\alpha}_2,\boldsymbol{\alpha}_3)^{-1}(\boldsymbol{\beta}_1,\boldsymbol{\beta}_2,\boldsymbol{\beta}_3)=\begin{pmatrix}1&1&1\\1&0&0\\1&-1&1\end{pmatrix}^{-1}\begin{pmatrix}1&2&3\\2&3&4\\1&4&3\end{pmatrix}$$

$$=\begin{pmatrix}2&3&4\\0&-1&0\\-1&0&-1\end{pmatrix}.$$

四、坐标变换

前面讲过在向量空间 V 中同一向量在不同基下的坐标一般是不同的,现寻求这不同的坐标之间的关系.

定理 7.1　设 r 维向量空间 V 中基 $\boldsymbol{\alpha}_1,\boldsymbol{\alpha}_2,\cdots,\boldsymbol{\alpha}_r$ 到基 $\boldsymbol{\alpha}_1',\boldsymbol{\alpha}_2',\cdots,\boldsymbol{\alpha}_r'$ 的过渡矩阵为 $\boldsymbol{P}$,向量空间 V 中任意向量 $\boldsymbol{\alpha}$ 在基 $\boldsymbol{\alpha}_1,\boldsymbol{\alpha}_2,\cdots,\boldsymbol{\alpha}_r$ 下的坐标为 $\boldsymbol{X}=(x_1,x_2,\cdots,x_r)^{\mathrm{T}}$,在基 $\boldsymbol{\alpha}_1',\boldsymbol{\alpha}_2',\cdots,\boldsymbol{\alpha}_r'$ 下的坐标为 $\boldsymbol{Y}=(y_1,y_2,\cdots,y_r)^{\mathrm{T}}$,则 $\boldsymbol{X}=\boldsymbol{PY}$ 或 $\boldsymbol{Y}=\boldsymbol{P}^{-1}\boldsymbol{X}$.

证明　由条件可建立如下等式关系,

$$(\boldsymbol{\alpha}_1',\boldsymbol{\alpha}_2',\cdots,\boldsymbol{\alpha}_r')=(\boldsymbol{\alpha}_1,\boldsymbol{\alpha}_2,\cdots,\boldsymbol{\alpha}_r)\boldsymbol{P}, \tag{7.3}$$

$$\boldsymbol{\alpha}=(\boldsymbol{\alpha}_1,\boldsymbol{\alpha}_2,\cdots,\boldsymbol{\alpha}_r)\boldsymbol{X}, \tag{7.4}$$

$$\boldsymbol{\alpha}=(\boldsymbol{\alpha}_1',\boldsymbol{\alpha}_2',\cdots,\boldsymbol{\alpha}_r')\boldsymbol{Y}. \tag{7.5}$$

将式(7.3)代入式(7.5),有 $\boldsymbol{\alpha}=(\boldsymbol{\alpha}_1,\boldsymbol{\alpha}_2,\cdots,\boldsymbol{\alpha}_r)\boldsymbol{PY}$,将此式与式(7.4)相比较,根据坐标的唯一性有 $\boldsymbol{X}=\boldsymbol{PY}$,从而 $\boldsymbol{Y}=\boldsymbol{P}^{-1}\boldsymbol{X}$. 证毕

例 13　在例 12 的基础上,求向量 $\boldsymbol{\alpha}=2\boldsymbol{\beta}_1+3\boldsymbol{\beta}_2+5\boldsymbol{\beta}_3$ 在基 $\boldsymbol{\alpha}_1,\boldsymbol{\alpha}_2,\boldsymbol{\alpha}_3$ 下的坐标.

解　令向量 $\boldsymbol{\alpha}$ 在基 $\boldsymbol{\alpha}_1,\boldsymbol{\alpha}_2,\boldsymbol{\alpha}_3$ 下的坐标为 $\boldsymbol{X}$，由定理 1 可知

$$\boldsymbol{X}=\boldsymbol{P}\begin{pmatrix}2\\3\\5\end{pmatrix}=\begin{pmatrix}2&3&4\\0&-1&0\\-1&0&-1\end{pmatrix}\begin{pmatrix}2\\3\\5\end{pmatrix}=\begin{pmatrix}33\\-3\\-7\end{pmatrix}.$$

7.2　线性空间

一、线性空间的定义

定义 7.7　设 V 是一个非空集合，$\mathbf{R}$ 是实数集. 在集合 V 中的元素之间定义一种运算，称为加法：对于 V 中任意两个元素 $\boldsymbol{\alpha}$ 与 $\boldsymbol{\beta}$，在 V 中都有唯一的一个元素 $\boldsymbol{\gamma}$ 与之对应，称为 $\boldsymbol{\alpha}$ 与 $\boldsymbol{\beta}$ 的和，记为 $\boldsymbol{\gamma}=\boldsymbol{\alpha}+\boldsymbol{\beta}$. 在 $\mathbf{R}$ 与集合 V 之间还定义一种运算，称为数量乘法（简称数乘）：对于数集 $\mathbf{R}$ 中任意一个数 k 与 V 中任意一个元素 $\boldsymbol{\alpha}$，在 V 中都有唯一一个元素 $\boldsymbol{\delta}$ 与之对应，称为数 k 与 $\boldsymbol{\alpha}$ 的数量乘积，记为 $\boldsymbol{\delta}=k\boldsymbol{\alpha}$. 如果加法和数量乘法满足下列运算规律：

(1) $\boldsymbol{\alpha}+\boldsymbol{\beta}=\boldsymbol{\beta}+\boldsymbol{\alpha}$；

(2) $(\boldsymbol{\alpha}+\boldsymbol{\beta})+\boldsymbol{\gamma}=\boldsymbol{\alpha}+(\boldsymbol{\beta}+\boldsymbol{\gamma})$；

(3)在 V 中存在零元素 $\mathbf{0}$，使得对于 V 中任意元素 $\boldsymbol{\alpha}$，都有 $\boldsymbol{\alpha}+\mathbf{0}=\boldsymbol{\alpha}$；

(4)对于 V 中每一个元素 $\boldsymbol{\alpha}$，都有 V 种的元素 $\boldsymbol{\beta}$ 使得 $\boldsymbol{\alpha}+\boldsymbol{\beta}=\mathbf{0}$（称 $\boldsymbol{\beta}$ 为 $\boldsymbol{\alpha}$ 的负元素）；

(5) $1\boldsymbol{\alpha}=\boldsymbol{\alpha}$；

(6) $k(l\boldsymbol{\alpha})=(kl)\boldsymbol{\alpha}$；

(7) $(k+l)\boldsymbol{\alpha}=k\boldsymbol{\alpha}+l\boldsymbol{\alpha}$；

(8) $k(\boldsymbol{\alpha}+\boldsymbol{\beta})=k\boldsymbol{\alpha}+k\boldsymbol{\beta}$，

其中 $\boldsymbol{\alpha},\boldsymbol{\beta},\boldsymbol{\gamma}$ 表示集合 V 中任意元素，k,l 表示 $\mathbf{R}$ 中的任意数，那么称 V 对于所定义的加法和数量乘法构成 $\mathbf{R}$ 上的线性空间.

例 1　由 $\mathbf{R}$ 上的所有 $m\times n$ 矩阵组成的非空集合 $\mathbf{R}^{m\times n}$，对于矩阵的加法和数与矩阵的乘法，构成 $\mathbf{R}$ 上的线性空间.

例 2　由 $\mathbf{R}$ 上的所有一元多项式所构成的集合 $\mathbf{R}[x]$，对于多项式的加法和数与多项式的乘法，构成 $\mathbf{R}$ 上的线性空间.

二、线性空间的简单性质

性质 1　零元素是唯一的.

性质 2　任意元素的负元素是唯一的.

性质 3　$0\boldsymbol{\alpha}=\mathbf{0}$；$k\mathbf{0}=\mathbf{0}$；$(-1)\boldsymbol{\alpha}=-\boldsymbol{\alpha}$.

性质 4　若 $k\boldsymbol{\alpha}=\mathbf{0}$，则 $k=0$ 或者 $\boldsymbol{\alpha}=\mathbf{0}$（证明略去）.

三、线性空间的基、坐标与维数

根据线性空间和向量空间定义的类似性，我们能将第 4 章向量空间中的关于向量组的线性表示、线性相关等线性关系的相关知识可逐字逐句地推广到线性空间，为了叙述的方便，线性空间中的元素也称为向量，线性空间有时也称为向量空间. 现只将向量空间中基、维数、坐标的相关定义类似的推广到线性空间.

定义 7.8 设 V 是一个线性空间，若 V 中可以找出 r 个向量 $\boldsymbol{\alpha}_1,\boldsymbol{\alpha}_2,\cdots,\boldsymbol{\alpha}_r$ 构成部分组 A_0 满足：

(1) 向量组 $A_0:\boldsymbol{\alpha}_1,\boldsymbol{\alpha}_2,\cdots,\boldsymbol{\alpha}_r$ 线性无关；

(2) V 中任意向量都可以由 A_0 线性表示，则称向量组 A_0 为线性空间 V 的一个基，基所含向量的个数 r 称为线性空间 V 的维数，记为 $\dim V=r$，并称 V 为 r 维线性空间.

只含零向量的线性空间没有基，规定维数为 0.

定义 7.9 设 $\boldsymbol{\alpha}_1,\boldsymbol{\alpha}_2,\cdots,\boldsymbol{\alpha}_r$ 是 r 维线性空间 V 的一组基，对于 V 中任意向量 $\boldsymbol{\alpha}$，存在唯一的一组数 $x_1,x_2,\cdots,x_r$，使 $x_1\boldsymbol{\alpha}_1+x_2\boldsymbol{\alpha}_2+\cdots+x_r\boldsymbol{\alpha}_r=\boldsymbol{\alpha}$，称这组数 $x_1,x_2,\cdots,x_r$ 为向量 $\boldsymbol{\alpha}$ 在基 $\boldsymbol{\alpha}_1,\boldsymbol{\alpha}_2,\cdots,\boldsymbol{\alpha}_r$ 下的坐标，记为 $(x_1,x_2,\cdots,x_r)^{\mathrm{T}}$.

7.3 线性变换

定义 7.10 设有两个非空集合 A,B，如果对于 A 中任意元素 $\boldsymbol{\alpha}$，按照规则 σ 在集合 B 中都有唯一确定的元素 $\boldsymbol{\beta}$ 与之对应，那么称这个对应规则为从集合 A 到集合 B 的映射. 若映射 σ 使元素 $\boldsymbol{\beta}\in B$ 与元素 $\boldsymbol{\alpha}\in A$ 对应，那么就记为 $\sigma(\boldsymbol{\alpha})=\boldsymbol{\beta}$. 元素 $\boldsymbol{\beta}$ 称为 $\boldsymbol{\alpha}$ 在 σ 下的像，元素 $\boldsymbol{\alpha}$ 称为 $\boldsymbol{\beta}$ 在 σ 下的一个原像.

特别地，若 σ 为集合 A 到它自身的映射，则称 σ 为集合 A 的一个变换.

定义 7.11 设非空集合 V 是 $\mathbf{R}$ 上的线性空间，σ 为 V 的一个变换. 如果它满足

(1) $\sigma(\boldsymbol{\alpha}+\boldsymbol{\beta})=\sigma(\boldsymbol{\alpha})+\sigma(\boldsymbol{\beta})$；

(2) $\sigma(k\boldsymbol{\alpha})=k\sigma(\boldsymbol{\alpha})$，

其中 $\boldsymbol{\alpha},\boldsymbol{\beta}$ 为集合 V 中任意元素，k 为 $\mathbf{R}$ 中的任意数，那么称 σ 为线性空间 V 的一个线性变换.

定义 7.12 设非空集合 V 是 $\mathbf{R}$ 上的 n 维线性空间，向量组 $\boldsymbol{\alpha}_1,\boldsymbol{\alpha}_2,\cdots,\boldsymbol{\alpha}_n$ 是线性空间 V 的一个基，σ 为 V 的一个线性变换. 如果

$$\begin{cases}\sigma(\boldsymbol{\alpha}_1)=p_{11}\boldsymbol{\alpha}_1+p_{21}\boldsymbol{\alpha}_2+\cdots+p_{n1}\boldsymbol{\alpha}_n,\\ \sigma(\boldsymbol{\alpha}_2)=p_{12}\boldsymbol{\alpha}_1+p_{22}\boldsymbol{\alpha}_2+\cdots+p_{n2}\boldsymbol{\alpha}_n,\\ \qquad\cdots\cdots\\ \sigma(\boldsymbol{\alpha}_n)=p_{1n}\boldsymbol{\alpha}_1+p_{2n}\boldsymbol{\alpha}_2+\cdots+p_{nn}\boldsymbol{\alpha}_n,\end{cases}\tag{7.6}$$

利用矩阵的乘法将式(7.6)表示为

$$\sigma(\boldsymbol{\alpha}_1,\boldsymbol{\alpha}_2,\cdots,\boldsymbol{\alpha}_n)=(\sigma(\boldsymbol{\alpha}_1),\sigma(\boldsymbol{\alpha}_2),\cdots,\sigma(\boldsymbol{\alpha}_n))=(\boldsymbol{\alpha}_1,\boldsymbol{\alpha}_2,\cdots,\boldsymbol{\alpha}_n)\boldsymbol{P},$$

其中矩阵 $\boldsymbol{P}=(p_{ij})_{n\times n}$，那么称矩阵 $\boldsymbol{P}$ 为线性变换 σ 在基 $\boldsymbol{\alpha}_1,\boldsymbol{\alpha}_2,\cdots,\boldsymbol{\alpha}_n$ 下的矩阵.

由定义 7.12 可知,线性变换 σ 在基 $\boldsymbol{\alpha}_1,\boldsymbol{\alpha}_2,\cdots,\boldsymbol{\alpha}_n$ 下的矩阵是由基 $\boldsymbol{\alpha}_1,\boldsymbol{\alpha}_2,\cdots,\boldsymbol{\alpha}_n$ 的像 $\sigma(\boldsymbol{\alpha}_1),\sigma(\boldsymbol{\alpha}_2),\cdots,\sigma(\boldsymbol{\alpha}_n)$ 在基 $\boldsymbol{\alpha}_1,\boldsymbol{\alpha}_2,\cdots,\boldsymbol{\alpha}_n$ 下的坐标为列所构成的矩阵. 注意线性变换 σ 在基 $\boldsymbol{\alpha}_1,\boldsymbol{\alpha}_2,\cdots,\boldsymbol{\alpha}_n$ 下的矩阵是唯一确定的.

总 习 题 7

1. 设 $V_1=\{\boldsymbol{x}=(x_1,x_2,\cdots,x_n)^{\mathrm{T}}\mid x_i\in\mathbf{R},i=1,2,\cdots,n$, 满足 $x_1+x_2+\cdots+x_n=0\}$，$V_2=\{\boldsymbol{x}=(x_1,x_2,\cdots,x_n)^{\mathrm{T}}\mid x_i\in\mathbf{R},i=1,2,\cdots,n$, 满足 $x_1+x_2+\cdots+x_n=1\}$，问 V_1,V_2 是不是向量空间？为什么？

2. 验证 $\boldsymbol{\alpha}_1=(1,-1,0)^{\mathrm{T}},\boldsymbol{\alpha}_2=(2,1,3)^{\mathrm{T}},\boldsymbol{\alpha}_3=(3,1,2)^{\mathrm{T}}$ 为 $\mathbf{R}^3$ 的一个基,并求向量 $\boldsymbol{\beta}=(5,0,7)^{\mathrm{T}}$ 在这个基下的坐标.

3. 设 $\boldsymbol{\alpha}_1,\boldsymbol{\alpha}_2,\boldsymbol{\alpha}_3$ 是 3 维向量 $\mathbf{R}^3$ 的一组基,求由基 $\boldsymbol{\alpha}_1,\frac{1}{2}\boldsymbol{\alpha}_2,\frac{1}{3}\boldsymbol{\alpha}_3$ 到基 $\boldsymbol{\alpha}_1+\boldsymbol{\alpha}_2,\boldsymbol{\alpha}_2+\boldsymbol{\alpha}_3,\boldsymbol{\alpha}_3+\boldsymbol{\alpha}_1$ 的过渡矩阵.　(2009 年)

4. 设 $\boldsymbol{\alpha}_1=(1,2,-1,0)^{\mathrm{T}},\boldsymbol{\alpha}_2=(1,1,0,2)^{\mathrm{T}},\boldsymbol{\alpha}_3=(2,1,1,a)^{\mathrm{T}}$，若由 $\boldsymbol{\alpha}_1,\boldsymbol{\alpha}_2,\boldsymbol{\alpha}_3$ 生成的向量空间的维数为 2,求 a.

5. 设 $\boldsymbol{B}$ 是秩为 2 的 5×4 矩阵，$\boldsymbol{\alpha}_1=(1,1,2,3)^{\mathrm{T}},\boldsymbol{\alpha}_2=(-1,1,4,-1)^{\mathrm{T}},\boldsymbol{\alpha}_3=(5,-1,-8,9)^{\mathrm{T}}$ 是齐次线性方程组 $\boldsymbol{Bx}=\boldsymbol{0}$ 的解向量,求 $\boldsymbol{Bx}=\boldsymbol{0}$ 的解空间的一个标准正交基.

6. 求齐次线性方程组 $\begin{cases}2x_1+x_2-x_3+x_4-3x_5=0,\\x_1+x_2-x_3+x_5=0\end{cases}$ 的解空间 S 的一个基及维数.

7. 设 $\mathbf{R}^3$ 中两个基为 $\boldsymbol{\alpha}_1,\boldsymbol{\alpha}_2,\boldsymbol{\alpha}_3$ 与 $\boldsymbol{\beta}_1,\boldsymbol{\beta}_2,\boldsymbol{\beta}_3$，且 $\boldsymbol{\beta}_1=\boldsymbol{\alpha}_1-\boldsymbol{\alpha}_2,\boldsymbol{\beta}_2=2\boldsymbol{\alpha}_1+3\boldsymbol{\alpha}_2+2\boldsymbol{\alpha}_3,\boldsymbol{\beta}_3=\boldsymbol{\alpha}_1+3\boldsymbol{\alpha}_2+2\boldsymbol{\alpha}_3$，求

(1) $\boldsymbol{\alpha}=2\boldsymbol{\beta}_1-\boldsymbol{\beta}_2+3\boldsymbol{\beta}_3$ 在基 $\boldsymbol{\alpha}_1,\boldsymbol{\alpha}_2,\boldsymbol{\alpha}_3$ 下的坐标；

(2) $\boldsymbol{\alpha}=2\boldsymbol{\alpha}_1-\boldsymbol{\alpha}_2+3\boldsymbol{\alpha}_3$ 在基 $\boldsymbol{\beta}_1,\boldsymbol{\beta}_2,\boldsymbol{\beta}_3$ 下的坐标.

8. 设 $\mathbf{R}^3$ 中的两个基 $\boldsymbol{\alpha}_1=(1,0,0)^{\mathrm{T}},\boldsymbol{\alpha}_2=(0,1,1)^{\mathrm{T}},\boldsymbol{\alpha}_3=(1,0,1)^{\mathrm{T}}$ 与 $\boldsymbol{\beta}_1=(1,2,2)^{\mathrm{T}},\boldsymbol{\beta}_2=(3,0,2)^{\mathrm{T}},\boldsymbol{\beta}_3=(0,1,1)^{\mathrm{T}}$.

(1)求基 $\boldsymbol{\alpha}_1,\boldsymbol{\alpha}_2,\boldsymbol{\alpha}_3$ 到基 $\boldsymbol{\beta}_1,\boldsymbol{\beta}_2,\boldsymbol{\beta}_3$ 的过渡矩阵；

(2)求 $\boldsymbol{\alpha}=\boldsymbol{\alpha}_1+2\boldsymbol{\alpha}_2+3\boldsymbol{\alpha}_3$ 在基 $\boldsymbol{\beta}_1,\boldsymbol{\beta}_2,\boldsymbol{\beta}_3$ 下的坐标.

9. 设 $\boldsymbol{\alpha}_1=(1,1,1)^{\mathrm{T}},\boldsymbol{\alpha}_2=(2,3,4)^{\mathrm{T}},\boldsymbol{\alpha}_3=(5,7,9)^{\mathrm{T}}$；$\boldsymbol{\beta}_1=(3,4,5)^{\mathrm{T}},\boldsymbol{\beta}_2=(0,1,2)^{\mathrm{T}}$，

(1)证明 $L(\boldsymbol{\alpha}_1,\boldsymbol{\alpha}_2,\boldsymbol{\alpha}_3)=L(\boldsymbol{\beta}_1,\boldsymbol{\beta}_2)$；

(2)求 $L(\boldsymbol{\alpha}_1,\boldsymbol{\alpha}_2,\boldsymbol{\alpha}_3,\boldsymbol{\beta}_1,\boldsymbol{\beta}_2)$ 的一个基与维数.

部分习题参考答案

习题 1.1

1. (1) -2; (2) $ad-bc$; (3) -4; (4) $\lambda^3-3\lambda+2$.

2. (1) $x_1=\frac{51}{22}, x_2=\frac{10}{11}$; (2) $x_1=\frac{15}{13}, x_2=\frac{3}{13}, x_3=\frac{47}{13}$.

3. (1) $x=2$ 或 $x=3$; (2) $\lambda=-1$ 或 $\lambda=2$ 或 $\lambda=5$.

习题 1.2

1. (1) 0, 偶排列; (2) 10, 偶排列; (3) 7, 奇排列; (4) 8, 偶排列.

2. (1) $k=6, j=2$; (2) $k=6, j=4$.

3. (1) $\frac{n(n-1)}{2}$; (2) $\frac{n(n-1)}{2}$.

习题 1.3

1. (1) 负号; (2) 正号.

2. $-a_{12}a_{33}a_{21}a_{44}$, $a_{12}a_{33}a_{24}a_{41}$.

3. (1) 20; (2) $(-1)^{\frac{n(n-1)}{2}}\lambda_1\lambda_2\cdots\lambda_n$; (3) $(-1)^{n-1}n!$; (4) $(-1)^{\frac{(n-1)(n-2)}{2}}n!$.

习题 1.4

1. (1) 0; (2) -9; (3) -7; (4) -2.

习题 1.5

1. $A_{11}=7, A_{12}=-12, A_{13}=3, A_{21}=6, A_{22}=4, A_{23}=-1, A_{31}=-5, A_{32}=5, A_{33}=5$.

2. (1) -7; (2) -35; (3) 160; (4) x^4; (5) 1.

3. $x=a_1$ 或 $x=a_2$ 或 $x=a_3$.

4. (1) $(-1)^{n+1}a^n+b^n$; (2) $(a^2-b^2)a^{n-2}$; (3) $\left(1+\sum_{i=1}^{n}\frac{1}{a_i}\right)a_1a_2\cdots a_n$;

   (4) $(n+4)4^{n-1}$.

5. (1) 0; (2) 128.

习题 1.6

1. (1) $x_1=-\frac{6}{5}, x_2=3, x_3=-\frac{3}{2}, x_4=\frac{1}{3}$; (2) $x_1=3, x_2=-4, x_3=-1, x_4=1$.

2. (1)只有零解;(2)有非零解.

3. $\lambda=1$ 或 $\lambda=-2$.

习题 2.2

1. $\begin{pmatrix} 9 & 4 & 9 \\ 16 & 17 & 26 \end{pmatrix}$;$\begin{pmatrix} -7 & 7 & 6 \\ 2 & 7 & 0 \end{pmatrix}$

2. (1)$\begin{pmatrix} -1 & -1 \\ -1 & -1 \end{pmatrix}$;(2)32;(3)$\begin{pmatrix} 4 & 5 & 6 \\ 8 & 10 & 12 \\ 12 & 15 & 18 \end{pmatrix}$;

(4)$a_{11}x_1^2+a_{22}x_2^2+a_{33}x_3^2+(a_{12}+a_{21})x_1x_2+(a_{13}+a_{31})x_1x_3+(a_{23}+a_{32})x_2x_3$;

(5)$\begin{pmatrix} 7 & 10 \\ 15 & 22 \end{pmatrix}$.

3. $\boldsymbol{B}=\begin{pmatrix} t & s \\ 0 & t \end{pmatrix}$($t,s$ 为任意常数).

5. (1)$\begin{pmatrix} 1 & 2 & -3 \\ 2 & -2 & 4 \\ 3 & 0 & 5 \end{pmatrix}\begin{pmatrix} x_1 \\ x_2 \\ x_3 \end{pmatrix}=\begin{pmatrix} 5 \\ 3 \\ 7 \end{pmatrix}$;(2)$\begin{pmatrix} 1 & -1 & -1 \\ 1 & 0 & 4 \\ 5 & 1 & -7 \end{pmatrix}\begin{pmatrix} x_1 \\ x_2 \\ x_3 \end{pmatrix}=\begin{pmatrix} 0 \\ 0 \\ 0 \end{pmatrix}$;

(3)$\begin{pmatrix} y_1 \\ y_2 \\ y_3 \end{pmatrix}=\begin{pmatrix} 2 & -1 \\ 3 & 5 \\ 0 & 1 \end{pmatrix}\begin{pmatrix} x_1 \\ x_2 \end{pmatrix}$.

习题 2.3

1. $(\boldsymbol{AB})^{\mathrm{T}}=\begin{pmatrix} 3 & -1 & 1 \\ 21 & 8 & 22 \\ -2 & 6 & 0 \end{pmatrix}$, $|\boldsymbol{AB}|=-210$, $|\boldsymbol{A}^k|=6^k$.

2. 648,1536.

3. (1)$\boldsymbol{A}^*=\begin{pmatrix} 8 & -3 \\ 4 & 1 \end{pmatrix}$;(2)$\boldsymbol{A}^*=\begin{pmatrix} 4 & -8 & 7 \\ 3 & 5 & -3 \\ -1 & 2 & 1 \end{pmatrix}$.

4. $2^{n-1}\begin{pmatrix} 1 & \frac{1}{2} & 0 \\ 2 & 1 & 0 \\ 3 & \frac{3}{2} & 0 \end{pmatrix}$.

5. $14^{n-1}\begin{pmatrix} 1 & 2 & 3 \\ 2 & 4 & 6 \\ 3 & 6 & 9 \end{pmatrix}$.

习题 2.4

1. (1) $-\frac{1}{2}\begin{pmatrix}4 & -2\\ -3 & 1\end{pmatrix}$; (2) $\begin{pmatrix}1 & 0 & 0\\ 0 & \frac{1}{3} & 0\\ 0 & 0 & \frac{1}{8}\end{pmatrix}$; (3) $\begin{pmatrix}1 & -2 & 1\\ 0 & 1 & -2\\ 0 & 0 & 1\end{pmatrix}$;

(4) $\frac{1}{28}\begin{pmatrix}12 & 0 & -4\\ 2 & 7 & -3\\ 4 & 0 & 8\end{pmatrix}$.

2. $-\frac{24389}{24}$.

3. (1) $\begin{pmatrix}32 & -53\\ -7 & 12\end{pmatrix}$; (2) $\begin{pmatrix}\frac{3}{2} & 0\\ 0 & 1\end{pmatrix}$; (3) $\begin{pmatrix}-2 & 1\\ 10 & -4\\ -10 & 4\end{pmatrix}$.

4. $\begin{pmatrix}0 & 1 & -1\\ -1 & 0 & 1\\ 1 & -1 & 0\end{pmatrix}$

5. $\begin{pmatrix}2 & 0 & 1\\ 0 & 3 & 0\\ 1 & 0 & 2\end{pmatrix}$.

习题 2.5

1. (1) $\begin{pmatrix}1 & 0 & 0\\ 0 & 3 & -1\\ 0 & -3 & 3\end{pmatrix}$; (2) $\begin{pmatrix}1 & -2 & 1 & 8\\ 0 & 1 & -2 & -2\\ 0 & 0 & 8 & -3\\ 0 & 0 & -6 & 3\end{pmatrix}$; (3) $\begin{pmatrix}4 & -1 & 0 & 0\\ 9 & -2 & 0 & 0\\ 0 & 0 & -2 & 3\\ 0 & 0 & 7 & 5\end{pmatrix}$;

(4) $\begin{pmatrix}17 & 12 & 0 & 0\\ 24 & 17 & 0 & 0\\ 0 & 0 & 1 & -3\\ 0 & 0 & 0 & 4\end{pmatrix}$.

2. (1) $\begin{pmatrix}1 & 0 & 0\\ 0 & 3 & -1\\ 0 & -5 & 2\end{pmatrix}$; (2) $\begin{pmatrix}7 & -2 & 0 & 0\\ -3 & 1 & 0 & 0\\ 0 & 0 & -2 & 3\\ 0 & 0 & 3 & -4\end{pmatrix}$; (3) $\begin{pmatrix}3 & -1 & 0 & 0\\ -5 & 2 & 0 & 0\\ 20 & -9 & 1 & 0\\ 8 & -4 & 1 & 1\end{pmatrix}$.

3. $\boldsymbol{P}^{-1}=\begin{pmatrix}\boldsymbol{A}^{-1} & -\boldsymbol{A}^{-1}\boldsymbol{C}\boldsymbol{B}^{-1}\\ \boldsymbol{O} & \boldsymbol{B}^{-1}\end{pmatrix}$.

4. (1) $\boldsymbol{P}^{-1}=\begin{pmatrix}\boldsymbol{O} & \boldsymbol{B}^{-1}\\ \boldsymbol{A}^{-1} & -\boldsymbol{A}^{-1}\boldsymbol{C}\boldsymbol{B}^{-1}\end{pmatrix}$; (2) $\begin{pmatrix}\boldsymbol{O} & \boldsymbol{B}^{-1}\\ \boldsymbol{A}^{-1} & \boldsymbol{O}\end{pmatrix}$;

(3) $\begin{pmatrix} 0 & 0 & 0 & \cdots & 0 & \frac{1}{n} \\ 1 & 0 & 0 & \cdots & 0 & 0 \\ 0 & \frac{1}{2} & 0 & \cdots & 0 & 0 \\ 0 & 0 & \frac{1}{3} & \cdots & 0 & 0 \\ \vdots & \vdots & \vdots & & \vdots & \vdots \\ 0 & 0 & 0 & \cdots & \frac{1}{n-1} & 0 \end{pmatrix}$.

习题 3.1

1. (1) $\begin{pmatrix} 1 & 0 & 3 & 1 \\ 0 & 1 & -2 & 1 \\ 0 & 0 & 0 & 0 \end{pmatrix}$;(2) $\begin{pmatrix} 1 & 0 & 0 & 3 \\ 0 & 1 & 0 & -2 \\ 0 & 0 & 1 & 4 \end{pmatrix}$;(3) $\begin{pmatrix} 1 & 0 & \frac{3}{10} & 0 \\ 0 & 1 & -\frac{11}{10} & 0 \\ 0 & 0 & 0 & 1 \end{pmatrix}$.

2. (1)无解;(2) $\begin{cases} x_1 = c_1, \\ x_2 = -2c_1 + c_2 + 1, \\ x_3 = c_2, \\ x_4 = 0, \end{cases}$ $c_1 c_2$ 为任意常数;(3) $\begin{cases} x_1 = -2c_1 - 1, \\ x_2 = c_1 + 2, \\ x_3 = c_1 \end{cases}$ c_1 为任意常数;

(4)唯一解 $\begin{pmatrix} -1 \\ 3 \\ 2 \end{pmatrix}$.

3. (1) $\begin{cases} x_1 = \frac{4}{3} c_1, \\ x_2 = -3c_1, \\ x_3 = \frac{4}{3} c_1, \\ x_4 = c_1, \end{cases}$ c_1 为任意常数;(2) $\begin{cases} x_1 = 0, \\ x_2 = 0, \\ x_3 = 0; \end{cases}$

(3) $\begin{cases} x_1 = -2c_1 + c_2, \\ x_2 = c_1, \\ x_3 = 0, \\ x_4 = c_2, \end{cases}$ c_1, c_2 为任意常数.

4. $\lambda = 5$.

习题 3.2

1. 略.

2. $\begin{pmatrix} 0 & 1 \\ 1 & 0 \end{pmatrix} \boldsymbol{A} = \boldsymbol{B}, \boldsymbol{B} \begin{pmatrix} 1 & -2 & 0 \\ 0 & 1 & 0 \\ 0 & 0 & 1 \end{pmatrix} = \boldsymbol{C}, \begin{pmatrix} 0 & 1 \\ 1 & 0 \end{pmatrix} \boldsymbol{A} \begin{pmatrix} 1 & -2 & 0 \\ 0 & 1 & 0 \\ 0 & 0 & 1 \end{pmatrix} = \boldsymbol{C}$.

3. (1) $\begin{pmatrix} 4 & 3 & 2 \\ 3 & 2 & 1 \end{pmatrix}$; (2) $\begin{pmatrix} 3 & -4 & 1 \\ 4 & -5 & 2 \end{pmatrix}$; (3) $\begin{pmatrix} -13 & -10 & 32 \\ 4 & 3 & -10 \end{pmatrix}$.

4. (1) $\boldsymbol{A}^{-1}=\begin{pmatrix} \frac{3}{4} & -\frac{1}{2} & \frac{1}{4} \\ \frac{1}{2} & -1 & \frac{1}{2} \\ \frac{1}{4} & -\frac{1}{2} & \frac{3}{4} \end{pmatrix}$; (2) $\boldsymbol{A}^{-1}=\begin{pmatrix} \frac{1}{3} & \frac{1}{6} & \frac{2}{3} \\ \frac{1}{3} & \frac{1}{6} & -\frac{1}{3} \\ -\frac{1}{3} & \frac{1}{3} & \frac{1}{3} \end{pmatrix}$.

5. $\begin{pmatrix} 0 & -\frac{1}{2} \\ -1 & \frac{1}{2} \\ -3 & -\frac{1}{2} \end{pmatrix}$.

习题 3.3

1. (1) 2; (2) 3.

2. $a=3, b=4$.

3. 当 $\lambda\neq 0$ 且 $\lambda\neq -3$ 时有唯一解；当 $\lambda=0$ 时无解；当 $\lambda=-3$ 时无穷多解，且一般解为
$\begin{cases} x_1=c_1-1, \\ x_2=c_2-2, \\ x_3=c_1, \end{cases}$ c_1 为任意常数.

4. 当 $\lambda=1$ 时秩最小为 2.

习题 4.1

1. $(-6,8,6,-8)^{\mathrm{T}}$.

2. $(3,-12,9)^{\mathrm{T}}$.

3 $\left(-2,\frac{2}{3},-\frac{1}{3}\right)^{\mathrm{T}}$.

4. $k=5, \lambda=-4, \mu=-1$.

习题 4.2

1. (1) 不能；(2) 能，$b=2\alpha_1-\alpha_2+\alpha_3$.

习题 4.3

1. (1) 线性无关；(2) 线性相关；(3) 线性相关；(4) 线性相关；(5) 线性无关；(6) 线性相关；(7) 线性无关.

2. $k=1$ 或 $k=-2$.

4. $a\neq 14$.

习题 4.4

1. (1) 最大无关组为 $\alpha_1, \alpha_2, \alpha_3$；$\alpha_4=\alpha_1+3\alpha_2-\alpha_3$，$\alpha_5=-\alpha_2+\alpha_3$；

(2) 最大无关组为 $\alpha_1, \alpha_2, \alpha_3$；$\alpha_4=4\alpha_1-\frac{1}{2}\alpha_2+\frac{1}{2}\alpha_3$.

2. $a=2, b=5$.

3. 最大无关组为 $\boldsymbol{\xi}_1=\left(-4, \frac{3}{4}, 1, 0\right)^{\mathrm{T}}$，$\boldsymbol{\xi}_2=\left(0, \frac{1}{4}, 0, 1\right)^{\mathrm{T}}$，秩为 2.

4. 秩为 3，第 1,2,3 列为其最大无关组.

习题 4.5

1. (1) 基础解系为 $\boldsymbol{\xi}_1=(-3,7,2,0)^{\mathrm{T}}$，$\boldsymbol{\xi}_2=(-1,-2,0,1)^{\mathrm{T}}$，通解为 $c_1\boldsymbol{\xi}_1+c_2\boldsymbol{\xi}_2$，$c_1, c_2$ 为任意常数；

(2) 基础解系为 $\boldsymbol{\xi}_1=(-2,1,1,0,0)^{\mathrm{T}}$，$\boldsymbol{\xi}_2=(-6,5,0,0,1)^{\mathrm{T}}$，通解为 $c_1\boldsymbol{\xi}_1+c_2\boldsymbol{\xi}_2$，$c_1, c_2$ 为任意常数；

2. (1) 对应的齐次方程组的基础解系为 $\boldsymbol{\xi}_1=(1,-5,11,0)^{\mathrm{T}}$，$\boldsymbol{\xi}_2=(-9,1,0,11)^{\mathrm{T}}$，一个特解为 $\eta_0=\left(-\frac{2}{11}, \frac{10}{11}, 0, 0\right)^{\mathrm{T}}$，通解为 $c_1\boldsymbol{\xi}_1+c_2\boldsymbol{\xi}_2+\eta_0$，$c_1, c_2$ 为任意常数；

(2) 对应的齐次方程组的基础解系为 $\boldsymbol{\xi}=(2,2,1,3)^{\mathrm{T}}$，一个特解为 $\eta_0=\left(-\frac{5}{3}, \frac{7}{3}, \frac{2}{3}, 0\right)^{\mathrm{T}}$，通解为 $c\boldsymbol{\xi}+\eta_0$，c 为任意常数.

3. $\begin{cases} 3x_1-x_2-x_3=0, \\ 7x_1-4x_3-x_4=0. \end{cases}$

4. (1) 方程组(Ⅰ)的基础解系为 $(-1,1,0,1)^{\mathrm{T}}$，$(0,0,1,0)^{\mathrm{T}}$，方程组(Ⅱ)的基础解系为 $(0,1,1,0)^{\mathrm{T}}$，$(-1,-1,0,1)^{\mathrm{T}}$；(2) 公共解为 $(-1,1,2,1)^{\mathrm{T}}$，c 为任意常数.

习题 5.1

1. (1) $|\boldsymbol{\alpha}|=\sqrt{7}$，$|\boldsymbol{\beta}|=\sqrt{21}$；(2) $(\boldsymbol{\alpha}, \boldsymbol{\beta})=4$；

(3) 向量 $\boldsymbol{\alpha}$ 与 $\boldsymbol{\beta}$ 的夹解的余弦 $\cos\theta=\frac{4}{7\sqrt{3}}$；(4) $(2\boldsymbol{\alpha}-\boldsymbol{\beta}, 3\boldsymbol{\alpha}+\boldsymbol{\beta})=17$.

2. $\lambda=-2$，$\boldsymbol{\gamma}=(-2,2,-1)^{\mathrm{T}}$.

3. (1) 是；(2) 否.

4. (1) 正交化：

$$\boldsymbol{\beta}_1=\begin{pmatrix}-1\\1\\1\end{pmatrix}, \quad \boldsymbol{\beta}_2=\frac{2}{3}\begin{pmatrix}1\\-1\\2\end{pmatrix}, \quad \boldsymbol{\beta}_3=\begin{pmatrix}1\\1\\0\end{pmatrix},$$

单位化：

$$\boldsymbol{e}_1=\frac{1}{\sqrt{3}}\begin{pmatrix}-1\\1\\1\end{pmatrix}, \quad \boldsymbol{e}_2=\frac{1}{\sqrt{6}}\begin{pmatrix}1\\-1\\2\end{pmatrix}, \quad \boldsymbol{e}_3=\frac{1}{\sqrt{2}}\begin{pmatrix}1\\1\\0\end{pmatrix};$$

(2)正交化：

$$\boldsymbol{\beta}_1=\begin{pmatrix}1\\0\\-1\\1\end{pmatrix},\quad \boldsymbol{\beta}_2=\frac{1}{3}\begin{pmatrix}1\\-1\\2\\1\end{pmatrix},\quad \boldsymbol{\beta}_3=\frac{1}{3}\begin{pmatrix}-1\\3\\1\\2\end{pmatrix},$$

单位化：

$$\boldsymbol{e}_1=\frac{1}{\sqrt{3}}\begin{pmatrix}1\\0\\-1\\1\end{pmatrix},\quad \boldsymbol{e}_2=\frac{1}{\sqrt{7}}\begin{pmatrix}1\\-1\\2\\1\end{pmatrix},\quad \boldsymbol{e}_3=\frac{1}{\sqrt{15}}\begin{pmatrix}-1\\3\\1\\2\end{pmatrix};$$

(3)正交化：

$$\boldsymbol{\beta}_1=\begin{pmatrix}1\\2\\-1\end{pmatrix},\quad \boldsymbol{\beta}_2=\frac{5}{3}\begin{pmatrix}-1\\1\\1\end{pmatrix},\quad \boldsymbol{\beta}_3=2\begin{pmatrix}1\\0\\1\end{pmatrix},$$

单位化：

$$\boldsymbol{e}_1=\frac{1}{\sqrt{6}}\begin{pmatrix}1\\2\\-1\end{pmatrix},\quad \boldsymbol{e}_2=\frac{1}{\sqrt{3}}\begin{pmatrix}-1\\1\\1\end{pmatrix},\quad \boldsymbol{\beta}_3=\frac{1}{\sqrt{2}}\begin{pmatrix}1\\0\\1\end{pmatrix}.$$

5. $\boldsymbol{\alpha}_2=\begin{pmatrix}3\\1\\0\end{pmatrix},\boldsymbol{\alpha}_3=\frac{1}{5}\begin{pmatrix}-1\\3\\5\end{pmatrix}$.

6. 是.

7. $a=-\frac{6}{7},b=-\frac{6}{7},c=-\frac{6}{7}$.

习题 5.2

1. (1)特征值为 $\lambda_1=-1,\lambda_2=\lambda_3=2$；特征向量：$\lambda_1=-1$ 的全部特征向量为 $c_1\begin{pmatrix}1\\0\\1\end{pmatrix}$ $(c\neq 0)$，$\lambda_2=\lambda_3=2$的全部特征向量为 $c_2\begin{pmatrix}1\\4\\0\end{pmatrix}+c_3\begin{pmatrix}0\\-1\\1\end{pmatrix}$，($c_2,c_3$ 不同时为零)；

(2)特征值为 $\lambda_1=4,\lambda_2=\lambda_3=-2$；特征向量：$\lambda_1=4$ 的全部特征向量为 $c_1\begin{pmatrix}0\\1\\1\end{pmatrix}$ $(c_1\neq 0)$，$\lambda_2=\lambda_3=-2$的全部特征向量为 $c_2\begin{pmatrix}1\\1\\0\end{pmatrix}$ $(c_2\neq 0)$.

3. (1) $|\boldsymbol{A}|=6$；(2) $\boldsymbol{A}^{-1}$ 的特征值为 $1,\frac{1}{2},\frac{1}{3}$；

(3) $\boldsymbol{A}^*+3\boldsymbol{A}+2\boldsymbol{I}$ 的特征值为 11,11,13，$|\boldsymbol{A}^*+3\boldsymbol{A}+2\boldsymbol{I}|=1573$；

(4) $\boldsymbol{A}^2-2\boldsymbol{A}+\boldsymbol{I}$ 的特征值为 0,1,4，且 $|\boldsymbol{A}^2-2\boldsymbol{A}+\boldsymbol{I}|=0$.

4. $a=-3,b=0,\lambda=-1$.

5. $a=1,b=-3$.

6. $|\boldsymbol{A}|=-1$.

习题 5.3

1. 可以对角化，$\boldsymbol{P}=\begin{pmatrix}-1&0&1\\0&1&0\\1&0&1\end{pmatrix}$，使得 $\boldsymbol{P}^{-1}\boldsymbol{AP}=\begin{pmatrix}0&0&0\\0&1&0\\0&0&2\end{pmatrix}$.

2. 特征值为 $\lambda_1=-1,\lambda_2=\lambda_3=2$；特征向量：$\lambda_1=-1$ 的全部特征向量为 $c_1\begin{pmatrix}1\\0\\1\end{pmatrix}(c_1\neq0)$，$\lambda_2=\lambda_3=2$ 的全部特征向量为 $c_2\begin{pmatrix}0\\1\\-1\end{pmatrix}+c_3\begin{pmatrix}1\\0\\4\end{pmatrix}$（$c_2,c_3$ 不同时为零）.

3. $a=3$.

4. $\boldsymbol{A}=\begin{pmatrix}-2&3&-3\\-4&5&-3\\-4&4&-2\end{pmatrix}$.

5. (1) $a=-7,b=-6$；(2) 不可以对角化.

习题 5.4

1. $\boldsymbol{P}=\frac{1}{3}\begin{pmatrix}-2&2&1\\-1&-2&2\\2&1&2\end{pmatrix}$，$\boldsymbol{P}^{-1}\boldsymbol{AP}=\boldsymbol{P}^{\mathrm{T}}\boldsymbol{AP}=\begin{pmatrix}1&0&0\\0&4&0\\0&0&-2\end{pmatrix}$.

2. (1) $a=-1$，特征值 $\lambda_3=0$ 所对应的特征向量为 $c\begin{pmatrix}1\\-1\\1\end{pmatrix}(c\neq0)$；

(2) $\boldsymbol{A}=\begin{pmatrix}-\frac{1}{3}&\frac{1}{3}&\frac{2}{3}\\\frac{1}{3}&\frac{2}{3}&\frac{1}{3}\\\frac{2}{3}&\frac{1}{3}&-\frac{1}{3}\end{pmatrix}$.

3. (1) $a=\pm 2$；(2) $\boldsymbol{P}=\begin{pmatrix} 0 & 1 & 0 \\ \frac{1}{\sqrt{2}} & 0 & \frac{1}{\sqrt{2}} \\ -\frac{1}{\sqrt{2}} & 0 & \frac{1}{\sqrt{2}} \end{pmatrix}$，$\boldsymbol{P}^{-1}\boldsymbol{AP}=\boldsymbol{P}^{\mathrm{T}}\boldsymbol{AP}=\begin{pmatrix} 1 & 0 & 0 \\ 0 & 2 & 0 \\ 0 & 0 & 5 \end{pmatrix}$.

习题 6.1

1. (1) $\begin{pmatrix} 2 & 1 & 0 \\ 1 & 3 & 0 \\ 0 & 0 & -4 \end{pmatrix}$，秩为 3；(2) $\begin{pmatrix} 1 & -1 & 0 \\ -1 & 1 & -2 \\ 0 & -2 & 8 \end{pmatrix}$，秩为 3；

(3) $\begin{pmatrix} 0 & \frac{1}{2} & 0 & 0 \\ \frac{1}{2} & 0 & 0 & 0 \\ 0 & 0 & 0 & \frac{1}{2} \\ 0 & 0 & \frac{1}{2} & 0 \end{pmatrix}$，秩为 4.

2. (1) $(x_1, x_2)\begin{pmatrix} 2 & 2 \\ 2 & 1 \end{pmatrix}\begin{pmatrix} x_1 \\ x_2 \end{pmatrix}$；

(2) $(x_1, x_2, x_3)\begin{pmatrix} 1 & 3 & 5 \\ 3 & 5 & 7 \\ 5 & 7 & 9 \end{pmatrix}\begin{pmatrix} x_1 \\ x_2 \\ x_3 \end{pmatrix}$.

习题 6.2

1. (1) 正交线性变换 $\boldsymbol{X}=\begin{pmatrix} 0 & 1 & 0 \\ \frac{1}{\sqrt{2}} & 0 & \frac{1}{\sqrt{2}} \\ -\frac{1}{\sqrt{2}} & 0 & \frac{1}{\sqrt{2}} \end{pmatrix}\boldsymbol{Y}$，标准形：$y_1^2+2y_2^2+5y_3^2$.

(2) 正交线性变换 $\boldsymbol{X}=\begin{pmatrix} \frac{1}{\sqrt{2}} & -\frac{1}{\sqrt{3}} & -\frac{1}{\sqrt{6}} \\ 0 & -\frac{1}{\sqrt{3}} & \frac{2}{\sqrt{6}} \\ \frac{1}{\sqrt{2}} & \frac{1}{\sqrt{3}} & \frac{1}{\sqrt{6}} \end{pmatrix}\boldsymbol{Y}$，标准形：$y_1^2+2y_2^2-y_3^2$.

2. (1) 可逆变换 $\boldsymbol{X}=\begin{pmatrix} 1 & -1 & -2 \\ 0 & 1 & 1 \\ 0 & 0 & 1 \end{pmatrix}\boldsymbol{Y}$，标准形 $y_1^2+2y_2^2$，正、负惯性指数分别为 2，0.

(2)可逆变换 $X=\begin{pmatrix}1 & 1 & \frac{1}{2}\\ 1 & -1 & -\frac{1}{2}\\ 0 & 0 & 1\end{pmatrix}Z$,标准形 $2z_1^2-2z_2^2+\frac{1}{2}z_3^2$,正负惯性指数分别为 2,1.

习题 6.3

1.(1)正定;(2)负定.

2.(1)$-\sqrt{2}-1<\lambda<\sqrt{2}-1$;(2)$-1<\lambda<0$.

总习题 7

1.V_1 是,V_2 不是.

2.$\begin{pmatrix}2\\3\\-1\end{pmatrix}$.

3.$\begin{pmatrix}1 & 0 & 1\\ 2 & 2 & 0\\ 0 & 3 & 3\end{pmatrix}$.

4.$a=6$.

5.规范正交基为$\frac{1}{\sqrt{15}}(1,1,2,3)^{\mathrm{T}}$,$\boldsymbol{\alpha}_2=\frac{1}{\sqrt{39}}(-2,1,5,-3)^{\mathrm{T}}$.

6.基$(0,1,1,0,0)^{\mathrm{T}},(-1,1,0,1,0)^{\mathrm{T}},(4,-5,0,0,1)^{\mathrm{T}}$,维数为 3.

7.(1)$\begin{pmatrix}3\\4\\4\end{pmatrix}$;(2)$\begin{pmatrix}\frac{11}{2}\\-5\\\frac{13}{2}\end{pmatrix}$.

8.(1)$\begin{pmatrix}1 & 1 & 0\\ 2 & 0 & 1\\ 0 & 2 & 0\end{pmatrix}$;(2)$\begin{pmatrix}-\frac{1}{2}\\\frac{3}{2}\\3\end{pmatrix}$.

参考文献

北京大学数学系几何与代数教研室. 2004. 高等代数[M]. 3版. 北京:高等教育出版社

陈必红. 2012. 线性代数简明教程[M]. 武汉:华中科技大学出版社

陈水林. 线性代数同步练习册[M]. 武汉:湖北科学技术出版社

华中科技大学数学系. 2003. 线性代数[M]. 2版. 北京:高等教育出版社

居余马,林翠琴. 2012. 线性代数[M]. 北京:高等教育出版社

李正元,李永乐,范培华. 2013. 考研数学历年试题解析[M]. 北京:海豚出版社

李正元,李永乐,范培华. 2013. 数学历年试题解析[M]. 北京:中国政法大学出版社

林升旭,梅家斌. 2009. 线性代数教程[M]. 2版. 武汉:华中科技大学出版社

刘丁酉. 2004. 高等代数习题精解[M]. 山东:山东科学技术出版社

同济大学数学系. 2007. 工程数学——线性代数[M]. 5版. 北京:高等教育出版社

王利东,刘婧. 2012. 从应用实例出发的线性代数教学模式探讨[J]. 数学教育学报,21(3):81—85

邬学军,唐明. 2008. 线性代数是蓝色的——大学非数学专业《线性代数》的课程设计[J]. 大学数学,24(6):12—16

吴传生,王卫华. 2003. 经济数学——线性代数[M]. 北京:高等教育出版社

吴传生,王卫华. 2009. 经济数学——线性代数[M]. 2版. 北京:高等教育出版社

吴艳秋,邹黎敏. 2013. 新课程教学改革下的线性代数课程教学[J]. 大学教育,2(12):73—74

熊维玲. 2009. 线性代数[M]. 上海:复旦大学出版社

杨贤仆. 1997. 试论高等代数中的一般与特殊[J]. 西南师范大学学报(自然科学版),22(3):349—352

杨贤仆. 1998. 高等代数中的辩证思想方法[J]. 西南师范大学学报(自然科学版),23(6):730—734

杨贤仆. 2009. 线性代数中"聚零为整,化整为零"的思想[J]. 西南师范大学学报(自然科学版),34(5):235—239

张良云. 2003. 线性代数[M]. 2版. 北京:高等教育出版社

张志让,刘启宽. 2009. 高等代数[M]. 2版. 北京:高等教育出版社

张志让,刘启宽. 2009. 线性代数与空间解析几何[M]. 2版. 北京:高等教育出版社

周勇. 2012. 线性代数[M]. 上海:复旦大学出版社

邹黎敏,吴艳秋. 2013. "行左列右"口诀在《高等代数》课程中的应用[J]. 大学教育,2(20):63—64;88

邹黎敏,吴艳秋. 2013. 线性代数课程教学中矩阵乘法运算的教学思考[J]. 大学教育,2(10):39—40